정보보호 및 개인정보보호 관리체계 개론

장상수 지음

Introduction to
Information Security and Personal Information
Management System

정보보호를 디자인하라!

생능출판

정보보호 및 개인정보보호 관리체계 개론

초판인쇄 2020년 11월 25일
초판발행 2020년 12월 3일

지은이 장상수
펴낸이 김승기
펴낸곳 (주)생능출판사 / **주소** 경기도 파주시 광인사길 143
출판사 등록일 2005년 1월 21일 / **신고번호** 제406-2005-000002호
대표전화 (031)955-0761 / **팩스** (031)955-0768
홈페이지 www.booksr.co.kr

책임편집 신성민 / **편집** 양둥글, 유제훈, 권소정 / **디자인** 유준범
마케팅 최복락, 김민수, 심수경, 차종필, 백수정, 최태웅, 명하나, 김범용, 김민정
인쇄 · 제본 천일문화사

ISBN 978-89-7050-470-4 93000
정가 25,000원

- 이 도서의 국립중앙도서관 출판예정도서목록(CIP)은 서지정보유통지원시스템 홈페이지(http://seoji.nl.go.kr)와 국가자료공동목록시스템(http://www.nl.go.kr/kolisnet)에서 이용하실 수 있습니다. (CIP제어번호: CIP2020046564)

머리말

필자는 (개인)정보보호 관리의 개념조차 생소하던 2,000년 초반 당시 국내 기관·기업에서 (개인)정보보호 관리에 참고할 만한 표준적인 모델이 없어 어려움을 겪고 있다는 것을 실감하고, 현장에서 체계적이고 논리적으로 이러한 문제를 해결하고자 정보보호 위험 관리 기반, 데이터 중요성 중심의 프로세스 접근 방법을 적용한 국내 최초 정보보호 관리 모델을 정립하였다. 이 모델은 향후 국내 정보보호 관리체계 표준 모델로 정착하여 다양한 제도 도입에 기틀이 되었다. 본서에서는 이러한 모델을 기반으로 국내 다양한 환경의 조직에서 정보보호 이슈 문제를 효율적이고 효과적으로 무엇을 어떻게 수행해야 할 것인가를 보다 구체적이고 체계적으로 관리체계를 구축하고 운영할 수 있도록 방향을 제시하고자 하였다.

또한, 그동안 필자가 각종 국가 정보보호 관리 제도를 기획하고 도입·운영하면서 얻은 경험을 통해 경영진과 정보보호 담당자, CISO, 정보보호 컨설턴트, 인증심사원 등 꼭 필요한 독자들에게 (개인)정보보호 관리체계에 대해 A부터 Z까지 보다 쉽고 정확하게 손에 잡히도록 설명하고자 하였다. 정보보호 입문자나 초보자가 쉽게 정보보호에 대해 이해하고 배울 수 있도록 구성하였으며 정보보호 분야에서 반드시 알아야 할 정보보호 기본 개념과 사이버 위협에 대응하기 위한 방법과 최선의 방어를 위한 기본적인 기술 등을 익히도록 만들고자 노력하였다. 더욱이 정보보안기사, CISSP, CPPG, 디지털 포렌식 등 각종 자격증 취득이나 정보보호 관련 공무원 시험, 취업 준비생들에게 조금이라도 도움이 되어주기를 기대한다.

(개인)정보보호 관리체계라는 것은 많은 지식과 경험, 협업이 조화를 이루는 종합 예술과 같아서 이 한권의 책이 모든 것을 담고 있다고 단언하기는 어렵다 하겠다. 다만, 필자의 관리체계에 대한 이론적, 경험적 지식을 바탕으로 관리체계의 구조와 구축 방법에 대한 학문적인 뼈대를 제공하고 현장의 문제점을 정확하게 전달하고자 한점에서 이 분야에 시행착오를 줄이고 내용을 공유하는데 의미가 있다 하겠다. 그동안 실무 경험을 바탕으로 제대로 된 정통의 관리체계 지침서를 꼭 정리하기를 간절히 바랬다. 그러한 희망이 현실이 되어 이

제 마음의 부채를 조금이나마 던 기분이다.

아무쪼록 본서가 모든 분들에게 (개인)정보보호 관리체계를 이해하는 입문서로 4차 산업 혁명 시대와 함께 가야 할 유용한 지침서로서 나침판 역할이 되었으면 한다.

2020년 11월
장상수

학습 계획안

주	장	주제 및 내용	학습 활동	학습자료
1~3	제1장	정보보호 관리체계 개론	이론	정보보호 총론, 정보보호 개론, 기타 참고자료
4~7	제2장	정보보호 관리체계 구축 · 운영	이론 및 실습	
8		중간고사	필기 또는 실기	
9~10	제3장	정보보호 및 개인정보보호 관리체계 인증	이론 및 실습	정보보호 총론, 정보보호 개론, 기타 참고자료
11~12	제4장	정보보호 및 개인정보보호 컨설팅 입문	이론 및 실습	
13~15	제5장	개인정보보호 관리체계 개론	이론 및 실습	
16		기말고사	필기 또는 실기	

차례

CHAPTER 01 정보보호 관리체계 개론

CHAPTER 02 정보보호 관리체계 구축·운영

CHAPTER 05 개인정보보호 관리체계 개론

CHAPTER

01 정보보호 관리체계 개론

contents

1. 정보보호 이해 | 2. 정보보호 관리체계 개념 | 3. (개인)정보보호 관리체계 구축 필요성

4. 정보보호 관리체계 분류 | 5. 기업의 보안관리 전략 수립

CHAPTER 01

정보보호 관리체계 개론

1. 정보보호 이해

(1) 정보(information)

정보는 데이터와 구별하여 어떤 목적에 필요한 도움을 주는 사실이나 지식을 말한다. 반면 데이터는 단순한 관찰이나 측정을 통해서 수집된 사실이나 값을 말한다. 즉, 낱낱이 사실을 지칭하는 데이터와 구별되어 '정보(information)'는 어떤 의사결정에 도움을 주기 위해 축적된 형태의 지식을 의미한다.

산업화 시대에서 생산의 3요소는 자본, 노동, 토지였다. 그러나 지식정보화 시대의 생산의 3요소는 자본, 노동, 정보로 바뀌었다. 인터넷 기업, 웹 쇼핑몰 등을 위시하여 토지 없는 기업은 있을 수 있으나 정보 없는 기업 활동은 있을 수 없다. 이렇듯 정보는 기업 활동을 위한 기본적인 요소가 되고 있다.

이러한 정보가 사업 목적을 달성하기 위한 의사결정을 지원하기 위하여 필요한 7가지 속성이 있다. 정보의 7가지 속성 중 일반적으로 정보의 기밀성, 무결성, 가용성을 정보의 보안성이라고 말하며, 이러한 속성을 제공하는 것이 정보보호의 목적이다. 또한 정보보호에 관련된 속성을 언급할 때 이 3가지 속성 외에 추가적으로 준거성, 인증성, 책임성, 부인방지, 신뢰성을 포함하기도 한다.

〈표 1-1〉 정보의 속성

속성	설명
효과성(Effectiveness)	비즈니스프로세스에 관련성 있고 타당하고 사용 가능한 정보라야 한다는 것
효율성(Efficiency)	최적의(가장 생산적이고 경제적인) 자원 활용을 통해서 정보를 제공하는 것
기밀성(Confidentiality)	민감한 정보를 불법적인 유출로부터 보호하는 것
무결성(Integrity)	정보의 정확성 및 무결성, 일관성
가용성(Availability)	필요한 때에(적시에) 정보가 사용 가능하다는 것
준거성(Compliance)	사업에 적용될 수 있는 법률, 규정, 계약사항 등과 같이 외부적으로 부과된 경영기준, 그리고 내부 정책 등을 준수하는 것
신뢰성(Reliability)	경영진이 조직을 운영하고, 주주에 대한 책임(수탁책임)을 수행하기 위해 필요한 적절한 정보, 즉 타당하고 믿을 수 있는 정보를 제공하는 것

이러한 정보를 유형에 따라 분류하면 크게 유/무형 자산으로 분류되며 작게는 데이터, 소프트웨어, 서버, 시설, 인력, 무형 자산 등으로 분류가 가능하다.

〈표 1-2〉 정보자산 분류표

정보 유형	설명
데이터	전산화된 정보로 문서파일, 데이터파일(개인정보, 산업기밀, 영업기밀 등)로 분류
소프트웨어	패키지 소프트웨어, 시스템 소프트웨어, 응용프로그램 등
서버	공용자원을 갖고 여러 사용자에게 서비스를 제공하는 시스템
시설	건물, 사무실, 데이터 센터 등의 물리적 시설
인력	소유자, 관리자, 사용자, 운영자, 개발자 등 정보시스템 관련 인력
무형 자산	기업이미지, 업무프로세스, 특허 및 지적재산권 등

(2) 정보보호의 핵심 원칙

정보보호는 앞서 언급한 대로 정보의 기밀성, 무결성, 가용성을 보호하기 위한 것으로 일반적으로 언급된다. 정보기술에 관련된 용어를 정의하고 있는 한국정보통신기술협회(TTA, Telecommunications Technology Association)[1]의 용어 정의에 따르면 정보보호

1) 한국정보통신기술협회(Telecommunications Technology Association, TTA)는 대한민국의 기술 연구 단체로 정보통신분야의 표준화 활동 및 표준 제품의 시험인증을 위해 만들어진 단체이다. TTA는 1988년에 설립되었으며 국내 유일의 정보통신 단체표준 제정기관이다(위키백과).

(information security)란 "정보의 수집, 가공, 저장, 검색, 송신, 수신 중에 정보의 훼손, 변조, 유출 등을 방지하기 위한 관리적/기술적 수단, 또는 그러한 수단으로 이루어지는 행위"를 말한다.

"정보통신망 이용 촉진 및 정보보호에 관한 법률"에 의하면 정보보호는 "정보의 수집, 가공, 저장, 검색, 송신, 수신 중에 정보의 훼손, 변조, 유출 등을 방지하기 위한 관리적/기술적 수단, 또는 그러한 수단으로 이루어지는 행위, 즉 우연히 혹은 의도적으로 허가 받지 않은 정보의 누출, 전송, 수정, 파괴 등으로부터 보호하는 것"으로 정의하고 있다.

자동차가 속도를 내고 목적지에 가기까지 곳곳에서 제동장치가 필요하듯이, 정보보호는 기업의 비즈니스 연속성을 확보하여 기업이 안정적으로 성장할 수 있도록 하는 장치와 같다고 할 수 있다. 지식정보사회를 살아가는 현대인에게 정보보호는 이제 선택이 아니라 필수이다. 정보보호에 대한 조치가 전혀 없다면, 돌이킬 수 없는 결과를 초래할 수 있다. 자신도 모르는 사이에 소중한 정보들이 유출될 수 있고, 이렇게 유출된 개인정보는 타인에 의해 악용될 수 있다. 정보보호의 핵심 원칙은 기밀성, 무결성, 가용성 3가지이다(OECD 정보보호 가이드라인).[2] 이 3가지 속성은 별개의 독립적인 원칙이 아니라 서로 유기적으로 연관되어 있다.

① 기밀성이란 오직 인가된 사람, 인가된 프로세스, 인가된 시스템만이 알 필요성에 근거하여 시스템에 접근해야 한다는 원칙이다.
② 무결성이란 정보가 고의적이거나, 비인가된, 우연한 변경으로부터 보호되어야 한다는 원칙이다. 또한 정보가 완전하고 정확하게 유지되어야 한다는 것을 의미한다.

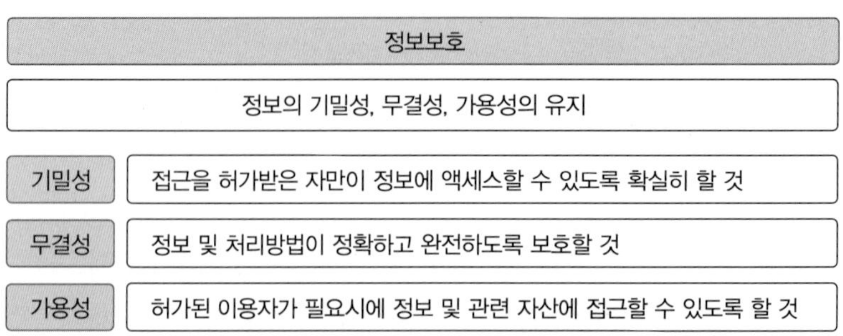

[그림 1-1] 정보보호의 핵심 원칙

2) 경제협력개발기구(Organization for Economic Cooperation and Development; OECD)는 세계적인 국제 기구 중 하나이다. OECD의 목적은 경제 성장, 개발도상국 원조, 무역의 확대 등이고 활동은 경제 정책의 조정, 무역 문제의 검토, 산업 정책의 검토, 환경 문제, 개발도상국의 원조 문제 논의 등의 일을 한다(위키백과).

③ 가용성이란 사용자가 정보를 필요로 하는 시점에 접근 가능하다는 원칙을 말한다.

(3) 정보보호의 중요성 및 필요성

댐에 작은 구멍이 난 경우 그대로 두게 된다면 전체가 붕괴되는 것처럼, 정보보호 없는 세계 최강의 디지털 국가 건설은 허상(虛想)에 불과하다. 지식이 경쟁력 강화와 가치창조의 중심이 되는 지식정보사회에는 기술, 산업의 융합 및 정책수요의 복합화 경향을 보이고 있다. 그러나 사회발전과 함께 지식정보사회의 기반을 위협하는 정보화 역기능은 더욱 증가하고 있다. 정보보호나 개인정보보호는 경제적 손익과 직결되는 문제로 IT기술을 기반으로 하는 국민의 삶에 있어서도 정보보호가 이루어지지 않을 경우 사회 혼란과 기업의 신뢰가치가 저하하게 된다. 데이터댐을 건설했는데 댐이 세거나 빈틈이 생긴다면 디지털 전환이나 4차 산업혁명의 기반이 무너질 수 있기 때문이다.

최근 일부 기업에서 고객정보 유출로 인해 집단소송이 제기되 기업 신뢰도, 주가 하락 및 막대한 배상액으로 인한 기업의 존립자체가 위협되고 사회적인 손실이 발생되고 있다. 웜·바이러스 등을 통한 정보통신망 침해행위는 개인정보 침해 뿐 아니라 인터넷을 기반으로 한 모든 사회·경제활동을 마비시키며, 공공·금융·상거래 등 국민 실생활과 직결된 대부분의 분야가 인터넷과 개인정보를 매개로 이루어지고 있어, 안전한 정보보호가 이루어지지 않을 경우 국가적 피해, 사회적 혼란 등 국가·기업·국민 모두의 손실로 이어진다.

대국민 서비스의 IT 활용이 증가하면서 정보보호는 정부의 신뢰성·안전성을 보장하는 핵심요소로 부각되고 있다. 정보보호는 국가만의 문제가 아니라 기업, 개인 등 정보시스템을 소유 운영하는 기관과 기업, 개인은 물론 정보시스템을 이용하는 모든 사람이 함께 노력해야 할 문제이다. 정부나 기업이 보유하고 있는 정보의 유출이나 정보시스템의 파괴나 침해로 인한 사용불능 상태가 발생하면, 국가안보나 기업 경영에 치명적인 피해를 입을 수 있고, 내부 업무 처리의 중지로 인한 손해는 물론이고 고객에 대한 서비스가 중단되어 직접적인 경제적 손실을 가지고 오게 된다.

따라서 성공적인 (개인)정보보호는 기술적·관리적·물리적인 대책을 마련 시행함과 동시에 법제도적 뒷받침이 따라야 한다. 정보환경의 가속적인 변화는 지속적인 정보보호 관리 활동을 요구하게 되었고, 기술적인 정보보호 위주에서 관리적 중심의 정보보호 관리체계 수립 및 운영에 대한 문제로 발전하게 되었다. 또한 정보가 사업 운영의 핵심이 되고 보안 사고가 회사의 지속성장에 영향을 미치게 되어 최고경영층의 정보보호 책임과 역할이 강조되는 정보보호 거버넌스의 시대로 접어들게 되었다. 4차 산업혁명과 함께 비대면 서비스의 확산과 전 산업의 디지털 전환 등 패러다임의 변화는 보안 산업에도 변화와 혁신을 요구하고 있다.

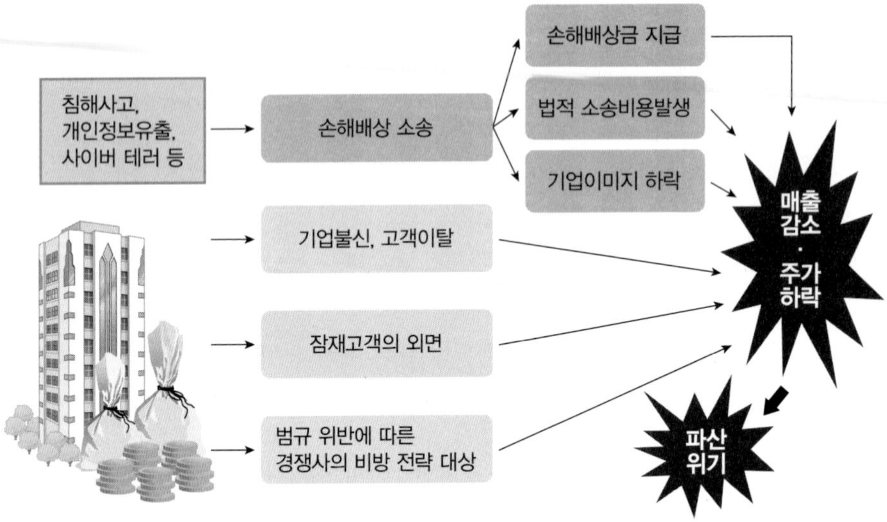

[그림 1-2] (개인)정보보호의 중요성

우리는 포스트 코로나 시대를 맞이하며 기업이 디지털과 물리적인 요소들을 통합하여 비즈니스 모델을 변화시키고, 산업에 새로운 방향을 정립하는 디지털 전환(Digital Transformation)을 통해 4차 산업혁명을 준비하고 있다. 디지털 트랜스포메이션 환경은 시스템, 서비스, 데이터, 프로세스 등의 자원이 언제, 어디서든, 어떤 장치로든 접근이 가능해야 한다.

4차 산업혁명 성공의 핵심은 정보보호가 필수적이다. 정보보호는 물리적 경계는 의미가 없으며 시간의 제약도 사라졌다. 이제는 정보보호의 기본이었던 외부에서 내부로 가해지는 위협을 차단하는 방어 위주로는 한계가 있다. IT 인프라와 데이터는 내부에만 머무르지 않기 때문이다. 사용자도, 단말도, 데이터도 절대 신뢰와 안전을 보증할 수 없는 Anytime, Anywhere, AnyDevice의 시대로 빠르게 바뀌고 있다.

이제 정보보호의 패러다임은 시스템과 시설 장비 중심에서 데이터 중심으로 변화되고 있으며, 무조건 막는 보안에서 중요한 것만 막는 전략적인 위험 관리, 전문가 또는 전문조직 중심의 정보보호에서 모든 구성원의 보안으로 변화하고 있다. 이제는 4차 산업혁명 시대로 진입하면서 이른바 D·N·A(Data·Network·AI) 기반의 디지털 전환이 시작되고 있다. 데이터는 미래의 먹거리이다. 우리의 식량이 될 데이터를 보호하는 것이 바로 정보보호이다. 포스트 코로나 시대에서도 핵심은 정보보호이다. 코로나로 인해 삶이 디지털화되고 있으며, 이에 따라 사이버 보안 위협도 증가하고 있다. 포스트 코로나 시대에는 기존 산업 분야와 정보기술 분야의 융합이 더욱 확산될 것이다. 따라서 전 산업 분야별로 보안 위협에 대응할 수 있는 정보보호 및 개인정보보호 관리체계(이하 "관리체계"라 한다) 수립이 더욱 중요하다.

2. 정보보호 관리체계 개념

(1) 관리체계 이해

정보보호 및 개인정보보호 관리체계는 일반 경영관리 활동과 같이 IT영역의 중요한 위험 관리 활동의 하나이다. 즉 위험은 일반적으로 나쁜 결과의 발생 가능성이라는 의미로 사용되지만 보다 확대 해석하여 좋은 결과와 나쁜 결과 쌍방의 발생 가능성을 포함한 '불확실성'으로 보는 경우도 있다. 기업의 입장에서는 위험을 협의로는 '기업 활동의 수행을 저해하는 사고의 발생 가능성'으로 보지만 최근에는 확대 해석하여 '기업이 장래 창출할 수익에 대해 영향을 미칠 것으로 판단되는 사고 발생의 불확실성'으로 보는 견해에서 기업 기회의 원천이라고 적극적으로 해석하고 있다.

이 책에서는 위험을 광의적으로 해석하여 '사고 발생의 불확실성'으로 정의하고 위험에는 손실 등 발생의 위험성뿐만 아니라 신규 사업 진출을 통한 이익 또는 손실의 발생 가능성 등도 포함하는 것으로 해석한다.

〈표 1-3〉 위험의 분류 예시

분류	예시
사업기회와 관련된 위험	경영상의 전략적 의사결정에 관한 위험 - 신규사업 진출에 관한 위험 - 상품개발 전략에 관한 위험 등
사업 활동 수행에 관련된 위험	적정하고 효율적인 업무 수행에 관한 위험 - 컴플라이언스에 관한 위험 - 정보시스템에 관한 위험 등

이렇게 위험 관리 분야에서는 위험을 광의적으로 해석하여 기업평가의 원천이라는 견지에서 긍정적으로 생각하는 경우가 많다. 그러나 정보보호 관리체계 측면에서 조직 전체의 '경영상의 전략의사 결정에 관한 위험'을 무시해도 좋다는 것은 아니지만, 주로 그 의사결정에 근거하여 수행되는 업무 관련 정보보호 차원에서 위험에 착안하여 바람직하지 않는 결과를 최소화하려는 노력이 필요하다.

다음에 설명할 관리체계 구축의 범위 정의에서 조직의 관리체계 구축의 이점으로, 고객 혹은 폭넓은 사회 전반으로부터 신뢰를 이끌어낼 수 있다는 것과 같은 긍정적인 장점이 있다. 현실적으로 정보보호 투자가 직접적인 기업의 이익으로 연결되는 경우도 있으나 대부분의 경우에는 그 효과가 눈에 보일 정도로 크지는 않은 기초적인 활동이다.

정보보호나 개인정보보호에 관한 활동은 개인의 일상적인 인식 향상에서 직장, 부서 단위의 활동으로 이어지는 것이 중요하며 뒤에서 언급할 관리체계 모델에서 입력 정보로서 '고객으로부터의 호의적인 피드백' 형태로 반영되고, 조직적인 '혁신'으로 이어져야 한다는 것이다. 위험 관리는 위험의 명확화, 적절한 대책의 실시 및 적절하게 운영되는 업무 프로세스의 구축이 균형적으로 실현되는 것이 중요하다.

Tip — 리비히(Liebig)의 최소율(最小律)의 법칙(法則)

독일의 화학자 리비히가 발표한 이 법칙은 필수 영양소 중 식물의 성장을 좌우하는 것은 넘치는 요소가 아니라 가장 부족한 요소라는 이론이다. 즉, 물이 통에 담기는 양은 다른 나무판자의 길이에 상관없이 길이가 가장 짧은 판자에 의해 결정된다는 비유에서 "나무 물통의 법칙"이라고 한다.

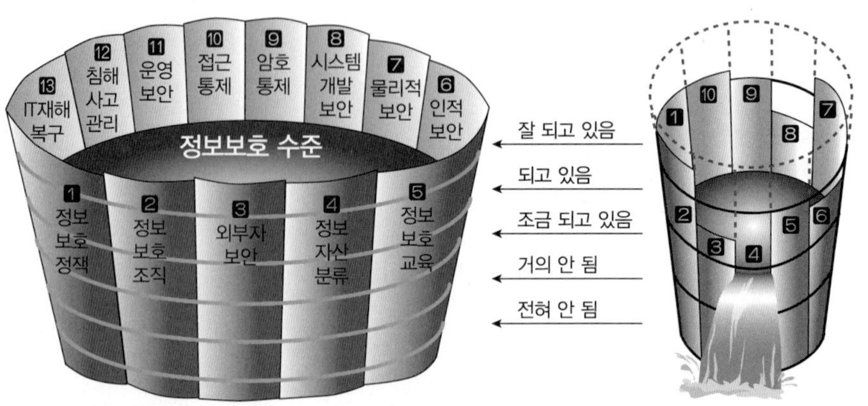

(2) 관리체계(Management System)

조직 내에서 품질경영이나 환경정책에서 자주 사용하는 용어 중에 하나가 관리체계(Management System)이다. 이는 정보시스템에서의 단순시스템을 지칭하는 것이 아니며, 어떤 대상을 잘 관리하는 구조적인 체계를 말한다.

이 구조는 일반적으로 PDCA(Plan-Do-Check-Act) 사이클 기반으로 실행된다. 경영학의 대가인 피터 드러커에 의하면 관리체계는 사람들이 공동으로 성과를 올릴 수 있게 하며, 강점을 끌어내고 약점을 무의미하게 만들어준다고 하였다. 이런 기능을 실현하기 위한 구조를 만들기 위해서는 경영자원으로써 사람, 물건, 돈, 정보 등이 필요하다. 기업은 어떤 경영자원을 준비하고 어떻게 활용하는가가 중요하다.

관리체계란, 정보보호에 관한 경영시스템이며 조직의 의사결정시스템, 내부통제시스템으로 위험 관리와 동일한 개념이라 해도 과언이 아니다. 본서에서 언급되는 정보보호 관리체계(이하 "관리체계"라 한다)는 국내 관리체계 표준 프레임워크로 ISMS(Information Security Management System)[3]는 물론, ISMS-P(Personal Information & Information Security Management System),[4] 정보보호 관리등급제, 개인정보 영향평가 등의 국내 모든 정보보호 관리체계 프레임워크를 통칭하는 용어로 사용하도록 한다. 다시 말하면 국내 관리체계의 표준이며 인증 규격으로 정보보호 관리 모델이며 프레임워크라 할 수 있다.

이러한 경영시스템에서 정보보호를 주제로 어떻게 기업 정보를 지킬 것인가?, 또한 효과적으로 활용하는가? 라는 점이 관리체계의 진수라고 할 수 있다. 국내 관리체계의 공통 표준 모델은 이런 구조를 위해 필요한 경영자원(예를 들어 조직, 인재, 설비, 정책, 목적, 제도, 절차, 문서, 기록 등)과 이런 구조의 구축방법, 운용방법 등을 PDCA 사이클로 나타낸 것이다.

관리체계에서는 조직 및 기업에서 취급하는 '대상'의 형태를 불문하고 그 조직 또는 기업의 중요한 자산으로써 규정하고 '정보자산'이라는 개념을 사용하고 있다. 기업 내에 있는 다양한 '정보자산'이 유출되거나 조작되거나, 도난당하는 위험을 방지하는 설비와 대책을 개

3) ISMS는 정보통신망법 제47조 규정에 따라 정보보호를 위한 일련의 조치와 활동이 인증기준에 적합함을 인터넷진흥원 또는 인증기관이 증명하는 인증 규격 또는 정보보호 관리체계 표준

4) ISMS-P는 정보통신망법 제47조 및 개인정보 보호법 제32조 규정에 따라 정보보호 및 개인정보보호를 위한 일련의 조치와 활동이 인증기준에 적합함을 인터넷진흥원 또는 인증기관이 증명하는 규격 또는 정보보호 관리체계 표준

선·관리하기 위한 규칙을 정하고, 안전하게 사업을 전개하는 것이 (개인)정보보호 관리체계이다.

이러한 개념 하에 관리체계 제도의 목표는 의사결정시스템, 경영관리체계, 내부통제시스템의 일환으로서 검토하고 대책을 강구해 나가는 데에 있으며, 기술적인 면뿐만 아니라 정보보호 운용 및 인적 조직을 포함한 전반을 관리체계로 연결시켜 나가는 데에 있다.

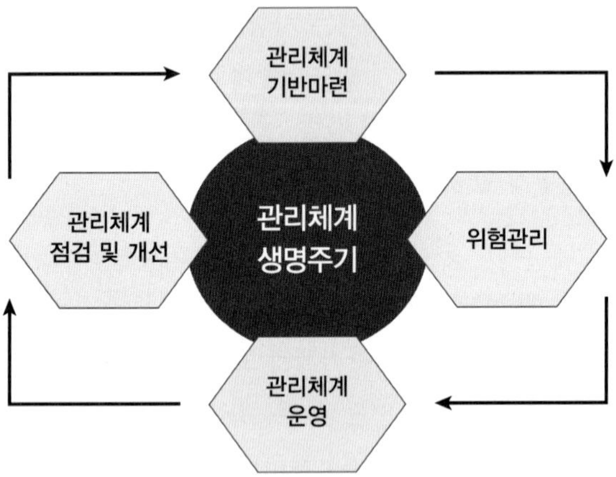

[그림 1-3] 관리체계 생명 주기

(3) 프로세스 접근방법

조직 내에서 프로세스를 명확히 하고 그 상호 관계를 파악하여 운영·관리하는 동시에 일련의 프로세스를 시스템으로서 적용하는 것을 '프로세스 접근방법'이라고 한다. 프로세스 접근방법이라고 하는 개념은 품질경영시스템(ISO9000)[5] 등에서 소개되어 많은 조직에서 활용되고 있는 개념으로 정보보호 분야에 대해서도 경영시스템으로 간주하고 정보보호 관리에 접목시킨 것을 말한다. 국내 관리체계 표준 프레임워크는 이러한 경영시스템의 프로세스 접근법을 국내 실정에 맞도록 개발하여 정보보호 관리체계에 접목시켰다.

프로세스 접근방법에서는 입력을 출력으로 변환하기 위해 경영자원을 이용하여 운영·관리되는 모든 활동을 프로세스로 본다. 그리고 조직 내에 존재하는 업무 프로세스를 명확히

5) ISO 9000 품질 경영 시스템 표준은 조직이 고객 및 기타 이해 관계자의 요구를 충족시키면서 제품 또는 서비스와 관련된 법적 및 규제 요구 사항을 충족 할 수 있도록 지원하도록 설계되었다. ISO 9000은 표준 계열이 기반을 둔 7가지 품질 관리 원칙을 포함하여 품질 관리 시스템의 기본 사항을 다루고 있다. ISO 9001은 표준을 충족하고자하는 조직이 이행해야하는 요구 사항을 다룬다.

하고, 그들의 상호 관계를 파악하여 이들 일련의 프로세스를 시스템으로 적용해 운영·관리하는 개념(접근방법)이다.

이러한 순환적인 구조형태를 데밍의 품질관리 사이클(Deming's Quality Management Cycle)이라고 한다. 또는 PDCA 사이클이라고도 한다. 품질 관리는 곧 품질의 지속적인 개선을 의미하는데 이렇게 하기 위해서는 Plan → Do → Check → Act, 즉 계획, 실행, 점검, 개선 활동과 이러한 것들의 피드백(feedback)이라는 선순환구조를 이루어야 한다는 이론이다. 오늘날 공학과 이론, 경영, 산업계의 표준 등에 두루 쓰이고 있다.

국내 관리체계 표준 프레임워크(ISMS) 개발 당시 이러한 프로세스 접근방법을 활용하는 경영시스템을 정보보호에서도 접목시키고자 PDCA 모델을 도입하여 조직의 정보보호를 관리하기 위해 수많은 활동을 확실히 한 '프로세스 접근방법'을 적용하였다. PDCA 사이클은 관리과정뿐만 아니라 정보보호대책에도 모두 적용하고 있으며 관리체계가 톱니바퀴와 같이 365일 지속적으로 순환하는 개념으로 이것이 국내 관리체계의 철학이며 사상이다. 따라서 조직에서 관리체계를 수립, 도입, 운용, 감시, 유지하고 개선할 때에는 프로세스 접근방법을 채용하도록 하고 있다.

조직은 효과적인 기능을 위해 수많은 활동을 확실히 하고, 운용 관리한다. 입력을 출력으로 변환 가능하도록 하기 위해 경영자원을 사용해 운용·관리되는 모든 활동은 프로세스로 볼 수 있다. 일반적인 프로세스 접근방법은 [그림 1-4]와 같다.

[그림 1-4] 프로세스 접근방법

인풋과 아웃풋으로 변환하기 위하여 자원을 사용하는 하나의 활동 또는 일련의 활동은 프로세스로 간주할 수 있다. 조직이 효과적으로 기능하기 위해서는, 서로 연관되고 상호작용하는 수많은 프로세스를 명확히 하고 운영·관리해야 한다. 한 개의 프로세스의 아웃풋은 많은 경우, 다음 프로세스에 대한 인풋이 된다. 조직 내에서 사용되는 프로세스 및 특히 그러한 프로세스간의 상호작용을 체계적으로 명확히 하고, 운영관리하는 것을 "프로세스 어프로치"라고 부른다.

프로세스 접근방법에서는 각각의 프로세스에 대해 '입력'되는 것이 무엇이고, '처리' 결과로서 '출력'되는 것이 무엇인가를 다각적으로 검토하고 명확히 할 필요가 있다. 관리체계의 구축에서는 여기에서 검증되어 확실해진 정보보호에 관한 항목을 바탕으로 프로세스에 관여하는 정보자산의 위험을 식별하여 적절한 보호대책을 실시해 운영해 가는 것이라 할 수 있다. 즉 관리체계의 구축을 일련의 프로세스로 보고 각각의 프로세스를 프로세스 접근방법에 따라 명확히 하여 그 상호관계에 있는 입력과 출력을 파악함으로써 관리체계의 구축에 요구되는 중요한 사항을 인식할 수 있다.

국내 표준 (개인)정보보호 관리체계 프레임워크인 정보보호 관리체계(Information Security Management System)의 기본 철학인 프로세스 접근방법을 활용하고, 이를 이행하기 위한 개념으로 'PDCA 모델'을 활용하고 있다. 이해 관계자의 정보보호 요구사항 및 기대를 입력으로, 이들의 요구사항 및 기대를 충족시키는 정보보호의 결과(운용·관리된 정보보호)를 출력으로 이끌어 내기 위해 필요한 활동 및 프로세스를 관리체계 프로세스라 한다. 기업·조직의 사업 활동은 입력이 처리되어 출력으로서 가치를 낳는 프로세스의 연속이라 할 수 있다. 관리체계에서도 PDCA 사이클에 의해 정보보호의 계속적 개선을 추구하는 프로세스 접근방법인 경영시스템인 것이다.

〈표 1-4〉 국내 관리체계 표준 프레임워크(ISMS)와 일반적인 PDCA 비교

<table>
<tr><th>국내 관리체계 표준 프레임워크(ISMS)</th><th>PDCA 모델</th></tr>
<tr><td>관리체계 기반 마련</td><td rowspan="2">계획(Plan)</td></tr>
<tr><td>위험 관리</td></tr>
<tr><td>관리체계 운영</td><td>실행(Do)</td></tr>
<tr><td rowspan="2">관리체계 점검 및 개선</td><td>점검(Check)</td></tr>
<tr><td>개선(Act)</td></tr>
</table>

결론적으로 프로세스 접근방법(Process Approach)이란 조직 내 프로세스를 명확하게 하고 그 상호관계를 파악하여 운용·관리함으로써 하나의 연결된 시스템으로 적용하는 것을 말한다. 조직이 정보보호대책을 세울 경우에는 튼튼한 정보보호를 구축하는 것을 목적으로 하며, 이 목적을 달성하기 위해 다양한 프로세스를 조합하여 실천한다. 따라서 관리체계를 프로세스 접근 관점에서 보면 조직의 정보보호와 관련된 프로세스를 명확하게 하여 각각의 프로세스를 적절하게 운용·관리하여 정보보호 품질을 높일 수 있다.

3. (개인)정보보호 관리체계 구축 필요성

(1) 관리체계는 정보보호의 가장 기본이자 시작

(개인)정보보호에 대한 기업의 사회적 책임과 역할이 어느 때보다 중요한 시점이며, (개인)정보보호 컴플라이언스, (개인)정보보호 거버넌스 등 정보보호 관리 문제가 기업 경쟁력의 핵심 요소로 인식되고 있으며 또한 정보보호 사고로 인한 법적 분쟁 발생 시 정보보호 활동에 대해서도 어떻게 대응할지 고민이다. 이런 문제를 해결하기 가장 좋은 솔루션은 관리체계를 구축·운영하는 것이다.

그동안 조직별로 부분적, 일회성 활동을 통해 단편적 대응을 하였다면 관리체계 구축을 통해 중요한 자산보호를 위해 조직 전체에 걸쳐 서로 협력관계를 유지하여 지속적 체계적 대응이 가능하다. 또한 조직이 집중적으로 대응해야 할 위험 관리 체계를 유지하고 적절한 보호대책을 실시함으로써 (개인)정보보호 사고의 발생가능성을 줄이고 사고가 발생했을 경우에도 손실 경감으로 기업 가치 향상과 비즈니스 연속성을 보장할 수 있다. 이렇게 관리체계는 실천이며 기술이 아니라 종합예술이다.

이러한 환경변화에 대응하기 위한 기업의 효과적인 정보보호 강화 전략으로는 먼저 전담조직을 구성하고 정책 수립 및 정보자산에 대한 위험 평가 등 체계적이고 일관적인 정보보호 관리 활동을 할 수 있는 기틀을 마련하는 것에서부터 시작해야 한다. 정보보호를 위한 절대적이고 영속적인 대책은 없다. 공격은 방어를 이길 수밖에 없다. 이것을 해결하는 최선의 선택은 정보보호 관리체계 구축이다.

정보라는 눈에 보이지 않는 자산을 대상으로 하는 정보보호에서는 확실한 관리체계를 구축하지 않고는 정확하게 관리하고 운영할 수 없다. 관리체계는 정보보호의 가장 기본이자 시작이다.

(2) 관리체계 구축 및 인증 필요성

① 조직의 정보보호 수준에 대한 대내외적 신뢰도를 높이기 위해서 전문적이고 객관적인 제3자에 의한 평가가 필요하다. 관리체계 구축에 대한 제3자의 객관적인 평가를 통해 사업 파트너, 고객, 주주들에게 조직의 정보보호 관리 능력에 대한 보증을 제공함으로써 조직의 이미지를 제고하고 사업을 활성화하는데 기여한다.

② 관리체계 구축 및 운영 과정을 통해 관리체계를 다시 한 번 검토하고 보완하는 과정에서 관리체계를 강화하고 이는 장기적으로 정보보호 수준을 목표한 대로 유지하여 사업을 지원하는데 도움이 된다.

이러한 특성으로 인해 세계 각국에서는 자체적인 관리체계 인증제도를 수립하고 이러한 인증의 활성화를 통해 조직의 정보보호 수준을 제고하며 객관적이고 올바른 정보를 제공하여 고객과 주주, 조직 간의 신뢰를 제고하기 위하여 노력하고 있다. 우리나라의 관리체계 인증제도 역시 이러한 국제적인 추세에 능동적으로 대응하기 위하여 수립되었다.

③ 관리체계를 나름대로 수립하고 유지했다고 해도 제대로 구축하고 운영되는지를 판단하기 어렵다는 것이다. 과연 우리가 수립한 체계가 적합한 것이고 우리의 관리 활동이 효과적인 것인가? 라는 의문을 가질 수 있다. 이러한 의문은 관리체계를 직접 수립하고 관리하는 조직만이 갖는 것은 아니다. 이러한 조직과 활동을 평가해야 하지만 평가할 정보가 부족한 경영층의 의문일 수도 있다.

긍정적인 측면에서 이러한 어려움의 많은 부분을 해결해 줄 수 있는 제도가 '인증'이라는 제도이다. '인증'이라는 것은 공인되고 객관적인 제3자가 기업의 관리체계 운영의 적정성에 대해 인증심사 과정을 거쳐 증명하여 주는 것이다. 그러므로 인증제도가 효과적으로 활용될 경우 인증 획득이라는 목표점을 사용하여 최고 경영층의 강력한 지원을 이끌어 낼 수 있고 조직 전체의 참여를 유도할 수도 있다.

④ 정보보호체계를 수립하고 정착시킬 수 있도록 관련 담당조직에 상당한 힘을 실어줄 수 있게 된다. 물론 부정적인 측면에서는 이러한 관리체계 구축이 그렇지 않아도 많은 어려움을 겪고 있는 정보보호 조직에게 업무 부하나 또 다른 요구사항과 압박으로 다가올 수도 있다. 또한 과정을 중시하기보다는 결과물에 초점을 맞추게 될 경우 정상적인 정보보호 활동이 왜곡화 될 수도 있다.

⑤ 관리체계를 도입하여 구축하는 것만큼이나 이를 실질적인 업무에 활용하는 것이 중요하다. 초기에 관리체계가 비즈니스 특성과 중요 정보자산의 환경을 반영하여 최적화된 구축에는 어려움이 있게 마련이다. 앞서 관리체계를 조직의 중요한 정보자산을 보호하기 위한 위험 관리 기반의 체계적이고 지속적인 보호 활동이라 정의하였다. 이런 활동을 통해 조직별로 부분적, 일회성 활동을 통해 단편적 대응을 하였다면 관리체계 구축을 통해 중요한 데이터 보호를 위해 조직 전체에 걸쳐 서로 협력관계를 유지하여 지속적·체계적 대응이 가능하다.

⑥ 조직이 집중적으로 대처해야 할 위험 관리(Risk Management)체계를 유지하고 적절한 보호대책을 실시함으로써 정보보호 사고의 발생가능성을 줄이고 사고가 발생했을 경우

에도 손실경감으로 기업 가치 향상과 비즈니스 연속성을 보장할 수 있다.

⑦ 4차 산업혁명 시대에 (개인)정보보호 컴플라이언스 등 정보보호 관리 문제가 기업 경쟁력의 핵심 요소로 인식되고 있으며, 정보보호 사고로 인한 법적 분쟁 발생 시 대응전략이 필요하다. 이러한 환경변화 대응하기 위한 기업의 효과적인 정보보호 강화 전략으로는 먼저 전담조직을 구성하고 정책 수립 및 정보자산에 대한 위험 평가 등 체계적이고 일관적인 (개인)정보보호 관리 활동을 할 수 있는 기틀을 마련하는 것에서부터 시작하여야 한다.

(3) 관리체계 구축 장점

관리체계를 구축하고 운영할 경우 내외적으로 많은 이점이 있다. 관리체계는 이론이 아니라 현실속의 실천이 될 때 힘을 받을 수 있다. 관리체계 구축의 효과를 극대화하기 위해서는 최고 경영진 및 전직원의 참여와 실천 의지가 중요하다.

① 관리체계의 구축 활동을 지속적으로 수행하고 사후관리를 통해 직원들의 참여인식이 향상되고 정보보호에 대응하는 방법이 달리지면서 '직원의 정보보호 의식개혁을 실현한다.'는 목적을 이룰 수 있다.

② 정보의 기밀성, 무결성, 가용성을 지속적으로 유지하는 시스템이 수립되며 종합적이고 효과적인 정보보호대책을 수립함으로써 정보보호 수준이 향상되어 조직적인 정보보호 관리 능력의 수준 향상으로도 이어진다.

③ 위험에 대해 조직에서 전체적으로 관리함으로써 위험이 감소될 수 있다.

④ 관리체계를 구축하는 것이 100% 안전을 보증하는 것은 아니므로 일어날 수 있는 사건, 사고의 피해를 최소화하여 사업을 지속할 수 있는 체계를 구축할 수 있다.

⑤ 기업 체질의 강화와 경쟁력 강화, 조직의 지속 발전 및 비즈니스 확대로 이어질 수 있다.

⑥ 제3자로부터 인증 등을 통해 조직의 정보보호 수준이 높다는 '증거'가 되어 고객이나 협력업체에 대한 강력한 홍보수단이 된다. 정보의 안전성이 보증됨으로써 대외적 신뢰도도 증가하며 영업력도 강화된다. 또한 '고객만족과 신뢰도 향상'이 새로운 차별화의 포인트가 되므로 비즈니스 기회가 확대된다.

⑦ 최근 공공기관에서는 특정분야에 대해 보안인증을 취득할 것을 거래조건이나 입찰요건으로 요구하고 있으며, 기업 간 거래에서도 인증을 취득할 것을 조건으로 요구하고 있다.

⑧ 법령이나 규범의 준수는 조직에게 중요한 경영과제이지만 관리체계 구축 및 운영은 법규 준수를 실천하는 조직임을 증명하여 사회적으로 평가받을 수 있다. 자사가 적용해야 하는 법령 및 법규를 명확히 하고 요구사항을 파악, 필요한 대책을 취하고 준수사항을 유지·감시하는 것은 관리체계의 가장 중요한 목적 중 하나이다.

⑨ 정보보호 관리의 실천을 통해 새로운 기업 문화가 조성된다. 준법성 향상, 기업윤리 및 윤리인식 제고, 영업상의 이미지 향상, 위험 관리의 향상, 정보자산의 중요도에 따른 관리 방안, 경쟁력 강화, 종합적인 기업 경영의 안정화에 있다. 관리체계는 정보보호 수준을 지속적으로 개선해 나가는 것이며, 기업의 문화가 되어야 한다.

Tip — 관리체계 구축 및 운영상의 어려움

① 관리체계의 구축 및 운영은 기술적인 문제라기보다는 프로세스와 사람이 연계된 문제이기 때문이다.

② 정보보호와 관련된 조직/책임/역할/권한이 불분명하고 협조체계가 미흡하기 때문이다.

③ 기업 내에 관리체계의 핵심요소인 위험 관리의 기법들이 제대로 활용되고 내재화되지 않고 있다.

④ 관리체계의 운영은 장기간의 꾸준한 유지보수 활동을 요구하기 때문이다.

⑤ 관리체계에 대한 주기적인 감사와 측정이 부족하기 때문이다. '측정'이 없이는 '개선'이 없다.

⑥ 기업이 정보보호의 이슈를 효과적이며 체계적으로 대응하고 관리하기 위해서는 자체적으로 이러한 체계를 수립하고 유지하고 강력한 추진요인이 필요한데 이러한 추진요인을 확보하기 어렵다는 것이다.

⑦ 경영층의 지속적인 의지, 강력한 추진요인이 없다면 중도에서 포기하기 쉽고 유지되기 어렵다.

4. 정보보호 관리체계 분류

4.1 해외 정보보호 관리체계

(1) ISO/IEC[6] 27001

① ISO/IEC 27001 표준화 연혁

ISO/IEC 27001은 1995년도에 영국에서 개발한 BS7799(Part1, Part2)를 영국에서 국제 표준으로 상정하여 2005년도에 국제 표준인 ISO/IEC27001과 ISO/IEC27002로 표준화되었다. ISO/IEC 27001은 원래 BS7799[7]에서 발전한 것으로, 모범사례는 BS7799 Part1, 인증기준은 BS7799 Part2로 나뉘어졌고, BS7799 Part1이 ISO/IEC17799로 먼저 국제 표준이, 인증기준인 BS7799 Part2가 뒤이어 ISO/IEC 27001로 국제 표준이 되었다.

우리나라에서도 영국의 BS779와 같이 국내 독자 개발한 ISMS 표준이며 인증 규격 이였던 국내 ISMS 표준을 ISO/IEC 국제 표준으로 상정하게 되었으며, 이후 BS7799와 같이 국내 ISMS 표준을 ISO/IEC 27001에 대부분 반영되어 ISO/IEC 27001:2005이 탄생하게 되었다. 이후 ISO/IEC 27001:2013 개정판에서는 국내 ISMS 표준의 장점이였던 PDCA 프로세스 부분이 PDCA가 삭제되고 기존 ISO/IEC 27001:2005의 통제항목 11개 영역 137개에서 통제항목 14개 영역 114개로 개정되었다.

기존 ISO/IEC 27001:2005 기반에서는 국내 표준인 ISMS를 대부분 수용하여 자산, 위협, 취약점을 가지고 정보 자산 중요도 평가, 위협평가, 취약점 평가, 위험도를 산정하고 수용 가능한 위험수준(DoA: Degree of Assurance), 즉 조직에서 허용 가능한 위험을 정의(관리해야 할 위험도)하였으나, ISO/IEC 27001:2013에서는 별도로 ISO/IEC 31000 방법론을 활용하여 원칙, 프레임워크, 프로세스를 적용하도록 하고 있다. 조직 측면에서는 자

---

6) ISO/IEC JTC 1(International Organization for Standardization/International Electrotechnical Commission Joint Technical Committee 1)은 ISO와 IEC의 첫째 합동 기술 위원회이다. 1987년에 설립. ISO의 정보 기술 표준안과 IEC의 정보 기술 표준안의 충돌을 막음으로 정보 기술의 표준화를 보다 효율적으로 추진하는 것이 주목적이다. ISO는 여러 나라의 표준 제정 단체들의 대표들로 이루어진 국제적인 표준화 기구이다. 1947년에 출범하였으며 나라마다 다른 산업, 통상 표준의 문제점을 해결하고자 국제적으로 통용되는 표준을 개발하고 보급한다.

7) BS7799는 정보 보안 경영 시스템의 개발, 수립 및 문서화에 대한 요구 사항들을 정한 국제 인증 규격으로 1995년 영국 표준으로 제정된 것으로 1999년 개정을 거쳐 국제표준화기구(ISO)에 의해 국제 표준으로도 제정되었다. 영국의 BS7799와 우리나라의 ISMS 표준이 향후 국제 관리체계 인증 규격인 ISO/IEC 27001, 27002에 기여하였다.

산의 가치에 따라(정보 자산 등) 기존 ISO/IEC 27001, ISO/IEC 27005, ISO/IEC 31000를 방법론으로 선택하여 적용할 수 있도록 하였다.

② ISO/IEC 27001 프레임워크

ISO/IEC 27001:2005에서 ISO/IEC 27001:2013년 개정 표준에는 통제항목을 개정하여 ISO/IEC 27001:2005의 11개 영역 133개 통제항목에서 ISO/IEC 27001:2013에서는 14개 영역 114개 통제항목으로 구성되었다. 또한 ISO/IEC 27001:2013은 국내 ISMS 표준을 반영하였던 PDCA 개념은 삭제하고 위험 관리의 절차 및 방법도 최대한 배제하였으며, 위험 평가 및 위험처리 요구사항의 대부분의 내용을 삭제되었다. ISO/IEC 27001:2013의 상위 구조는 7개 프로세스로 재정의하였다.

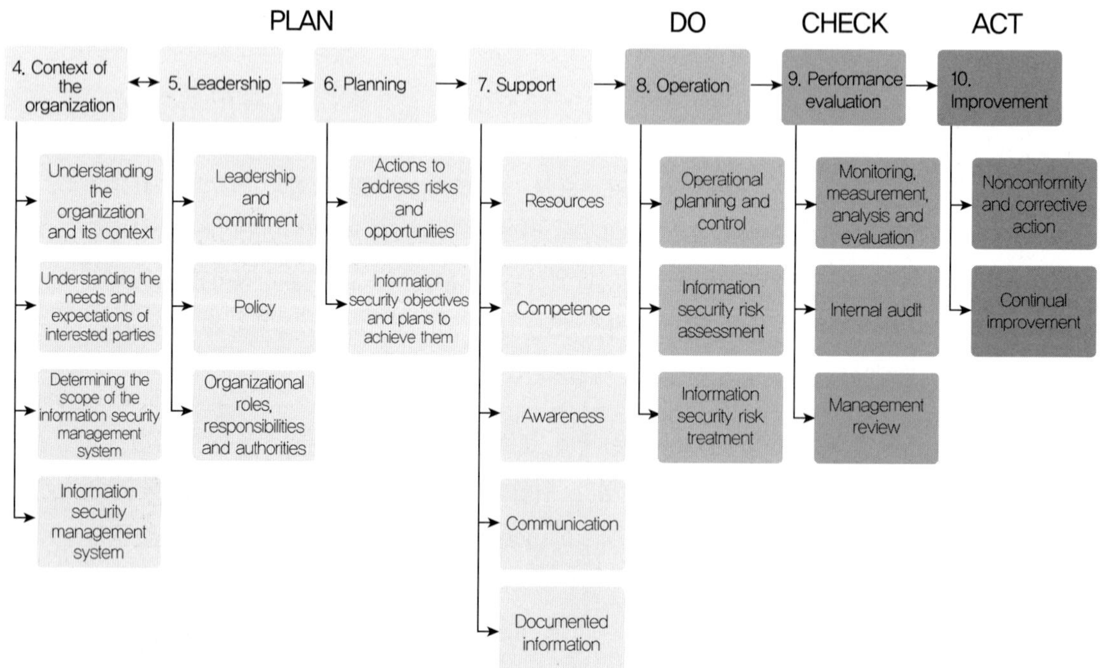

[그림 1-5] ISO/IEC 27001:2013 프레임워크

국내 관리체계 공통 프레임워크와 ISO/IEC 27001:2013을 비교하면 〈표 1-5〉와 같이 구분할 수 있다.

〈표 1-5〉 ISMS와 ISO27001 프레임워크 비교

국내 관리체계 프레임워크(ISMS)	ISO/IEC 27001:2013
관리체계 기반 마련	Policy
	Leadership, Context of the Organization
위험 관리	Planning
	Support
관리체계 운영	Operation
관리체계 점검 및 개선	Performance Evaluation
	Improvement

③ ISO/IEC 27001 인증 규격

ISO/IEC 27001에서 제시하고 있는 통제항목은 모범사례를 모은 ISO/IEC 27002(Code of Practice for Information Security Management)에서 제시하는 내용과 직접적으로 관련이 있다. ISO/IEC 27002는 ISO/IEC 27001에서 제시하고 있는 통제를 지원하기 위한 방향을 제공한다. ISO/IEC 27001:2013은 14개 도메인, 114개 통제항목으로 구성되어 있으며, 이 통제항목에는 관리체계가 조직에 효과적으로 정착되고 운영되기 위해 필요한 요구사항들이 포함되어 있다.

〈표 1-6〉 ISO/IEC 27001 통제항목 및 통제 내용

정보보호영역	통제항목	통제항목 수
1. 정보보호 정책	정보보호 정책	2
2. 정보보호 조직	정보보호 조직 구성	7
3. 인적자원 보호	내부조직, 외부기업, 고용 전, 고용기간, 고용 변경 및 종료	6
4. 자산 관리	자산책임, 정보 분류	10
5. 접근 통제	접근통제 요구사항, 사용자 접근관리, 사용자 책임, 네트워크 접근통제, 운영시스템 접근통제, 접근통제, 모바일컴퓨팅	14
6. 암호화	암호 통제 정책, 키관리 등	2
7. 물리적 정보보호	정보보호구역, 정보처리설비정보보호	15
8. 운영관리	운영절차와 책임, 제3자 서비스관리, 시스템계획과 인수, 악성 및 이동, 코드로부터 보호, 백업, 네트워크 정보보호 관리, 매체취급, 정보교환, 전자상거래서비스, 모니터링	14

9. 통신 보안	네트워크 정보보호 관리, 매체취급, 정보교환, 전자상거래서비스, 모니터링	7
10. 정보시스템 도입 · 개발 및 유지보수	정보시스템, 정보보호 요구사항, 어플리케이션의 정확한 처리, 암호통제, 시스템파일 정보보호, 개발프로세스 정보보호, 기술적취약점 관리	13
11. 위탁관리	공급자 보안 정책, 계약(SLA), 서비스 모니터링 및 검토, 변화관리 등	5
12. 정보보호 사고관리	정보보호 사건보고, 정보보호 사고관리	7
13. 업무연속성 관리	업무연속성 관리	4
14. 준거성	법적 요구사항 준거, 적합성 준수, 정보보호감사 고려사항	8
총계		114

④ ISO/IEC 27001 관련 표준화 동향

정보보호 관리체계 국제 표준화 추진은 ISO/IEC JTC1 SC27 WG1에서 주도하고 있으며 특히 ISO/IEC 27000 시리즈를 개발하고 개정하는 역할을 하고 있다. 우리나라는 국내 ISMS 표준이 ISO/IEC 27001 국제 표준 제정에 많은 기여를 하였으며 특히 ISO/IEC 27014(Governance of information security)는 우리나라가 국제 표준으로 제안하여 채택된 결과이며 향후 국내 정보통신망법에 정보보호 관리등급제 제도화의 기반이 되었다. 현재 표준화 완료 또는 진행 중인 ISO/IEC 27000 시리즈는 〈표 1-7〉과 같다.

〈표 1-7〉 ISO/IEC 27000 Family

ISO 과제 번호	제목
ISO/IEC 27000	Overview &vocabulary
ISO/IEC 27001	Information Security Management Systems Requirements
ISO/IEC 27002	Code of practice for information security management
ISO/IEC 27003	ISMS Implementation guidelines
ISO/IEC 27004	ISMS measurement
ISO/IEC 27005	Information Security Risk management
ISO/IEC 27006	Requirements for certification body of ISMS
ISO/IEC 27007	Guidelines for ISMS auditors
ISO/IEC 27008	Guidelines for ISMS controls audit
ISO/IEC 27010	ISM for Inter-sector communications

ISO/IEC 27011	Information security management guidelines for telecommunications organizations based on ISO/IEC 27002(x.1051/27011)
ISO/IEC 27013	Guidelines on integrated implementation of ISMS &ITSM
ISO/IEC 27014	Governance of information security
ISO/IEC 27015	ISM for financial services
ISO/IEC 27016	ISM-Organisational economics
ISO/IEC 27017	Cloud computing security and privacy

(2) 일본의 정보보호 관리체계

일본의 정보보호 관리체계 인정기관은 METI(경제산업성, Ministry of Economy, Trade and Industry) 산하의 JIPDEC(Japan Information Processing Development Corporation)[8]이며 ISO 인증 체계와는 다른 별개의 스킴(Scheme)을 유지하고 있다. 즉 인증기관 인정인증심사를 위한 별도의 위원회를 운영하고 있으며, 인증기관 지정신청은 상시이며, 인증기관의 유효기간은 3년이고 매년 인증기관 유지요건을 인증심사하고 있다. 인증기관 인증심사는 인증심사 능력 중심으로 인증심사하며, 시설 보유 등 현장실사도 수행하고 있다. 단, 인증기관이 보유해야 할 인력의 수는 규정되어 있지 않다. 또한 인증심사원이 반드시 인증기관에 소속될 필요는 없으며, 인증심사원에 대한 100% 아웃소싱도 가능하다.

외부 인증심사원 활용은 다양한 경험자 확보차원에서 바람직하며, 기술적 인증심사가 필요하면 인증심사팀에 관련 전문가를 포함시킬 수 있다. 현재 JIPDEC에서 인정한 인증기관은 BSI(British Standard Institution), TUV[9] 등이며, 기존 ISO 인정기관인 JAB에서도 관리체계 인정업무를 수행 중에 있다.

일본의 인증기준은 2002년도에 국내와 같이 초기 독자 기준을 개발하여 적용해오다가 BS7799의 국제 표준화에 따라 ISO/IEC 27001로 규격만 국제 표준을 수용한바 있다. 관

8) JIPDEC는 일본정보처리개발협회로 1967년에 설치된 일본 정보 처리 센터가 1976년에 일본경영정보개발협회 및 정보 처리 연수 센터와 합병하여 현재의 명칭으로 확대 개편되었다. 현재 프라이버시 마크제도, 정보보호 관리체계 구축 및 보급개발 등 업무를 수행하고 있다.

9) TUV(Technischer Uberwachungsverein)는 150여 년 전에 설립□으며 전 세계 500여 개의 지사와 시험소에서 20,000여 명의 직원이 품질과 안전, 환경을 위해 다양한 산업 분야의 시험, 검사, 인증, 평가 및 교육 서비스를 제공하고 있는 글로벌 시험, 인증기관

리체계 스킴 자체는 국내와 유사하나 인정기관(ISO17011), 인증기관(ISO Guide 62), 교육기관(ISO27006), 인증기준(ISO27001) 등은 국제 표준을 준용하고 있다.

컨설팅과 인증심사가 분리되어 인증기관으로 지정되려면 사전컨설팅을 할 수 없다. 교육기관은 사전컨설팅을 수행할 수 있다. 국가기관, 민간업체 등 관리체계 인증 대상에 대한 제한은 없으나, 관리체계 인증활성화 요인으로 국가기관 및 대기업 등에 입찰조건으로 관리체계 인증 취득 또는 가산점을 부여하고 있다. 일본의 관리체계 인증 체계는 [그림 1-6]과 같다.

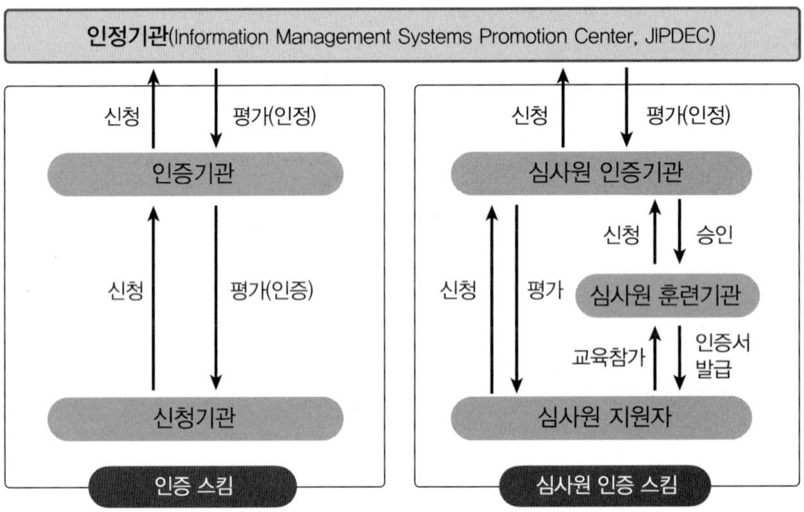

[그림 1-6] 일본의 관리체계 인증체계

(3) 미국의 정보보호 관리체계(FISMA)

2002년도에 미국 연방정부기관의 정보시스템을 보호하기 위한 최소한의 통제의 개발 및 유지를 위한 프레임워크를 제공하기 위해 제정된 FISMA(Federal Information Security Management Act of 2002)는 2014년에 정보보호 위협, 취약점, 위험으로부터 연방 정보와 정보 시스템을 보호할 목적으로 FISMA(Federal Information Security Modernization Act of 2014)로 개정하였다.

FISMA 2014에서는 국토안보부가 관리예산처를 지원할 권한을 가지며 연방정부기관의 정보보호 활동의 이행을 관리하도록 하였다. 국토안보부는 NIST(National Institute of

Standards and Technology, 국가표준기술국)[10]의 자문을 통해 정부기관 관계자들과 회의를 소집하여 정보보호를 위한 정부차원의 노력을 협의하고 관계 기관의 운영 및 기술지원을 제공하도록 하였다. 또한 관리예산처가 개발한 정보보호 정책, 표준, 가이드를 구현한 기관들의 운영지침을 감독할 권한도 부여되었다.

연방정부기관은 매년 의회에 기관보고 시 기존의 주요정책 및 회계정보뿐만 아니라 보안요구사항과 위협, 보안사고, 규정준수에 관한 세부사항까지 보고하도록 하고 있다. 또한 연방정부기관은 침해사고 통지 정책과 지침을 정기적으로 업데이트 하여야 하며 침해사고 발생 시 연방정부기관은 신속하게 의회에 통지를 해야 한다.

통지는 침해사고를 발견한 날로부터 30일 이내, 통지내용은 침해사고에 대한 정보를 반드시 포함해서 영향을 받는 예상 피해자 수, 피해자에 예상되는 유해성의 위험, 피해자에 통지 시점 등이다.

회계감사원은 기관장과 감사관들이 직무를 다할 수 있도록 기술적 지원을 제공하도록 하

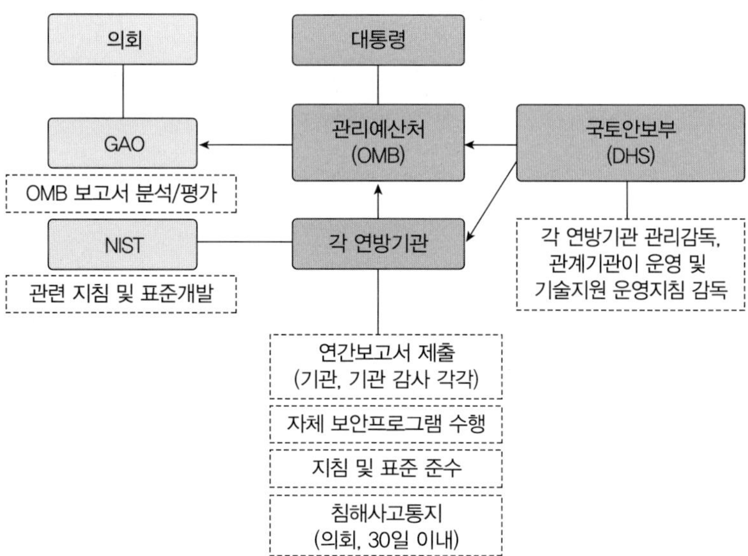

[그림 1-7] 미국 연방정부의 정보보호 구현 및 평가 프로세스

10) 미국 국립표준기술연구소(NIST, National Institute of Standards and Technology)는 1901년부터 1988년까지 국립표준국(NBS, National Bureau of Standards)이라고 알려진 측정 표준 실험실로 미국 상무부 산하의 비규제 기관이다. 연구소의 공식적인 임무는 경제 안보를 강화하고, 삶의 질을 개선하는 방식으로 측정 과학, 표준 및 기술을 진보시켜 미국 혁신과 산업 경쟁력을 증진시키는 것이다(위키백과).

고, 연방정보보호사고센터에서는 기관을 지원하기 위해 사이버 위협, 취약점, 침해사고에 대한 정보를 제공하기 위한 기능 업데이트를 수행한다.

관리예산처는 정부기관의 보고사항에 적용되는 주요 사고가 무엇인지에 대한 가이드를 제공하여야 하며 국토안보부 장관과 협의하여 연방정부기관의 정보보호 정책과 활동의 효과를 매년 의회에 보고하도록 하고 있다. 미 연방정부의 정보보호 구현 및 평가 프로세스는 [그림 1-7]과 같다.

① FISMA 관리체계 프레임워크

FISMA의 궁극적인 목표는 기관의 정보와 정보시스템을 중대한 위험(Risk)으로부터 보호하여 기관이 주어진 임무(Mission)를 완수할 수 있도록 하는 것이다. FISMA 개발 프로젝트의 핵심 요소로, NIST는 기관의 포괄적이고 균형적인 관리체계 개발을 진척시키기 위하여 FISMA와 연관된 정보보호 표준과 지침서들을 개발하고 있다. 또한 이러한 표준과 지침서들을 효과적으로 통합할 수 있는 위험 관리 틀(RMF, Risk Management Framework), 즉 NIST SP 800-39(NIST 위험 관리 체계)를 개발하였다. FISMA 법에 의한 관리체계는 NIST로 하여금 제정한 구현 표준과 지침이 모두 완료되었으며 지속적인 개정 작업을 수행하고 있다. 위험 관리 체계(RMF)는 위험을 관리하기 위한 활동들을 6단계의 구조로 나누어 설명하고 있으며 FISMA 위험 관리 프레임워크는 [그림 1-8]과 같다.

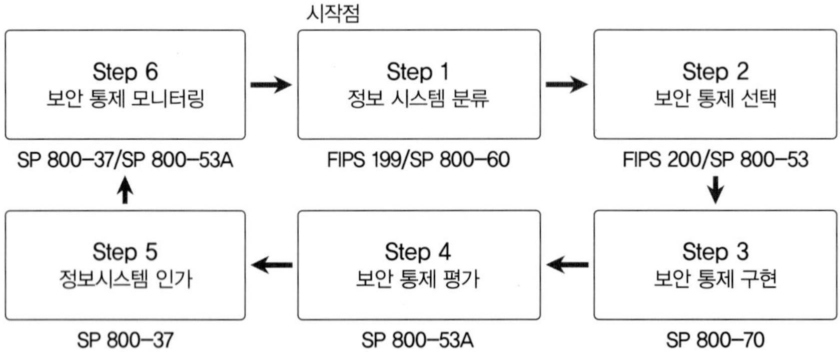

[그림 1-8] The Risk Management Framework(NIST Special Publication 800-37)

- Step 1은 정보시스템 분류(Information System Categorization)이다. 특정 사건 또는 위험이 기밀성, 무결성, 가용성 관점에서 정보와 정보 시스템에 잠재적으로 미치는 영향력에 기반하여 정보와 정보시스템을 분류한다.

- Step 2는 정보보호 통제 선택(Security Controls Selection)이다. "FIPS 199"의 정보보호 분류와 "FIPS 200"(연방 정보와 정보시스템의 최소 정보보호 요구사항)의 정보보호 요구사항, 위험 정보, 비용 분석, 조직의 사정 등 기타 요소들에 기반하여 정보시스템의 최소 정보보호 통제를 선택한다.
- Step 3은 정보보호 통제 구현(Security Controls Implementation)이다. 실제로 Step 2에서 선택한 정보보호 통제를 정보보호 환경 설정에 맞게 구현한다.
- Step 4는 정보보호 통제 평가(Security Controls Assessment)이다. 정보보호 통제가 시스템의 정보보호요구사항에 기반하여 적절한 방법을 사용하였는지, 구현이 정확한지, 운영이 올바른지, 원하는 결과를 도출하는지를 평가한다.
- Step 5는 정보시스템 인가(Information System Authorization)이다. 정보시스템 운영에 있어 조직 운영, 조직 자산 또는 개별적인 결과와 관련하여 위험을 판단하고, 위험이 용인될 수 있는지 결정하여 정보시스템 운영을 인가한다.
- Step 6은 정보보호 통제 모니터링(Security Controls Monitoring)이다. 선택한 정보보호 통제가 시스템 변경에 따른 문서화, 정보보호 영향력 분석, 정보보호 상태 보고 등의 기본 사항을 계속해서 효율적으로 수행하고 있는지 재평가하고 모니터링 한다.

② 통제항목

통제항목을 설명하고 있는 NIST SP800-53A의 목적은 정보시스템에 부과되는 정보보호 요건의 폭과 깊이를 충족시키기에 충분하고 기존의 다른 정보보호 표준과도 부합하는 일련의 정보보호 통제를 제시하는 데 있다. 17개 정보보호영역으로 구분하고 통제항목은 총 163개의 항목으로 구성되어 있다. 즉 통제항목의 유효성 평가, 객관적 기준 제시, 위험과 위험 감내도 결정 등 다음 〈표 1-8〉은 NIST SP800-53A의 통제항목 및 통제 내용을 제시하고 있다.

〈표 1-8〉 NIST SP800-53A 통제항목

정보보호영역	통제항목	통제항목 수
1	접근 통제	20
2	인식 및 훈련	4
3	감사 및 책임	11
4	인증 및 정보보호 평가	7
5	형상 관리	7

6	비상계획	10
7	식별과 인증	7
8	사고대응	7
9	유지보수	6
10	미디어정보보호	7
11	물리적 환경적 정보보호	17
12	정보보호 계획	5
13	인원정보보호	8
14	위험평가	5
15	시스템 및 서비스인수	11
16	시스템 및 통신정보보호	19
17	시스템 및 정보 무결성	12

관리체계는 위험 평가, 정보보호 계획, 정보보호 정책 및 절차, 침해사고 대응계획, 정보보호 인식 및 교육, 인적 정보보호, 접근제어 방법 등이 포함하여야 하며, 각 정부기관은 IT 시스템·서비스 도입 시 FISMA 인증을 통해 보안성이 검증된 시스템 및 서비스를 도입해야 한다.

FISMA에 의하면 미 상무성 산하 NIST으로 하여금 정보보호 구현 및 평가를 위한 표준과 지침을 작성하도록 요구하고 있다. NIST는 이러한 요구를 만족하기 위하여 기존의 FIPS(Federal Information Processing Standard) 외에 정보보호에 관한 SP(Special Publication) 문서를 추가로 개발하였다. 현재 FISMA 구현을 위한 표준과 지침 모두 완료되었으며 지속적인 개정 작업을 수행하고 있다.

NIST는 SP800-37(연방 정보 시스템의 정보보호 인가를 위한 지침)을 발표하여 국가정보보호시스템을 제외한 모든 연방 정보시스템에 대한 정보보호 인증 및 승인 과정과 방법에 대해 소개하고 있다.

NIST는 FISMA에 의거 연방 정부의 정보보호와 관련한 SP 시리즈를 발표하고 있으며를 발표하였다. 또한 연방정보보호 관리를 지원하는 관리실태평가의 기본 절차인 NIST SP800-53 r3(연방 정보시스템을 위한 권고된 정보보호 통제(Revision 3))와 다른 새로운 방식을 적용한 지침인 NIST SP800-53 r1을 발간하였다. FISMA에 적용되는 NIST 표준

문서는 〈표 1-9〉와 같다.

〈표 1-9〉 NIST 표준 및 가이드 리스트

문서번호	제목	완료일
FIPS 199	연방 정보와 정보시스템의 정보보호 분류를 위한 표준	'04.2
FIPS 200	연방 정보와 정보시스템의 최소 정보보호 요구사항	'06.3
SP 800-37 Rev.1	연방 정보시스템의 정보보호 인증을 위한 지침: 정보보호 생명주기 접근	'10.2
SP 800-53 Rev.3	연방 정보시스템을 위한 권고된 정보보호 통제	'09.8
SP 800-53A Rev.1	연방 정보시스템의 정보보호 통제 평가 지침	'10.6
SP 800-59	정보시스템을 국가 정보보호 시스템으로 식별하기 위한 지침	'03.8
SP 800-60 Rev.1	정보 및 정보시스템의 종류에 따른 정보보호 분류 지침	'08.8
SP 800-70 Rev.2	IT 제품에 대한 국가 체크리스트 프로그램: 체크리스트 사용자 및 개발자를 위한 가이드라인	'11.2
SP 800-18 Rev.1	연방 정보시스템을 위한 정보보호 계획 개발 가이드	'06.2

4.2 국내 정보보호 관리체계

(1) 정보보호 관리체계(ISMS)

① 정보보호 관리체계(ISMS) 개요

국내 관리체계 표준인 ISMS(Information Security Management System, 이하 ISMS)는 개발 당시 프레임워크는 슈하트 사이클 또는 데밍 사이클이라고 하는 PDCA(Plan, Do, Check, Act) 경영관리의 순환 주기(Management 사이클) 기법을 정보보호에 적용하였다. 이는 어떠한 일이든 계획을 세우고 실행하면서 그 일이 잘되었는가를 평가하고, 그 결과에 기초한 새로운 계획에 반영하거나 개선활동을 통한 환류체계가 이루어져 조직 성과가 좋아진다는 개념으로 PDCA 모델을 기반으로 정보보호 관리 순환 주기를 개발하여 초기에는 5단계에서 현재는 PDCA 기반 4단계로 개정되었다.

ISMS 프레임워크 개발(2000년 초) 당시 영국 표준인 BS7799와 유사한 국내에 적합한 표준을 만들고자 하였으며 이는 이후 ISMS 인증제도뿐만 아니라 지금은 ISMS-P로 통합된 PIMS(Personal Information Management System) 인증기준의 근간이 되었으며,

ISO/IEC 27001 국제 표준화에 상당부분 반영되고 기여하게 되었다. 또한 국내 개발한 PIMS 표준은 이후 개인정보보호 관리체계 국제 표준인 ISO/IEC 27701로 표준화 작업에 많은 기여를 하게 되었다.

ISMS 개발 당시 관리체계에 기업의 정보보호 관리 모델을 계층적으로 구조화하고 기업의 정보보호 활동을 특정 방법(위험 관리)을 모델화하여 비즈니스 환경과 정보보호 활동에 관한 프로세스를 상위수준에서 개념적 정의를 하고자 하였으며 기업에서 정보보호 활동을 표준화하여 의사소통, 의사결정 기준을 마련하고자 하였다. 그렇게 개발된 관리체계 모델은 국내 보안관리 공통 표준 및 정보보호 컨설팅 방법론으로 활용하게 되었다.

ISMS를 정의한다면 "조직에서 비즈니스의 연속성 확보를 위하여 각종 위협으로부터 정보자산을 보호하기 위한 위험 관리 기반의 체계적이고 지속적인 프로세스 개선 활동"으로 정의할 수 있다. 즉, 조직의 적절한 정보보호를 위해 정보보호 관리체계 수립 및 운영 과정을 통해 구현된 여러 정보보호대책들이 유기적으로 통합된 시스템을 의미한다. 국내 관리체계 표준 관리체계 프레임워크는 위험 분석 기반으로 반드시 관리과정을 단계별로 구축하게 하여 모든 조직에 적용 가능하도록 설계되어 있으며, 규모나 업종 및 사업 형태가 다양해도 국내 표준모델로서 모두 적용이 가능하다는 것이 특징이다.

국내 ISMS 인증제도를 도입하고자 했던 초기 배경을 몇 가지 설명하면 다음과 같다.

- 당시 영국의 정보보호 관리 표준문서인 BS7799는 프로세스 관점의 경영시스템으로는 부족하였다.
- 국가의 정보보호 정책은 특정 국가의 표준보다는 국내 환경을 반영한 국가 정보보호 정책이 반영된 모델이 필요하였다.
- 체크리스트 기반이 아닌 위험 관리와 데이터 중요도 중심의 접근 방법이 필요하였다.
- 외국 인증기관, 인증심사원, 컨설팅 업체 등으로부터 국내 시장을 보호하고, 해외 인증기관으로 기업 정보 유출 및 국부 유출을 막고자 하였다.
- 국내 기업의 정보보호 수준 향상을 위해서는 경영진의 참여와 전 직원들의 동참하는 전사적인 의식개혁이 필요하였다.
- 기업지속성장을 위한 기업 비즈니스와 정보보호를 연계하는 경영시스템으로 내부통제시스템, 위험 관리시스템, 의사결정시스템 등으로 활용하고자 하였다.
- 국가의 정보보호 수준 제고를 위한 효율적이며 효과적인 접근방법인 정보보호 프레임워크 제시가 필요하였다.
- 국내 기업에서 전략적이며 체계적으로 정보보호 관리 활동을 할 수 있는 모델을 보급하

고자 하였다.

- 국내 정보보호 컨설팅 등 정보보호 서비스 산업을 활성화하고자 하였다.

이렇게 ISMS 인증제도는 2001년 「정보통신망 이용촉진 및 정보보호 등에 관한 법률」(이하 "「정보통신망법」"이라 한다)을 개정하여 국내 표준 관리체계 프레임워크 및 모델을 인증기준으로 하는 ISMS 인증제도가 탄생하였다.

Tip — 정보보호 관리체계의 인증(정보통신망법)

① 과학기술정보통신부장관은 정보통신망의 안정성 · 신뢰성 확보를 위하여 관리적 · 기술적 · 물리적 보호조치를 포함한 종합적 관리체계(이하 "정보보호 관리체계"라 한다)를 수립 · 운영하고 있는 자에 대하여 제4항에 따른 기준에 적합한지에 관하여 인증을 할 수 있다.

② 「전기통신사업법」 제2조제8호에 따른 전기통신사업자와 전기통신사업자의 전기통신역무를 이용하여 정보를 제공하거나 정보의 제공을 매개하는 자로서 다음 각 호의 어느 하나에 해당하는 자는 제1항에 따른 인증을 받아야 한다.

1. 「전기통신사업법」 제6조제1항에 따른 등록을 한 자로서 대통령령으로 정하는 바에 따라 정보통신망서비스를 제공하는 자
2. 집적정보통신시설 사업자
3. 연간 매출액 또는 세입 등이 1,500억원 이상이거나 정보통신서비스 부문 전년도 매출액이 100억원 이상 또는 3개월간의 일일평균 이용자수 100만명 이상으로서, 대통령령으로 정하는 기준에 해당하는 자

② 추진 배경

2,000년 이전에는 정보보호 관리 표준이 영국 표준인 BS7799가 그나마 유일하였다. 그러나 여러 가지 국내 환경이나 국가 정보보호 시책을 적용하는데 한계가 있다는 판단 아래 국내 환경에 적합한 보안관리 모델을 개발하기로 하였다. 이러한 요구사항에 따라 조직에서 스스로 관리체계를 구축하고 지속적으로 운영이 가능하도록 방법과 절차를 개발하였다. 국내 관리체계 표준 관리체계 모델 자체는 일정한 기준에 맞게 구성하고 논리적으로 체계화한 것으로 문제의 파악과 정의를 위해 논리적 사고와 해결 방안을 도출하는 과정의 시스템적인 사고로 무엇을 할 것인가에 초점이 맞춰있다.

〈표 1-10〉 ISMS 인증제도 도입 추진 경과

연도	내용
2001	정보보호 관리체계 인증제도 법제화(정보통신망법 개정)
2002	정보보호 관리체계 인증기준 고시 및 지침 공표, 최초 인증서 발급
2004	정보보호 안전진단 제도 도입(정보통신망법 개정)
2011	ISMS 인증기준 개정(137개 통제항목 → 104개 통제항목)
2013	정보보호 안전진단 제도를 정보보호 관리체계 인증제도로 일원화(정보통신망법 개정), ISMS 의무대상자 지정
2016	의료, 교육 분야로 ISMS 인증 의무 대상 확대(정보통신망법 개정)
2018	ISMS와 PIMS 인증제도 통합(ISMS-P)

이러한 배경 하에 국내 ISMS 표준 모델 개발 방향 및 취지를 설명하면 다음과 같다.

- 조직의 규모나 유형에 상관없이 모든 조직에 유연하게 적용 가능하고 위험 관리 기반, 데이터 중요도 중심의 접근 방법 필요
- 보안관리 활동을 기업 경영 활동과 접목하고 국내의 정보기술을 포함한 조직이나 환경적인 측면을 반영하고자 노력
- 국제흐름을 반영하고 국내실정에 적합한 새로운 정보보호관리 표준개발
- 조직 규모나 형태 등 상관없이 모든 조직 및 산업에서 유연하게 적용 가능토록 개발
- 관리적인 부분뿐만 아니라 기술적인 부분을 강화하고 문서화 작업의 최소화
- 국내 정보보호 컨설팅 업체들이 활용할 컨설팅 방법론으로도 고려
- 국내 정보보호 관리 표준화와 향후 국제 표준화를 고려

③ ISMS 모델 특징과 주요내용

국내 표준 정보보호 관리체계(ISMS) 모델 특징과 주요 내용을 설명하면 다음과 같다.

- 관리체계 프레임워크는 조직이 관리체계를 수립, 운영, 모니터링 및 검토, 유지 및 개선을 위한 경영기법인 PDCA 모델 적용
- 조직의 정보보호를 관리하기 때문에 많은 활동을 명확히 한 프로세스 접근(Process Approach) 방식을 도입
- 국내 모든 조직이 경영 프로세스의 상호관계를 파악하여 일련의 보안 프로세스를 시스템으로 적용하여 운용·관리

- 위험 관리 기반, 데이터 중요도 중심의 관리체계 방법론으로 조직의 규모나 유형에 상관없이 모든 조직에 적용 가능하도록 설계 되었으며, 조직 스스로 정보보호 수준을 결정
- 조직의 사업 위험 전반에 대해 고려하여 정보보호 위험을 운영·관리하기 위한 관리 방법을 도입·운영
- 관리체계의 성과 및 유효성을 모니터링하고 검토
- 객관적인 평가를 통해 지속적인 개선
- 모든 조직이 스스로 정보보호 수준을 정하고 보호조치가 가능하도록 위험 관리 기반, 데이터 중요도 중심의 관리체계 모델 정립

④ ISMS는 국내 보안관리의 표준, 기본 틀, 공통 프레임워크

ISMS는 정보통신망의 안전성 및 정보의 신뢰성을 확보하고, 조직의 정보보호 수준 제고를 위하여 관리적·기술적·물리적 보호조치를 종합한 것으로, 조직의 관리체계를 효과적으로 수립하도록 2001년 모델을 개발하여 국내 표준으로 제정되었으며 관리체계의 기본 틀이자 공통 프레임워크로 활용되고 있다. 이는 새로운 정보보호 위협 및 취약점이 점차적으로 증가하는 시점에서, 조직의 주요 정보자산을 보호하기 위해 정보보호 관리 절차 및 과정을 전사적인 차원에서 체계적이고 지속적으로 관리하기 위한 국내 보안관리 모델의 효시이며 구축 지침서, 컨설팅 방법론으로 활용되고 있다. 또한 조직에서 경영시스템 일환으로 내부통제시스템, 위험 관리시스템, 의사결정시스템으로 활용되고 있다.

특히 그동안 국내 조직에서 단편적이고 일회적이며 산발적으로 대응하던 침해사고 예방에 대해 보다 체계적이고 종합적이고 균형적인 관리체계가 무엇보다 시급하였다. 이에 방법론을 제시하고자 개발되어 국내조직에 적합한 표준적인 정보보호 관리 모델을 제시하여 국내 정보보호 수준제고와 정보보호 서비스 산업 활성화를 가져왔다. ISMS는 현재 국내 관리체계 ISMS, ISMS-P, 정보보호 관리등급제, 개인정보 영향평가 등의 공통 프레임워크로 기본 틀이 되었다.

또한 국내 ISMS 프레임워크는 위험 관리 기반, 데이터 중요도 중심으로 조직이 침해사고를 선제적으로 예방하고 정보자산 보호를 위해 기술적 취약점 분석이나 모의 해킹 등 기술적 관점에 초점을 두고 관리체계를 지속적으로 운영하도록 하고 있는 것이 다른 해외의 관리체계 등과 차이가 있다.

⑤ ISMS 프레임워크

국내 ISMS는 국가 관리체계의 기본 프레임워크로 정보보호를 위해 조직에서 최고경영층이나 정보보호 담당자들이 무엇을 어떻게 할 것인가?에 대한 방향을 제시하고 CEO의 정보보호 정책에 대한 의사결정을 지원하고자 개발되었다. 조직의 비즈니스와 연계한 정보보호 활동을 융합하기 위하여 경영이론인 경영 사이클 PDCA에 기초한 4단계 정보보호 관리체계 수립 및 운영 과정(프로세스)을 개발하여 ISMS 프레임워크로 활용되고 있으며, 현재의 국내 표준 모델인 ISMS가 2019년 개정을 통해 [그림 1-9]와 같이 탄생하게 되었다.

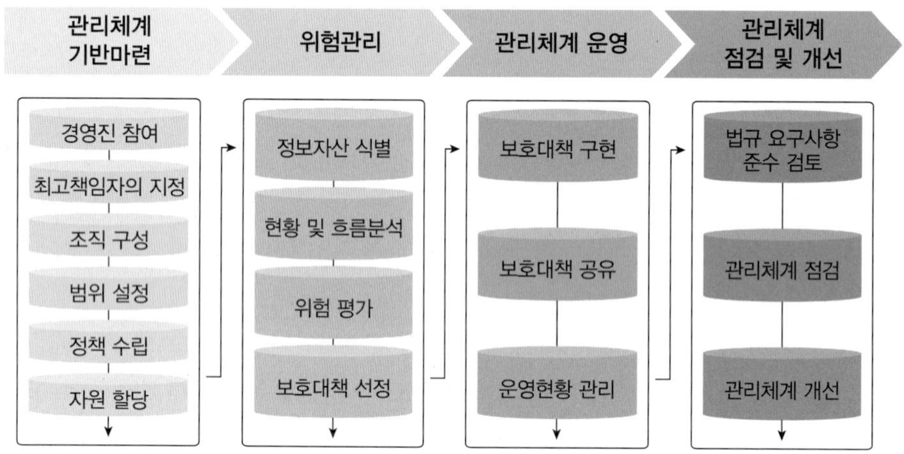

[그림 1-9] ISMS 프레임워크

기본적으로 ISMS는 4개 보안관리 사이클(PDCA)인 정보보호 관리 프로세스를 정의하고 있으며, 각 프로세스별 구현 전략과 통제항목 선택 등 누구나 쉽게 각각의 과정별 단계별 구축 방법을 제시하였다. 관리체계 기반 마련(Plan) → 위험 관리(Do) → 관리체계 운영(Check) → 관리체계 점검 및 개선(Act) 등 4단계 순차적으로 보안 관리 활동을 의미하며, 위험 관리 및 데이터 중심의 관리체계를 수립하고 보호대책을 선택하여 조직에 적합한 정보보호 수준을 정하고 지속적인 개선 활동을 하도록 하고 있다.

국내 최초로 개발한 ISMS는 개발 당시 정보보호에 대한 문제를 조직의 비즈니스와 연계하고자 하였던 것이 기본 사상으로 관리과정을 정의하고 국내 표준으로 채택하여 활용하게 되었다. 국내 모든 조직에서 활용 가능 하도록 철저하게 위험 분석, 데이터 기반으로 설계되었으며 국내 법규준수사항에 대한 컴플라이언스 대응을 위해 통제항목을 구성하고 관리과정뿐만 아니라 경영진 책임 및 역할 강화, 성과 측정 등 정보보호 거버넌스 적용 모든 통제항목에 PDCA 기법을 적용한 것이 특징이다.

이 모델 자체는 단순한 인증기준이 아니고 국내 표준 ISMS 프레임워크이며, ISMS 구축 방법론이며, 정보보호 컨설팅 방법론이다. ISMS와 유사한 관리체계를 개발하여 운영하던 G-ISMS나 PIMS는 ISMS를 근간으로 탄생된 것으로 유사성으로 인해 결국 2019년 통폐합 되었다.

2,000년 초에 개발된 국내 ISMS 표준은 향후 ISO/IEC 27001 표준화에도 반영되었으며 현재의 ISMS 인증제도로 발전하게 되었다. 국내 보안관리의 표준이 된 ISMS 인증기준은 몇차례 개정을 통해 현재의 규격으로 탄생하게 되었다. 개정 ISMS-P 통합 인증기준은 크게 '1. 관리체계 수립 및 운영', '2. 보호대책 요구사항', '3. 개인정보처리 단계별 요구사항' 3개의 영역에서 총 102개의 인증기준으로 구성되어 있다.

정보보호 관리체계(ISMS) 인증을 받고자 하는 신청인은 '1. 관리체계 수립 및 운영', '2. 보호대책 요구사항' 2개 영역에서 80개의 인증기준을 적용받게 되며, 정보보호 및 개인정보보호 관리체계(ISMS-P) 인증을 받고자 하는 신청인은 추가적으로 '3. 개인정보 처리 단계별 요구사항'을 포함하여 102개의 인증기준을 적용받게 된다.

〈표 1-11〉 ISMS-P 인증기준 예시(2019, 고시)

분야		통제항목 수	적용여부	
			ISMS	ISMS-P
정보보호 관리체계 수립 및 운영 (16개)	1.1 관리체계 기반마련	6	○	○
	1.2 위험 관리	4	○	○
	1.3 관리체계 운영	3	○	○
	1.4 관리체계 점검 및 개선	3	○	○
보호대책 요구사항 (64개)	2.1 정책, 조직, 자산 관리	3	○	○
	2.2 인적 보안	6	○	○
	2.3 외부자 보안	4	○	○
	2.4 물리 보안	7	○	○
	2.5 인증 및 권한관리	6	○	○
	2.6 접근통제	7	○	○
	2.7 암호화 적용	2	○	○
	2.8 정보시스템 도입 및 개발 보안	6	○	○
	2.9 시스템 및 서비스 운영관리	7	○	○

보호대책 요구사항 (64개)	2.10 시스템 및 서비스 보안관리	9	○	○
	2.11 사고 예방 및 대응	5	○	○
	2.12 재해복구	2	○	○
개인정보 처리 단계별 요구사항 (22개)	3.1 개인정보 수집 시 보호조치	7	-	○
	3.2 개인정보 보유 및 이용 시 보호조치	5	-	○
	3.3 개인정보 제공 시 보호조치	4	-	○
	3.4 개인정보 파기 시 보호조치	3	-	○
	3.5 정보주체 권리보호	3	-	○
총계		102	80	102

① 관리체계 수립 및 운영

관리체계 수립은 검증된 기준이나 표준을 따라야 하며 국내 표준인 ISMS 프레임워크 중에 가장 핵심요소가 '관리체계 수립 및 운영' 영역이다. 이 영역을 정보보호 생명주기인 프로세스 영역으로 구분하며 정보보호 활동의 근간이 되는 PDCA 사이클을 제시하고 있다. 앞에서도 설명하였듯이 관리체계 수립 및 운영 과정(생명주기)은 관리체계 기반 마련(Plan) → 위험 관리(Do) → 관리체계 운영(Check) → 관리체계 점검 및 개선(Act) 등의 4개 프로세스로 구성된다. 또한 체크리스트 기반이 아닌 위험 관리 기반, 데이터 중요도 중심의 정보보호 관리 방향을 제시하고 모든 조직에 적용 가능하며 스스로 정보보호 수준을 결정하도록 하고 있다.

〈표 1-12〉 관리체계 수립 및 운영 예시(ISMS-P)

분야		항목	
1.1	관리체계 기반 마련	1.1.1	경영진의 참여
		1.1.2	최고책임자의 지정
		1.1.3	조직 구성
		1.1.4	범위 설정
		1.1.5	정책 수립
		1.1.6	자원 할당

1.2	위험 관리	1.2.1	정보자산 식별
		1.2.2	현황 및 흐름분석
		1.2.3	위험 평가
		1.2.4	보호대책 선정
1.3	관리체계 운영	1.3.1	보호대책 구현
		1.3.2	보호대책 공유
		1.3.3	운영현황 관리
1.4	관리체계 점검 및 개선	1.4.1	법적 요구사항 준수 검토
		1.4.2	관리체계 점검
		1.4.3	관리체계 개선

② 보호대책 요구사항

관리체계 구축의 가장 핵심요소인 "관리체계 수립 및 운영" 과정에서 위험 관리 기반, 데이터 중요도 중심의 의사결정을 통해 조직이 선정한 정보보호 수준에 따라 통제항목을 선정하는 단계이다. 이러한 통제항목은 체크리스트 기반이 아니라 위험 관리 접근방법에 근거한 보호대책을 선정하고 구현하게 된다. 이러한 접근방법은 모든 통제항목을 적용하는 것이 아니라 위험 관리 과정에서 나온 결과에 따라 조직에서 선택적으로 결정하게 된다. 관리체계 수립 및 운영 과정에서 수행한 위험평가 결과와 조직의 서비스 및 정보시스템 특성 등을 반영하여 체계적이고 지속적으로 모든 보호대책에 대해 PDCA 기반으로 수립·이행하여야 한다.

〈표 1-13〉 보호대책 요구사항 예시(ISMS-P)

분야		항목	
2.1	정책, 조직, 자산 관리	2.1.1	정책의 유지관리
		2.1.2	조직의 유지관리
		2.1.3	정보자산 관리
2.2	인적 보안	2.2.1	주요 직무자 지정 및 관리
		2.2.2	직무 분리
		2.2.3	보안 서약
		2.2.4	인식제고 및 교육훈련

2.2	인적 보안	2.2.5	퇴직 및 직무변경 관리
		2.2.6	보안 위반 시 조치
2.3	외부자 보안	2.3.1	외부자 현황 관리
		2.3.2	외부자 계약 시 보안
		2.3.3	외부자 보안 이행 관리
		2.3.4	외부자 계약 변경 및 만료 시 보안
2.4	물리 보안	2.4.1	보호구역 지정
		2.4.2	출입통제
		2.4.3	정보시스템 보호
		2.4.4	보호설비 운영
		2.4.5	보호구역 내 작업
		2.4.6	반출입 기기 통제
		2.4.7	업무환경 보안
2.5	인증 및 권한관리	2.5.1	사용자 계정 관리
		2.5.2	사용자 식별
		2.5.3	사용자 인증
		2.5.4	비밀번호 관리
		2.5.5	특수 계정 및 권한 관리
		2.5.6	접근권한 검토
2.6	접근통제	2.6.1	네트워크 접근
		2.6.2	정보시스템 접근
		2.6.3	응용프로그램 접근
		2.6.4	데이터베이스 접근
		2.6.5	무선 네트워크 접근
		2.6.6	원격접근 통제
		2.6.7	인터넷 접속 통제
2.7	암호화 적용	2.7.1	암호정책 적용
		2.7.2	암호키 관리
2.8	정보시스템 도입 및 개발 보안	2.8.1	보안 요구사항 정의
		2.8.2	보안 요구사항 검토 및 시험
		2.8.3	시험과 운영 환경 분리

2.8	정보시스템 도입 및 개발 보안	2.8.4	시험 데이터 보안
		2.8.5	소스 프로그램 관리
		2.8.6	운영환경 이관
2.9	시스템 및 서비스 운영관리	2.9.1	변경관리
		2.9.2	성능 및 장애관리
		2.9.3	백업 및 복구관리
		2.9.4	로그 및 접속기록 관리
		2.9.5	로그 및 접속기록 점검
		2.9.6	시간 동기화
		2.9.7	정보자산의 재사용 및 폐기
2.10	시스템 및 서비스 보안관리	2.10.1	보안시스템 운영
		2.10.2	클라우드 보안
		2.10.3	공개서버 보안
		2.10.4	전자거래 및 핀테크 보안
		2.10.5	정보전송 보안
		2.10.6	업무용 단말기기 보안
		2.10.7	보조저장매체 관리
		2.10.8	패치관리
		2.10.9	악성코드 통제
2.11	사고 예방 및 대응	2.11.1	사고 예방 및 대응체계 구축
		2.11.2	취약점 점검 및 조치
		2.11.3	이상행위 분석 및 모니터링
		2.11.4	사고 대응 훈련 및 개선
		2.11.5	사고 대응 및 복구
2.12	재해복구	2.12.1	재해 · 재난 대비 안전조치
		2.12.2	재해 복구 시험 및 개선

③ 개인정보 처리 단계별 요구사항

개인정보를 취급하는 경우 개인정보보호 관리체계 수립이 필요가 있다. 이러할 경우 ISMS를 근간으로 개인정보 생명주기에 따른 개인정보 수집 → 보유 및 이용 → 제공 → 파기 등

4단계의 개인정보 생명주기를 반영하여 관리체계를 구축한다. 여기에는 정보주체 권리보호를 포함하여 관리체계를 수립한다. 이 영역은 대부분 법적 요구사항과 직접적으로 관련되어 있으므로 개인정보 흐름분석을 바탕으로 조직이 적용받는 법규 및 세부 조항을 명확히 파악하여 이를 준수할 수 있도록 하여야 한다. 개인정보보호 관리체계 구축에 대해서는 5장 개인정보보호 개론에서 다루기로 한다.

〈표 1-14〉 보호대책 요구사항 예시(ISMS-P)

분야		항목	
3.1	개인정보 수집 시 보호조치	3.1.1	개인정보 수집 제한
		3.1.2	개인정보의 수집 동의
		3.1.3	주민등록번호 처리 제한
		3.1.4	민감정보 및 고유식별정보의 처리 제한
		3.1.5	간접수집 보호조치
		3.1.6	영상정보처리기기 설치·운영
		3.1.7	홍보 및 마케팅 목적 활용 시 조치
3.2	개인정보 보유 및 이용 시 보호조치	3.2.1	개인정보 현황관리
		3.2.2	개인정보 품질보장
		3.2.3	개인정보 표시제한 및 이용 시 보호조치
		3.2.4	이용자 단말기 접근 보호
		3.2.5	개인정보 목적 외 이용 및 제공
3.3	개인정보 제공 시 보호조치	3.3.1	개인정보 제3자 제공
		3.3.2	업무 위탁에 따른 정보주체 고지
		3.3.3	영업의 양수 등에 따른 개인정보의 이전
		3.3.4	개인정보의 국외이전
3.4	개인정보 파기 시 보호조치	3.4.1	개인정보의 파기
		3.4.2	처리목적 달성 후 보유 시 조치
		3.4.3	휴면 이용자 관리
3.5	정보주체 권리보호	3.5.1	개인정보처리방침 공개
		3.5.2	정보주체 권리보장
		3.5.3	이용내역 통지

(2) 주요정보통신기반시설

① 주요정보통신기반시설 개요

2001년 정부는 해킹, 컴퓨터바이러스, 기타 악성프로그램 유포를 비롯한 전자적 침해행위 수법의 급속한 발전과 더불어 그 피해가 증가함에 따라 정보통신기반시설보호를 위한 법 제정 필요성을 제기하였다. 이에 따라 2001년 전자적 침해행위에 대비하여 주요정보통신기반시설의 보호(Critical Information Infrastructure Protection, CIIP)에 관한 대책을 수립·시행함으로써 동 시설을 안정적으로 운용하도록 하여 국가의 안전과 국민생활의 안정을 보장하는 것을 목적으로 정보통신기반보호법이 제정되었다.

주요정보통신기반시설의 지정 대상은 국가·공공기관뿐 아니라, 민간이 운영·관리하는 정보통신기반시설을 포함하며, 사이버침해행위 발생 시 국가안보, 국민의 기본생활 및 경제안정에 중대한 영향을 미치게 되는 국가안전보장·행정·국방·치안·금융·통신·운송·에너지 등의 업무와 관련된 전자적 제어·관리체계와 정보통신망이 해당된다. 각 중앙공공기관의 장은 소관분야의 정보통신기반시설 중에 해당 관리기관이 수행하는 업무에 대하여 주요정보통신기반시설 지정 여부를 평가한다. 주요 내용은 주요정보통신기반시설의 보호체계, 주요정보통신기반시설의 지정 및 취약점 분석, 주요정보통신기반시설의 보호 및 침해사고의 대응, 기술지원 및 민간협력 등으로 구성되어 있다.

취약점 분석·평가는 최초의 취약점 분석·평가를 한 후에는 매년 취약점의 분석·평가를 실시하여야 한다. 정보통신기반보호법 제9조에 따라 관리기관은 취약점 분석·평가 전담반을 구성하여 소관시설에 대한 취약점 분석·평가를 수행할 수 있다. 또한 관리기관은 소관시설의 취약점 분석·평가 업무를 정보통신기반보호법 제9조 제3항에 의거하여 한국인터넷진흥원(KISA), 한국전자통신연구원, 분야별 정보공유·분석센터(Information Sharing &Analysis Center, ISAC), 정보보호 전문서비스 기업에 소관 시설에 대한 취약점 분석·평가 업무를 의뢰할 수 있다.

〈표 1-15〉 분야별 주요정보통신기반시설 현황

행정	방송통신	금융	에너지	건설 · 교통	사회복지	기타
행정업무 시스템 등	인터넷 접속망 등	인터넷뱅킹 시스템 등	감시제어 및 자료 취득시스템 (SCADA) 등	운항 관리 시스템 등	보험관리 체계 등	보험 전산망 등

출처: 개인정보보호 백서

② 주요정보통신기반시설 취약점 분석 · 평가 통제항목

주요정보통신기반시설 취약점 분석·평가 통제항목은 〈표 1-16〉과 같이 구성되어 있다.

〈표 1-16〉 정보통신기반시설 취약점 분석 · 평가 통제항목

정보보호영역	통제항목	항목수
1. 비인가자의 자원 접근	• 사용자 신분확인 및 인증 메커니즘 취약점 • 패스워드 관리 소홀 • 로그인 절차 무시 • 소프트웨어 접근통제 메커니즘 취약점	21
2. 정보 유출 및 변조	• 데이터 무결성, 기밀성 메커니즘(암호화) 부재 • 저장매체에 대한 불법 복제 • P2P, 메신저 등을 통한 정보 유출	15
3. 서비스지연 및 마비	• 회선의 용량 부족 • 인터넷 웜, 서비스거부공격 등에 의한 트래픽 폭주 보호대책 부재 • 병목지점(라우터, 침입차단시스템 설치지점)에서의 오류	7
4. 악성 프로그램	• 인터넷, P2P 프로그램 등으로부터 소프트웨어 다운로드 및 사용 • 불법적인 소프트웨어 반입	5
5. 정보보호 정책 수립	• 상위 관리자에 의한 정보보호 정책의 승인 절차 부재 • 정보보호 사고 발생 시 보고절차가 정책에 미반영 • 정보보호 사고 유형과 사고조치 절차에 대한 전 직원의 숙지 미흡	5
6. 정보보호 조직 및 인적 보안	• 정보보호 전담조직의 구성 · 운영 미흡 • 정보보호시스템을 관리 · 운영하는 정보보호 담당자 미 지정 • 직원의 인사이동이나 퇴직 시 계정삭제 등 적절한 정보보호조치 미비 • 외부자의 주요정보통신기반시설 접근 기록 관리 및 감사 미비	11
7. 교육 및 훈련	• 관리기관 임직원의 정보보호 정책 및 지침 숙지 미흡 • 시스템관리자 등 정보보호와 관련된 업무 종사자를 대상으로 한 정기적인 정보보호 교육 미실시	3
8. 출입 통제 및 감시	• 주요정보통신기반시설에 대한 제한구역 설정 미흡 • 불법 침입 등에 대비한 물리적 정보보호시설 설치 운영 소홀 • 물리적 정보보호시설에 대한 운영 담당자 미 지정	6
9. 지원시설 관리	• 화재감지센서 및 소화설비 등 설치 · 운영 소홀 • 정보통신기반시설의 24시간 항온 · 항습 유지 · 관리 소홀	4
10. 정보통신 시스템 운영 · 관리	• 정보보호 정책을 반영한 세부 운영절차 부재 • 정보보호 정책에 의한 주기적인 패스워드 변경 미 수행 • 운영환경 및 개발환경의 미 분리 • 정보보호시스템 로그의 주기적인 관리 소홀	16

11. 비상 계획 및 침해사고 대응	• 재난, 비상사태 대응을 위한 비상계획과 재난복구방안의 문서화 미비 • 비상시를 대비하여 안정적인 전원공급 대책 부재 • 취약점 점검 소프트웨어 등을 이용한 주기적인 취약점 점검 미실시	10

③ 기반보호법 취약점 분석 · 평가 체계

주요정보통신기반시설에 대한 침해행위에 효과적인 대응체계를 마련하기 위해서는 각 부처와 기업의 대응 업무가 상호 협력·보완될 수 있도록 한다. 이에 따라, 정보통신기반 보호법에서는 주요정보통신기반시설의 안정적인 관리·운영을 위하여 관계 부처 간 침해사고 예방 및 대응 업무가 상호 협력 및 보완될 수 있도록 정보통신기반보호위원회를 운영하여, 관계 부처의 정보통신기반보호 정책 수립과 시행을 총괄·조정한다. 정보통신기반보호위원회는 국무조정실장을 위원장으로 하고 중앙행정기관의 차관급 공무원을 위원으로 하여 구성된다. 그리고 주요정보통신기반시설 보호정책의 조정, 주요정보통신기반시설 보호계획의 종합·조정 및 추진실적, 주요정보통신기반시설 보호와 관련된 제도 개선 및 주요 정책 사항 등을 심의한다.

(3) 정보보호관리 등급제

① 등급제 개요 및 추진 배경

정보보호 관리등급 제도란 기업의 정보보호 수준을 정부가 평가해 그 결과를 알기 쉬운 등급으로 제공함으로써 기업이 자발적으로 보다 높은 수준의 정보보호 활동을 하도록 유도하는 것이 목적이다. 즉 기업의 통합적 정보보호 관리 수준을 제고하고 이용자로부터 서비스에 대한 신뢰를 확보하기 위해 기업의 정보보호 수준에 따라 등급을 부여하는 제도다. 강도 높은 기업의 보안수준을 제고하고 기업의 정확한 정보보호 수준을 측정하여, 정보보호의 경영적인 가치를 극대화할 필요가 있다.

Tip — 정보보호 관리등급 부여(정보통신망법)

〈제47조의5(정보보호 관리등급 부여)〉

① 제47조에 따라 정보보호 관리체계 인증을 받은 자는 기업의 통합적 정보보호 관리수준을 제고하고 이용자로부터 정보보호 서비스에 대한 신뢰를 확보하기 위하여 미래창조과학부장관으로부터 정보보호 관리등급을 받을 수 있다.

② 미래창조과학부장관은 한국인터넷진흥원으로 하여금 제1항에 따른 등급 부여에 관한 업무를 수행하게 할 수 있다.

③ 제1항에 따라 정보보호 관리등급을 받은 자는 대통령령으로 정하는 바에 따라 해당 등급의 내용을 표시하거나 홍보에 활용할 수 있다.

④ 미래창조과학부장관은 다음 각 호의 어느 하나에 해당하는 사유를 발견한 경우에는 부여한 등급을 취소할 수 있다.

1. 거짓이나 그 밖의 부정한 방법으로 정보보호 관리등급을 받은 경우
2. 제5항에 따른 등급기준에 미달하게 된 경우

정보보호 관리등급을 통해 기업은 정보보호에 투자를 결정할 수 있는 근거 기준을 마련할 수 있고 정보보호 담당자들이 수행해야 할 구체적인 목표와 활동 기준도 마련할 수 있다. 최우수 등급의 경우 우수 등급 등 그 밖의 기업보다 고객 정보를 그만큼 안전하게 보호해 준다는 긍정적인 인식을 이용자에게 알기 쉽게 전달할 수 있기 때문에 기업 입장에서도 정보보호에 대한 경영적 가치를 극대화 할 수 있게 된다.

관리체계 인증을 취득한 기업 중에서도 정보통신서비스에 대한 정보보호 신뢰 수준을 증명할 수 있는 객관적 기준 및 평가 체계에 대한 사회적 요구와 기업의 정보보호 신뢰 수준 평가 체계 및 모델의 제시가 필요하다. 등급제의 기대 효과로는 정보보호 제도의 실효성 강화와 기업의 정보보호 수준 향상, 정보보호 산업 활성화에 기여, 기업의 신뢰수준 및 비교 우위 경쟁력을 확보할 수 있다.

② 정보보호 관리등급 프레임워크

정보보호 관리등급제는 국내 관리체계의 공통 프레임워크인 ISMS를 기반으로 상위개념의 정보보호 거버넌스 체계가 투영되는 체계이다. 정보보호 거버넌스 체계는 기본적인 기업의 정보보호활동을 위한 체계적인 계획을 수립하고 그에 따른 정보보호통제 및 활동을 수행하는 단계(ISMS)와 기업에 내재된 정보보호 통제 및 프로세스를 지속적으로 측정·관리하는 단계로 구분한다. 측정·관리하는 단계에서는 정기적으로 정보보호 상태를 점검하는 단계(우수), 정보보호 통제 활동에서 얻어진 문제점을 지속적으로 개선하여 반영함으로서 기업의 정보보호수준을 최적화하는 단계(최우수)로 구성되어 있다. 정보보호 관리등급 프레임워크는 [그림 1-10]과 같다.

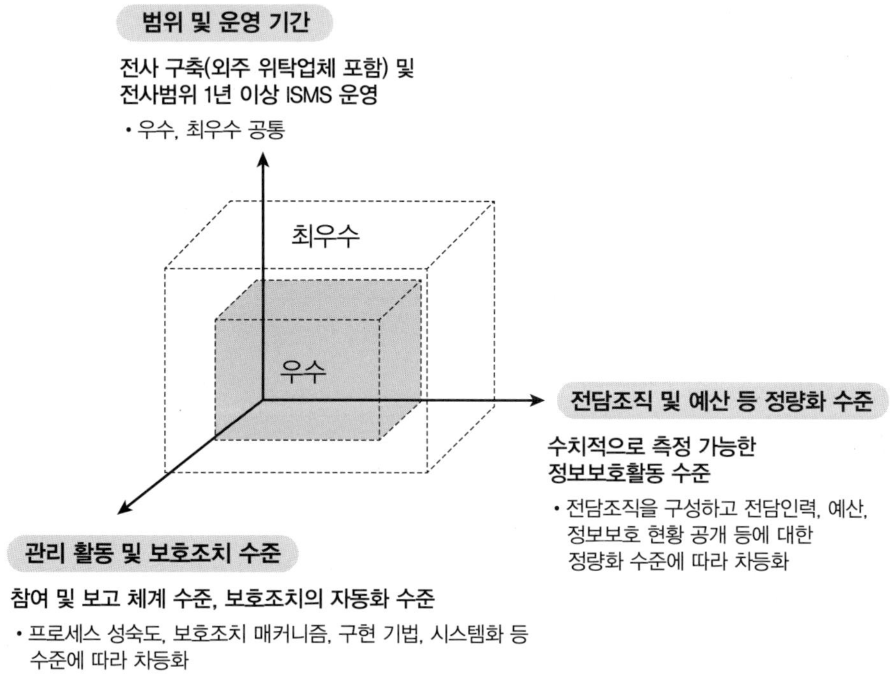

[그림 1-10] 정보보호 관리등급 프레임워크

③ 관리등급 평가기준

정보보호 관리등급제 심사기준은 정보보호 관리체계의 구축범위 및 운영기간, 정보보호를 위한 전담조직 및 예산, 정보보호 관리 활동 및 보호조치 수준 등에 따라 우수와 최우수로 구분한다.

- 정보보호 관리체계의 구축범위 및 운영기간의 경우 정보보호 관리체계 범위를 전사로 지정하고 있는지의 여부와 정보보호 관리체계 인증을 연속 3년 이상 유지하고 있는지의 여부 등을 평가한다.
- 정보보호를 위한 전담조직 및 예산의 경우 전담조직, 전담인력, 예산, 정보보호 현황공개로 평가기준을 나누고 있다.
- 정보보호 관리활동 및 보호조치 수준의 경우 경영진의 정보보호에 대한 의지 및 방향, 조직의 정보보호 목적·범위·책임, 정보보호 법적 요구사항, 관리적·기술적·물리적 정보보호 활동의 근거 등 정보보호 관리활동 측면에서 평가한다. 보호조치 수준의 경우 정보보호정책의 재개정 내용을 최고책임자가 직접 또는 명의로 공표하고 있는지, 정보보호 실무담당자로 구성된 실무협의회를 구성하고 있는지를 평가한다.

〈표 1-17〉 정보보호 관리등급 세부 평가기준

〈정보보호 관리체계 구축 범위 및 운영기간〉

구분	우수	최우수
구축범위	• 정보보호 관리체계 범위를 전사로 구축 ※ 전사: 독립적인 의사결정이 이루어지는 조직으로 정보기술(IT) 관련 외주 위탁업체(시스템 유지보수, 관제 등) 포함	
운영기간	• 전사의 범위로 1년 이상 정보보호 관리체계 운영	

〈정보보호를 위한 전담조직 및 예산〉

구분	우수	최우수
전담조직	• 독립된 정보보호 전담조직으로 구성하고 공식적으로 직제를 규정화	
전담인력	• 정보기술 부문의 인력 대비 정보보호 전담인력의 1년 평균비율을 최소 5% 이상 유지	• 정보기술 부문의 인력 대비 정보보호 전담인력의 3년 평균비율을 최소 7% 이상 유지
예산	• 정보기술 부문의 예산 대비 정보보호 예산의 1년 평균비율이 최소 7% 이상 유지	• 정보기술 부문의 예산 대비 정보보호 예산의 1년 평균비율이 최소 10% 이상 유지
정보보호현황공개	• 다음을 포함한 3가지 이상의 정보보호 활동 내용을 매년 홈페이지 공시 - 정보기술 부문 예산 대비 정보보호 예산 비율 - 정보기술 부문 인력 대비 정보보호 전담인력 비율 - 정보보호 관련 인증	• 다음을 포함한 4가지 이상의 정보보호 활동 내용을 매년 홈페이지 공시 - 정보기술 부문 예산 대비 정보보호 예산비율 - 정보기술 부문 인력 대비 정보보호 전담인력 비율 - 정보보호 관련 인증 - 이용자 정보보호를 위한 활동

〈정보보호 관리 활동 및 보호조치 수준〉

① 관리활동(해당항목 적용 여부, ㅁ: 차등, ○: 동일, △: 미적용)

No	관리과정	No	세부관리과정	우수	최우수
1	정보보호정책수립 및 범위 설정	1.1	정보보호정책의 수립	○	○
2	경영진 책임 및 조직구성	2.1	경영진 참여	ㅁ	ㅁ
3	위험 관리	3.1	위험 관리 방법 및 계획 수립	ㅁ	ㅁ
		3.2	위험식별 및 평가	ㅁ	ㅁ
		3.3	정보보호대책 선정 및 이행계획 수립	ㅁ	ㅁ

4	정보보호대책 구현	4.1	정보보호대책의 효과적 구현	□	□
		4.2	내부 공유 및 교육	○	○
5	사후관리	5.1	법적요구사항 준수검토	○	○
		5.2	정보보호 관리체계 운영현황 관리	□	□
		5.3	내부감사	□	□

② 보호조치수준(해당항목 적용 여부, □: 차등, ○: 동일, △: 미적용)

No	통제분야	No	통제목적	우수	최우수
1	정보보호 정책	1.1	정책의 승인 및 공표	○	○
		1.2	정책의 체계	○	○
2	정보보호 조직	2.1	조직 체계	□	□
		2.2	역할 및 책임	○	○
3	외부자 보안	3.1	보안 요구사항 정의	○	○
		3.2	외부자 보안 이행	○	○
4	정보자산 분류	4.1	정보자산 식별 및 책임	□	□
		4.2	정보자산의 분류 및 취급	□	□
5	정보보호 교육	5.1	교육 프로그램 수립	○	○
		5.2	교육 시행 및 평가	□	□
6	인적 보안	6.1	정보보호 책임	○	○
		6.2	인사규정	□	□
7	물리적 보안	7.1	물리적 보호구역	□	□
		7.2	시스템 보호	□	□
		7.3	사무실 보안	○	○
8	시스템 개발 보안	8.1	분석 및 설계 보안관리	□	□
		8.2	구현 및 이관 보안	○	○
		8.3	외주개발보안	□	□
9	암호통제	9.1	암호 정책	○	○
		9.2	암호키 관리	□	□
10	접근통제	10.1	접근통제 정책	□	□
		10.2	접근권한 관리	○	○
		10.3	사용자 인증 및 식별	□	□

11	운영보안	11.1	운영 절차 및 변경 관리	□	□
		11.2	시스템 및 서비스 운영 보안	□	□
		11.3	전자거래 및 정보전송 보안	○	○
		11.4	매체 보안	□	□
		11.5	악성코드 관리	□	□
		11.6	로그관리 및 모니터링	□	□
12	침해사고 관리	12.1	절차 및 체계	○	○
		12.2	대응 및 복구	○	○
13	IT 재해복구	13.1	체계 구축	□	□
		13.2	대책 구현	□	□

Tip — 정보보호 관리등급 부여의 심사기준(시행령)

제55조의2(정보보호 관리등급 부여의 심사기준) ① 법 제47조의5제1항에 따른 정보보호 관리등급 부여의 심사기준은 다음 각 호와 같다.

1. 정보보호 관리체계의 구축 범위 및 운영기간
2. 정보보호를 위한 전담조직 및 예산
3. 정보보호 관리 활동 및 보호조치 수준

② 제1항에 따른 심사기준별 세부 평가기준 및 평가방법 등에 관하여 필요한 사항은 미래창조과학부 장관이 정하여 고시한다.

④ ISMS와 관리등급제 비교

ISMS와 정보보호 관리등급제도를 비교하면 〈표 1-18〉과 같다.

〈표 1-18〉 ISMS와 정보보호 관리등급제 비교

구분	정보보호 관리체계(ISMS)	정보보호 관리등급제
제도성격	자유 + 의무 (정보통신망법 제47조)	권고 (정보통신망법 제47조5)
목적	기업이 스스로 정보보호를 할 수 있는 환경 조성	기업의 통합적 정보보호 수준 제시 (정보보호 거버넌스 표준 도입)

범위	기업이 심사범위를 선택 ▶ 서비스 단위 인증 ※ 단, 법적 의무대상서비스 반드시 포함	기업 전사의 IT서비스 대상 ▶ 기업의 정보보호 수준
과태료	3천만원 이하(의무대상자)	해당사항 없음(권고)
대상자	정보통신망법에 따른 의무대상자 및 자율신청 기업	정보보호 관리체계 인증을 받은 자 (ISMS 인증 3년 이상 유지, ISMS 인증을 전사 범위로 1년 이상 운영)
정보보호 수준	기업 스스로가 위험 평가를 통해 정보보호 수준 결정	최우수/우수의 수준 제시
유효기간	3년(사후 1년)	1년
인증기관	KISA 또는 미래부가 지정하는 인증기관	KISA
결과	인증 취득 여부만 판단	기업 정보보호 수준에 따라 차등화 (최우수/우수)
결과심의 · 의결	인증위원회	등급위원회

4.3 국내 · 외 유사 정보보호 관리체계 비교

(1) 국내 · 외 관리체계 비교

국내의 관리체계 제도는 모두 법적 근거를 가지고 제도화하여 수행한다는 것이고 ISO/IEC 27001 등은 민간 자율제도라 할 수 있다. 국내외 관리체계 제도에 대한 차이점은 제도별 도입 취지나 배경, 수행방식, 철학과 사상, 기준, 방법론 자체가 다르다. 관리체계의 경우 인증심사는 객관성, 독립성, 공정성이 생명인 만큼 제3자에 의한 점검 방식으로 수행 주체가 외부 인증기관에 의해 이루어지며, CIIP의 경우는 컨설팅 개념으로 자체적으로 또는 외부 컨설팅 전문업체로부터 취약점 분석·평가를 받는다는 것이 차이점이다. 다만 관리체계 프로세스나 점검 항목에서는 국내 관리체계 표준 프레임워크(ISMS)를 기반으로 하고 있다.

〈표 1-19〉 국내 · 외 주요 관리체계 비교

구분		ISO/IEC 27001	ISMS	ISMS-P(舊 PIMS)	CIIP
시행 연도		2005년	2002년	2011년	2001년
제도 성격		권고	권고 + 의무	권고	의무
도입 취지		정보보호 관리	정보통신망 안정성	개인정보보호	기반시설 안전성
법적 근거		민간 자율	정보통신망법 제47조	개인정보 보호법 제32조	정보통신기반 보호법 제8조
주요 대상		제한 없음	임의대상자와 의무대상자	개인정보 보유 및 처리자	통신, 금융 등 국가 주요 기반시설
점검 항목		국제 표준	고시	고시	정보통신기반보호 위원회 의결
		114개	80	102	약 105개 항목
점검 주체		인증기관	KISA 및 인증기관 (심사기관 포함)	KISA 및 인증기관 (심사기관 포함)	- 해당시설 관리기관(자체) - 정보보호전문업체 - KISA, 국가정보원 등
인증심사원 양성		교육기관	KISA	KISA	없음
인증위원회 운영		인증기관	KISA 및 인증기관	KISA 및 인증기관	없음
유효 기간		3년(연 1회 사후심사)	3년(연 1회 사후심사)	3년(연 1회 사후심사)	연 1회 점검

(2) 국내 · 외 관리체계 인증기준 비교

국내의 인증기준은 모두 국내 보안관리 표준인 ISMS를 근간으로 적용 분야에 특화하여 통제항목을 추가하거나 삭제 또는 수정한 형태이며 관리과정(정보보호 관리체계 수립 및 운영)을 필수적으로 준수하도록 하고 있어, 위험평가 결과에 따라 통제항목 선정 여부를 결정하기 때문에 통제항목의 일부 차이는 크게 중요한 부분이 아니다. 개인정보보호 관리체계 인증은 국애의 경우 ISMS-P로 해외의 경우 국제 표준인 ISO/IEC 27701에 준거하여 인증제도를 운영하고 있다.

〈표 1-20〉 국내 · 외 관리체계 인증기준 비교 예시

분야		통제 항목		
		ISMS	ISMS-P	ISO/IEC 27001
정보보호 관리체계 수립 및 운영 (16개)	1.1 관리체계 기반마련	6	6	-
	1.2 위험 관리	4	4	-
	1.3 관리체계 운영	3	3	-
	1.4 관리체계 점검 및 개선	3	3	-
보호대책 요구사항 (64개)	2.1 정책, 조직, 자산 관리	3	3	19
	2.2 인적 보안	6	6	6
	2.3 외부자 보안	4	4	5
	2.4 물리 보안	7	7	15
	2.5 인증 및 권한관리	6	6	
	2.6 접근통제	7	7	14
	2.7 암호화 적용	2	2	
	2.8 정보시스템 도입 및 개발 보안	6	6	13
	2.9 시스템 및 서비스 운영관리	7	7	14
	2.10 시스템 및 서비스 보안관리	9	9	7
	2.11 사고 예방 및 대응	5	5	7
	2.12 재해복구	2	2	12 (준거성포함)
개인정보 처리 단계별 요구사항 (22개)	3.1 개인정보 수집 시 보호조치	-	7	-
	3.2 개인정보 보유 및 이용 시 보호조치	-	5	-
	3.3 개인정보 제공 시 보호조치	-	4	-
	3.4 개인정보 파기 시 보호조치	-	3	-
	3.5 정보주체 권리보호	-	3	-
총계		80	102	114

5. 기업의 보안관리 전략 수립

(1) 체계적이고 효과적인 보안관리 전략 수립

현재 우리나라 기업의 보안관리 문제점은 정보보호 전담조직(CISO 등)이 없다 보니 체계적이고 효과적인 맞춤형 정보보호 정책 수립 및 보안관리 전략이 없이 단편적이고 일회성 위주로 정보보호 시스템 도입, 정보보호 컨설팅 등 정보보호 활동을 한다는 것이다. 또한 기업의 목표달성을 위하여 현업과 융화되지 못하고 정보보호 담당자들만 그들만을 위한 정보보호 활동을 하고 있다는 것이다. 가장 좋은 방화벽, 가장 잘 잡는 안티 바이러스, 최고의 평가를 받는 업체의 제품만 설치하면 그만이라는 지나친 기술에만 의존한다는 것이다. 그리고 높아가는 정보보호 규정집, 무관심한 임직원이 기관/기업의 보안관리를 어렵게 하는 요인들이다.

우리가 아무리 튼튼한 항공기나 자동차를 타더라도 자체 결함 때문에 사고가 발생 할 수도 있고 다른 사람들의 난폭운전 때문에 사고를 당할 수도 있다. 항공기나 자동차에 들어가 있는 첨단기술들이 사고를 막아줄 수 없고 사람을 보호해줄 수 없다는 것을 잘 알기 때문에 우리는 불편을 감수하면서도 안전벨트를 착용하는 것이다. 불편한 안전벨트 대신 튼튼한 항공기나 자동차를 타게 되면 사람의 생명이 지켜질 것이라는 잘못된 생각처럼 정보보호에 관해서도 소홀한 안전의식과 무관심한 사실조차 깨닫지 못하는 것이다. 여기에 바로 기업의 보안관리 전략이 필요한 이유가 있다. 체계적이고 효과적인 보안관리 전략 수립을 위해서는 먼저 목표 지향적 정보보호 체계의 구축, 전체 위협을 고려한 프로세스 중심의 보안관리체계 구현, 기업의 프로세스 단계를 고려한 각 단계에서 적용 가능한 보안관리 방안을 구현하고, 현장에서 요청하고 필요하게 생각하는 보안 서비스를 구현해야 한다.

〈표 1-21〉 업무 프로세스별 전략수립 핵심요소

업무 프로세스	핵심 정보보호 요소
기획	기획문서 및 내용, 중장기 전략
연구/개발	개발 기술 보호, 특허, 저작권, 연구개발 절차
구매	업체선정기준, 총량계획
생산	가용성 및 안정성 확보, 생산기술보호
판매/영업	판매/영업선과의 Communication, 영업비밀
서비스	고객정보 보호 및 서비스 유지, 서비스 안정성

보안 전략 추진에 있어 국내 기업들이 갖고 있는 공통적인 문제점은 숲을 못보고 나무만 본다는 것이다. 정보보호에 대한 전체 큰 그림을 가지고 전략과 정책을 펼쳐 나가고 있지 못하고 있다. 사실 정보보호에 대한 정형화된 프로세스를 갖추고 있는 기업은 그리 많지 않다. 보안관리 전략 수립 시에 포함해야할 내용은 다음과 같다.

① 체계적인 정보보호 프로세스를 정립하라.

정보중심의 정형화된 절차와 프로세스에 근거해 정보보호 활동이 이뤄져야 한다. 한번의 보안활동이 그 뒤에 이뤄지는 보안활동에 다시 피드백되고 선순환될 수 있으려면 조직 내부의 보안 프로세스와 프로그램이 제대로 갖춰져야 한다.

② 비용효과적인 방법을 염두에 둔 전략을 수립하라.

정보보호도 일종의 투자이다. 따라서 투자에 대한 효과를 파악하지 않을 수 없다. 하지만 이른바 보험적인 성격이 강한 정보보호 투자에 대한 ROI를 어떻게 구할 것인가는 CISO의 또 다른 골칫거리가 되고 있다. 보안은 막연히 해야 하는 투자가 아니다. 정보보호에 대한 투자가 조직에 어떻게 영향과 효과를 미쳤는지에 대해 분석하는 작업이 이뤄져야 한다.

③ 사람에 대한 보안에 관심을 가져라.

정보보호하면 기술적이고 물리적인 측면에 초점이 맞춰져 이야기하지만 정작 사람만큼 보안에 있어 중요한 요소는 없다. 내부 직원을 제대로 관리하지 못할 경우, 보안에 커다란 구멍이 뚫릴 수 있다는 사실을 이미 우리는 알고 있다. 사람에 대한 보안은 정보보호에서 가장 중요한 요소이고, CEO의 강력한 의지를 토대로 전사 차원에서 지속적인 교육 및 홍보를 통해 접근해야 한다.

④ 정보공유와 정보보호 사이의 균형을 맞춰라.

보안의 이면에는 정보공유가 존재한다. 보안과 정보공유는 마치 저울과 같다. 보안을 강조하면 조직 내의 정보공유가 위축되고, 반대로 정보공유를 강화하면 보안에 대한 위험성이 증가한다. 정보공유를 하되, 대책이 있는 정보공유가 되어야 한다. 보안을 강조하여, 회사 내 필요한 정보공유가 제대로 이뤄지지 않는 것은 바람직하지 않다.

⑤ 정보보호 활동을 조직 문화로 정착시켜라.

최고 경영진을 포함한 모든 직원들에 의해 자발적인 보안의식을 통해 하나의 조직 문화로 정착될 수 있도록 한다.

⑥ 보안관리 전략은 기업의 비즈니스 목표를 지원하도록 한다.

보안관리 전략은 기업의 비즈니스 목표를 지원하고 경영활동의 일부로서 경영 및 조직에 유용한 도구로 제공되어야 한다. 보안관리 전략이 수립이 되면 내부적으로 보안 프로세스나 보안관리 프로그램을 운영하게 된다. 새로운 보안관리 전략에 따라 보안 관리체계를 구축·운영 시에는 "이 작업을 올바르게 수행하지 않으면 어떻게 될까?"라고 질문을 해야 한다.

기업의 보안관리 프로그램은 정보자산 및 기업 활동 전반에 대한 보호를 제공하고 장기적인 보안전략 수립을 위해 제공되는 모든 영역의 활동, 자원 및 서비스를 총칭하는 포괄적 개념으로 여기에는 정보보호 정책, 정보보호 관련 표준 및 기준, 정보보호 절차 및 지침, 위험 관리, 법규준수, 인식제고, 보호대책 등 다양한 영역을 포함한다.

Tip — 정보보호를 디자인하라(정보보호 전략 수립 시 고려사항)

정보보호에도 디자인이 필요하다. 기업 고유의 정보보호 전략, 조직 구성, 최고 수준 유지를 위한 핵심가치가 필요하다. 성공하는 기업은 경쟁 환경에 맞도록 설계된 정보보호 전략과 조직을 갖추고 있어야 하며 굳건한 핵심가치를 갖추어야 한다. 정보보호 전략 수립 시 고려사항은 다음과 같다.

① 기업의 경영전략과 연계한 정보보호 목표 및 비전을 설정한 정보보호 전략 수립
② 전략은 창의적인 설계를 통해 최상의 전략을 도출
③ 현행 프로세스 진단 · 분석 및 정보보호 추진 체계 구성, 정보보호 체계 통합 및 고도화 전략 수립
④ 정보보호 및 개인정보 보호 관리체계 수립
⑤ 임직원의 정보보호 수준 향상 및 인식제고를 위한 교육 · 훈련 체계 마련
⑥ 정보보호 성과분석 체계 확립 및 측정 가능한 성과지수 도출
⑦ 정보보호 전략에 기반한 조직의 보안서비스 정의 및 보안 메커니즘 구현
⑧ 능동적이고 자발적인 혁신 활동으로서의 정보보호 활동 목표 정립
⑨ 중장기적 관점의 정보보호 마스터플랜 수립
⑩ 기업의 특성에 부합된 경영혁신 개념으로서 정보보호 프로그램 개발

(2) 기업의 보안관리 프로그램

기업에서는 보안관리 전략이 수립이 되면 내부 보안관리 프로그램에 따라 운영하게 되는데 그 초석이 되는 부분이 정보보호 관리체계를 구축·운영하는 것이다. 일반적으로 우리가 알고 있는 보안관리 제도 대부분이 기업에서 보안관리 프로그램으로 활용하도록 설계된 것이며 국내 기업들은 그래서 전략 수립과 정보보호 관리체계에 관심을 갖게 되는 것이다.

정보보호 관리체계는 살아 움직여야 한다. 정보보호 관리는 살아있는 생명과 같은 존재이다. 생명에도 병이 걸리듯이, 시간이 지남에 따라 여러 가지 문제점이 발생하고 이러한 결과로 빈번히 발생하는 웹사이트 해킹, 악성코드 유포가 발생했을 경우에는 사고의 원인을 규명하여 유사한 사고가 발생치 않도록 조치해야만 한다. 하지만 실제 기업에서 이러한 사례가 발생할 경우 이에 대한 대응책 마련이 거의 이루어지지 않고 있는 실정이다.

기업 정보보호는 급변하는 환경 속에서 기업의 미래 생존을 위한 핵심가치를 지속시키고자 하는 것이며, 기업의 침해사고에 의한 정보유출은 기업의 생존뿐만 아니라, 국가적·사회적 손실과 국민 경제에까지 피해를 입힐 수 있는 것이다. 때문에 단순히 솔루션이나 장비를 도입해서 정보보호를 완성했다는 우를 범해서는 안 된다. 그동안 우리가 경험한 침해사고가 기술적 정보보호가 부족해서 일어난 것인가 라는 것이다. 이제는 정보보호가 변화하는 비즈니스 환경에 능동적으로 대응할 수 있는 전략이 필요할 때이다. 효과적인 정보보호는 정보보호전담 조직을 만들고 정책을 수립하고 표준화된 관리체계를 수립하여, 비즈니스 전략과 부합된 정보보호전략을 일관성과 지속성을 가지고 수행할 수 있어야 한다. 이렇게 정보보호 관리체계(ISMS)를 수립하는 것이 정보보호의 시작이다.

(3) 기업 경영의 필수 요소

이제는 기업의 정보 인프라와 업무 프로세스를 재정비하는 정보보호를 위한 방향을 바꿔야 할 때다. 정보보호 인식제고에 가장 중요한 것은 최고 경영자의 정보보호에 대한 의지와 조직 문화 정착, 기업의 사회적 책임 인식, 임직원들에 대한 교육 등 기업의 보안관리 전략으로 보안 프로그램인 정보보호 관리체계를 수립하는 것만이 정보보호 인식을 제고하는데 가장 중요한 것이다.

정보보호 전문가인 Bruce Schineier 박사가 정의한 것처럼 "정보보호는 기술이 아니라 프로세스이다(Security is not about product, It's about procedures)."라는 말의 의미는 정보보호가 기업의 업무와 유기적인 연관관계를 가지고 있으며, 업무 프로세스에 정보보호가 내재화 되어야 한다는 의미이다. 보안 관리체계의 경우 경영시스템의 하나이며 기업의 경영 목표를 지원해야 하기 때문에 '관리체계는 비즈니스다.'라고 말할 수 있다. 즉 정보보호는 위험 관리(Risk Management), 비즈니스 연속성, IT Governance & Compliance, 개인정보보호 등 비즈니스 요구사항을 충족해야 하기 때문이다.

최근 기업은 중요한 비즈니스 결정을 하는 경우에 정보보호를 고려하지 않고 정책을 결정하는 경우는 거의 없다고 봐야 한다. 따라서 기업에서의 정보보호는 비즈니스 정책과 전략을 같이 하여야 한다는 것이다. 그렇다고 보안관리 프로그램을 일반적인 상품이나 서비스의 경우처럼 투자대비효과 개념을 가지고 영업을 하지 않는 것이 정보보호 업무가 가지고 있는 문제점으로 지적되곤 한다. 그러나 이러한 관행은 정보보호 업무가 상업적인 관점으로 효율성의 대상으로 인식하게 된 것은 기업에서의 정보보호 활동이 전문화 되면서 시작되었고 오래 전부터 정보보호 업무는 국가가 국민에게 제공하는 공공재의 성격을 가지고 있다고 생각했었기 때문에 비용편익분석의 대상이 아니었다. 그러면 정보보호 서비스도 기업의 여러 가지 상품이나 서비스처럼 판매나 효율성을 증가시키는 것이 가능한가?

보안사고들이 어떤 하나의 보안이슈로 발생한 것이 아니듯, 대책이란 것도 하나만으로 해결할 수 있는 것은 아니며, 종합적인 보안대책들을 강구한다 해도 지속성을 유지하지 않는다면 동일한 사고의 재발을 막을 수 없게 된다. 정보보호는 '100% 완벽한 보안은 없다.' 라는 것처럼 기업에게는 지속적인 투자와 대책 수립을 하게 하여 기업뿐만 아니라 담당자들을 일하기 어렵게 만들기도 한다. 따라서 100% 완벽하게 보안을 추구하기 보다는 보안에 대한 효과적인 투자를 위해서 보안 사고에 따른 손실 발생과 정보보호에 소요되는 비용 발생의 합이 최소화되도록 해야 한다.

또한, 정보보호는 균형을 유지해야 하는데, 어느 한 분야의 정보보호 수준이 낮으면 전체적인 보안 수준이 낮다고 평가되기 때문이다. 이렇듯 정보보호의 균형을 유지하고 비용대비 높은 효과를 발휘할 수 있도록 투자를 계획하고 이행하기 위해서는 기업에서 보호할 중요한 자산을 파악하고, 중요자산에서 발생할 수 있는 위험에 대한 적절한 관리가 필요하다. 그러기 위해서는 우선 기업이 효과적으로 해당기업의 사업 환경에 맞춰 정보보호 체계를 수립하고 정보보호 활동을 어떻게 해야 하는지 알아야 한다.

이제는 기업의 정보보호를 지출해야 하는 비용의 개념이 아니라, 비즈니스 기회를 예측하고 현재와 미래의 위험에 적절히 대응할 수 있는 핵심 경쟁력인 동시에, 예상하지 못한 위기상황에서 기업전반의 비즈니스 안정성을 유지하고 정보자산을 적절하게 보호하기 위한 경영활동의 일부로 보아야 한다.

즉, 기업의 비즈니스 연속성 확보를 위해서는 지금 당장의 위험과 앞으로 닥칠 수 있는 문제를 함께 생각해야 하며, 비즈니스 프로세스 상에서 일관되고 꾸준한 절차와 함께 정보보호 활동이 지속되어야 한다는 것을 의미한다.

정보보호와 비즈니스의 연계를 아무리 강조해도 가장 무서운 것은 직원들의 무관심이다. 정보보호 프로그램에 따라 정보보호 정책을 수립하고 절차를 만들어 이행하도록 하면 임직원을 성가시게 만들고 불편하게 하는 것으로 간주될 때 직원들의 자발적 협조나 효과적인 정보보호의 확보는 기대하기 어렵다. 일반 사업부서에서는 기업의 비즈니스를 도와주기 위한 현명한 조치라는 인식보다는 인적, 비용적 부담으로 받아들여질 경우에도 실효성 있는 정보보호는 기대하기 어렵다. 기업 경영과 정보보호는 더 이상 독자적인 영역이 아닌 기업 경영의 영역에 속해있다는 관점에서 전사적으로 적직원이 보다 책임감을 가지고 철저한 정보보호를 유지해야 한다.

CHAPTER

02 정보보호 관리체계 구축 · 운영

contents

CHAPTER 02

정보보호 관리체계 구축 · 운영

1. 관리체계 구축 절차 및 방법

(1) 관리체계 구축 표준(프레임워크) 선정

기업이 보안관리 전략이 수립되고 내부의 보안관리 프로그램을 확정하고 적용하게 되는데 대부분 가장 초석이 되는 관리체계 수립을 최우선 보안관리 프로그램으로 추진하게 된다. 관리체계 구축은 경영시스템의 하나로 조직이 정보보호 관리 활동을 하기 위한 가장 먼저 해야 하는 업무이다. 이는 정보보호 경영활동의 내부통제시스템, 위험 관리시스템, 의사결정시스템이다. 이러한 관리체계를 구축하기 위해서는 국내외 보안관리 표준(ISO/IEC 27001, ISMS, ISMS-P 등)을 활용하는 것이 가장 좋으며 더욱이 우리나라처럼 법에서 제시한 표준 규격과 이미 수년간 활용하여 검증된 관리체계 방법론(ISMS, ISMS-P)을 적용하면 법적 준거성, 제3자 적합성 인증 등 활용이 가능하다.

이러한 표준 규격은 단순히 인증을 목적으로 하는 것이 아니라 관리체계를 구축하고자 하는 조직에 표준적인 방법이나 가이드라인을 제공하는 것이기 때문에 반드시 인증을 목적으로 하지 않아도 된다. 관리체계 표준인 인증기준은 구축에 필요한 사항에 대해서 방법과 모델을 제시하고 있다. 관리체계를 구축하고 운영하면서 인증이 필요한 경우 관리체계 표준 규격을 적용하지 않을 경우 관리체계를 재구축해야 하는 번거로움과 비용적인 측면을 고려할 필요가 있다.

관리체계를 구축하는 방법은 수많은 방법이 존재하나 대내외적으로 관리체계에 대한 검증과 신뢰성을 확보하기 위해서는 표준적인 방법론을 적용하는 것이 좋다. 그러나 관리체계를 처음 접하는 기업 담당자 입장에서는 효과적 구축 문제가 쉬운 일은 아니며 고민거리가 아닐 수 없다. 따라서 본서에서는 관리체계 구축에서부터 사후관리 전 과정을 국내 관리체계 표준 프레임워크인 ISMS-P 인증기준에 따라 알기 쉽게 설명하고자 한다. ISMS-P 인증기준은 법에서 정한 방법과 절차를 정한 표준 규격이며 약속이다. 따라서 표준적인 관리체계 구축 및 절차 등 모든 것이 인증기준안에 내재되어 있다. 모든 조직에서 위험 관리 기반, 데이터 중요도 기반으로 관리체계를 구축하도록 설계되어 있으며 PDCA 사이클에 따라 관리체계를 구축하거나 컨설팅 할 때는 적용되도록 되어 있다.

관리체계 구축에 있어서 앞 절에서 설명했듯이 프로세스 접근방법(Process Approach)에 의거한 PDCA 사이클 모델의 도입은 관리체계 구축에 꼭 필요한 사상이다. 정보보호 활동에 대한 프로세스를 명확히 하고 또한 상호작용을 시킴과 동시에 이들 프로세스를 시스템으로서 조직 내에 적용하고 운용·관리하는 것을 프로세스 접근방법라고 부른다. 즉 정보보호 관리 활동을 의사결정시스템과 같이 기업 경영 활동의 하나로 간주하고 관리한다는 의미이다. 여기서 프로세스란 입력을 출력으로 바꾸기 위해서 또는 바꿀 수 있기 위해서 경영자원을 사용해 운용·관리하는 모든 활동을 말한다. [그림 2-1]은 프로세스 접근방법을 설명하고 있다.

[그림 2-1] 프로세스 접근방법

(2) 관리체계 구축 절차

먼저 국내 관리체계 표준인 ISMS, ISMS-P 인증기준(이하 "ISMS-P"라 한다)을 중심으로 구축 방법 및 절차에 대해 설명하고자 한다. 국내 관리체계 표준 규격인 ISMS-P는 프로세스 접근방법을 도입하였으며, 위험 관리 및 데이터 중요도 기반의 관리체계를 구현하도록 설계되어 있어 조직의 규모나 유형, 서비스 형태 등 다양한 모든 조직에 적용가능 하도록 설계되어 있어 국내 조직에 관리체계를 구축하는데 최적의 방법론을 제공하고 있다. 전체 관리체계 구축 절차는 ① 준비 및 계획 단계 → ② 관리체계 기반 마련 → ③ 위험관리 → ④ 관리체계 운영 → ⑤ 관리체계 점검 및 개선 → ⑥ 인증 등 6단계로 구축한다. 관리체계 구축 절차 예시는 〈표 2-1〉과 같다.

〈표 2-1〉 관리체계 구축 절차 예시

단계	주요 내용
① 준비 및 계획 단계	1. 프로젝트팀 구성
	2. 학습 및 정보 수집
	3. 적용 범위 검토
	4. 정보보호 내부 조직 구성
	5. 정보보호 현황 분석
② 관리체계 기반 마련	1. 경영진의 참여
	2. 최고책임자의 지정
	3. 조직 구성
	4. 범위 설정
	5. 정책 수립
	6. 자원 할당
③ 위험 관리	1. 정보자산 식별
	2. 현황 및 흐름분석
	3. 위험 평가
	4. 보호대책 선정
④ 관리체계 운영	1. 보호대책 구현
	2. 보호대책 공유
	3. 운영현황 관리
⑤ 관리체계 점검 및 개선	1. 법적 요구사항 준수 검토
	2. 관리체계 점검
	3. 관리체계 개선
⑥ 인증	인증 추진 여부 결정

(3) 프로세스 접근 방식에 따른 구축

이제 본격적인 관리체계 구축에 들어가 보자. 앞에서 설명한 것처럼 관리체계 구축은 국내 관리체계 표준 프레임워크이며 법에서 규정하고 있는 ISMS-P 인증기준을 활용할 것을 권고한다. ISMS-P를 기반으로 ICT 환경 변화 등 일부 부족한 부분에 대해서는 통제항목에서 특성을 반영하면 된다. 또한 관리체계를 구축하고 인증을 취득하기 위해서는 더더욱 그렇다. 국내 관리체계 표준 프레임워크는 조직이 관리체계를 수립, 운영, 모니터링 및 검토, 유지 및 개선을 위한 모델을 제시하고 있으며 조직의 정보보호를 관리하기 위한 많은 활동을 명확히 한 프로세스 접근(Process Approach) 방식을 도입하고 있기 때문에 프로세스의 상호관계를 파악하여 일련의 프로세스를 시스템으로 구축하고 적용하여 운영·관리하는 것이다. 관리체계 구축을 일련의 프로세스로 간주하여 각각의 프로세스를 이러한 접근방법에 따라 명확화하고, PDCA에 따라 상호관계를 파악 및 시스템화하여 운영·관리하는 접근방법으로 프로세스 접근 방법을 활용한다.

ISMS-P에서 제시하는 PDCA에 따라 순차적으로 "① 관리체계 기반 마련 → ② 위험 관리 → ③ 관리체계 운영 → ④ 관리체계 점검 및 개선" 등 4단계 프로세스 및 16개 도메인 순으로 구축하면 된다.

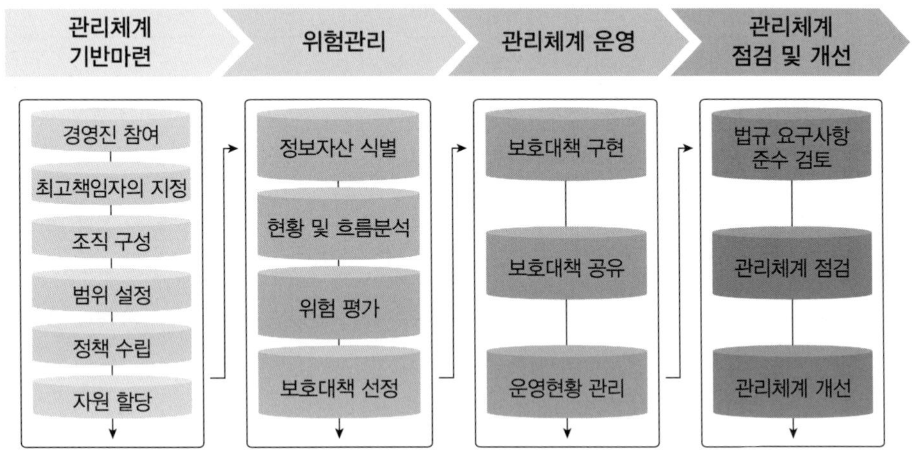

[**그림 2-2**] 표준 관리체계 프레임워크

(4) 관리체계 프레임워크와 PDCA

관리체계 구축 시 공통 표준 프레임워크에서 제시하는 프로세스 접근방법에 의거한 PDCA 모델의 도입은 관리체계의 구축에 반드시 필요한 요소이다. 이 프로세스 접근법은 모든 통제 항목에도 적용되며 관리체계의 기본 틀을 제공한다. 관리체계 프로세스에 적용되는 PDCA 공통 모델을 비교하면 〈표 2-2〉와 같다.

〈표 2-2〉 관리체계 프레임워크와 PDCA 모델 비교

관리체계 프레임워크		PDCA
관리체계 기반 마련	1. 경영진의 참여	Plan-계획
	2. 최고책임자의 지정	
	3. 조직 구성	
	4. 범위 설정	
	5. 정책 수립	
	6. 자원 할당	
위험 관리	1. 정보자산 식별	
	2. 현황 및 흐름분석	
	3. 위험 평가	
	4. 보호대책 선정	
관리체계 운영	1. 보호대책 구현	Do-실행
	2. 보호대책 공유	
	3. 운영현황 관리	
관리체계 점검 및 개선	1. 법적 요구사항 준수 검토	Check-점검
	2. 관리체계 점검	
	3. 관리체계 개선	Act-개선

2. 관리체계 구축 준비 및 계획 수립 단계(Step 1)

(1) 관리체계 구축 계획 수립

관리체계에 대한 이론적인 배경에서 살펴본 것처럼 정보보호 활동 시작으로 여기고 관리체계를 구축하영 하며 국내외 관리체계 표준이나 가이드라인을 활용하면 된다. 관리체계를 구축하고자 하는 조직에서는 관리체계 구축 준비에서부터 인증 취득까지 어떻게 무엇을 해야 하는지에 대해 고민거리가 아닐 수 없다. 이에 따라 본고에서는 관리체계 구축 취지와 방법 및 절차 등을 보다 쉽게 전 과정에 대해 핵심 사항 위주로 설명하고자 한다. 국내 관리체계 표준에 따라 구축 방법은 관리체계 구축 준비 단계뿐만 아니라 컨설팅이나

인증심사 시에도 그대로 적용 가능하기 때문에 이 순서에 따라 설명하고자 한다. 관리체계 표준에서는 준비 및 계획 수립 단계에 대해서는 언급을 하지 않고 있으나 일반적인 프로젝트를 수행하기 위해서는 기본적으로 준비 및 계획 수립 단계를 거치게 된다.

관리체계 구축 순서는 앞에서 설명한 것처럼 인증을 고려한다고 가정한다면 ① 준비 및 계획 단계 → ② 관리체계 기반 마련 → ③ 위험 관리 → ④ 관리체계 운영 → ⑤ 관리체계 점검 및 개선 → ⑥ 인증 등 6단계로 구축한다.

첫 번째 단계인 준비 및 계획 수립 단계에 대해서 알아보자. 관리체계 구축에는 기업 내부에서 준비작업 등을 위한 계획 수립이 필요하다. 준비 과정은 "프로젝트팀 구성 → 학습 및 정보 수집 → 적용 범위 검토 → 정보보호 조직 구성 → 정보보호 현황 분석"으로 이루어진다.

준비 및 계획 단계 핵심 포인트는 준비 단계부터 경영진을 참여시키도록 하고 추진체계 구축은 중요한 포인트이다. 다음으로 관리체계 관련 지식이 필요하다. 또한 자사의 정보보호 현황 분석을 통해 자사의 정보보호 수준을 파악하고 관련 자원(사람, 물건, 비용, 시간 등)의 확보가 필수적이다.

〈표 2-3〉 준비 및 계획 수립 절차

단계	주요 내용
① 준비 및 계획 수립 단계	1. 프로젝트팀 구성
	2. 학습 및 정보 수집
	3. 적용 범위 검토
	4. 정보보호 조직 구성
	5. 정보보호 현황 분석

① 프로젝트팀 구성

처음 관리체계를 구축할 경우, 수행조직 구성 및 정보보호 역할 분장이 어려우므로 전반적인 정보보호대책 이행계획을 수립하기 위해 프로젝트팀을 구성하여 추진하는 것이 바람직하다. 프로젝트팀이 구성되는 경우 책임 및 보고 체계를 정의한 계획서가 임시적으로 조직 및 책임설정 문서로 정의된다. 관리체계를 구축하기 위해서는 가장 먼저 관리체계 도입 배경, 경영전략상 정보보호 위치, 관계 부서와의 협력 체계 및 경영진을 이해시키고 설득할 수 있는 자료 등을 준비한다.

프로젝트팀에는 관리체계 구축 및 인증심사를 준비, 대응해야 하는 전담 인원(예: 정보보호 담당자)과 다양한 정보보호 활동에 주요한 역할을 담당해야 하는 인원(예: 인사/총무, IT인프라 운영부서, 개발부서 등) 등이 포함되노록 한다. 관리체계 구축은 프로젝트팀의 단일 업무가 아닌 전사 차원의 업무임을 명심한다.

구축 담당자가 외부컨설턴트의 지원을 받는 경우, 참고정보 등을 제공하고 외부컨설턴트가 구축의 주 담당이 되지 않도록 한다. 구축 담당자는 조직의 성격이나 능력을 이해하여 그에 맞게 관리체계를 구축해야 하고, 그 후 재검토, 시정, 예방조치 등의 지속적인 개선을 통해 관리체계를 유지·관리해야 하기 때문이다.

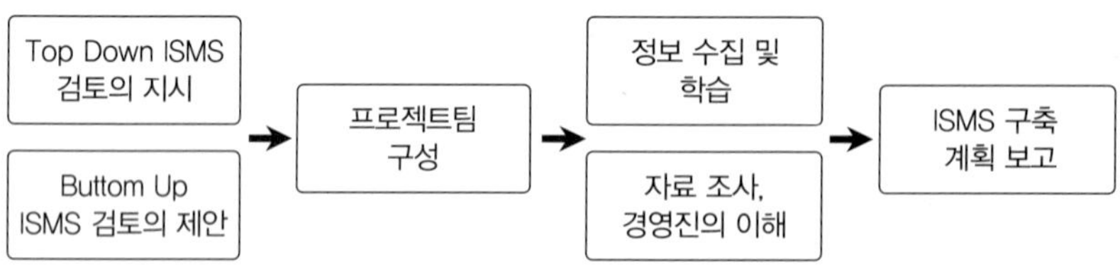

[그림 2-3] 준비 및 계획 절차 예시

② 학습 및 정보 수집

프로젝트팀을 중심으로 관리체계 관련 정보 수집, 관리체계 인증기준 및 제도의 이해, 핵심이 되는 관리체계 리더의 육성, 타사의 관리체계 구축 사례부터 구축 방법 이해, 외부 전문가를 활용하여 관리체계에 대한 실효적인 구축을 위해 자체적으로 학습을 한다. 프로젝트팀은 관리체계 구축 작업을 위한 교육을 실시하는 것도 중요하지만 인증기준 및 요구사항에 대한 학습이 필요하다. 관리체계 구축 초기에는 경영진 및 직원들이 협조적이지 않을 수도 있다. 정보보호 전담자가 없으면 관리체계를 제대로 이해한 사람이 없어서 조직의 인식 공유와 협력을 얻기가 어렵고 경영진의 이해 부족과 자원의 지원의 부족이 있을 수 있다. 이를 극복하기 위해서는 학습을 통해 설득할 수 있는 논리가 필요하다.

③ 적용 범위 검토

관리체계를 구축하기 위해서는 가장 먼저 범위를 어디까지 할 것인지를 정의해야 한다. 범위 설정은 향후 실시하는 관리체계 구축에 절대적으로 영향을 미치게 되며, 침해사고 시

책임문제 공방 논란의 대상이 되며 정보자산의 식별, 위험 평가 등의 작업뿐만 아니라 보호대책의 적용 등 정보보호 활동 전반에 영향을 주게 된다. 관리체계 범위에는 사업내용, 서비스형태, 조직구조, 물리적 위치, 정보자산 및 기술 요소의 다양한 측면에서 관리체계의 범위를 명확히 하고 범위 내부와 외부를 분명하게 구분하여 범위 정의서를 작성한다.

정의서에는 범위 외의 다른 시스템, 조직, 제3자와의 관계 등 다른 부분과의 관계를 반드시 명시한다. 조직 내에서 관리체계의 범위에 포함되지 않는 부서, 인력, 사업, 서비스, 정보자산 등이 있다면 제외 이유를 명확하고 타당성 있게 설명한다. 여기서 「정보통신망법」 제47조 규정에 따른 의무대상자는 정보통신 서비스가 인증 범위에 해당되며 모든 서비스를 포함해야만 한다. 따라서 서비스에 포함된 모든 정보자산이 대상이 된다.

- ISMS: 정보통신서비스와 서비스 제공을 위한 모든 정보시스템, 인력, 물리적 위치 등은 반드시 포함
- ISMS-P: 개인정보 흐름에 해당하는 모든 서비스, 정보시스템, 인력, 물리적 위치 등을 포함

④ 정보보호 조직 구성

관리체계 구축을 위한 조직을 구성(경영진 → 정보보호위원회 → 프로젝트팀 → 각 부서)하여 관리체계 도입을 위한 계획을 수립한다. 정보보호위원회를 구성하여 위험 관리를 위한 제반 환경 조성, 관리체계 관련 문서 내용의 실질적인 결정을 하도록 하고 향후 관리체계의 각종 정책 및 개정 검토, 정보보호 문제 발생 시 검토, 평가 결과에 기초한 개선사항 등을 검토한다. 또한 프로젝트팀은 관리체계의 구축 실무, 부서간 실무 차원의 조정, 정보보호 조직 구성, 전사적인 정보보호 최고책임자(CISO) 지정 등을 준비한다.

⑤ 정보보호 현황 분석(GAP 분석)

관리체계 구축 범위 및 조직구성 등이 완료되면 프로젝트팀 중심으로 조직의 정보자산에 대한 위협이나 취약점 등에 근거하여 정보보호 요구사항, 기업에 적용되는 법규나 계약에 근거하는 법적인 정보보호 요구사항 및 사업전략, 정책에 근거하는 정보보호 요구사항 등을 조사 분석한다. 현재의 조직 내의 정보보호 수준을 파악한다. 방법으로는 인증기준에 의한 현재의 정보보호 현황 분석(이하 "GAP 분석"이라 한다)이나, 전문가에 의한 운용 시스템의 정보보호 진단 등을 통해 GAP 분석을 실시한다.

GAP 분석은 관리체계 인증기준과 기업 내 현재의 보호대책 적용 현황과의 수준 차이를 확인할 수 있다. 즉, GAP 분석을 통하여 관리체계 인증기준에서 부족한 부분이 무엇인지를 확인하는 것을 목표로 한다. GAP 분석에는 수행조직이 각 부서(팀) 관리자·담당자의 인터뷰 및 문서 검토를 통해 기업 내의 GAP 분석을 수행한다.

본격적인 관리체계 구축 전에 GAP 분석을 통해 조직내부의 정보보호수준을 파악할 수 있고 앞으로 무엇을 어떻게 할 것인가를 알 수 있는 중요한 과정이며 관리체계에 대한 이해를 넓히게 된다. GAP 분석은 외부 컨설턴트에게 맡기기 보다는 프로젝트팀이 자체적으로 수행하는 것을 권장한다.

Tip — GAP 분석 시 준비 사항

① 정보보호 관련 정책, 지침, 절차의 구조 및 목록
② 정보보호 조직의 파악
③ 관리체계 인증기준과의 GAP 분석 항목과 내용
④ 현재의 정보보호 관리 수준 평가
⑤ 원인별, 위험요인별 등의 위험 관리 방법 도출, 데이터 중요도 분류 방법
⑥ 정보보호 강화를 위한 단계적인 정보보호대책 이행계획 및 관리체계 구축 방법

3. 관리체계 기반 마련 단계(Step 2)

3.1 (관리체계 기반 마련) 경영진의 참여

(1) 경영진 참여의 중요성

관리체계는 경영시스템의 하나인 내부 의사결정시스템이라고 해도 과언이 아니다. 정보보호 거버넌스에서 요구하는 경영진 책임의 중요성을 고려하여 경영진이 정보보호 활동 전반에 대해 보고를 받고 정보보호 투자 등 의사결정을 가능하게 하자는 것이다. 최고경영진은 관리체계 범위 및 정보보호 정책을 검토하고 승인한다. 이 결과는 모든 관련자들에게 통보되어야 한다. 최고경영진은 관리체계 정책 중 특히 업무 요구사항이나 정보보호 필요성, 목표, 정보보호 수준의 타당성을 검토하고 정책의 준수를 전 직원에게 요구한다.

Tip — 경영진 참여(ISMS-P 인증기준)

항목	상세내용
경영진 참여	최고경영자는 정보보호 및 개인정보보호 관리체계의 수립과 운영활동 전반에 경영진의 참여가 이루어질 수 있도록 보고 및 의사결정 체계를 수립하여 운영하여야 한다.

(2) 경영진 역할

관리체계 활동의 전반에 대해 경영진이 수행해야 할 역할은 매우 중요하다. 관리체계의 대상 범위를 전 조직이 아니라 어떤 조직계층으로 보안 관리대상을 한정하는 경우도 많으나, 이러한 경우에도 조직전체의 관리를 인식하는 것이 중요하다. 톱매니지먼트는 그 리더십과 행동에 의하여 조직원을 충분히 참여하게 하고 또 관리체계의 효과적인 운영이 가능한 환경을 조성할 수 있다.

관리체계에서 경영진의 참여 의미는 경영진이 수행해야 하는 역할의 하나에 약속이 있다. 관리체계의 수립, 도입, 운용 및 유지 등에 관여하여 조직이 정보보호의 책임을 이해관계자에게 선언하는 '약속'은 집행권한을 갖는 경영진에게만 허용되기 때문이다. 관리체계 참여하는 최고경영자의 역할은 다음과 같다.

- 조직의 정보보호 정책 및 목표를 설정하고 유지한다.
- 인식, 동기부여 및 참여를 증대시키기 위해 조직 전체에 정보보호 정책 및 목표를 내재화한다.
- 조직 전체가 정보보호 요구사항에 초점을 맞추고 있음을 확실히(보장)한다.
- 조직의 정보보호 목표를 달성하기 위하여 적절한 프로세스가 실행되는 것을 확실히(보장)한다.
- 효과적이고 효율적인 관리체계의 수립, 실행 및 유지되는 것을 확실히(보장)한다.
- 정보보호 활동에 필요한 자원이 이용되는 것을 확실히(보장)한다.
- 정보보호 정책 및 목표에 대한 관리체계의 적절성, 타당성, 유효성 및 효율에 대한 정기적이고 체계적인 평가를 수행한다.
- 관리체계의 개선을 위한 조치를 결정한다.

경영진은 어느 정도의 수준에서 위험을 수용할지를 판단해야 하며 이는 경영진이 관리체계의 수립, 도입, 운용 및 유지 등에 대한 최종적인 책임을 지기 때문이다. 그러나 경영진은 조직의 관리체계에 책임을 갖고 있지만, 모든 활동에 관여하는 것은 불가능하기 때문에 경영진은 우선 관리체계의 방향성을 나타내는 관리체계 정책을 수립한다. 그리고 관리체계의 실효성을 담보하기 위해 조직의 정보보호 역할 및 책임을 정하여 관리체계의 수립, 도입, 운용 및 유지 등에 충분한 경영자원을 제공한다. 최종적으로 경영진은 구축한 관리체계가 의도한 대로 효율적으로 기능하고 있음을 자신이 관리체계 내부감사 등을 통해 파악하고 개선을 위한 의사결정 등을 내리기 위해서는 관리검토를 실시하는 것이 중요하다.

또한 경영진의 중요한 역할 중의 하나로 '인원', '물건', '예산' 등의 경영자원을 제공하는 것이다. 경영진은 관리체계의 필요성을 이해하고 이를 위해 필요한 경영자원을 제공한다. 경영자원 중에서도 '인원' 문제는 특히 중요하다. 관리체계 인증기준에서는 '인원'과 관련된 교육·훈련, 인식 및 역량을 확보하도록 하고 있다.

(3) 내부통제시스템, 위험 관리시스템, 의사결정시스템

관리체계가 유기적으로 운영되는 경영시스템인 내부통제시스템, 위험 관리시스템, 의사결정시스템으로 안정적으로 작동하기 위해서는 의사결정체계를 구성하여야 한다. 관리체계를 운영하면서 정보보호 정책의 수립, 위험 분석 결과의 검토, 침해사고에 대한 처리방향 결정 등 중요한 의사결정을 실무조직이 아닌 경영진에 의해 검토되고 결정될 수 있도록 해야 한다. 기업 경영진 차원에서의 내부통제시스템, 즉 상시 모니터링 체계 구축 등 체계적인 정보보호 관리를 유도하기 위함이다. 이를 통해, 경영진이 관리체계에 대해 이해하고 관심을 갖게 되며 향후 사업 연속성을 유지하는데 있어 관리체계가 그 기반을 마련할 수 있다.

정보보호 정책의 보고, 정보보호 활동에 대한 의사결정 사항 등 경영진의 책임과 역할의 정의가 최상위 정보보호 정책서 등에 규정되어 있어야 한다. 경영진이 참여하지 않는 관리체계는 유지·관리하기가 쉽지 않으며 관리체계가 성공적으로 구축되었다고 볼 수 없다.

정보보호에 대한 조직의 실천의지와 정착은 경영진이 적극적으로 관여하고 그 책임 하에 계속적으로 개선을 실시하여 정보보호가 조직문화로 정착하게 된다. 정보보호에 대한 인식이 스며든 조직에서는 돌발적인 사태에 대해서 직원은 경영진이 의도한 행동을 자연히 취할 것으로 기대된다. 정보보호 인식을 조직문화로써 스며들게 하는 활동을 한다면 규모가 커서 업종이나 업태가 다양한 조직에서도 직원은 안전한 행동을 취하게 될 것이다.

3.2 (관리체계 기반 마련) 최고책임자의 지정

(1) 정보보호 최고책임자 지정

정보보호 최고책임자는 정보보호 관리체계의 수립 및 관리·운영뿐만 아니라 기업 내 정보기술 부문의 안전성 확보, 이용자 보호를 위한 전략과 계획 수립, 정보보호 취약점 분석·평가 및 개선, 침해사고의 예방 및 대응, 사전 정보보호대책 마련 및 보안조치 설계·구현, 정보보호 사전 보안성 검토 등의 정보보호 업무를 총괄하는 임원을 지칭한다. 법률적으로는 일정 기준 이상 규모를 갖춘 정보통신서비스 제공자는 「정보통신망 이용촉진 및 정보보호 등에 관한 법률」(이하 "정보통신망법"이라 한다)에 의하여 정보보호 최고책임자(CISO)를 지정·신고해야 하며, 금융회사 및 전자금융업자는 「전자금융거래법」에 따라 정보보호최고책임자(CISO)를 임원으로 지정해야 한다.

① 위험 관리 전문가 CISO(Chief Information Security Officer)

CISO는 위험 관리 전문가이어야 한다. CISO의 가장 중요한 임무는 비즈니스와 연계된 정보보호 전략수립 및 구현이라 할 수 있다. 기업의 비즈니스 목표를 달성하기 위하여 정보보호와 비즈니스를 연계하여 성과를 내야할 책임이 있다. 조직에서 위험은 어디에나 있다. IT에서 위험을 최소화하려 한다면 추가적인 위험을 수용하는 것이다. 기업 환경에 맞는 위험 관리에 대한 현명한 접근 방법을 기업 내부에 내재화해야 한다. CISO는 산업 스파이, 법규 미 준수, 해킹, 개인정보 유출 등 위험은 어디에나 존재하며 위험을 IT로만 국한시켜 최소화한다면 핵심을 놓치게 될 것이다. 현명하게 위험을 관리하는 CISO가 되는 법을 익혀야 한다.

Tip — 최고책임자의 지정(ISMS-P 인증기준)

항목	상세내용
최고책임자의 지정	최고경영자는 정보보호 업무를 총괄하는 정보보호 최고책임자와 개인정보보호 업무를 총괄하는 개인정보보호 책임자를 예산 · 인력 등 자원을 할당할 수 있는 임원급으로 지정하여야 한다.

통상적으로 CIO가 CISO를 겸직함에 따라 CISO의 독립적인 보안 활동을 저해하고 업무상 경계가 모호하여 전산사고 발생 시 책임이 불분명하고, 업무가 상충될 경우 IT보안보다 IT효율성이 우선되어 안전성 약화 우려가 있다. CISO는 사고 발생 시 책임은 큰데 비해 업무수행 권한은 상대적으로 약하여 CISO 업무에 대한 고충을 제기하고 있다. 보안업무 수행에 따른 문책 부담을 해소하고 정보보호 업무 수행의 연속성 확보가 필요하며 CISO 전임자의 경우 직무수행과 관련하여 부당한 인사상의 불이익을 금지하고 최소한의 임기를 보장하여야 한다. ISMS 의무대상자도 사실상 CISO 지정이 의무화되어 있으나 조직의 현실적인 여건상 겸직을 허용하고 있지만 추후 겸직을 금지할 날도 멀지 않은 것 같다.

Tip — CISO가 가장 먼저 해야 할 일

① CISO는 리더십 스킬을 키워라.
경영진 및 다른 임원진들과의 원활한 의사소통과 이들에게 정보보호 성과를 이해시키고 기업 비즈니스 연속성에 도움이 된다는 것을 설명할 수 있어야 한다. 또한 분석적 접근 및 조직적 스킬, 프로젝트 및 변화관리 스킬, 정보보호 기술 및 IT 트렌드 관련 노하우, 정보보호 전략 수립 및 실행 관련 지식, 재무관리 스킬이 CISO 역할의 필수적인 속성이다.

② 우선 사내 IT부서부터 점검하라.
CISO는 CIO와는 상호 협력 구조이며 견제를 해야 하는 관계다. IT 부서원들과 위험 우선순위에 대해 많은 커뮤니케이션해야 한다. IT 부서원들이 CISO보다 더 위협의 세부적인 부분에 집중할 수도 있기 때문이다.

③ 위험 관리는 법규 준수만을 의미하는 것이 아니다.
각종 정보보호 관련 법률을 준수하는 것은 분명 위험 관리의 한 부분이다. 하지만 법규 준수가 위험 관리의 전부인 것처럼 생각해서는 안 된다.

④ 전사 위험 관리 경험을 하라.
CISO는 위험 관리에 대해 전사적으로 좀 더 정교한 접근 방법을 주도할 수 있는 위치에 있어야 한다. 현업이 IT에 의존하며 CISO가 비즈니스 프로세스에 대해 더 많이 이해할수록 CISO는 위험을 제대로 관리하는 진짜 대변인이 될 수 있다.

⑤ 악의적인 목적을 가진 사람들이 회사를 어떻게 공격할 지 파악해야 한다.
CISO가 비즈니스 프로세스에 직접 위험 관리를 연결하지 않아도, 기업을 노리는 누군가가 존재한다는 사실을 알고 있어야 한다.

② CISO 핵심 성공 요인

CISO의 핵심 성공 요인으로 역량, 역할, 자질에 대하여 정리하면 다음과 같다.

- CEO의 정보보호에 대한 의지를 이끌어 내고 임직원들에게 정보보호 관리의 필요성을 이해시키고 미래의 모습에 대해 알려주고 변화에 적응할 수 있도록 공감대를 형성한다.
- 위험을 경감시키고 조직의 연속성을 유지하고 보호대책에 대한 효과적인 전략을 개발한다.
- 정부기관, 동종업체 임원, 규제기관 등과의 협력체계 구축과 조정자 역할을 수행한다.
- 경영진, 이사회, 정보보호위원회 등과 원활한 의사소통과 관계를 유지한다.
- 조직의 비즈니스 목적과 전략에 대한 명확한 이해를 바탕으로 정보보호 업무를 어떻게 조화시킬 것인지, 보안관리 프로그램에 대한 비전을 제시하여야 한다.
- 내부 정보보호 담당자에 대한 최고의 전문가들이 계속되는 변화하는 환경 속에서 자신의 전문성을 배양하고 발휘할 수 있는 환경을 제공하고 이들이 매력적이고 흥미로운 도전을 계속할 수 있도록 적절한 여건을 제공한다.
- 침해사고 등 상황에 대한 고도의 분석기법과 관리경험, 경영진과의 유대관계를 유지할 수 있는 특별한 친화력을 갖춘다.
- 비즈니스 지향적이고 혁신적, 창의적인 보안관리 기법과 대응책을 통한 기업 경쟁력 유지를 위한 역량을 갖춘다.
- 정보보호 위험 관리에 대한 전략을 개발하고 위협 정보 수집과 미래의 위기상황에 대비하여 정보자산에 대한 안정성 유지와 사고에 대한 대응 및 관리를 할 수 있어야 한다.

Tip — 정보보호 최고책임자의 지정(정보통신망법 제45조)

〈제45조의3(정보보호 최고책임자의 지정 등)〉

① 정보통신서비스 제공자는 정보통신시스템 등에 대한 보안 및 정보의 안전한 관리를 위하여 임원급의 정보보호 최고책임자를 지정하고 과학기술정보통신부장관에게 신고하여야 한다. 다만, 자산총액, 매출액 등이 대통령령으로 정하는 기준에 해당하는 정보통신서비스 제공자의 경우에는 정보보호 최고책임자를 지정하지 아니할 수 있다.

② 제1항에 따른 신고의 방법 및 절차 등에 대해서는 대통령령으로 정한다.

③ 제1항 본문에 따라 지정 및 신고된 정보보호 최고책임자(자산총액, 매출액 등 대통령령으로 정하는 기준에 해당하는 정보통신서비스 제공자의 경우로 한정한다)는 제4항의 업무 외의 다른 업무를 겸직할 수 없다.

④ 정보보호 최고책임자는 다음 각 호의 업무를 총괄한다.

1. 정보보호 관리체계의 수립 및 관리 · 운영
2. 정보보호 취약점 분석 · 평가 및 개선
3. 침해사고의 예방 및 대응

4. 사전 정보보호대책 마련 및 보안조치 설계 · 구현 등
5. 정보보호 사전 보안성 검토
6. 중요 정보의 암호화 및 보안서버 적합성 검토
7. 그 밖에 이 법 또는 관계 법령에 따라 정보보호를 위하여 필요한 조치의 이행

⑤ 정보통신서비스 제공자는 침해사고에 대한 공동 예방 및 대응, 필요한 정보의 교류, 그 밖에 대통령령으로 정하는 공동의 사업을 수행하기 위하여 제1항에 따른 정보보호 최고책임자를 구성원으로 하는 정보보호 최고책임자 협의회를 구성 · 운영할 수 있다.

⑥ 정부는 제5항에 따른 정보보호 최고책임자 협의회의 활동에 필요한 경비의 전부 또는 일부를 지원할 수 있다.

⑦ 정보보호 최고책임자의 자격요건 등에 필요한 사항은 다음과 같다.

1. 정보보호 또는 정보기술 분야의 국내 또는 외국의 석사학위 이상 학위를 취득한 사람
2. 정보보호 또는 정보기술 분야의 국내 또는 외국의 학사학위를 취득한 사람으로서 정보보호 또는 정보기술 분야의 업무를 3년 이상 수행한 경력이 있는 사람
3. 정보보호 또는 정보기술 분야의 국내 또는 외국의 전문학사학위를 취득한 사람으로서 정보보호 또는 정보기술 분야의 업무를 5년 이상 수행한 경력이 있는 사람
4. 정보보호 또는 정보기술 분야의 업무를 10년 이상 수행한 경력이 있는 사람
5. 법 제47조제6항제5호에 따른 정보보호 관리체계 인증심사원의 자격을 취득한 사람
6. 해당 정보통신서비스 제공자의 소속인 정보보호 관련 업무를 담당하는 부서의 장으로 1년 이상 근무한 경력이 있는 사람

3.3 (관리체계 기반 마련) 조직 구성

(1) (개인)정보보호 조직 구성 필요성

정보보호 조직은 정보보호 최고책임자와 함께 전담조직의 형태일 수도 있고 겸직이 이루어질 수도 있다. 다만, 겸직이 이루어질 경우 책임과 역할을 명확하게 하고 별도의 보완통제를 마련한다. 관리체계를 전담해 운영하는 인원은 가급적 정보보호 담당자의 업무가 주요 업무가 되도록 한다. 정보보호 최고책임자 및 개인정보 보호책임자의 업무를 지원하고 조직의 정보보호 및 개인정보보호 활동을 체계적으로 이행하기 위해서는 전문성을 갖춘 실무조직을 구성·운영이 필요하다.

기업에서는 정보보호 조직이 관리체계를 제대로 수립하고 유지하도록 독려하고 힘을 실어주고 있는가? 라는 질문을 하게 된다면, 불행하게도 그 답변은 소수의 대기업들을 제외하고는 부정적일 것이다. 정보보호란 그 특성상 이슈화가 되면 무엇보다 중요한 일처럼 느껴

지지만, 이슈화가 되지 않는 평상시에는 그 존재의 의미를 찾기 어려운 경우가 많다. 그러므로 기업은 사회적으로 심각한 해킹사고 발생 등으로 문제가 발생되고 이슈화될 때는 정보보호 조직에 대해 강한 관심과 지원을 보내지만, 대부분 시간이 지남에 따라 정보보호 조직에 관심을 가지지 않게 된다. 정보보호 조직을 어쩔 수 없이 존재시키는 조직으로 간주하는 경우도 있게 된다. 그러므로 정보보호 조직은 기업의 강력한 지원을 받기는커녕 때로 지원과 협조의 부족, 투자의 부족, 인력의 부족, 전문성의 부족 등의 곤란을 겪고 있다.

이러한 기업들에게 '정보보호 관리체계'를 수립하고 운영하라는 것은 무리한 요구일 수 있다. 결국 기관이나 기업의 정보보호 조직은 한정된 자원과 지원으로 인해 정보보호 관리체계를 수립하고 운영할 뿐 아니라 인증까지 획득해야 된다는 과제를 안게 되어 많은 고민을 할 수 밖에 없다. 이렇듯 정보보호 정책 수립, 최고경영진의 참여, 정보보호 조직 구성 등은 관리체계의 성패를 좌우하는 중요한 요소임을 명심한다.

- 정보보호 최고책임자, 개인정보 보호책임자, 개인정보보호 실무조직, 위원회 등 정보보호 및 개인정보보호 조직의 구성·운영, 역할 및 책임 등에 대한 사항을 정책서, 내부관리계획서 등에 명시
- 실무조직의 구성형태 및 규모는 전사 조직의 규모, 업무, 서비스의 특성, 처리하는 정보 및 개인정보의 중요도, 민감도, 법 규제 등 고려
- 실무조직은 전담조직 또는 겸임조직으로 구성할 수 있으나, 겸임조직으로 구성하더라도 실질적인 역할 수행이 가능하도록 역할 및 책임이 공식적으로 부여되어야 함
- 실무조직의 구성원은 정보보호 및 개인정보보호 전문성과 다양한 서비스에 대한 이해도와 경험이 많은 직원으로 구성(관련 학위 및 자격증 보유, 실무 경험 보유, 관련 교육 이수 등)

Tip — 조직 구성(ISMS-P 인증기준)

항목	상세내용
조직 구성	최고경영자는 정보보호와 개인정보보호의 효과적 구현을 위한 실무조직, 조직 전반의 정보보호와 개인정보보호 관련 주요 사항을 검토 및 의결할 수 있는 위원회, 전사적 보호활동을 위한 부서별 정보보호와 개인정보보호 담당자로 구성된 협의체를 구성하여 운영하여야 한다.

(2) (개인)정보보호 실무조직, 위원회, 협의체 등 조직 구성

① 정보보호 최고책임자와 조직의 규모, 업무 중요도 등의 특성을 고려하여 정보보호 및 개인정보보호 관리체계를 구축하고 지속적으로 운영하기 위해 필요한 조직을 구성한다. 조직 구성에 필요한 내부 근거를 정보보호 정책서 등에 명시하고 구성·운영, 역할 및 책임 등을 명확하게 하고 전문성을 갖춘 실무조직을 구성하여 운영한다.

② 조직 전반에 걸친 중요한 정보보호 및 개인정보보호 관련사항에 대하여 검토, 승인 및 의사결정을 할 수 있는 정보보호 위원회를 구성·운영할 필요가 있다.

- 위원회는 정보보호 및 개인정보보호 관련하여 조직 내 이해관계를 대변하고 의사결정을 할 수 있도록 경영진, 임원, 정보보호 최고책임자, 개인정보 보호책임자 등 실질적인 검토 및 의사결정 권한이 있는 임직원으로 구성

③ 위원회 산하에 전사적 정보보호 및 개인정보보호 활동을 위하여 정보보호 및 개인정보보호 관련 담당자 및 부서별 담당자로 구성된 실무 협의체도 함께 구성하여 운영하는 것이 좋다.

- 조직의 규모 및 관리체계 범위 내 서비스의 중요도에 따라 실무 협의체 구성원, 조직체계 등을 결정

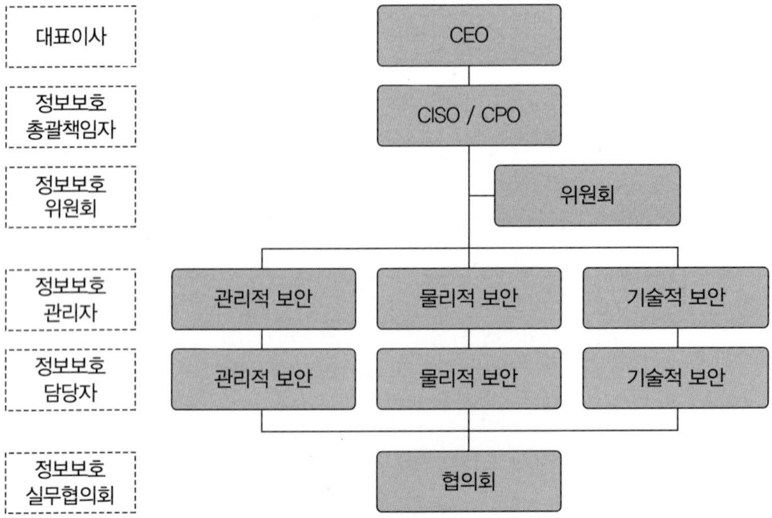

[그림 2-4] 정보보호 조직 구성 예시

- 실무협의체에서는 정보보호 및 개인정보보호 관련 사항에 대해 실무 차원에서 공유·조정·검토·개선하고, 의사결정 및 경영진 지원이 필요한 경우에는 위원회에 상정하여 논의

3.4 (관리체계 기반 마련) 범위 설정

(1) 범위 설정 요구사항

관리체계 구축에서 중요한 것 중 하나가 관리체계 범위 설정이다. 이는 관리체계 구축의 가장 기본이며 핵심 사항이다. 왜냐하면 범위 설정은 향후 침해사고 시 책임문제, 위험 관리, 자산 식별 등 관리체계 전반에 막대한 영향을 미치기 때문에 관리체계에서 범위 설정은 매우 중요한 절차이다. 관리체계 범위가 명확하지 않고 정보 및 사람의 경계 간 이동이 통제되지 않으면 관리가 불가능하므로 효과적인 관리체계 수행을 위해서는 범위 설정이 중요하다.

더욱 인증 범위를 법에서 취지하는 내용을 잘 숙지하고 설정할 필요가 있다. 하나 이상의 기업이 시스템을 공동 활용하는 경우 시스템, 데이터, 네트워크 등에서 문제가 발생할 때 해결해야 할 책임이 어느 쪽에 있는지를 명확히 한다. 범위 설정을 위해서는 범위 설정 기준을 마련하고 조직의 핵심 서비스 및 개인정보 처리에 영향을 줄 수 있는 핵심자산이 반드시 포함하도록 관리체계 범위를 설정하여야 한다. 또한 사업(서비스)과 관련된 임직원, 정보시스템, 데이터, 시설 등 유·무형의 핵심자산을 누락 없이 포함하는 것이 매우 중요하다.

Tip — 범위 설정(ISMS-P 인증기준)

항목	상세내용
범위 설정	조직의 핵심 서비스와 개인정보 처리 현황 등을 고려하여 관리체계 범위를 설정하고, 관련된 서비스를 비롯하여 개인정보 처리 업무와 조직, 자산, 물리적 위치 등을 문서화하여야 한다.

(2) 범위 설정 방법 및 내용

관리체계 범위 설정 시에 포함되어야 할 내용으로는 핵심 서비스 및 업무, 서비스 제공과 관련된 조직, 정보보호 조직, 주요 설비 목록, 정보시스템 목록 및 네트워크 구성도, 문서 목록(예: 정책, 지침, 매뉴얼, 대책명세서 등), 관리체계 수립 방법 및 절차, 정보보호대책 영역별 이행증적 목록 등을 포함한다.

또한 조직의 업무 분석을 통해 관리체계의 범위 및 경계와 정책 설정을 위해 조직의 업무에 대한 기존 지식을 활용한다. 업무를 잘 아는 내부 인력이 업무 경계를 분석한다. 업무 경계를 조직의 업무 분석과 관리체계 계획서에 포함된 개략적인 관리체계 범위를 기반으로, 조직의 전체 업무 중 관리체계 업무를 구분하여 표시한다. 조직 전체 또는 한 업무 부문을 관리체계의 범위로 설정할 수 있다. 고객에게 제공되는 '서비스'의 경우 여러 업무 부서에 걸쳐 수행될 수도 있다. 관리체계의 범위는 하나의 완전한 관리체계로서 그 경계를 명확히 논리적으로 설명할 수 있어야 한다.

정보보호 및 개인정보보호 관리체계를 수립하고자 하는 경우에는 범위를 명확히 확인할 수 있도록 관련된 내용(주요 서비스 및 업무 현황, 정보시스템 목록, 문서 목록 등)이 포함된 문서를 작성하여 관리한다. 정보보호 관리체계와 개인정보보호 관리체계의 범위가 상이한 경우에는 인증범위 내의 정보자산 목록(개인정보, 시스템, 네트워크 등)을 정보보호 관리체계 및 개인정보보호 관리체계 관점에서 명확하게 식별하여 정의할 필요가 있다. 또한 관리체계 범위에서 제외되는 서비스, 정보시스템 등에 대해서는 내부 협의 및 책임자 승인을 거친 후 그 사유 및 근거에 대해 기록하여 관리하도록 한다.

Tip — 정보보호 관리체계 인증의 범위 정의서 예시

〈정보보호 관리체계 범위 정의서〉

1. 전체 서비스 현황
   가. 인증 희망 이유
   나. 인증심사 담당자 현황
   다. 현재 제공 중인 전체 서비스(사업)
2. 인증을 받고자 하는 서비스 현황
   가. 서비스명
   나. 서비스 상세 설명
   다. 인증범위내 중요정보 식별

라. 정보분류 기준
3. 조직 및 인력 현황
가. 인력현황(전체 및 범위내 인력)
나. 전체 조직 현황(인증 범위 표시)
다. 인증범위에서 제외한 조직 목록 및 사유
라. 인증범위 서비스內 정보통신서비스 관련 외부위탁 업무 현황(정보시스템 운영, 개발 등)
4. 물리적 위치
가. 범위 내 사업장 위치(수탁사 제외)

적용범위는 사업장 이름, 부서 이름을 명시한다. 경계에 대해서는 레이아웃 그림 또는 네트워크 그림을 그려 물리적 경계선이나 라우터 간의 논리적 경계선을 명시한다. 여기서 레이아웃 그림을 작성하여 경계를 명확하게 하는 것은 필수적이다. 레이아웃 그림은 적용범위 내 정보보호수준을 도시하기 위해 이용된다.

- 물리적으로 떨어져 있으며 독립되어 있어야 한다.
- 하나의 관리체계로 연결되어 있으며 적용범위 경계선이 명확하고 합리적으로 설명할 수 있어야 한다.
- 정보자산에 대한 정보보호 요건이 동일하거나 유사하다.

Tip — 범위 설정에 필요한 문서

- 주요 서비스 및 업무 현황(개인정보 처리 업무 현황 포함)
- 서비스 제공과 관련된 조직 현황(조직도 등)
- 정보보호 및 개인정보보호 조직 현황
- 주요 설비 목록
- 정보시스템 목록 및 네트워크 구성도
- 정보자산, 개인정보 관련 자산식별 기준 및 자산현황
- 정보보호 및 개인정보보호 시스템 목록
- 서비스(시스템) 구성도 및 개인정보(수집, 이용, 제공, 저장, 관리, 파기) 처리 흐름
- 문서 목록 (예: 정책, 지침, 매뉴얼, 운영명세서 등)
- 정보보호 및 개인정보보호 관리체계 수립 방법 및 절차, 관련 법적 준거성 검토, 내부감사
- 고객센터, IDC, IT 개발 및 운영 등 외주(위탁)업체 현황 등

3.5 (관리체계 기반 마련) 정책 수립

(1) (개인)정보보호 정책 수립 절차

일반적인 정책서는 업무프로세스 중심의 관리활동을 정의하기 위한 명문화된 문서이다. 정보보호 정책 체계는 상위 정책 수준(전사적 요구)과 하위 정책 수준(부서·서비스별 요구) 등으로 정의하는 것이 좋다. 경영진이 관심 갖지 않는 정보보호 정책은 오히려 역효과를 가져올 수 있다. 관리체계가 구축되기 이전의 조직은 정보보호 활동을 위한 최소한의 정책과 지침이 정의되어 있고 관행적으로 업무 추진이 이루어지고 있는 상태일 것이다.

정보보호 정책이 정보보호 활동에 대한 목표와 방향을 제시하는 상위 규정이라면 구체적으로 정보보호를 누가 어떻게 무엇을 해야 하는지를 정하는 것이 관련 지침, 절차서이다. 정보보호 정책은 조직의 정보보호 관리체계 운영의 근간이 되므로 모든 업무 프로세스를 파악하고 관련 표준, 법률 등을 반영하여 수립되어야 하며 지속적인 검토와 공유되어야 한다. 정보보호 및 개인정보보호 정책에 명시된 정보보호 및 개인정보보호 사항을 구체적으로 시행하기 위하여 필요한 세부 방법, 절차, 주기, 수행주체 등을 규정하는 지침, 절차, 매뉴얼, 가이드 등의 하위 실행문서를 조직의 특성에 맞게 반영한다.

Tip — 정책 수립(ISMS-P 인증기준)

항목	상세내용
정책 수립	정보보호와 개인정보보호 정책 및 시행문서를 수립 · 작성하며, 이때 조직의 정보보호와 개인정보보호 방침 및 방향을 명확하게 제시하여야 한다. 또한 정책과 시행문서는 경영진 승인을 받고, 임직원 및 관련자에게 이해하기 쉬운 형태로 전달하여야 한다.

(2) (개인)정보보호 정책 내용

조직이 수행하는 모든 정보보호 및 개인정보보호 활동의 근거를 포함하는 최상위 수준의 정보보호 및개인정보보호 정책을 다음의 내용을 포함하여 수립한다.

- 조직의 정보보호 및 개인정보보호에 대한 최고경영자 등 경영진의 의지 및 방향
- 조직의 정보보호 및 개인정보보호를 위한 역할과 책임 및 대상과 범위

- 조직이 수행하는 관리적, 기술적, 물리적 정보보호 및 개인정보보호 활동의 근거정책 및 시행문서(지침, 절차 등)는 조직이 제공하고 있는 서비스, 사업 등에 관련된 개인정보 보호관련 법적 요구사항(법률, 시행령, 시행규칙, 하위 고시, 가이드 등)을 반영
- 개인정보를 처리하는 경우 개인정보 보호법 및 정보통신망법에 따른 내부관리계획을 관련 법규에서 요구하는 사항을 모두 포함하여 수립

관리체계 범위가 전사일 경우 관리체계 정책은 전사 정보보호 정책과 동일할 수 있다. 그러나 다를 경우에는 전사 정보보호 정책과 별도의 관리체계 정책을 수립할 필요가 있다. 관리체계 정책은 관리체계 범위 내에서 기업의 정보보호 정책과 일관성 있게 적용하는 방안을 설명한다. 정보보호 목적을 달성하기 위한 체계와 정보보호 활동에 대한 방향, 원칙, 위험 관리 방법 등을 명시하고 CEO 승인이 이루어져야 한다.

조직이 수행하는 모든 정보보호 활동의 근거가 될 수 있도록 다음과 같은 항목이 포함된 최상위 수준의 정보보호 정책을 수립한다. 경영자는 정보보호 기본 정책을 정하고 관리체계의 구축과 운영에 의해 최고경영자로서의 책임을 다한다. 관리체계에 대한 경영자의 의지 및 노력을 이해관계자 전원에게 알릴 필요가 있다.

- CEO 등 경영진의 정보보호에 대한 의지 및 방향
- 조직의 정보보호 목적, 범위, 책임
- 조직이 수행하는 관리적, 기술적, 물리적 정보보호 활동의 근거

Tip — (개인)정보보호 정책 수립 핵심 포인트

① 조직이 수행하는 모든 정보보호 활동의 근거가 될 수 있도록 다음과 같은 항목이 포함된 최상위 수준의 정보보호 정책을 수립한다.
- CEO 등 경영진의 정보보호에 대한 의지 및 방향
- 조직의 정보보호 목적, 범위, 책임
- 조직이 수행하는 관리적, 기술적, 물리적 정보보호 활동의 근거

② 정보보호 상위 정책을 시행하기 위한 세부적인 수행주체, 방법, 절차 등은 정보보호 지침, 절차, 매뉴얼 등의 형식으로 수립한다.

③ 제공하는 사업(서비스)에서 조직이 준수해야 하는 정보보호 관련 법적 요구사항을 분석하고 정보보호 정책에 반영한다.
- 정보보호 정책에 조직이 준수하여야 하는 법령 및 관련조항을 명시
- 법적 요구사항이 반영될 경우 법률관련 부서 또는 관련자의 검토

④ 정보보호 정책은 기업의 관리체계의 헌법과 같은 존재이다.
- 정보보호에 관한 전반적인 방향성 및 행동지침을 수립
- 사업상 및 법적 요구사항, 계약 상 정보보호 의무를 고려한다.
- 관리체계의 수립 및 유지가 이루어지도록 조직의 전략적인 위험 관리라는 관점에서 균형을 잡는다.

⑤ 위험을 평가하기 위한 기준을 수립한다.

⑥ 경영진의 승인을 받는다.
- 정보보호 정책은 정보보호 관리에 대한 기본적인 정책이 제시된 문서
- 정보보호의 요구사항에 책임과 의무가 있다는 의사표시
- 기업의 경영정책, 전반적인 방향성 및 행동지침에 관한 내용이 포함

⑦ 정보보호 정책 문서에는 경영진의 책임을 명기하고 다음 사항을 포함한 정보보호의 관리에 대한 조직의 정책을 명시한다.
- 정보보호의 정의, 그 목적 및 적용범위, 그리고 정보를 공유할 수 있는 기반인 정보보호의 중요성
- 사업 전략 및 목적에 따른 정보보호의 목표를 지지하는 경영진의 의사 기술
- 조직에게 특히 중요한 정보보호의 개발정책, 원칙, 표준 및 준수해야 할 요구사항에 대한 간결한 설명
- 정보보호 사건 보고를 포함한 정보보호 관리에 관한 일반적 책임 및 특정 책임의 정의
- 정보보호 정책을 지지하는 문서(상세절차 등)의 참조

(3) 경영진의 승인

최고경영진은 '정보보호 정책'을 포함한 관리체계 정책, 즉 정보보호에 대한 조직의 비전을 제시하고 관리체계의 활동지원에 대해 약속할 필요가 있다. 최고경영진이 약속한다는 것은 단순히 완성된 '정보보호 정책서'에 승인도장을 찍는 일이 아니다. '경영진의 승인을 얻는다.'라고 하는 것은 관리체계 구축에 대해 최고경영진이 약속한 증거로서 정보보호 정책의 수립을 들 수 있다. 또한 관리체계에서 중요시 하는 것 중 하나가 바로 '정보보호 정책은 이해당사자들의 검토와 CEO의 승인을 받아야 한다.'고 명기하고 있다는 것이다. 관리체계 등 내부통제시스템에 의한 정보보호 활동에 대해 의사결정을 CEO가 결정하고 약속을 하게 됨에 따라 CEO는 이제는 정보보호 사건, 사고는 CEO가 책임을 져야 한다. CEO의 역할과 책임은 다음과 같다.

① 경영자는 업무의 횡단적인 조정 능력(권한)을 활용해 관리체계 구축을 주도해야 한다.
② 정보보호 최고책임자(CISO)의 임명 및 정보보호 조직 구성에 대한 책임이 있다.
③ 경영자는 이해관계자에게 신뢰감을 부여하여야 한다.

④ 경영자로부터 조직 전체에 대해 top•down식 의사전달을 하는 체계가 필수적이다.

⑤ 정보보호의 내부 의사결정시스템인 관리체계 구축에 참여해야 한다.

Tip — CEO가 꼭 알아야 할 잘못된 정보보호 상식 10가지

① 경영층은 정보보호 조직에 격려만 하면 된다.
② 정보보호 위험 평가는 어렵고 힘들다고만 생각한다.
③ 정보보호 활동은 비즈니스 프로세스와는 무관하다.
④ 자동화 도구가 아니면 정보보호통제가 불가능하다고 생각한다.
⑤ 조직 구성원의 인식을 간과한다.
⑥ 너무 많은 통제를 하려하고 통제의 효과성을 생각하지 않고 실행만 하면 된다.
⑦ 정보보호에 투자는 경영 성과에 영향을 미치지 않는다.
⑧ 보안관리 문제가 기업의 경쟁력의 핵심 요소나 비즈니스 성공의 키워드가 아니다.
⑨ 정보보호는 사고만 발생되지 않으면 지속적인 정보보호 문제는 정보보호 담당자 역할로 경영층은 검토할 필요가 없다.
⑩ 정보보호의 중요성은 인식하지만 우리 기업은 안전하다.

3.6 (관리체계 기반 마련) 자원 할당

(1) 자원 할당

연간 정보보호 활동을 시행하는데 소요되는 예산 또는 인력 등 자원 할당에 관한 사항은 CEO의 책임이다. 조직의 여건을 고려한 최소한의 예산 지출 또는 인력운영 등은 관리체계의 안정적인 유지를 위해 반드시 요구되는 사항이다. CEO는 위험 관리 활동을 통해 보고되는 보호대책의 시행을 위한 예산 또는 인력운영 계획을 검토하여 적절한 투자가 이루어지도록 한다.

최고경영자는 정보보호 및 개인정보보호 활동을 원활하게 수행하기 위하여 분야별 전문성을 갖춘 인력을 확보하도록 한다.

- 전문 지식 및 관련 자격 보유(정보보호 및 개인정보보호 관련 학위 또는 자격증 보유)
- 정보보호 및 개인정보보호 관련 실무 경력 보유
- 정보보호 및 개인정보보호 관련 직무교육 이수 등

Tip — 자원 할당(ISMS-P 인증기준)

항목	상세내용
자원 할당	최고경영자는 정보보호와 개인정보보호 분야별 전문성을 갖춘 인력을 확보하고, 관리체계의 효과적 구현과 지속적 운영을 위한 예산 및 자원을 할당하여야 한다.

관리체계에서 취급하는 정보보호란 단순히 '정보 위험', 'IT 위험'을 고려하는 것에 머물지 않는다. 또한 관리체계의 성격상 일상적인 관리에 속한 부문 외에 위험이 가시화된 후의 피해를 최소한으로 하기 위한 대응 등도 요구되고 있다. 이 같이 '관리체계'를 총망라하기 위해서는 인증 취득 범위에 포함되는 현장조직뿐만 아니라 시스템(서비스) 개발 및 운영, 감사실, 기획, 재무회계 등 조직 전체를 아우르는 인재를 정보보호 조직으로 확보한다.

① 최고경영자는 정보보호 및 개인정보보호 관리체계의 효과적 구현과 지속적 운영을 위해 필요한 자원을 평가하여 필요한 예산과 인력을 지원하여야 한다.

- 매년 정보보호 및 개인정보보호 관리체계의 효과적 구축 및 지속적 운영을 위하여 필요한 예산과 자원을 평가하여 예산 및 인력운영 계획 수립 및 승인
- 예산 및 인력운영계획에 따라 필요한 자원(인력, 조직, 예산 등)을 지속적으로 지원

② 연도별 정보보호 및 개인정보보호 업무 세부추진 계획을 수립·시행하고 그 추진결과에 대한 심사분석·평가를 실시하여야 한다.

- 해당 연도의 정보보호 및 개인정보보호 업무를 효과적으로 수행하기 위한 연도별 정보보호 및 개인정보보호 업무 세부추진 계획을 수립하고 경영진 보고 및 시행
- 세부추진 계획에 따른 추진결과를 심사분석 및 평가하여 경영진에게 보고

4. 위험 관리 단계(Step 3)

4.1 (위험 관리) 정보자산 식별

(1) 정보자산 식별

① 정보자산 식별 및 문서화

관리체계 범위 설정 후에는, 해당 범위 내의 정보자산을 식별하고 이를 정보자산의 소유자, 관리책임자, 자산의 형태, 보관 형태, 장소, 업무상 가치 등을 포함하여 재해를 복구하기 위해 필요한 모든 정보를 기재하여 관리한다. 정보자산 목록은 범위 확정과 위험 분석·평가에 활용되는 것으로 보호해야 할 가치가 있는 주요 자산은 반드시 정보자산 목록에 포함시켜 관리한다.

Tip — 정보자산 식별(ISMS-P 인증기준)

항목	상세내용
정보자산 식별	조직의 업무특성에 따라 정보자산 분류기준을 수립하여 관리체계 범위 내 모든 정보자산을 식별 · 분류하고, 중요도를 산정한 후 그 목록을 최신으로 관리하여야 한다.

정보자산의 식별은 현재 보유중인 핵심자산 및 서비스 중 보호해야 할 대상을 정의하는 것이며, 새로 도입되는 자산은 개별적으로 식별하여 관리대상에 포함한다. 조직 내에 자산관리시스템(H/W 중심) 등과 관리체계에서 요구하는(모든 유·무형 정보자산) 정보자산 분류와 차이가 있을 경우 관리체계 구축 및 운영을 위해 추가로 관리가 필요하다. 관리체계 범위 내 주요 단말 운영 현황을 작성한다.

〈표 2-4〉 자산 식별의 예시

구분	적용 서비스 (용도 및 주요기능)	구분	수량	자산위치	관리부서
관리체계 범위 내 주요 자산		서버			
		네트워크			
		어플리케이션			
		보안장비			
		주요 단말			

자산을 체계적으로 관리하기 위해 정보자산을 유형별로 분류해야 하며, 이를 위해서는 통일된 기준의 정보자산 분류 기준이 마련되어야 한다. 정보자산의 분류는 유형별 분류와 중요도에 따른 등급별 분류로 나눌 수 있으며, 유형별 분류는 서버, 네트워크, PC 등 정보자산 형태별로 분류하며, 등급별 분류는 기밀정보자산, 비밀정보자산, 대외비 등 중요도 또는 보안성 요구정도에 따라 분류한다. 〈표 2-5〉는 자산 분류의 예시를 보여주고 있다.

〈표 2-5〉 자산 분류의 예시

자산 분류	설명	해당 예
정보/데이터	유형, 무형의 정보 또는 데이터	고객정보, 인사정보, 인사정보
하드웨어	시스템 하드웨어	서버, 네트워크 장비PC, 네트워크 장비, 저장장치
소프트웨어	패키지 소프트웨어, 응용소프트웨어	OS, 패키지 S/W, 개발응용 S/W
서류	문서 형태의 출력물	계약서, 기획서, 사용자 매뉴얼
물리적 자산	시스템 하드웨어를 제외한 물리적 자산	UPS, 항온항습기, 팩스, 프린터, 복사기
인력	정보시스템 사용, 운영 및 관리를 담당하는 인력	서버 운영자, 네트워크 운영자
기타	무형의 이미지	회사의 이미지, 평판 및 브랜드

(2) 자산 평가

관리체계 범위 내에 존재하는 정보자산에 대하여 가치나 속성(보관형태 및 보관기간, 용도 등)이 일치하는 것을 하나의 그룹으로 관리하는 것이 효율적이다. 자산식별의 다음 단계인

가치(중요도) 평가는 사용될 척도와 가치(중요도) 평가에 기초하여 각 자산에 대하여 척도 상의 특정 값을 할당하기 위한 기준을 정의하는 것이다. 정보자산의 중요성은 개별자산의 정보보호 상실 시 조직에 영향을 미치는 기준을 최대한 객관화하는 것이 필요하다. 따라서 평가기준을 수치화하는 것이 합리적인 방법이라고 할 수 있다.

〈표 2-6〉 자산 평가 예시

<table>
<tr><th rowspan="2">자산
구분</th><th colspan="6">자산</th><th colspan="3">자산가치</th><th rowspan="2">등
급</th></tr>
<tr><th>자산명</th><th>위치</th><th>부서</th><th>소유자</th><th>담당자</th><th>사용자</th><th>C</th><th>I</th><th>A</th></tr>
<tr><td rowspan="2">정보</td><td>회계(인사정보)</td><td>본사5층</td><td>업무시스템</td><td>홍길동</td><td>김담당</td><td>인사부</td><td>3</td><td>3</td><td>3</td><td>상</td></tr>
<tr><td>고객기본정보</td><td>본사5층</td><td>고객시스템</td><td>박고객</td><td></td><td></td><td>3</td><td>3</td><td>3</td><td>상</td></tr>
<tr><td rowspan="3">하드
웨어</td><td>웹 서버</td><td>본사1층</td><td>시스템지원</td><td>이지원</td><td></td><td></td><td>1</td><td>3</td><td>2</td><td>중</td></tr>
<tr><td>DW/CRM</td><td>본사5층</td><td>업무지원팀</td><td>최업무</td><td></td><td></td><td>3</td><td>3</td><td>2</td><td>상</td></tr>
<tr><td>PC</td><td>본사1층</td><td>시스템지원</td><td>이지원</td><td></td><td></td><td>3</td><td>2</td><td>3</td><td>상</td></tr>
<tr><td rowspan="2">서류</td><td>도면설계도</td><td>본사2층</td><td>개발팀</td><td colspan="3">김개발</td><td>3</td><td>3</td><td>3</td><td>상</td></tr>
<tr><td>기안서</td><td>본사2층</td><td>업무지원팀</td><td colspan="3">홍길동</td><td>2</td><td>3</td><td>2</td><td>중</td></tr>
</table>

자산평가는 향후 위험평가 등에 큰 영향을 미치게 되므로 자산평가는 매우 신중하게 객관적으로 평가해야 한다. 정보중심의 자산가치평가가 이루어져야 하며 자산소유자 뿐만 아니라 관리자, 책임자, 필요시 경영진 참여하에 평가하는 것이 가장 좋다.

Tip — 정보자산 식별 및 평가시 핵심 포인트

① 정보자산(정보시스템, 정보보호시스템, 정보)의 분류기준을 수립하고 관리체계 범위 내 모든 정보자산을 식별한다.
② 수립된 분류기준에 따라 관리체계 범위 내 모든 정보자산을 식별하고 식별된 정보자산을 다음 항목이 포함된 별도 목록으로 관리한다.
③ 정기적으로 정보자산 현황을 조사하고 정보자산목록을 최신으로 유지한다.
④ 식별된 정보자산에 대한 책임자 및 관리자(또는 담당자)를 지정한다.
⑤ 기밀성, 무결성, 가용성, 법적요구사항 등을 고려하여 정보자산의 중요도를 평가하기 위한 기준을 수립한다.
⑥ 정보자산별로 중요도를 평가하고 각 자산별 특성에 적합한 정보보호 등급을 부여하고 정보보호 등급을 쉽게 확인할 수 있도록 한다.
⑦ 정보자산의 정보보호등급에 따른 취급절차(생성, 저장, 이용, 파기 등)를 정의하고 이행한다.

4.2 (위험 관리) 현황 및 흐름분석

(1) 현황 분석

현황분석(이하 GAP 분석) 결과는 조직 내 관리체계 현황을 파악, 관리체계 인증기준과 보안관리 영역의 Best Practice에 도달하기 위해 각 영역별로 인터뷰, 문서검토, 이행 현황 검토 등의 방법을 통해 수준을 평가한다. 수준 평가 자료는 관리체계 인증을 받기 위한 참고 자료로서 기준점수와의 격차가 클수록 관리체계 인증기준에 부합되지 않음을 나타낸다. 현황 및 흐름분석은 위험분석의 사전단계로 다양한 관점에서 위험분석을 진행할 수 있는 기초자료가 된다. 또한 경영진이 정보보호 현황을 이해하고 위험 관리를 위한 의사결정을 내리는데 효과적으로 활용할 수 있다.

GAP 분석보고서는 관리체계 점검항목과의 차이(GAP)를 비교 분석함으로써 기존 관리체계 현황 파악을 목적으로 한다. 관리체계 분석을 위하여 진행되는 내용으로는 전사적으로, 부서별로 진행할 것인지를 판단하여 진행한다. 조직의 서비스 현황, 업무 프로세스도 같이 분석한다.

- 관리체계 전 영역에 대한 정보서비스 현황을 식별하고 업무 절차와 흐름을 파악하여 문서화
- 관리체계 범위 내 개인정보 처리 현황을 식별하고 개인정보의 흐름을 파악하여 개인정보 흐름도 등으로 문서화
- 서비스 및 업무, 정보자산 등의 변화에 따른 업무절차 및 개인정보 흐름을 주기적으로 검토하여 흐름도 등 관련 문서의 최신성을 유지
- 현황분석은 표준규격과 운영현황을 비교하는 GAP 분석표를 통해 표준규격과 운영현황과의 차이를 확인

Tip — 현황 및 흐름분석(ISMS-P 인증기준)

항목	상세내용
현황 및 흐름분석	관리체계 전 영역에 대한 정보서비스 및 개인정보 처리 현황을 분석하고 업무 절차와 흐름을 파악하여 문서화하며, 이를 주기적으로 검토하여 최신성을 유지하여야 한다.

(2) 흐름 분석

흐름분석은 정보서비스 흐름분석과 개인정보 처리단계별 흐름분석으로 구분되며 그 결과는 흐름표 또는 흐름도로 도식화하는 것이다. 정보서비스 흐름도는 조직의 업무절차, 정보보호 요구사항, 보안통제의 상호연계를 사용자 기반으로 도식화한 접근통제 개념도를 말하며, 개인정보 흐름도는 수집, 보유, 이용·제공, 파기되는 개인정보 처리단계별로 흐름을 한눈에 확인할 수 있도록 도식화한 개념도를 의미한다. 관리체계 전 영역에 대한 정보서비스 현황을 식별하고 업무 절차와 흐름을 파악하여 문서화하여야 한다.

① 시스템 구성 및 서비스 흐름도

전체 시스템 및 네트워크 구성도를 명시하고, 관리체계 범위에 해당하는 부서 표시를 하며 시스템 및 구성도의 위치가 물리적으로 상이할 경우 상세 내용을 기술한다. 정보시스템과 중요 정보보호시스템이 표현될 수 있도록 표기한다.

- 관리체계 범위 내의 모든 정보서비스 현황 식별
- 각 정보서비스별 업무 절차 및 흐름 파악
- 업무 절차 및 흐름에 대한 문서화: 업무현황표, 업무흐름도 등

Tip — 시스템 구성 및 네트워크 구성도 작성 예시

① 관리체계 범위 서비스를 운영하는 시스템을 중심으로 시스템 구성도 작성 시 아래 항목 포함
- DB 서버, 웹서버, 로그 모니터링 시스템 등
- IDC 및 물리적으로 구분된 경우, 해당 사항을 명시
- 시스템간의 네트워크 연결을 명시

② 관리체계 범위 서비스를 연결하는 네트워크 구성도 작성 시 아래 항목 포함
- 네트워크 장비(예: 라우터, 스위치 등)
- 정보보호 관련 장비 (예. 방화벽, 침입탐지시스템, 침입방지시스템 등)
- DMZ 구역, VPN 구간 등(해당 시)

② 주요 직무자 서비스 흐름도

관리체계 범위 내 주요 직무자료 식별하는 대상들에 대한 서비스 및 정보흐름도를 표시한다. 각 대상자군들을 보호, 통제, 모니터링 하기 위한 보호대책도 표기한다.

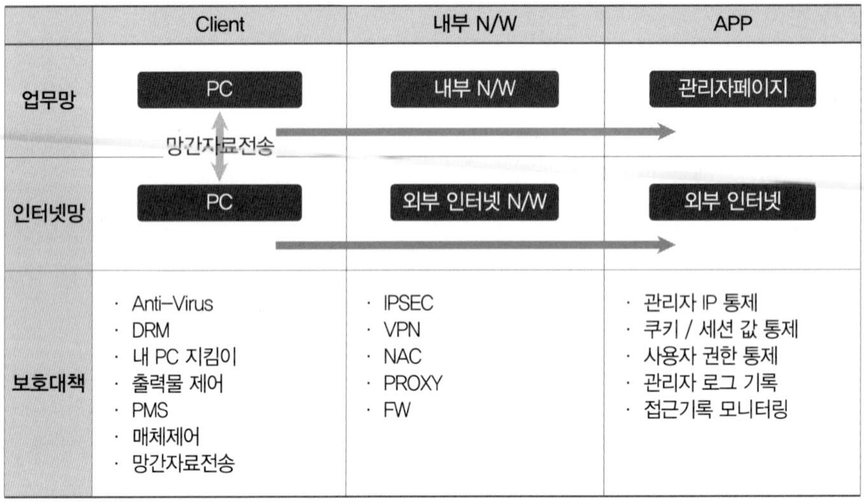

출처: 개인정보의 안전성 확보조치 기준 해설서(개보위)

[**그림 2-5**] 주요 직무 서비스 흐름도(임직원) 예시

③ 개인정보 흐름표 작성

- 관리체계 범위 내 개인정보가 포함될 경우 개인정보 처리 현황을 식별하고 개인정보의 흐름을 파악하여 개인정보 흐름표, 개인정보 흐름도 등으로 문서화한다.

〈표 2-7〉 개인정보 흐름표 예시

수집경로 (온라인/오프라인)	개인정보 수집항목		수량
	필수항목	선택항목	
회원가입(온라인)	성명, 성별, 생년월일	전화번호, 주소	xxx만
멤버십카드신청 (온라인, 오프라인)	ID, 성명, 주소		xxx만
...	...	...	
입사(오프라인)	성명, 주소, 성별, 주민번호	...	

출처: 정보보호 및 개인정보보호 관리체계 인증신청 양식(KISA)

- 관리체계 범위 내 내부 조직의 범위 및 업무도 파악하여 부서별 개인정보취급자와 처리 업무를 식별하고 문서화 한다.

〈표 2-8〉 내부 조직의 범위 및 업무 예시

NO	부서명	부서역할	범위 내 인력		
			개인정보 취급자	개인정보처리업무	범위 내 전체인력
1	인사팀	조직 인사관리	xxx명	입사, 퇴사자 관리 및 임직원 임금 지급 등	xxx명
2	감사실		0명		xxx명
3	개인정보보호팀				
4	네트워크관리팀				
합계			xxx명		xxx명

출처: 정보보호 및 개인정보보호 관리체계 인증신청 양식(KISA)

- 관리체계 범위 내 개인정보 취급 위탁업무 수행 시에는 처리업무, 개인정보 제공형태 및 방법, 개인정보 취급자수 등을 식별하고 문서화 한다.

〈표 2-9〉 개인정보 취급 위탁업무 현황 예시

NO	수탁사명	개인정보처리업무 (목적포함)	개인정보 제공 형태 및 방법	개인정보 취급자수	상주여부
1	㈜한국	고객 문의 및 응대(고객센터)	※ 파일형태, API, 시스템 연계, 수탁사시스템 사용, 신청기관 시스템 접속 등 ※ 실시간, 파일전송시스템 또는 이메일 등	xxx명	Y/N
2		물품배송(물류센터)			
3					
4					
합계				xxx명	

출처: 정보보호 및 개인정보보호 관리체계 인증신청 양식(KISA)

• 관리체계 범위 내 개인정보 수탁사가 있을 경우 수탁사의 물리적 위치, 관련부서, 업무, 개인정보취급자수 등을 식별하고 문서화 한다.

〈표 2-10〉 개인정보 수탁사 물리적 위치 예시

수탁사 명	위치	관련부서	수행업무	수탁업무 개인정보 취급자수
	• 수탁사에서 시스템 접속 또는 운영하는 인력 위치 • 이메일 등으로 받는 경우, 받는 인원의 위치 • 본사기준이 아닌 제공정보 수신 또는 이용자 기준			

출처: 정보보호 및 개인정보보호 관리체계 인증신청 양식(KISA)

④ 각 단위 업무에 대한 개인정보 생명주기별 개인정보 흐름도 작성

사업 분석을 통해 개인정보 관련 업무를 구분하다면, 구분된 업무별로 보다 상세한 분석을 통해 '업무흐름도'를 작성한다. 업무 흐름도는 개인정보 취급 업무별 세부 업무절차를 대략적으로 정리하기 위해 작성한다. 업무흐름도는 해당업무를 수행하는 인력 및 부서 등을 함께 표시하고, 연계 기관(개인정보를 제공하거나 제공받는 기관)이 있는 경우 해당기관도 포함하여 작성 한다.

개인정보를 취득하여 활용하는 단계를 통상적으로 생명주기별 수집•보유•이용、제공•파기의 4단계로 구분하므로 각각의 단계별로 개인정보보호 조치를 취하기 위하여 개인정보 흐름도를 작성한다.

• (수집) 정보 주체의 개인정보를 취득하는 단계로써, 통상적으로 웹사이트 회원 가입, 서면 신청서 작성, 민원 접수 등의 형태를 통해 이루어진다.
• (보유) 수집한 개인정보를 보유하는 단계로써, 보유한 개인정보를 안전하게 관리하며 정보 주체의 새인정보 열람·정정권리 등을 보장한다.
• (제공) 취득·저장한 개인정보를 수집한 공공기관 외의 제3의 기관에게 정보를 제공하는 행위를 말한다. 예를 들어 특정 자격제도를 운함에 있어 자격 검정 시험을 주관하는 기관과 자격 제도를 운하는 기관이 상이한 경우에는 자격 감정 시험 주관 기관 이 합격자 명단을 자격제도 운영기관과 연계하여 제공하게 된다.

• (파기) 수집 및 이용 목적이 달성된 개인정보를 파기하는 행위를 말한다. 예를 들어 이용자가 웹사이트 회원을 탈퇴한 경우에는 특정한 사유가 없는 한 회원이 아닌 사람의 정보를 더 이상 보유하고 있을 필요가 없으므로 해당 정보를 파기한다.

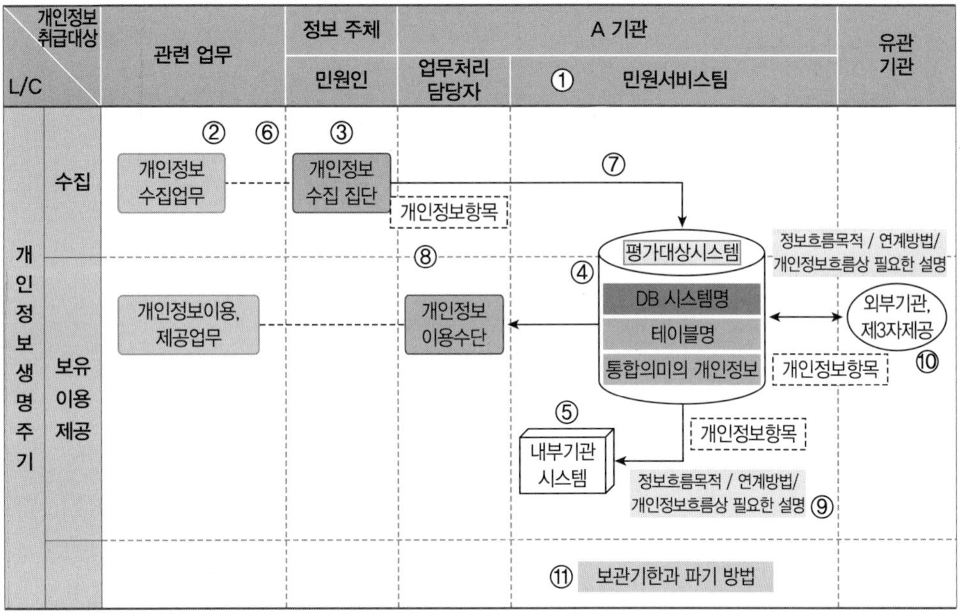

출처: 개인정보의 안전성 확보조치 기준 해설서(개보위)

[**그림 2-6**] 개인정보 생명주기별 개인정보 흐름도 예시

4.3 (위험 관리) 위험 평가

(1) 위험 관리 과정

ISO/IEC 13335에서는 위험 관리(Risk Management)를 조직의 정보자산에 대한 위험을 수용할 수 있는 수준으로 유지하기 위하여 정보자산에 대한 위험을 분석하고 이러한 위험으로부터 정보자산을 보호하기 위해 비용대비 효과적인 보호대책을 마련하는 일련의 과정으로 정의하고 있다. 또한 위험 관리 과정을 ① 전략과 계획을 수립 → ② 위험을 구성하는 요소 분석 → ③ 이러한 분석에 기초하여 위험을 평가 → ④ 필요한 정보보호대책을 선정 → ⑤ 이들을 구현할 이행 계획을 수립하는 5가지 세부과정으로 구분하고 있다.

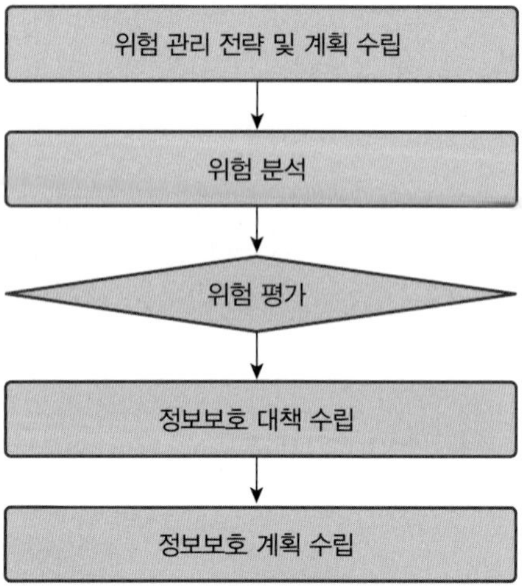

[그림 2-7] 위험 관리 세부과정(ISO/IEC 13335)

위험 관리 세부과정은 분류 방법에 따라서 위험 평가(Risk Assessment)와 위험 완화(Risk Mitigation)의 두 단계로 크게 나누기도 하고 위험 완화 이전 단계를 위험 분석(Risk Analysis)과 위험 평가로 더 세분하여 설명하기도 한다. 최근에는 위험 관리를 위험 분석, 위험 평가를 구분하지 않고 모두 포함하는 내용으로 사용하고 있다. 관리체계 인증기준에서도 위험 관리를 위험 분석과 위험 평가를 포함하는 개념으로 설명하고 있다. 그러나 일반적으로 위험 관리는 위험을 식별하는 단계를 위험 분석, 위험의 규모를 결정하는 단계를 위험 평가, 새로이 필요한 대응책을 식별하는 단계를 위험 완화 또는 정보보호 계획 수립 또는 이행계획이라고 부른다.

위험 관리(Risk Management)란 조직의 자산에 대한 위험을 수용할 수 있는 수준으로 유지하기 위하여 자산에 대한 위험을 분석하고 이러한 위험으로부터 자산을 보호하기 위해 비용대비 효과적인 보호대책을 마련하는 일련의 과정을 말한다. 초기의 일반적인 위험 분석은 화재, 사고 등의 물리적 위협에 적용되어 위협의 발생 가능성에 따른 잠재적인 손실을 계산하는 것이었다. 최근에는 이러한 위험 분석이 각종의 분야에 적용되어 재무 위험, 사업위험, 감사위험 IT 및 정보보호 위험 등을 평가하는데 사용하고 있다.

정보시스템에 관련된 투자가 대형화되고 관련된 자산의 특성 및 취약점, 각종 위협의 형태와 대책들이 지속적으로 변화하고 있는 오늘날 지속적이고 순환적인 형태로 위험을 관리할 수 있도록 위험 관리 과정을 조직 관리 과정의 일부로 정착시키는 것이 더욱 중요해지고 있다.

이 단계에서는 위험의 관리 방법을 정의하고 이에 따라 위험을 분석하고 평가한다. 정보자산의 가치와 위협, 취약점에 근거한 위험을 고려하여 발생 가능성, 잠재적 손실에 대한 영향을 논리적으로 식별·분석하는 단계이다. 위험 관리는 관리체계의 근간이며 위험 분석과 평가를 총칭하여 말한다.

(2) 위험 관리 필요성과 구성요소

위험 분석은 자산의 가치와 손실을 측정하여 위험을 평가하고 이를 조직이 수용할 수 있는 수준으로 감소시키기 위하여 적절한 보호대책을 우선순위에 따라 효율적으로 세워서 과도하거나 과소의 투자를 예방하는데 그 목적이 있다. 따라서 효과적이고 효율적인 보안을 위해서는 위험 분석이 반드시 요구된다.

체계적인 위험 분석 과정 없이 보호대책을 수립하게 되면 취약점과 위협에 대한 우선순위가 설정되지 못하여 불필요하거나 과도한 투자가 발생할 수 있다. 또 한편으로는 보호대책을 수립하였음에도 불구하고 위협에 대처하지 못하는 경우가 발생할 수 있다. 정보보호대책은 시간이 지나면서 그 효과가 감소하게 되므로, 조직의 위험수준을 지속적으로 유지하기 위해서는 지속적이고 반복적인 위험 관리가 필요하다.

위험 분석의 절차 중에서 위험을 구성하는 자산, 위협, 취약점, 그리고 취약점에 영향을 미치는 요소로서 정보보호대책을 위하여 해당 내용을 설명한다. 위험 관리의 핵심은 위험 분석이며 핵심 개념에는 자산, 위협, 취약점, 보호대책, 위험 등이 있는데 각각의 방법론마다 이들의 정의에 미묘한 차이가 있다.

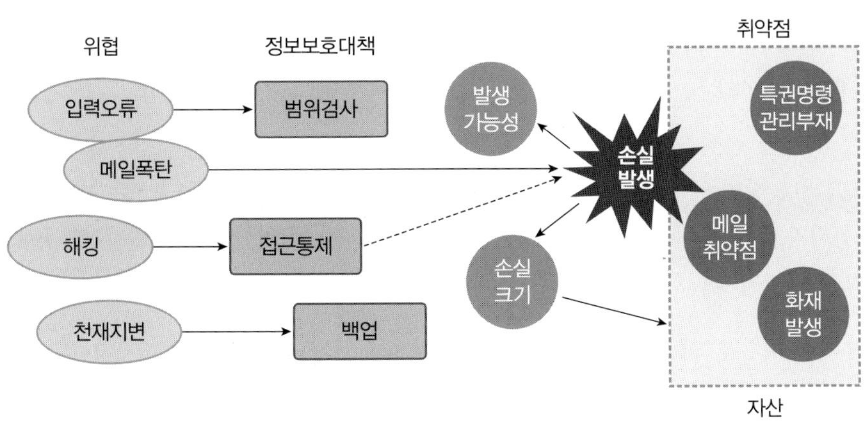

[**그림 2-8**] 위험 관리의 핵심 개념

① 자산(Assets)

자산은 조직이 보호해야 할 대상으로서 정보, 하드웨어, 소프트웨어, 시설 등을 말하며 관련 인력, 기업 이미지 등의 무형 자산을 포함하기도 한다. 앞서 언급한 대로 자산의 유형에 따라 위협과의 관계, 즉 취약점이 분류될 수 있으므로 이런 측면에서 자산을 분류하여 파악하는 것이 위험을 평가하는데 효과적이다. 일반적으로 데이터 자산, 문서 자산, 소프트웨어 자산, 하드웨어 자산, 시설이나 장비 등의 물리적 자산, 인적 자산 등으로 구분이 되며 그 외에 회사의 이미지 또는 평판, 직원들의 사기 등을 무형 자산으로 평가하기도 한다.

위험 분석을 위해 자산에 관해 파악해야 할 것은 보안 사고 발생 시 나타나게 될 손실이다. 자산의 파괴, 기밀성, 무결성, 가용성의 손상 또는 조직의 이미지 실추와 같은 것들이 이에 포함된다. 이러한 손실을 양적으로 측정할 수 있다면, 보안사고로 인한 손실과 손실을 완화하는 보호대책의 비용 간에 균형을 맞출 수 있다. 방법에 따라서는 이 손실을 영향, 결과 등으로 표현하기도 한다.

일반적으로 어떤 사건이 발생했을 때의 손실의 규모는 파악하기가 매우 어렵다. 따라서 해당 자산이 회사에 대해 갖는 가치를 우선 평가하고 이 가치가 특정 위협 사건에 의해 손상되는 정도를 취약점으로 파악하여 적용한다. 이 가치는 구체적인 금액으로나 손상 시 발생하는 피해의 정도로 표현될 수 있다. 자산에 관련된 비용으로는 구매비용, 복구비용, 기회비용 등 여러 가지가 있으나 자산에 따라서는 이들 비용 외에도 사고에 따른 법적 보상 책임이 발생하여 비용이 더 높아지는 경우도 있다. 따라서 자산의 가치산정을 정확하게 하기는 매우 어려우나 이러한 측면을 모두 고려하고 단기적 손실과 장기적 영향을 포함하여 자산의 중요도 또는 사고 발생시 미칠 수 있는 영향의 규모를 파악하는 것이 필요하다.

② 위협(Threats)

위협은 자산에 손실을 초래할 수 있는, 원치 않는 사건의 잠재적 원인이나 행위자로 정의된다. 그러나 방법론에 따라서 '비인가된 노출'과 같이, 위협이 발생했을 때 나타나는 결과로 표현되기도 하고 '패킷의 인터넷 주소위장(IP spoofing) 위협'처럼 위협사건이 일어나는 방식으로 표현되기도 한다.

위협은 일반적으로 위협원천에 따라, 크게 자연재해나 장비 고장 등의 환경적 요인에 의한 것과 인간에 의한 것으로 나눌 수 있고, 인간에 의한 위협은 다시, 의도적인 위협과 우연한 위협으로 나눌 수 있다.

위협 분석 방법론마다 다양한 위협의 목록을 제시하고 있으나 어느 것도 완벽한 목록은 없다. 수많은 위협이 존재하기 때문에 일반적으로 많이 발생하는 위협을 중심으로 담당자 및 책임자가 특히 우려하는 위협을 추가적으로 고려하는 것이 좋다. 위협의 유형은 자산에 영향을 미치는 방식으로 규정되며, 이는 위협에 대응하기 위한 대책 선정에도 영향을 미치므로 가능한 한 구체적으로 표현하는 것이 좋다.

위협에 관련하여 파악해야 할 속성은 발생 가능성(likelihood, frequency)이다. 이것은 연간 발생 횟수 또는 발생 정도로 표현된다. 그러나 위협이 발생했다고 해서 반드시 피해가 발생하는 것은 아니다. 자산이 그 위협에 취약한지, 그리고 그 취약점을 보호할 대책이 있는지에 따라 결과는 달라진다. 위협의 발생 가능성(외부에서의 해킹 시도)과 위협의 성공 가능성(홈페이지 변조)은 다를 수 있음에 유의해야 한다.

위험 분석 방법에 따라서 위협의 외부적인 발생 가능성을 평가하여 이용하는 경우도 있고 위협이 성공할 가능성을 평가하는 경우도 있다. 이 두 값은 다를 수 있으므로 위험 분석 방법을 주의 깊게 이해하여 어떤 가능성을 평가하는지를 확인해야 한다.

③ 취약점(Vulnerability)

취약점이란 자산의 잠재적 속성으로서 위협의 이용 대상으로 정의하나, 때로는 정보보호 대책의 미비로 정의되기도 한다. 자산에 취약점이 없다면 위협이 발생해도 손실이 나타나지 않는다는 점에서, 취약점은 자산과 위협 사이의 관계를 맺어 주는 특성으로 파악할 수 있다. 자산과 위협 간에 어느 정도의 관계가 있는지, 즉 특정 위협이 발생할 때 특정 자산에 자산의 가치와 관련하여 어느 정도의 피해가 발생할 지를 취약점, 노출정도 또는 효과라는 값으로 나타낸다. 이러한 관계를 나타내는 값이 없다면, 특정 위협의 발생은 이에 취약한 특정 자산의 전면적 피해, 즉 자산가치 전액의 완전한 손실로 파악될 것이다. 그러나 이러한 가정은 현실적이지 않으므로, 위협이 자산에 영향을 미칠 가능성을 취약점 값 또는 정도로 표현한다.

취약점 역시 완전한 목록은 없다. 위협도 일부 그러한 측면이 있지만 취약점은 때로 위협과 위험과의 구분이 모호한 경우도 있다. 예를 들어 어떤 위험 분석 방법론의 취약점 목록에는 직원 부재, 인력 부족, 부정확하거나 부적절한 유지보수 계획과 같은 것들이 포함되는데, 이는 다른 경우에는 위협이나 위험을 묘사하는데 사용되기도 한다.

이러한 문제점을 해결하기 위해, 최근의 위험 분석 도구나 방법론에서는 위협과 취약점을 결합한 '우려사항'이라는 개념을 사용하기도 한다. 이러한 우려사항은 '어떤 위협이 어떤 취약점에 작용하여 어떤 피해를 발생시킬 가능성'으로 표현되며, 위험의 유형이라고 볼 수 있다. 이러한 피해의 가능성이 자산의 가치에 적용되면 그것이 그 위험의 규모로 표현된다.

④ 정보보호대책(Countermeasure)

정보보호대책이란 위협에 대응하여 자산을 보호하기 위한 관리적, 물리적, 기술적 대책으로 정의된다. 이러한 대책에는 방화벽, 침입탐지시스템 등의 제품뿐 아니라 절차, 정책, 교육 등의 모든 통제들이 포함된다. 어떤 위험 분석 방법은 보호대책이 자산의 취약점에만 영향을 미치는 것으로 판단하기도 한다. 그러나 일반적으로 보호대책은 다양한 측면에서 역할을 하게 되는데, 패치 프로그램이나 항온항습기처럼 취약점을 보호하기도 하고, 감사나 침입탐지시스템처럼 사고를 발견하도록 하거나, 침해사고대응체계 구축처럼 침해사고의 영향을 줄이기도 하고, 백업처럼 복구를 지원하기도 하며 교육이나 훈련처럼 위협의 발생 자체를 억제하기도 한다.

보호대책을 선택할 때는 조직의 환경과 문화에 맞는 것을 선택하는 것이 중요하며, 그 비용을 산정할 때는 구축비용뿐만 아니라 운영에 따른 관리비용을 반드시 고려해야 한다. 보호대책과 관련하여 파악해야 할 특성으로는 보호대책의 효과가 있다. 앞에서 언급하였듯이, 보호대책은 여러 가지 방식으로 자산을 보호하며 어떠한 보호대책도 위험을 완전히 제거할 수는 없다. 따라서 특정 보호대책이 어떤 위험을 어느 정도 제거할 수 있는지 그 효과 정도를 평가하여, 보호대책의 구현 및 관리 비용과 비교함으로써 보호대책 선정을 정당화하게 된다.

(3) 위험 관리 방법 및 계획 수립

지금까지 위험을 구성하는 요소인 자산, 위협, 취약점, 보호대책에 관하여 설명하였다. 이러한 요소들은 상호간에 영향을 미치게 되는데 위협은 취약점을 공격하여 이용하게 되며 취약점은 자산을 노출시킨다. 또한 자산은 가치를 보유하는데 이러한 위협, 취약점, 자산, 가치는 모두 위험을 증가시킨다. 한편 위험을 파악함으로써 보안 요구사항을 파악할 수 있고 보안 요구사항을 만족시키는 정보보호대책을 선정하여 구현함으로써 위협을 방어할 수 있다. 정보보호대책은 위협을 방어함으로써 위험을 감소시켜야 한다.

Tip — 위험 평가(ISMS-P 인증기준)

항목	상세내용
위험 평가	조직의 대내외 환경분석을 통해 유형별 위협정보를 수집하고 조직에 적합한 위험 평가 방법을 선정하여 관리체계 전 영역에 대하여 연 1회 이상 위험을 평가하며, 수용할 수 있는 위험은 경영진의 승인을 받아 관리하여야 한다.

① 위험 관리 계획 수립

위험 관리 방법은 조직의 관리체계 범위 및 경계와 조직의 법적 요건, 계약상 의무, 목표 정보보호 수준에 따라 달라질 수 있다. 관리적, 기술적, 물리적, 법적 분야 등 조직 전 영역에 대한 위험 식별 및 평가가 가능하도록 각 영역별 특성을 반영한 위험 관리 방법을 선정하며 그 방법과 절차를 지침(계획)으로 규정한다. 위험 관리 계획에는 다음과 같은 기준을 구체적으로 정의한다.

- 자산 가치 평가 기준: 자산의 중요도를 평가하기 위한 기준
- 위협 평가 기준: 위협의 발생 가능성을 평가하기 위한 기준
- 취약점 평가 기준: 잠재적 손실에 대한 영향을 평가하기 위한 기준
- 위험도 평가 기준: 자산 중요도, 위협, 취약점을 근거하여 위험도를 평가하기 위한 기준
- 위험 수용 기준: 조직이 수용할 수 있는 위험도를 결정

위험 관리계획은 조직의 정보보호 정책에 따라 조직의 목표, 법적 요구사항 등을 고려하여 위험 관리를 수행하기 위한 전문 인력 구성, 관련된 각 조직의 역할과 책임, 기본적인 절차, 기간, 대상, 방법, 예산 등을 구체화하여 문서화한다. 이것이 마련되어야만 위험 관리를 조직의 요구에 맞게 선정하고 이에 따라 수행하였는지 평가할 수 있다. 이를 달성하기 위해서는 위험 관리의 수행주기(연 1회 이상)를 정하여 주기적으로 위험 관리를 재 수행하도록 하고 위험 관리 방법 자체의 적절성도 주기적으로 검토한다.

중요한 사업 프로세스의 변화나 정보보호 관련 기술에 커다란 변화가 발생했다면 위험 분석을 재수행하도록 명시하는 것이 좋다. 위험 관리계획에는 다음과 같은 내용을 포함한다.

- 위험 관리 대상: 정보보호 관리체계 인증 범위 내 핵심자산 및 서비스를 누락 없이 포함

- 위험 관리 수행인력: 위험 관리 방법, 조직의 업무 및 시스템에 대한 전문성을 갖춘 인력과 관련 부서 실무책임자가 참여
- 위험 관리 기간 등

위험 관리의 핵심은 조직이나 기업 성격에 맞는 적절한 위험 분석 방법론과 정보보호통제 방안을 도입하는 것이다. 기업에서 위험 관리가 자연스럽게 실행되고 관리되고 있는지? 위험 분석 방법론이나 프레임워크를 보유하고 적절히 적용하고 있는지? 정보보호 컨설팅 업체는 자체 방법론을 고객사에게 컨설팅 수행 시에 이전되고 교육되고 있는지? 다시 한 번 살펴봐야 한다.

Tip — 효과적, 효율적인 위험 관리 방법

① 정보보호 및 개인정보보호를 위한 관리적, 물리적, 기술적, 법적 분야 등 다양한 측면에서 발생할 수 있는 위험을 식별하고 평가할 수 있는 방법을 정의하여 문서화한다.
② 매년 위험 관리를 수행하기 위하여 전문 인력 구성, 기간, 대상, 방법, 예산 등을 구체화한 위험 관리계획을 수립 · 이행한다.
③ 정보자산 목록이 완성되면 정보자산별로 가치를 평가한다. 이는 정보보호의 3요소인 기밀성, 무결성, 가용성이 침해된 경우의 영향과 피해 정도를 분석한다.
④ 관리체계 범위 전 영역에 대한 위험식별 및 평가를 연 1회 이상 수행한다.
⑤ 관리체계 통제항목 또는 별도의 기준으로 관리적, 운영적, 물리적 위험을 식별한다.
⑥ 관리체계 인증 범위 내의 정보시스템 자산에 대해 취약점 점검을 통한 기술적 위험을 식별한다.
⑦ 위험 평가방법의 결정한다.
⑧ 위험을 분석하고 평가한다.
⑨ 식별된 위험에 대한 위험도를 산정한다.
⑩ 조직에서 수용 가능한 목표 위험수준을 정하고 그 수준을 초과하는 위험을 식별한다.
⑪ 위험 처리 방법을 정한다.
⑫ 위험 식별 및 평가 결과를 정보보호 최고책임자 등 경영진이 이해하기 쉽게 작성하여 보고한다.

② 위험 관리 방법 선정

기업에서 발생 가능한 여러 가지 위험 발생 시에 기업이 어떻게 대응하고 피해를 최소화하며, 얼마나 신속하게 정상적인 업무로 복귀하느냐는 기업 생존에 결정적인 요소이다. 따라서 현대 기업에서의 위험 관리는 생존전략이며, 미숙한 위험 관리는 기업의 생명을 단축시키기 때문에 오늘날 기업경영의 필수 요소로 인식되고 있다.

기업의 지속성장을 위해서는 조직의 정보보호 전 영역에 대한 지속적이고 체계적인 위험 식별·평가가 가능하도록 기업의 환경에 적합한 위험 관리 방법을 선정한다. 핵심자산에 대한 위험 관리 기반, 데이터 중요도 중심의 상세 위험 분석(자산 중요도, 위협, 취약점)을 하도록 하고 관리적·물리적·법적분야에서는 베이스라인 접근법, 기술적 분야에서는 상세 위험 분석 또는 복합접근법 등 다양한 방법을 조직의 환경에 맞도록 선정한다.

③ 위험 관리 방법론

위험 관리 방법론은 보통 국내·외 표준(국내 ISMS, ISO/IEC 27001, ISO 31000, ISO/TR 13335 등)을 따르는 것을 권고하며 기업에서 적절한 방법론(베이스라인 접근법, 상세 위험 분석 또는 복합접근법)을 결정할 수 있다. 위험 관리의 수행주기를 정하여 주기적으로 위험 관리를 재수행해야 하며, 이때 위험 관리 방법 자체의 적절성도 주기적으로 검토한다.

위험 관리 방법론은 정보보호 최고책임자(CISO)가 결과에 대한 책임을 지고 각 업무 부서장과의 협의를 통해 정보보호 담당자, 업무담당자와 IT 담당자가 결정하는 것이 좋다. 최근에는 방법론에 따라서는 위협과 취약점을 하나로 묶어 평가하는 경우가 있으며 이 경우에는 우려사항(Concern)에 대한 평가기준이 필요하다. 또한 자산 중심이 아닌 자산에 대하여 일련의 위협과 관련 취약점을 연결한 위험 시나리오 중심의 위험 관리에서는 위험의 발생 가능성과 발생 시 영향 평가 기준이 필요할 수도 있다.

● 정성적 위험 평가와 정량적 위험 평가

위험 분석 방법론에는 위험을 평가하는 방식에 따라 정량적(Quantitative)인 방법과 정성적(Qualitative)인 방법이 있다. 정량적 방법은 손실 및 위험의 크기를 금액으로 나타내며, 정성적 방법은 손실이나 위험을 개략적인 크기로 비교한다. 예를 들면 위험은 조직의 연간 예상 손실액(ALE: Annual Loss Expectancy)과 같이 금액으로 표현할 수도 있지만, 특정 사건에 대한 위험의 정도로 표현될 수도 있다. 최근 국내에서는 대부분 정성적 분석법을 활용하고 있다.

〈표 2-11〉 위험 분석 수행 방법 비교

비교	정량적 분석법	정성적 분석법
개념	위협발생확률과 손실크기를 곱해서 계산하는 기대가치분석인 경우 계산이 복잡하고 시간, 노력이 많이 들지만, 신뢰도가 있고 화폐로 표시되며 객관적임	손실크기를 화폐가치로 측정할 수 없어 위험을 기술변수로 표현하는 경우 주관적이며, 근거가 제공되지 않지만 시간, 노력, 비용이 적게 듬
유형	수학공식 접근법, 확률분포 추정법, 연간예상손실(ALE), 점수법, 과거자료접근법 등	델파이법, 시나리오법, 순위결정법, 질문서법 등
장점	위험 분석결과가 금전적 가치로 표시, 정보보호대책의 비용을 정당화, 위험 분석의 결과를 이해 용이, 자동화된 과정을 거쳐 일정한 객관적 결과를 산출	정보 평가에 용이, 쉽게 위험 분석을 수행가능하며 위험의 우선순위 파악 용이
단점	많은 데이터의 입력이 필요하며 복잡한 계산 필요, 완전히 정량적인 위험 분석을 수행하는 것은 불가능	산정된 위험의 객관적 검증이 어렵고, 위험 분석을 수행하는 사람에 따라 결과가 달라질 수 있음, 비용 효과적인 분석의 근거를 제공할 수 없음

● 접근방식에 따른 위험 분석 방법

위험 분석 방법의 종류에는 일반적으로 접근방식에 따라 기준선 접근, 비형식적 접근법, 상세 위험 분석, 혼합형 접근법 등 4가지 접근방법 중 하나를 일반적으로 선정하게 된다.

〈표 2-12〉 위험 분석 방법 및 장단점 비교

방법	분석 방법	장점	단점
기준선 접근법 (Baseline Approach)	정보자산을 개별적으로 분석하는 것이 아니라 어떤 보호대책(위험을 줄이는 실천수단, 절차 또는 메커니즘)을 채택하여 모든 시스템에 적용하는 방법, 체크리스트 활용	보호대책 선택에 필요한 시간이나 노력이 적고 쉽다.	일률적으로 적용함으로 설정 수준이 너무 높으면 비용이 많아지며, 수준이 너무 낮으면 불충분한 정보보호가 된다. 조직의 자산 변동이나 새로운 위협/취약점의 발생 또는 위협 발생률의 변화 등 정보보호 환경의 변화를 적절하게 반영하지 못한다.

비형식적 접근법 (Informal Approach)	모든 정보자산에 기업이외의 전문가 지식 및 경험을 활용하는 방법(전문가 판단법)	비용 대비 효과가 우수하며 소규모 조직에 적합하다.	누락하는 경우가 발생하기 쉽다. 설정의 근거가 희박하며, 검토자의 개인적 경험에 지나치게 의존하므로 사업 분야 및 정보보호에 전문성이 높은 인력이 참여하여 수행하지 않으면 실패할 위험이 있다.
상세 위험 분석접근법 (Detailed Risk Analysis)	모든 정보자산에 대해 상세 위험 분석을 하는 방법	정보자산에 대해 정보가치, 위협, 취약점의 평가에 기초한 위험을 산정하므로 경영상 허용수준까지 위험을 줄이는 근거를 명확하게 할 수 있다.	상당한 시간, 노력, 숙련이 필요 하다.
복합 접근법 (Combined Approach)	Baseline Approach와 상세위험 분석을 조합하여 분석하는 방법	전략적인 전체 모습을 파악할 수 있다. 가장 유익한 부분에 자원을 배분할 수 있다.	Baseline Approach가 부정확한 경우 상세위험 분석이 필요한 시스템이 누락된다.

기업 내부적으로 위험에 대한 측정(평가)이 훈련(숙련)되지 않았다면 위험 평가를 위해서 가능한 단순한 방법을 채택하는 것을 권고한다. 처음에는 가장 단순해 보이는 정성적 방법을 채택하고 위험을 평가하기 위해 필요한 양식을 몇 가지로 최소화한다. 이를 통해 위험을 측정하고 객관성을 확보하여 정량화 훈련을 조금씩 수행하여 어느 정도 이해와 적응이 된다면 해당 조직에 맞게 조금 더 복잡한 측정방법을 채택하는 것이 바람직하다. 처음부터 복잡하고 정교한 방법을 선택하거나 무조건 위험 평가를 하는 것은 실패하기 쉽다.

체계적인 위험 분석 방법론을 적용해 위험 관리를 수행하면 위험수준에 대해 단일 지표화가 가능하며 부서별, 관리자별, 정보자산 유형별 등의 다양한 관점에서 위험수준을 비교 분석할 수 있다. 또한 위험도가 높은 위험부터 우선 처리함으로써 효과적이고 효율적인 위험 관리가 가능해진다. 위험 분석을 자체적으로 수행이 어려울 경우 자동화 시스템 등을 고려한다.

(4) 위험 분석 · 평가 절차

관리체계 구축에서 가장 중요한 부분이 위험 관리 단계, 즉 위험 식별 및 평가 단계이다. 위험 분석 방법을 선정하고 위험 관리계획이 수립되고 나면 다음 단계로 위험 관리계획에 따라 위험 식별 및 평가를 하게 된다. 위험은 법적 준거성 및 관리적·기술적· 물리적인 관점에서 식별되어야 한다. 법적 준거성에 대한 위험 식별은 정보보호(개인정보) 관련 법적 요구사항 준수여부를 확인하고 관리적·기술적· 물리적 위험 식별은 관리체계 통제항목이 적용되고 있는지를 점검하고 확인한다.

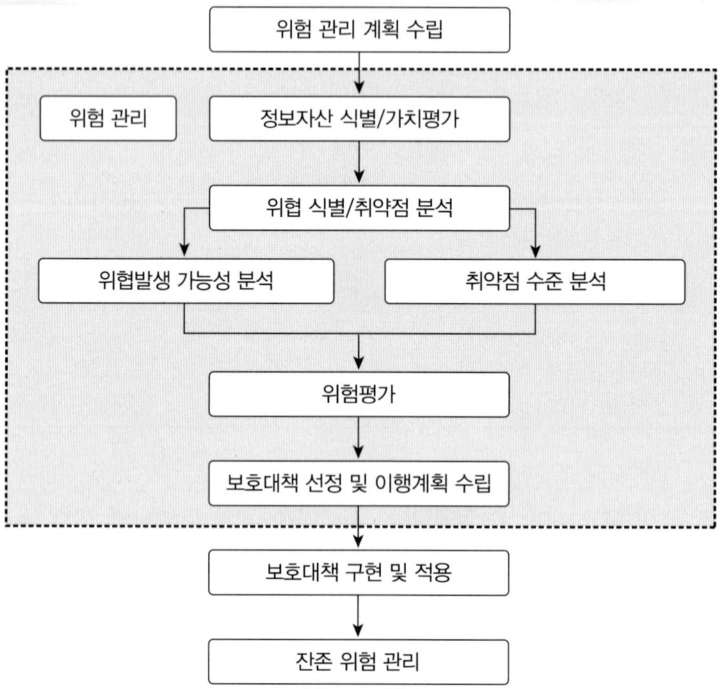

[**그림 2-9**] 위험 관리 절차(ISO/IEC 13335)

위험 식별 및 평가는 정보중심의 자산평가, 정보의 흐름을 파악하고 흐름도를 작성하며 비즈니스 프로세스 상 위험을 분석하고 평가하여야 한다. 위험 분석 범위 선정과 위험 분석 방법 선정, 위협 및 취약점 분석 등의 절차로 이루어진다.

〈표 2-13〉 위험 분석 절차

위험 분석 절차		내용
위험 관리 방법 및 계획 수립	위험 분석 범위 선정	업무, 조직, 위치, 자산 및 기술적 특성에 따라 관리체계 범위에 근거한 위험 분석 범위를 선정한다.
	위험 분석 방법 정의	효율적인 위험 분석 수행을 위하여 계량화 여부에 따른 정량적 혹은 정성적 방법을 선택하거나, 접근방법에 따라 기준선접근법(Baseline Approach), 상세위험 접근법(Detailed Risk Approach), 복합적 접근법(Combined Approach) 등을 선택한다.

위험 식별 및 평가	자산 식별 및 평가	조직의 업무와 연관된 정보, 정보시스템을 포함하는 정보자산을 식별하고, 해당 자산의 기밀성, 무결성, 가용성이 상실되었을 때의 결과가 조직에 미칠 수 있는 영향을 고려하여 가치를 평가한다.
	위협 분석	자산에 대한 위협의 식별 및 발생 가능성 정도를 인터뷰 또는 실사를 통하여 측정한다.
	취약점 분석	식별된 위협에 대하여 자산이 어느 정도 취약한가를 인터뷰 또는 실사를 통하여 판명한다.
	우려사항 분석	정보(Data)와 같이 위협과 취약점의 구분이 어려운 경우는 필요시 우려사항으로 평가를 한다.
	위험 평가 (위험도 산정)	식별된 자산, 위협 및 취약점을 기준으로 위험도를 산출하고 기존의 보호대책을 파악한다. 식별된 자산별 위협, 취약점 및 위험도를 정리하여 위험을 평가한다.
정보보호대책 선정 및 이행계획 수립	보호대책의 선정	위험도 평가결과를 토대로 해당 위험도를 수용 가능한 위험수준(DoA)까지 낮추기 위한 보호대책을 선정한다.

위험 분석은 자산의 취약점을 식별하고 존재하는 위협을 분석하여 이들의 발생 가능성 및 위협이 미칠 수 있는 영향을 차악해서 보안 위험의 내용과 정도를 결정하는 과정이다. 위험 분석의 결과는 적절한 보호 대책을 선정할 수 있는 근거가 된다.

위험 분석의 절차는 자산식별 및 평가, 위협평가, 취약점 평가, 기존 정보보호대책의 평가

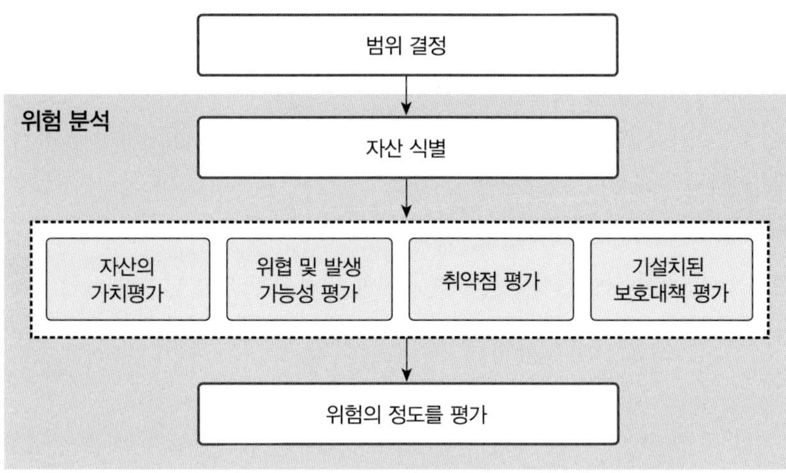

[**그림 2-10**] 위험 분석의 절차(ISO/IEC 13335)

를 통해 잔여 위험을 평가하는 단계로 나눌 수 있다. 방법론에 따라서는 위협평가와 취약점 평가를 하나로 통합하고 정보보호대책을 취약점 평가에 반영하는 방식을 사용하기도 한다. 위험 분석의 절차는 [그림 2-10]과 같다.

① 자산 식별 및 평가

조직에서 정보보호 및 위험 관리의 목적은 정보자산의 보호에 있다. 핵심자산 및 IT서비스는 적절한 수준으로 보호하기 위해 식별 및 평가가 이루어지고 소유자·관리자가 규명되어야 하며, 이 항목들이 모두 취합된 자산들의 전체 목록이 작성되고 유지관리 되어야 한다. 자산은 그 수나 종류가 다양하기 때문에, 적절한 분류 기준을 정의하고 이에 따라 구분하여 파악하게 함으로써, 자산의 중복이나 누락 등의 문제를 최소화한다.

자산분석 단계에서는 주요 자산을 유형별로 분류하여 목록을 작성하고 만들어진 목록의 각 자산에 대하여 가치를 평가한다. 또한 각 자산에 대하여 기밀성, 무결성, 가용성의 요구 정도를 평가한다. 이 세 가지 측면의 정보보호 속성과 해당 자산의 가치에 기초하여 각 위협에 따른 보안사고가 각 자산에 미치는 영향(손실)을 판단하게 된다.

자산목록을 얼마나 상세하게 할 것인가, 그리고 그것을 어떻게 분류할 것인가는 상황에 따라 달라질 수 있다. 최종적으로 필요한 것은 어떠한 자산을 어떤 방법으로 어느 정도의 비용으로 보호해야 할 것인가를 결정하는 것이다. 따라서 분류는 위협에 대한 영향이 달라지는 측면을 고려하여 주요 자산 중심으로 분류하고, 자산의 목록은 자산의 가치 평가 및 기밀성, 무결성, 가용성 요구사항이 달라지는 수준에서 그룹화하는 것이 좋다.

- 무엇을 식별: 정보자산 그리고 정보자산과 관련 있는 핵심자산(전자정보, 종이 문서, 소프트웨어, 하드웨어, 부대설비 등)
- 누가 식별: 자산 보호의 궁극적인 책임이 있는 자산 소유자(정보자산 소유자, 시스템 관리자, 네트워크 운영자, 부대설비 관리자)

위험 분석을 하기 위해서는 먼저 무엇을 보호해야 할지 식별하는 단계인 자산목록 작성 단계가 필요하다. 관리체계 범위 내의 각 부서 소유 정보자산을 식별하고 정보자산대장을 작성·유지한다.

관리체계 범위를 결정한 후에는 해당 범위 내의 정보자산을 식별하고, 이를 정보자산의 형태, 소유자, 관리자, 특성 등을 포함하여 목록을 만들어야 한다. 정보자산 목록은 범위 확정과 위험 분석·평가에 활용되는 것으로 보호해야 할 가치가 있는 주요 자산은 반드시 정보자산 목록에 포함시켜 관리한다. 정보자산 목록에는 정보자산의 관리책임자, 자산의 형태, 보관형태, 장소, 업무상 가치를 포함하여 재해를 복구하기 위해 필요한 모든 정보를 기재하여 관리한다. 정보자산의 식별은 현재 보유중인 자산 중 보호해야 할 대상을 정의하는 것이며, 추후에는 새로 도입되는 자산을 개별적으로 식별하여 관리대상에 포함한다.

자산을 체계적으로 관리하기 위해 정보자산을 유형별로 분류해야 하며 이를 위해서는 통일된 기준의 정보자산 분류 기준이 마련되어야 한다. 자산 분류 기준 별로 정보시스템 관련 자산을 식별하여 목록화하고 해당 정보자산 보호의 책임이 있는 자산 소유자(정보자산 소유자, 시스템 관리자, 네트워크 관리자, 부대설비 관리자)가 그 가치(중요도)를 평가한다.

정보자산의 분류는 유형별 분류와 중요도에 따른 등급별 분류로 나눌 수 있다. 유형별 분류는 서버, 네트워크, PC 등 하드웨어뿐만 아니라, 소프트웨어와 정보를 포함한 모든 유·무형의 정보자산을 형태별로 분류하는 것을 말하며 등급별 분류는 기밀정보자산, 비밀정보자산, 대외비 등 중요도 또는 정보보호 요구정도에 따라 분류한다.

② 자산 그룹핑

관리체계 범위에 존재하는 정보자산에 대하여 가치나 속성(보관형태 및 보관기간, 용도 등)이 일치하는 것을 하나의 그룹으로 관리하는 것이 효율적이다. 각 자산의 중요도, 유사성, 위치, 소유자 및 용도 등이 동일하여 위협 및 취약점 분석을 실시하여 동일한 위험이 도출될 수 있는 정보자산들을 동일 자산으로써 그룹을 만들 수 있는데 이것을 그룹핑이라 한다. 이것은 관련 위협 및 취약점 평가와 위험 평가를 수행할 때 각 자산의 중요도, 유사성, 위치, 소유자 및 용도 등과 같은 특성에 근거하여 결과가 달라지므로 같은 결과가 나오는 자산에 대하여 동일한 작업을 여러 번 반복하지 않기 위해서이다. 〈표 2-14〉는 정보자산을 그룹핑하는 방법을 보여주고 있다.

〈표 2-14〉 정보 자산 그룹핑 예시

번호	그룹 코드	그룹 이름	소속 자산	자산번호	자산수
1	GP-SV-001	DB 서버	DB 1	SVR-001	2
			DB 2	SVR-002	
2	GP-SV-002	LMS 및 웹서버	WWW1	SVR-003	5
			LMS1	SVR-005	

3	GP-SV-003	콘텐츠 서버	CONTENTS1	SVR-008	3
			CONTENTS2	SVR-009	

Tip — 위험 식별 및 평가 실패 요인

① 기업 내 위험 관리 방법론이 존재하지 않고 최고책임자의 인식이 부족하다.
② 위험 관리를 정보보호 담당자 업무로 국한한다.
③ 위험 평가가 제대로 안되고, 복잡하다는 핑계로 결과가 좋지 않다.
④ 위험 분석은 복잡하고 정교할수록 실패한다.
⑤ 대상기업의 업무 이해 없이 기계적인 작업으로 수행 시 실패하게 된다.
⑥ 위험 분석 내용과 실제 적용하고 이행하는 내용과 괴리가 있다.
⑦ 위험 평가 방법의 지식 축적 및 동종 업종의 정보 공유가 안 된다.
⑧ 보호해야할 정보자산에 대한 범위를 명확하지 않다.
⑨ 외부나 내부의 위협 시나리오 도출이 미흡하다.
⑩ 위협 시나리오에 따른 위험도 산정, 대책 수립이 안 된다.

③ 자산 중요도 산정 및 평가

작성한 자산 목록 표를 바탕으로 중요도 산정을 하고 각 자산을 중요도에 따라 분류하여 목록을 구분하기 쉽게 나타낸다. 〈표 2-15〉는 정보자산 중요도 산정 예시를 보여주고 있다.

〈표 2-15〉 정보자산 중요도 산정 예시

번호	자산번호	장비명	관련시스템	보관형태	합계	중요도(등급)
1	Server-001	DB서버	학사/강의/입시서버	DB	45	1등급
2	Server-002	DB서버	계정서버	DB	45	1등급
3	Server-003	커뮤니티서버1	동아리	파일	45	1등급
4	Server-004	교수세미나	세미나	파일	39	2등급
5	Server-005	커뮤니티서버2	블로그	파일	39	2등급
6	Server-006	인사과 서버	인사과 홈페이지	파일	39	2등급

자산의 중요도 산정 시 식별된 자산에 대해 침해사고 발생 시의 영향을 파악하여 자산의

가치를 평가한다. 추가적으로 조직의 특성에 따라 비즈니스와 서비스에 영향(Impact)을 주는 정도를 고려한 추가적인 가치평가 항목을 포함한다. 자산 중요도를 평가하는 기준 예시는 〈표 2-16〉과 같다.

〈표 2-16〉 자산 중요도를 평가하는 기준 예시

중요도	요소	설명
높음	기밀성	조직 내부에서도 특별히 허가를 받은 사람들만이 볼 수 있어야 하며 조직 외부에 공개되는 경우 개인 프라이버시나 조직의 사업 진행에 치명적인 피해를 줄 수 있는 수준
	무결성	고의적으로나 우연히 변경되는 경우 개인 프라이버시나 조직의 사업 진행에 치명적인 피해를 줄 수 있는 수준
	가용성	서비스가 중단되는 경우 조직의 운영과 사업 진행에 치명적인 피해를 줄 수 있는 수준
	피해 규모	핵심정보서비스 중단 및 개인정보의 상당한 노출, 경제적 손실이 매우 치명적인 수준
중간	기밀성	조직 내부에서는 공개될 수 있으나 조직 외부에 공개되는 경우, 개인 프라이버시나 조직의 사업 진행에 상당한 문제를 발생시킬 수 있는 수준
	무결성	고의적으로나 우연히 변경되는 경우 개인 프라이버시나 조직의 사업 진행에 상당한 문제를 발생시킬 수 있는 수준
	가용성	서비스가 중단되는 경우 조직의 운영과 사업 진행에 상당한 문제를 발생시킬 수 있는 수준
	피해 규모	핵심정보서비스 일부중단 및 개인정보의 노출, 경제적인 손실이 일부 치명적인 수준
낮음	기밀성	조직 외부에 공개되는 경우 프라이버시나 조직의 사업진행에 미치는 영향이 미미한 수준
	무결성	고의적으로나 우연히 변경되는 경우, 개인 프라이버시나 조직의 사업 진행에 미치는 영향이 미미한 수준
	가용성	서비스가 중단되는 경우 조직의 운영과 사업 진행에 미치는 영향이 미미한 수준
	피해 규모	핵심정보서비스가 미포함 되어 있으며 경제적인 손실이 경미한 수준

위의 평가는 예시에 불과한 것이며 기업의 환경 등에 따라 환경에 맞게 변경이 가능한 것이며, 어떠한 평가기준이 적용되든지 상관없이 결과에 대한 해석을 위해 기준을 최대한 객관화하는 것이 필요하다. 따라서 평가기준을 수치화 하는 것이 합리적인 방법이라고 할 수 있다.

Tip — 자산 가치를 평가할 때의 주의사항

① 각 담당자에게 맡기면 중요한 자산의 수가 많아진다.

- 자산 가치를 정확하게 평가하면 산출된 위험값의 정확도가 높아져 위험 대처에 관해서 정확하게 판단할 수 있다.
- 자산 가치를 평가하는 것은 매우 중요한 작업이지만 정보자산을 확인하는 각 담당자는 자신의 작업은 중요한 작업이라고 자부하고 있기 때문에 취급하는 정보자산에 대한 평가도 후하게 하는 경향을 갖는다.
- 담당자의 판단을 그대로 채택하면 가장 중요한 정보자산의 수가 많아져 기업이 본래 지켜야 할 중요한 정보자산이 보이지 않게 되는 경우가 있으므로 주의한다.

② 자산 가치를 평가할 때 빠지기 쉬운 오류가 두 가지 있다.

- 첫 번째는 자산 가치를 '기밀성', '무결성', '가용성' 별로 판단할 때 예를 들어 '기밀성'이 '3'(최대 가치 평가)일 때 '무결성', '가용성'도 똑같이 '3'으로 평가해버리는 오류가 있다. 정보가 유출되면 매우 큰 피해를 입는 정보라고 해도 변조된 경우의 피해는 적어진다든지, 사용하고 싶을 때 즉시 사용할 수 없어도 그다지 곤란하지 않은 정보는 '무결성', '가용성'에 대한 평가를 낮게 하도록 재검토한다.
- 두 번째는 평가를 하지 않아도 되는 항목을 평가하는 실수이다. 예를 들어 고객 데이터가 저장된 서버는 아주 중요하지만 고객 데이터는 '정보'로 평가하고 서버는 '설비, 기기'로 평가한다. 설비, 기기인 서버를 평가할 때 '기밀성'을 '3'으로 하는 오류가 있다. 서버는 하드웨어 자체를 평가한 것으로 '기밀성'은 평가 대상에서 제외된다. 기기 종류의 평가를 재검토할 때 주의해야 할 점으로 취급하는 것이 좋다.

(5) 위협 식별 및 평가

① 위협 식별

위협 식별 시에는 장애일지나 사고대응일지 등을 통해서 알아낸 위협과 아직 조직에서 파악하지 못하고 있는 위협 등에 대해서 담당자와 협의하여 다음과 같이 정확한 위협을 식별한다.

- 기존에 이미 발생한 위협목록(장애일지, 사고대응일지 등)과 발생 가능한 위협목록을 조사하여 위협시나리오를 작성한다.
- 위협 평가 기준표 및 위협 평가 매트릭스를 작성한다.
- 담당자와의 인터뷰를 통하여 위협을 식별한다.
- 위협식별은 업무프로세스별, 자산별로 분류하여 수행한다.
- 관리, 물리적 환경에 대한 위협은 별도의 업무프로세스로 분류·식별한다.

위협유형은 자산에 대하여 발생했거나 발생할 가능성이 있는 정보보호 관리에 관한 위협들을 조사하고 이들을 성질, 유형에 따라 분류한다. IT분야의 자산과 취약점과의 관계를 고려하여 위협을 각 자산별 및 조직 전체적인 관점에서 분류한다. 피해규모를 산출하기 위해서 발생빈도, 피해종류, 발생 가능성, 피해대상(자산) 등을 모두 고려한다.

〈표 2-17〉 위협시나리오의 식별방법 예시

식별방법	내용
자산에 대한 행위자	• 인간: 내부자, 외부자, 제3자 • 비인간: 기술, 환경(사회적 문제), 자연(자연재해)
자산 접근 경로	• 네트워크: 네트워크를 통해 접근(원격) • 물리: 물리적으로 직접접근(로컬)
자산 접근 동기	• 우연: 목적 없이 우연히 접근 • 고의: 어떤 목적을 달성하기 위해 접근
위협이 자산에 미치는 결과	• 변경: 자산의 내용이 수정되거나 변경된 상태 • 노출: 자산의 내용이 공개 • 손실/파괴: 자산이 손실되거나 파괴 • 방해: 자산이 다른 방향으로 방해 받는 경우

② 위협 평가

위협 분석 및 취약점 분석 단계에서는, 우려되는 발생 가능한 위협을 목록화하고 각각의 발생 가능성을 예측한다. 또한 위협에 대한 취약점을 자산 별로 확인하여 그 정도를 결정한다. 몇몇 위험 분석 방법론에서는 '발생 가능한 모든 위협을 고려'하는 것을 강조하지만, 실제로 모든 위협을 고려한다는 것은 쉽지 않다. 다만 중요한 위협을 빠트리지 않도록 주의할 필요가 있다. 위협의 발생 가능성을 정확히 평가한다는 것은 불가능하며, 검증할 수도 없다. 그럼에도 불구하고 위협의 발생 가능성을 추론하는 것은 여전히 필요한 작업이며, 정보시스템의 사용자와 관리자가 사업에 관련된 자산의 특성과 위협을 이해할 수 있는 좋은 기회가 될 수 있다.

취약점 분석 역시 존재하는 모든 취약점을 나열한다는 것은 불가능하다. 따라서 파악된 위협에 대하여 자산 별로 취약점을 평가하거나 인증기준과 같은 표준적인 대책 목록에 대하여 구현 여부를 확인한 후 구현되지 않은 대책의 영향을 파악하기도 한다. 또한 앞에서 언급했듯이 우려사항이라는 표현으로 위협과 취약점을 통합한 개념으로 가능성을 평가하기도 한다.

자산, 위협, 취약점을 분석하여 파악한 위험을 원천 위험이라고 한다. 취약점 평가 시 이미 설치되어 있는 보안 대책의 효과를 고려하지 않고 위협에 대한 자산의 본래적 취약점을 평가했다면, 마지막 단계에서 자산에 대해 존재하는 위협 및 취약점에 대비하여 이미 조치한 정보보호대책의 효과를 평가하게 된다. 이것은 대책의 종류에 따라 취약점을 낮추거나, 피해의 규모를 감소시키거나 위협의 발생 가능성을 낮추게 된다. 이렇게 함으로써 최종적으로 현재 조직의 위험 규모를 평가하게 된다.

위협 평가란 식별된 정보자산에 대한 위협을 식별하고 그들의 규모를 차례대로 결정하는 것을 말한다. 위협 평가에서는 조직이 보유하는 자산을 대상으로 아래의 사항을 파악한다.

- 어떠한 위협이 존재하는가?
- 그 위협은 어느 정도 발생할 가능성이 있다고 생각하는가?
- 위협이 현실화됐을 경우에 어느 정도 영향을 받을까?

〈표 2-18〉 위협에 의한 영향, 위협 발생주기(또는 위협 발생 가능성) 기준 예시

평가	위협에 의한 영향	발생주기 또는 발생 가능성
낮음 (L)	위협으로 인한 손실이 매우 경미한 정도	자산의 Life Cycle 동안 거의 발생하지 않음
중간 (M)	위협으로 인한 손실이 있으나 업무에 심각하게 영향을 끼치지 않는 정도	시스템 자신이 Life Cycle 동안 두세 차례 손해를 입을 수 있는 상태(1년 이내)
높음 (H)	위협으로 인한 손실이 크나 업무의 중단을 초래하지는 않는 정도	시스템의 Life Cycle 동안 다섯 번 이상 발생할 수 있는 상태(6개월 이내)
매우 높음 (VH)	손실이 매우 커서 업무가 장시간 중단되는 정도	시스템의 Life Cycle 동안 매우 자주 발생함(3개월 이내)

위협 식별 및 평가는 자산에 해를 입힐 수 있는 가능한 모든 위협을 규정하고 적절한 방법으로 분류하여 각 위협들의 성질을 파악(식별)하는 것이고 취약점 식별 및 평가와 함께 자산을 보호하기 위한 정보보호수단에 대한 요구 정도를 판단하는데 기초가 된다. 최근에는 위협 분석은 별도로 하지 않는 경우가 많다.

(6) 취약점 식별 및 평가

① 취약점 식별 및 분석

취약점 식별은 자산에 영향을 줄 수 있는 취약점들을 찾아내고 그 정도를 평가하는 과정이다. 이때 기존의 구현되고 있는 보호대책들도 함께 고려한다. 위협이 발생하는 경우는 다양하며 실수, 무지, 부적절한 보호, 장애 및 외부로부터의 공격 등이 있다.

자산에 취약점이 존재하는 원인으로 부적절한 관리, 운영상의 오류 그리고 시스템의 자체 문제 등이 있다. 취약점도 위협과 마찬가지로 여러 가지가 존재할 수 있으며 취약점 분석은 해커 등 침입자가 자신이 알고 있는 지식을 가지고 관리자가 운영하는 네트워크와 서버 등에 침입할 수 있는 허점이 있는지 분석하는 과정이다.

② 기술적 취약점 점검

취약점 점검은 H/W 자산의 취약점과 조직의 관리적, 제도적 취약점 점검을 모두 실시하는데 이는 취약점을 통해 위험요소들을 도출해내기 위해서이다. 이를 위해서는 먼저 조직의 정보보호 현황을 분석하고 정보보호 수준을 측정하는 준비 단계를 거친 후 각 자산에 대한 영역별 취약점 분석(각 자산별 점검 관점)과 접근 경로별 취약점 분석(전체적인 네트워크 관점)을 실시하게 된다.

따라서 서버, 네트워크 장비, 보안 시스템, PC, 응용프로그램 등 모든 정보시스템에 대해 주기적인 취약점 점검이 이뤄져야 하며, 새로운 취약점이 발견된 경우 즉각적인 조치가 필요하다. 취약점 분석 방법에는 자동화된 스캐닝 도구를 사용해 원격으로 점검하는 방법(네트워크 기반 취약점 분석)과 체크리스트 기반으로 로컬에서 점검하는 방법(시스템 기반 취약점 분석)으로 구분할 수 있다.

〈표 2-19〉 시스템 취약점 분석대상별 점검 방법 예시

대상	수행 범위	점검 방법
서버	웹, 메일, DB, 서비스 지원, 기타 업무용 서버, 운영 및 개발 지원 서버 등	네트워크 및 시스템 기반 취약점 점검
네트워크 장비	네트워크 환경 및 장비 (라우터, 스위치)	시스템 기반 취약점 점검 (설정파일 점검)

보안 시스템	침입차단 시스템, 침입탐지 시스템, 통합보안관리 시스템	시스템 기반 취약점 점검 (보안정책 및 기능 점검)
PC	개인 사용자 PC	네트워크 기반 취약점 점검
응용프로그램	DNS, Mail, Appache, IIS, DB 등	시스템 기반 취약점 점검 (응용프로그램 버전/설정 점검)

기술적 취약점 점검도 정보의 흐름, 비즈니스 프로세스를 고려하여 점검이 이루어져야 한다. 점검한 결과와 위험분석·평가를 상호 매핑하는 것이 매우 중요하다. 취약점은 각 자산의 위협에 노출되어 있는 부분을 찾는 것으로써 크게 기술적 취약점, 물리적/환경적 취약점, 관리적 취약점으로 나눌 수 있다.

〈표 2-20〉 기술적 취약점 항목 예시

분류	취약점 샘플 목록
시스템 부문	인증 메커니즘의 부재/미흡, 접근통제의 부재/미흡, 감사 증적의 부재/미흡, 복잡한 사용자 인터페이스, 변경 통제의 부재/미흡 소프트웨어 패치 관리의 미흡, 서버 취약한 포트 현황, 백도어(login, telnet, .rhosts 등) 현황, 취약한 서비스 점검(FTP, Sendmail, 웹서버), 파일 접근권한(Permission), 소유자(Owner) 관계, 신뢰(System Trust) 관계, 관리자 권한(Super User Access), 사용계정 및 패스워드, 정보보호패치, 시스템 환경(inet, crontab) 등
네트워크 부분	네트워크 전체 구성 현황, 점검도구 및 체크리스트에 의한 내/외부 라우터/스위치 등 진단(default 설정, 불필요한 서비스, snmp 취약점, 로그관리, 라우팅프로토콜, Telnet/console/aux 제어, 정보보호 Access • List 설정 현황 및 환경설정파일 점검)
정보보호 시스템 부문	정보보호 시스템(백신, 방화벽, IDS/IPS, 암호화 솔루션 등)의 부재/미흡, 정보보호 시스템 업그레이드 등의 관리 미흡, 암호 키 관리의 부재/미흡, F/W 및 IDS에 대한 rule • set 점검/로그점검/구성상오류 정보보호 정책 변경절차
응용프로그램 부문	DNS, 웹서버 등에 대한 취약점 점검, 데이터베이스 등에 대한 취약점 점검(접근권한, 데이터 관련 정책 점검, 자동점검 등)
PC 부문	PC 정보보호 현황 분석(파일공유, 패스워드설정 등)
시스템 개발	분리되지 않은 개발/테스트/운영 설비, 정보보호 요구사항의 불충분한 적용, 변경 관리/형상 관리의 미흡

기술적 점검 항목 이외 관리적, 물리적 항목에 대해서는 공통 취약점 점검항목으로 정보보호 대책 명세서를 활용하면 된다.

Tip — 취약점 점검 절차(관리/기술 종합)

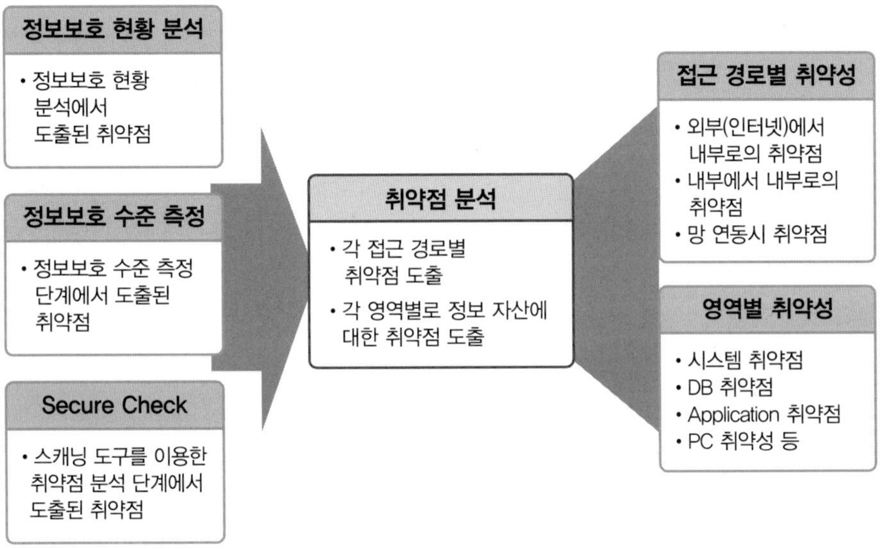

(7) 우려사항(Concern)

① 우려사항 평가

최근에는 조직의 성격에 따라 위협과 취약점을 구분하지 않고 하나로 나타내어 위험도를 도출하는 방법을 많이 활용하는데 이를 우려사항이라고 정의한다.

위협과 취약점을 구분하기 어려운 경우가 있고 또한 실제 적용 시 사람들이 '취약점의 정도'를 평가하도록 요구할 때 자산 가치를 고려하여 답을 하는 경향이 있다. 즉 자산의 가치가 낮으면 대책이 없음에도 '취약점이 낮다'고 평가를 하거나 자산의 가치가 높으면 대책이 존재함에도 '취약점이 높다'라고 평가하는 경향이 있다. 이러한 경향을 고려하여 위협과 취약점을 통합적으로 평가하여 한 번만 답하도록 함으로써 평가와 조정이 용이하도록 하는 방법이다.

〈표 2-21〉 우려사항의 평가 기준 예시

발생 가능성 (위협 및 취약점)	평가 기준
높음(H)	취약점을 이용해 위협이 실현될 가능성이 크며, 이에 대한 대책이 없거나 또는 적용된 대책이 효과성이 없음
중간(M)	취약점을 이용해 위협이 실현될 가능성이 있으나, 이에 대한 대응할 수 있는 기본적인 대책은 있음
낮음(L)	취약점을 이용해 위협이 실현될 가능성이 거의 없거나, 또는 대책이 있어 이에 대한 충분히 대응할 수 있음

〈표 2-22〉 우려사항 평가 방법 예시

위협 및 취약점		L(1)	M(2)	H(3)
자산	L(1)	1	2	3
	M(2)	2	4	6
	H(3)	3	6	9

우려사항 중심으로 취약점 분석 보고서와 위협 분석자료(빈도수, 실무자 및 외부 전문가 의견 반영)를 바탕으로 위협 및 취약점(우려사항) 시나리오를 도출하여 위험도를 도출하는 방법은 〈표 2-23〉과 같다.

〈표 2-23〉 우려사항 및 위험도 도출 예시

<table>
<tr><th rowspan="4">번호</th><th rowspan="2">자산그룹명</th><th rowspan="2" colspan="2">라우터
3</th><th>C</th><th>I</th><th>A</th><th rowspan="4">위험도
합계</th></tr>
<tr><th>3</th><th>3</th><th></th></tr>
<tr><th rowspan="2">우려사항</th><th rowspan="2">위협
등급</th><th rowspan="2">취약점
등급</th><th colspan="3">위험도</th></tr>
<tr><th>C</th><th>I</th><th>A</th></tr>
<tr><td>1</td><td>적절한 정보보호규정이 부족하여 자산이 보호되지 않을 수 있다.</td><td>3</td><td>3</td><td>9</td><td>9</td><td>9</td><td>27</td></tr>
<tr><td>2</td><td>자산의 중요도 및 특성이 분류되지 않아 통제가 부족하거나 과도한 통제로 비용과 노력이 낭비될 수 있다.</td><td>3</td><td>3</td><td>9</td><td>9</td><td>9</td><td>27</td></tr>
<tr><td>3</td><td>원격접속에 대한 보호대책이 이루어지지 않아 허가되지 않은 자의 원격접근으로 인한 실수나 의도적인 고장 등의 가용성침해 우려가 있다.</td><td>3</td><td>2</td><td>8</td><td>8</td><td>8</td><td>24</td></tr>
</table>

4	네트워크 원격 관리 기능을 통해 허가받지 않은 자가 네트워크에 접근할 수 있다.	2	2	7	7	7	21

(8) 위험 평가

위험 분석 단계에서는 자산의 가치를 평가하고 자산에 대한 위협, 취약점을 분석하였다. 이 위험 평가 단계에서는 해당 정보자산의 가치와 위협 및 취약점의 정도에 따라 기밀성, 무결성, 가용성 손상에 따른 잠재적 손실의 규모를 평가해야 한다. 위험평가 방법론 중에서 정량적 방식에서는 자산의 가치는 금액으로 평가되고 위협은 연간 발생 횟수로 평가된다. 또한 취약점은 백분율(%)로 평가된다. 따라서 자산 A에 대한 위협 T가 연간 발생시킬 수 있는 예상 손실은 다음과 같다.

연간 예상 손실(A, T) = 자산 A의 가치(원) × 위협 T의 연간 발생횟수 × T에 대한 A의 취약점(%)

정성적 방식에서는 자산, 위협, 취약점이 3단계 또는 5단계로 평가되는 것이 일반적이다. 방법론에 따라서 약간의 차이는 있지만 자산, 위협, 취약점의 값을 곱하거나 더해서 위험값을 산출한다. 예를 들어 3단계 평가에 더하기 방식을 쓴다면 〈표 2-24〉와 같다.

〈표 2-24〉 3단계 정성적 위험평가 기준 예시

위협		1			2			3		
취약점		1	2	3	1	2	3	1	2	3
자산	1	3	4	5	4	5	6	5	6	7
	2	4	5	6	5	6	7	6	7	8
	3	5	6	7	6	7	8	7	8	9

어떠한 방식을 사용하든지 위험 평가 결과는 수용 가능한 목표 위험수준과 비교할 수 있는 형태로 표현되거나 변환되어야 한다.

① 목표 위험수준 및 위험 우선순위 설정

모든 위험에 대응하거나 위험을 완전히 제거하는 것은 불가능하며 또한 불필요하기도 하다. 예를 들어, 100원짜리 정보를 보호하기 위하여 200원을 투자하는 것은 무의미한 일이다. 또는 조직의 규모에 따라 적은 규모의 손실은 일상적인 비용으로 처리할 수 있는 경우도 있다. 따라서 미리 조직에서 수용 가능한 목표 위험수준을 설정하고 이 이상의 위험에 대해서만 적절한 대응을 강구하는 것이 필요하다.

위험의 처리가 일관성 있게 이루어지기 위해서는 조직이 감수할 수 있는 위험수준을 사전에 정의하는 것이 필요하다. 그렇지 않을 경우에는 높은 위험에 대해서는 수용을 하면서도 상대적으로 낮은 위험에 대하여 대책을 구현하는 등 일관성이 손상되고 자원이 낭비될 수 있다. 평가된 위험의 규모에 따라 수용할 위험과 수용할 수 없는 위험을 분류하고 수용할 수 없는 위험에 대해서는 위험 규모에 따라 우선순위를 정하고 적절히 대책을 강구해야 한다.

② 목표 위험수준의 설정 책임

수용 가능한 목표 위험수준은 그 조직의 책임자가 결정해야 한다. 예산에 맞추어 가장 우선순위가 높은 위험부터 대응하는 것은 실질적인 대응 방안이기는 하지만, 조직의 책임자는 현재 조직의 위험수준과 목표 위험수준을 알아야 하고, 어느 정도의 투자를 통해서 언제 위험수준이 목표 수준에 도달할 수 있을지를 예상할 수 있어야 한다. 추가투자를 통해 위험을 목표 수준 이하로 관리할 것인지, 또는 위험 부담을 감수하고 장기 계획을 세울 것인지는 조직의 경영책임자가 결정할 문제이다. 그러나 이러한 위험의 존재를 경고하고 선택 가능한 적절한 대안을 제시하는 것은 위험 분석 수행 책임자의 의무이다. 위험 분석 수행 책임자는 모호할 수 있는 위험 평가의 결과를 비전문가도 이해할 수 있도록 사례 등을 통해 위험수준의 의미를 설명함으로써 경영진이 감수해야 할 위험과 투자의 규모를 이해하고 결정할 수 있도록 지원해야 한다.

③ 위험도 산정

위험 분석 단계에서는 자산의 중요도를 평가하고 자산에 대한 위협, 취약점을 분석하고, 위험 평가 단계에서는 해당 정보자산의 중요도와 위협 및 취약점의 정도에 따라 기밀성, 무결성, 가용성 손상에 따른 잠재적 손실의 규모를 평가한다. 단순한 산술적인 합으로 위험도가 산정되어서는 안 되며 자산, 위협, 취약점 상호간의 작용을 평가한다.

즉 (자산, 위협, 취약점)의 평가가 (L, M, M)와 (M, L, M)일 경우 위험도는 서로 다를 수 있다는 것이다. 위험도에 대한 정의는 명확하게 정의를 하여 위험도가 실제 어느 정도의 위험을 의미하는 것인지 정량적 또는 정성적으로 표현이 되어야 한다. 마지막으로 위험 시나리오 작성 및 분석, 자산/위협/취약점 매트릭스 작성하고 기 분석 결과를 기반으로 주요 자산 위험수준을 결정한다.

Tip — 위험 평가 시 고려사항

① 각 자산의 가치 판단기준을 명시하여 업무 수행 시 중요하게 요구되는 자산의 기능이 무엇인지를 파악할 수 있어야 한다.
② 자산가치, 위협수준, 취약점수준은 이전 태스크에서 평가한 자료를 사용한다.
③ 위험도 산정기준 매트릭스에 의거하여 자산가치, 위협수준, 취약점수준에 따른 위험도를 평가한다.
④ 위험도를 평가한 후에는 평가된 위험도와 위험도 산정기준이 부합하는지 확인하고 맞지 않을 경우 위험도 산정 기준 매트릭스를 수정하여 정확한 위험도 평가가 이루어질 수 있도록 한다.
⑤ 각 자산에 대한 위험도를 평가하고 평가자산에 대한 위험도가 실제로 어떤 의미를 가지고 있으며 업무수행에 어떤 위험을 초래할 수 있는가에 대한 평가의견을 기재하여 담당자가 쉽게 자산에 대한 위험을 인식할 수 있도록 한다.

④ 위험 수준 결정

조직의 최고의사결정권자를 주관으로 정보보호위원회를 개최하여 각 자산에 대한 위험을 인지하고 수용 가능한 위험수준(DoA)을 결정한다. 도출된 모든 위험에 대한 정보보호대책을 수립하되 위험이 DoA를 초과하는 자산에 초점을 두고 계획을 수립한다.

위험수준결정(DoA)이란 어느 정도의 위험이 수용 가능한가를 결정하는 것이다. 예를 들어, 위험도 산정 시 정보 자산에서 기밀성, 무결성, 가용성의 자산 가치 합이 높은 자산을 선별하여 자산, 우려사항(위협 및 취약점)에 대하여 위험도를 측정한 후, 어느 정도의 값을 기준으로 할 것인가를 결정한다. 비용 효과성과 실효성 등을 고려하여 관련 부서 및 담당자와의 충분한 협의가 이루어진 후에 결정하는 것으로서, 조직에 따라, 또 조직의 당시 상황에 따라서도 달라질 수 있다. 위험 자체는 완전히 제거되지 않을뿐더러 완전에 가깝게 제거 혹은 완화하기 위해서는 득과 실을 비교한다.

예를 들어, DoA를 8로 결정한다면, 위험도 8 이하의 자산은 수용할 수 있는 잔여위험으로 남겨 두고, 위험도 8을 초과하는 정보자산에 관해서만 정보보호대책을 강구한다는 뜻이다. 위험을 어느 수준으로 유지하겠다는 목표와 이에 따른 장기 계획이 없다면 예산 확보는 더더욱 어려워진다. 따라서 예산에 맞추어 위험을 대응하기 보다는 위험 관리에 대한 목표를 가지고 예산계획을 마련한다.

〈표 2-25〉 위험도 측정 예시

<table>
<tr><th rowspan="2">자산명</th><th colspan="3">자산가치</th><th rowspan="2">등급</th><th rowspan="2">위협</th><th rowspan="2">고려측면</th><th rowspan="2">위협평가</th><th rowspan="2">취약점</th><th rowspan="2">취약점 평가</th><th colspan="3">위험도</th></tr>
<tr><th>C</th><th>I</th><th>A</th><th>C</th><th>I</th><th>A</th></tr>
<tr><td>인사 정보</td><td>3</td><td>3</td><td>3</td><td>9</td><td>사용자 ID 도용</td><td>I</td><td>M</td><td>추측하기 쉬운 패스워드를 사용함으로써 타인의 사용자 ID를 이용하여 시스템에 접근하여 불법적인 정보수정</td><td>H</td><td></td><td>8</td><td></td></tr>
<tr><td rowspan="2">PC</td><td rowspan="2">3</td><td rowspan="2">2</td><td rowspan="2">3</td><td rowspan="2">8</td><td>해킹</td><td>C</td><td>H</td><td>백신이 설치되어 있지 않아 바이러스에 의한 정보 유출</td><td>M</td><td>8</td><td></td><td></td></tr>
<tr><td>PC 장애</td><td>A</td><td>M</td><td>무분별한 불법소프트웨어 사용으로 악성코드로 인한 PC 사용 불가</td><td>M</td><td></td><td></td><td>7</td></tr>
<tr><td>기안서</td><td>2</td><td>3</td><td>2</td><td>7</td><td>기밀 유출</td><td>C</td><td>H</td><td>퇴근 후 작업 중인 문서가 책상 위에 방치</td><td>M</td><td>7</td><td></td><td></td></tr>
</table>

(9) 위험 처리

위험처리 첫 번째 단계에서 산출된 리스트를 어떻게 처리할 것인지의 처리 방식은 위험 수용, 위험 감소, 위험 회피, 위험 전가 등의 네 가지로 나눌 수 있다. 이 선택에 따라 해당되는 적절한 보호대책들을 선택하게 된다. 두 번째 단계에서 어떠한 선택을 하더라도 최소한의 위험은 항상 존재하며 이를 잔존위험(Residual Risk)이라고 한다. 이를 포함한 회사가 수용할 수 있는 적절한 위험 수준을 정하여 이를 수용하는 것이다. 현재 존재하는 위험이 조직에서 수용할 수 있는 수준을 넘어선다면, 이 위험을 어떤 방식으로든 처리해야 한다.

- 위험 수용(Risk Acceptance): 현재의 위험을 받아들이고 잠재적 손실 비용을 감수하는 것을 말한다. 어떠한 대책을 도입하더라도 위험을 완전히 제거할 수는 없으므로, 일정 수준 이하의 위험은 감수하고 사업을 진행

정보보호대책의 효과 = 기존 ALE – 대책 구현 후 ALE – 연간 대책 비용
* 연간 예상 손실액(ALE: Annulalized Loss Expectancy)

- 위험 감소(Risk Reduction, Mitigation): 위험을 감소시킬 수 있는 대책을 채택하여 구현하는 것이다. 대책의 채택 시에는 이에 따른 비용이 소요되기 때문에 이 비용과 실제 감소되는 위험의 크기를 비교하는 비용효과 분석을 실시한다. 즉, 아래의 식으로 양(+)의 효과를 갖는 정보보호대책을 선택
- 위험 회피(Risk Avoidance): 위험이 존재하는 프로세스나 사업을 수행하지 않고 포기
- 위험 전가(Risk Transfer): 보험이나 외주 등으로 잠재적 비용을 제3자에게 이전하거나 할당

예를 들면 어떤 조직이 인터넷을 이용하여 고액의 전자거래 시스템을 운영하고자 위험 분석을 수행하였다. 위험 분석의 결과는 고액의 온라인 전송에 따른 거래 금액 노출, 변조, 거래 사실 부인의 위험이 매우 높았다.

이 위험을 처리하기 위해서는 위험 감소의 방안으로 전자서명, 암호화, 송신자 부인방지를 위한 공증 시스템과 같은 대책을 도입할 수 있다. 그러나 이러한 대책은 고가이며 공증 시스템의 운영 사례가 많지 않으므로 도입을 주저할 수 있다. 그렇다면 다른 대책으로 이 시스템 운영을 포기하고 기존 오프라인 방식으로 거래하는 방법을 고려할 수도 있다.

위험 전가의 방안으로 이미 이러한 거래 시스템을 안전하게 운영하고 있는 다른 업체에 위탁하거나, 문제가 발생한 경우 배상해 주는 보험이 있다면 그 보험에 가입할 수도 있다. 위험 수용의 방안으로 여러 가지 이유로 일정 기간 위험을 감수하고 시스템을 운영하기로 결정할 수도 있다. 이 경우, 어떠한 방식을 선택할 것인지는 평가된 위험수준과 조직이 수용하기로 한 위험수준, 그리고 각 대응 방식의 비용에 따라 달라진다.

비용이 가장 우선적인 요소가 되는 경우, 위험처리 전략은 다른 순서로 고려될 수 있다. 일단 수용 가능한 목표 위험수준보다 낮은 위험은 모두 수용한다. 수용할 수 없는 높은 위험의 경우에는, 프로세스를 수행하지 않는다거나 장소를 이동하는 등으로 해당 위험을 피해서 사업을 수행하는 방안을 고려한다. 그것이 불가능하다면, 저렴한 보험이나 위탁 서비스를 알아본다. 다만 이 경우 위탁에 관련된 추가적인 다른 문제가 발생할 수 있으므로 이에 대한 정확한 검토가 필요하다. 이들이 효과적이지 않다면 위험을 수용 가능한 수준 이하

로 낮출 수 있는 대책이 있는지 확인하고, 이 대책의 비용이 위험의 감소 규모보다 적은 경우에는 대책을 선정하여 구현한다.

어떠한 위험처리 방안을 어떤 순서와 조건으로 선택할 것인지에 대한 전략을 먼저 수립하고 이에 따라 대응 방안을 결정해야 한다. 이러한 전략을 결정하는 데에는, 안전 우선이나 비용 최소화와 같은 조직의 위험에 대한 기본적인 태도가 큰 영향을 미친다. 그러나 이 외에도 기술 적용 가능성, 예산, 적용되는 법 제도, 시간, 조직 문화 등 여러 가지 제약조건이 고려되어야 한다. 일반적으로 조직의 사업 수행 여부가 법적, 제도적 요구사항 만족에 의해 크게 좌우되는 분야라면, 비용 요소에 대한 고려가 낮아지고 유연한 대응 전략 선택이 어려워지게 된다.

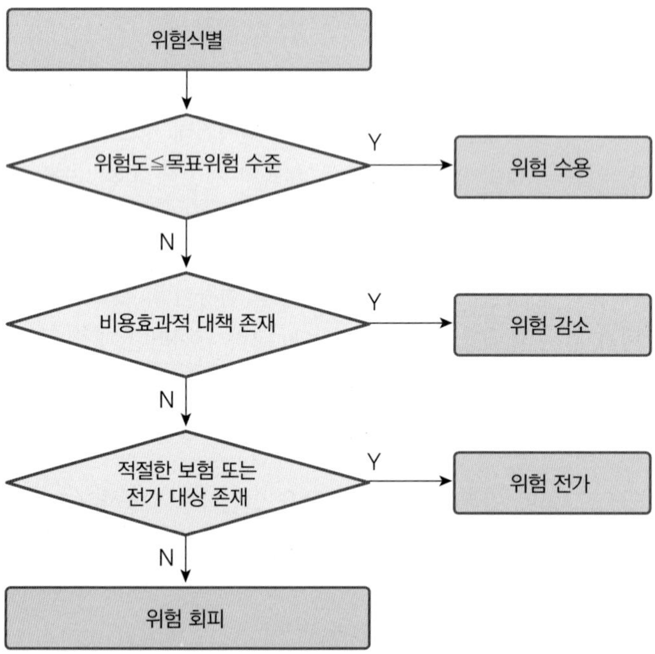

[그림 2-11] 위험 처리 절차(ISO/IEC 13335)

4.4 (위험 관리) 보호대책 선정

(1) 정보보호대책 선정

대책 수립을 통한 위험 감소 방안을 선택하게 되면 통제사항과 이에 따른 대책을 선정한다. 해당 통제사항들은 각종의 실제적인 대책을 대부분 포함하고 있다. 그러나 위험의 내용과 규모에 따라서는 제시된 통제사항의 내용 중에서도 더 세부적이고 강력한 대책이 필요할 경우가 있다. 또한 통제사항의 설명에는 구체적으로 제시되지 않은 대책을 강구해야 할 경우도 있다. 정보보호 관리체계 인증을 염두에 두고 있다면 이런 경우에는 관련된 통제사항을 선택하고 구체적인 대책을 명시해야 한다.

선택된 통제사항은 다른 기존 통제사항과 함께 계획, 구현, 사후 관리의 관리과정 요구사항을 적용해야 한다. 통제사항 선정 시에는 전략 선정 시 적용된 기술, 예산, 적용되는 법제도, 시간, 조직 문화 등 여러 가지 제약조건들을 여전히 고려해야 한다.

선택된 각 통제사항은 비용·효과 분석을 통해 정당화되어야 한다. 즉, 통제의 구현과 유지에 들어가는 비용이 해당 위험의 감소량보다 적어야 한다. 정성적인 위험 분석을 수행하였을 경우에는 통제의 비용을 구체적으로 정당화하기가 쉽지 않다. 그 이유는 위험의 등급 감소를 비용으로 환산하기 어렵기 때문이다. 이 경우 자산, 관련 위협, 그리고 우려되는 위험을 일반적인 생활 언어로 구체적으로 설명함으로써 비용과 효과를 현실 상황과 관련하여 이해할 수 있도록 제시하는 것이 좋다.

일반적으로 위험은 잠재적인 위협이 현실화되어 나타날 경우 손실액(영향)과 이러한 손실이 발생할 확률의 곱으로 정의된다.

위험 = 위협이 성공할 가능성 × 위협 성공시의 손실(영향) 크기

이러한 위험 공식을 이용하여 위험 관리 과정에서 일어나는 결정에 대한 제한 조건을 보여주는 BPL 공식이 있다. 이 공식은 위험 관리에서 최적의 보호 대책을 선정하기 위해 사용된다.

$$B > PL$$

B : 보호 대책을 구현하는데 필요한 비용

P : 손실이 일어날 확률

L : 특정 사건에 의한 총체적 손실

BPL 공식에서 의미하는 것은 손실이 발생할 가능성과 그 경우의 손실의 크기를 곱한 값보다 보호 대책의 비용이 크다면 그 위험을 감수한다는 것이다. 반면에 PL이 보호 대책의

비용보다 커지게 되면 그 보호 대책을 구현하여야 한다. 이것은 보호 대책의 구현과 운용에 드는 비용이 보호 대책의 구현으로 얻을 수 있는 잠재적인 손실의 감소량보다 작아야 한다는 것을 의미한다.

① 보호대책 선정 방법

위험식별 및 평가가 끝나게 되면 다음 단계로 정보보호대책 선정이다. 정보보호대책(Safeguard, Countermeasure)이란 위협에 대응하여 자산을 보호하기 위한 관리적·물리적·기술적 대책으로 정의된다. 이러한 대책에는 방화벽, 침입탐지시스템 등의 제품뿐 아니라 절차, 정책, 교육 등의 모든 통제들이 포함된다.

정보보호 정책과 목적에 부합하도록 위험을 수용 가능한 수준으로 감소시키기 위해, 위험분석 및 평가에 의거하여 위험처리 전략에 따라(수용, 감소, 회피, 전가 등) 기준에서 제시하는 통제항목을 선택한다. 일반적으로 사용되는 위험처리 방식은 수용 가능한 목표 위험수준보다 낮은 위험은 모두 수용하며, 위험의 감소 규모보다 적은 비용으로 위험을 수용 가능한 수준 이하로 낮출 수 있는 경우에는 대책 수립을 통한 위험감소 방안을 선택한다.

- 위험회피의 경우는 대책 수립보다는 해당 프로세스나 사업을 수행하지 않음으로써 위험을 회피하는 것이다. 보통 위험이 너무나 크고 적절한 비용 효과적 대책이 존재하지 않을 경우 이 방안을 선택한다.
- 위험전가의 경우 발생 가능성은 낮지만 피해는 큰 경우 보험 등을 통하여 위험의 비용을 제3자에게 전가하는 방법을 선택하는 것이다. 또는 내부 대책보다는 비용 효과적인 제3자 계약을 선택하는 것도 포함될 수 있다.

해당 통제사항들은 각종의 실제적인 대책을 대부분 포괄하고 있다. 그러나 위험의 내용에 따라서는 제시된 통제사항보다 더 세부적이고 강한 대책이 선정될 수도 있고 또는 구체적으로 제시되지 않은 통제사항이 필요할 경우도 있다.

Tip — 보호대책 선정(ISMS-P 인증기준)

항목	상세내용
보호대책 선정	위험 평가 결과에 따라 식별된 위험을 처리하기 위하여 조직에 적합한 보호대책을 선정하고, 보호대책의 우선순위와 일정 · 담당자 · 예산 등을 포함한 이행계획을 수립하여 경영진의 승인을 받아야 한다.

② 효과적인 보호대책 선정

보호대책을 선택할 때는 조직의 환경과 문화에 맞는 것을 선택하는 것이 중요하며, 그 비용을 산정할 때는 구축비용뿐만 아니라 운영에 따른 관리비용을 반드시 고려한다. 보호대책과 관련하여 파악해야 할 특성으로는 보호대책의 효과가 있다. 앞에서 언급하였듯이, 보호대책은 여러 가지 방식으로 자산을 보호하며 어떠한 보호대책도 위험을 완전히 제거할 수는 없다. 따라서 특정 보호대책이 어떤 위험을 어느 정도 제거할 수 있는지 그 효과 정도를 평가하여, 보호대책의 구현 및 관리 비용과 비교함으로써 보호대책 선정을 정당화하게 된다.

선택된 통제사항은 다른 기존 통제사항과 함께 PDCA, 즉 계획, 구현, 사후관리의 관리과정 요구사항을 적용한다. 통제사항 선정 시에는 전략 선정 시 적용된 기술, 예산, 적용되는 법 제도, 시간, 조직 문화 등 여러 가지 제약조건들을 여전히 고려한다.

〈표 2-26〉 정보보호대책 선정 예시

자산명	위협	고려 측면	위협 평가	취약점	취약점 평가	위험도			보호대책
						C	I	A	
인사 정보	사용자 ID 도용	I	M	생략	H		8		• 패스워드 사용에 대한 사용자들의 인식교육 • 안전한 패스워드로 변경
PC	해킹	C	H	생략	M	8			• 악성코드에 관련된 백신을 순차적으로 설치하여 운영 • 윈도우를 정기적으로 정보보호 패치 및 바이러스 백신 설치 • 스파이웨어 제거 프로그램 설치

PC	PC 장애	A	M	생략	M			5	• 불법소프트웨어 사용에 대한 인식교육 • 네트워크 단에서 바이러스 방역 • 정보보호 툴에 의한 파일 다운로드 제한
기안문	기밀 유출	C	H	생략	M	7			• 클린 데스크 정책 실시 및 주기적 감사 • 퇴근 시 문서는 잠금 장치가 있는 캐비닛에 보관 • 기밀문서 출력 관리

기술적인 위험의 경우는, 해당 취약점을 제거하는 방향으로 위험을 감소시키고 실제 이를 이행하기 위한 시기와 소요예산도 함께 고려하는 것이 좋다. 업무프로세스와 같은 관리적인 위험인 경우는, 관리체계 통제항목을 중심으로 담당자 인터뷰, 지침 열람, 현장 실사 등을 통해 각 우려사항을 도출하고 그에 대한 개선방안을 마련한다.

③ 정보보호대책 선정 시 유의 사항

정보보호대책을 정할 때 유의해야 하는 사항은, 법규에서 요구하는 보호조치 원칙 자체가 보호 수준이므로 그보다 낮은 수준의 정보보호대책이 선정되지 않도록 한다는 점이다. 예를 들어, 개인정보처리시스템(고객정보를 볼 수 있는 홈페이지)을 외부에서 접근 가능한 경우는 기술적 보호조치 기준(고시)에 따라 공인인증서 등의 안전한 인증수단을 이용하도록 하고 있으므로, ID와 패스워드만으로 접속을 허용하고 있는 경우는 법률 위반에 해당한다. 보안수준을 위험 관리 기반의 관리체계 구축을 통해 효과적인 보호대책을 선정하고 이행한다.

Tip — 관리체계 구축 시 문제점 해결 방법

① 식별된 위험에 대한 처리 전략(위험감소, 위험회피, 위험전가, 위험수용 등)을 수립하고 위험처리를 위한 정보보호대책을 선정한다.

② 위험처리 전략에 따라 조직의 사업내용이나 정보보호 대책의 필요성을 감안하여 조직에서 보호대책을 채택할 지 여부를 결정한다.

③ 정보보호대책 구현의 우선순위를 정한 후에 일정, 담당부서 및 담당자, 예산 등의 항목을 포함한

정보보호대책 이행계획을 수립하고 정보보호 최고책임자 등 경영진의 승인을 받는다.
③ 보호대책 해석을 명확하게 판단하여 채택할 수 있게 해야 한다.
⑤ 정보보호대책 이행계획에 따라 정보보호대책을 구현하고 그 이행결과를 정보보호 최고책임자 등 경영진에게 보고한다.
⑥ 구현된 정보보호대책 운영 및 시행부서 담당자를 대상으로 관련내용 공유 및 교육을 수행해야 한다.
④ 관리체계 운영명세서에 보호대책을 선택 여부를 간결하게 문서화하고 이를 통해 이력관리를 한다.
⑤ 정보보호대책 이행계획에 따라 정보보호대책을 구현하고 그 이행결과를 정보보호 최고책임자 등 경영진에게 보고한다.
⑥ 구현된 정보보호대책 운영 및 시행부서 담당자를 대상으로 관련내용 공유 및 교육을 수행해야 한다.

(2) 이행계획 수립

① 이행계획 내용

정보보호대책 구현의 우선순위를 정한 후에 일정, 담당부서 및 담당자, 예산 등의 항목을 포함한 정보보호대책 이행계획을 수립하고 정보보호 최고책임자 등 경영진의 승인을 받는다. 또한 위험수준의 감소를 위하여 선정한 정보보호대책은 위험처리의 시급성, 예산 할당, 구현에 요구되는 기간에 따라 이행 우선순위를 정하고 보호대책 이행계획을 수립한다. 정보보호대책의 효과적인 이행을 위하여 이행계획을 정보보호 최고책임자 등 경영진의 승인을 얻고 이행여부를 확인하기 위한 절차 및 방법도 함께 고려한다.

정보보호대책 이행계획 수립 시 즉시 교정 가능한 취약점 제거, 정책 및 절차 수립, 분야별 정보보호시스템 도입 및 관련 교육 수행, 모니터링 및 감사 관련 사항 등으로 분류 각 위험에 대하여 적절한 통제와 통제 대상을 선정하여 정보보호대책 이행계획서와 관리체계 운영명세서를 작성한다.

정보보호대책 이행계획은 매월, 분기, 반기 등 연 1회 이상 주기적으로 그 이행여부와 문제점을 파악하여 정보보호 최고책임자 등의 경영진에게 보고한다. 정보보호 최고책임자 또는 정보보호책임자는 매년 위험 관리를 통해 도출된 정보보호 이행계획의 시행여부를 연 1회 이상 확인해야 한다. 또한 경영진 보고회의 때 정보보호 조직이 정보보호 이행계획의 각 이행사항에 대한 진도 및 이슈사항 등을 포함하는 내용으로 보고가 이루어질 수 있다.

이행계획은 수용 수준 이상의 위험을 낮추기 위하여 선정된 대책들을 구현하기 위한 계획이다. 정보보호대책 이행계획서에서는 각 위험별 대책을 수립하여 제시하고 정보보호 구현 계획에서는 이들 대책을 실제로 구축하기 위한 이행계획을 작성한다.

위험을 목표 위험수준 이하로 감소시키기 위해, 필요한 대책들을 선택하고 유사한 대책들은 하나의 프로젝트로 통합하여 이 프로젝트들에 대한 우선순위를 설정한다. 이에 따라 구체적인 일정계획을 수립하면 된다. 유사한 대책들은 즉시 교정 가능한 취약점 제거, 정책 및 절차 수립, 분야별 정보보호 시스템 도입 및 관련 교육 수행, 모니터링 및 감사 관련 사항 등으로 통합, 분류될 수 있다.

② 즉시 교정 가능한 취약점 제거

기술적 취약점 점검을 통해 즉시 교정 가능한 취약점 제거는 주로 시스템이나 장비의 구성 설정 변경, 파일 등의 권한 변경, 취약한 패스워드 변경 등으로 빠른 시간 내에 처리할 수 있는 사항들이다. 그러나 이러한 사항들이라 하더라도 각 항목 별 책임자, 변경 완료 시한, 변경 확인 등의 절차가 필요하다. 이러한 취약점 제거에 있어서 가장 문제가 될 수 있는 것은 변경에 따른 영향이다. 그 이유는 단순한 변경으로 침해 위험을 낮출 수는 있으나 그로 인해 관련 시스템이 동작하지 않을 가능성이 잠재해 있기 때문이다. 이러한 문제점을 파악하고 이에 따른 영향을 확인하기 위해서는 운영담당자가 참여하여 조사 및 테스트 등의 업무를 수행하기 위한 일정도 고려해야 한다.

③ 정책 및 절차 수립

정책 및 절차를 수립하는 작업은 일반적으로 다른 업무보다 높은 우선순위를 갖는다. 해당 정책이나 절차의 내용에 따라 사업 연속성 계획처럼 규모가 크고 최종 완료시까지 오랜 시간이 소요되므로 장기 프로젝트로 수행해야 하는 것도 있다. 그러나 우선적으로 정책을 수립한 후 이를 준수하기 위한 절차를 하나씩 마련하는 것이 일반적이다. 정책과 절차의 초안을 마련하는 작업도 중요하지만 각 단계별로 관련자들의 이해와 동의를 얻는 것이 이후의 원활한 운영을 위해 필수적으로 필요하다.

④ 정보보호 시스템 도입 및 관련 교육

원칙적으로 정보보호 시스템은 기 수립된 정보보호 정책과 질차를 준수해야 한다. 따라서 정보보호 시스템 도입 시 시스템 요구사항에는 정책 요구사항이 반드시 반영되어야 한다. 그러나 정보보호 시스템 도입으로 인해 기존의 절차가 단순화될 수도 있다. 정보보호 시스템이 기존의 절차를 변경하거나 단순화하는 경우, 이러한 변경이 운영의 효율성을 높이는 측면은 있으나 적절한 승인이나 변경 통제를 제거하는 부작용은 없는지 고려하여 수용해야 한다. 만일 반드시 필요한 정보보호 시스템임에도 불구하고 매우 중요한 통제가 제거된다면 이를 보완할 수 있는 다른 기술적 대책이나 수작업 절차를 통한 관리적 대책을 수립하여 통제의 필요와 운영의 효율성을 적절한 수준에서 조화시켜야 한다.

개별 정보보호 시스템은 쉽게 수행 관리하기 하기 위해 네트워크, 서버, PC, 응용 시스템 등으로 관리책임과 시기에 따라 분류하여 별도 프로젝트 또는 대단위 프로젝트의 하부 프로젝트로 설정하는 것이 바람직하다. 각각의 정보보호 시스템 도입에는 반드시 관련자 교육이 포함되어야 한다.

⑤ 모니터링 및 감사

모니터링이나 감사의 수행은 전체 정보보호 관리체계 수립 및 운영 과정의 마지막 단계인 사후관리 단계에서 이루어진다. 그러나 모니터링이나 감사를 위한 정책, 절차, 책임 설정, 모니터링 또는 감사용 시스템 도입 등과 같이 모니터링 및 감사에 필요한 사항들은 이 정보보호계획 수립 단계에서 결정되어야 한다. 이때 결정된 사항들이 실제 사후관리 단계에서 원활하게 이루어지기 위해서는 정보보호계획 수립 단계에서 적절한 책임자를 관련 작업에 지속적으로 참여하게 하여 연속성을 유지해야 한다.

또한 감사의 경우 각 정보보호대책 별로 감사해야 할 사항들이 작성되어 감사 체크리스트에 포함되어야 한다. 또한 이러한 사항들은 정보보호 시스템 도입 및 설치 시에 시스템이 필요한 감사 기록을 생성할 수 있도록 감사 요구사항으로 제공되어야 한다. 예를 들어 사건의 중요도에 따라 로그를 남기는 것이 일반적이지만 어떤 경우에는 특정 아이디에 대해서 모든 활동을 기록하고 추적할 필요가 있을 수 있다. 이런 기능은 시스템 선정 또는 개발 시 요구하지 않으면 도입 후 이러한 기능을 추가하기가 매우 어렵다.

⑥ 이행계획의 검토 및 승인

정보보호대책 구현의 우선순위를 정한 후에 일정, 담당부서 및 담당자, 예산 등의 항목을 포함한 정보보호대책 이행계획을 수립하고 정보보호 최고책임자 등 경영진의 승인을 받는다. 위험수준의 감소를 위하여 선정한 정보보호대책은 위험처리의 시급성, 예산 할당, 구현에 요구되는 기간에 따라 이행 우선순위를 정하고 계획을 수립한다. 정보보호 대책의 효과적인 이행을 위하여 이행계획을 정보보호 최고책임자 등 경영진의 승인을 얻고 이행 여부를 확인하기 위한 절차 및 방법도 함께 고려한다.

(3) 관리체계 운영명세서 관리

관리체계 운영명세서는 위험 평가 및 위험처리 프로세스의 결과와 결론에 근거하여 조직의 관리체계를 적절하고 적용 가능한 통제 목표 및 통제항목을 구현하고 운영하고 있는 현황을 기술한 문서이다. ISO/IEC 27001에서는 적용성보고서(SOA, Statement of Applicability)라고 한다. 보호대책을 선택한 후에는 관리체계 운영명세서에 통제사항에 대해 선택한 내용과 현재 운영현황을 구체적으로 명시하고 분야별 통제사항 중 선택하지 않은 통제사항이 있다면 그 이유를 명확하게 기술한다. 이것은 통제의 전반적인 정보보호 대책 현황을 파악하는데 필요하고 관리체계 구축 및 운영의 근거자료가 되며 인증심사 시에 기초자료가 된다.

① 관리체계 운영명세서 내용

관리체계 인증을 취득하고자 하는 기업은 인증기준의 통제항목별로 정보보호대책 구현 및 운영 현황을 기록한 '관리체계 운영명세서'를 작성한다. '관리체계 운영명세서'는 관리체계 구축 현황을 한눈에 알아 볼 수 있으며 인증 신청인과 인증기관 간에 상호 이해를 할 수 있는 기준선인 것이다. 관리체계를 구축하고 스스로 내부 운영현황을 점검하여 지속적인 개선이 가능하며 인증기준의 관리과정 및 통제항목을 체크리스트로 하여 운영현황을 확인한다.

② 관리체계 운영명세서 작성 방법

관리체계 운영명세서 중에 정보보호 관리체계 수립 및 운영 과정은 필수적인 항목으로 해당 인증기준을 모두 선택한다. 정보보호 관리체계 수립 및 운영 과정 수립 여부는 필수적으로 수립 및 구축해야 하므로 자가진단을 통해 수립 및 구축을 확인하고 운영현황은 각 인증기준의 요구사항에 대해 어떻게 대응한 것인지 작성하는 것으로 누가, 언제, 무엇을, 어떻게 적용하고 있는지 상세히 작성하고 기록 및 증적자료는 인증기준을 만족하는 내용이 포함되어 있는 기업의 기록(증적자료) 제목 및 번호를 작성한다.

정보보호대책은 수립 여부에 대해 Y(Yes)/N(No)로 표시하고 운영현황(또는 미선택사유)

은 해당 통제사항에 대한 구축 및 실제 운영내용을 요약하여 작성하되 구축의 특성 및 정당성을 파악할 수 있도록 인증기준보다 상세히 작성한다. 통제사항을 선택하지 않은 경우 위험 관리(위험 평가 및 처리)의 결과 및 분석에 따른 미 선택의 사유를 반드시 작성한다. 관련문서(정책 또는 매뉴얼)는 인증기준을 만족하는 내용이 포함되어 있는 기업의 문서(정책, 규정, 지침, 절차, 매뉴얼 등)의 제목을 작성하되 문서 내 부분에 해당할 경우 장, 절, 조 등을 상세하게 표시한다. 선택하지 않을 경우, 해당 근거를 확인할 수 있는 문서 및 문서 내 부분을 작성한다. 문서번호가 있다면 문서번호도 표시하며, 기록(증적자료)한다.

〈표 2-27〉 관리체계 운영명세서 작성 예시

항목	상세내용	운영 여부	인증 구분	운영현황 (또는 미선택 사유)	관련문서 (정책, 지침 등 세부조항번호까지)	기록 (증적자료)
인증 기준 번호	인증기준 내용	Y / N	ISMS& ISMS-P	ISMS와 ISMS-P 모두 동일하게 운영하는 경우의 운영현황 작성		
			ISMS	ISMP에만 적용되어 운영하는 경우의 운영현황 작성		
			ISMS-P	ISMS-P에만 적용되어 운영하는 경우의 운영현황 작성		

Tip — 관리체계 운영명세서 작성 요령

〈작성 시 주요 착안 사항〉

각 인증기준 별 운영여부와 운영내용을 확인할 수 있도록 다음 항목을 상세히 작성하여야 한다. 항목별 설명은 다음과 같다.

① 운영여부
- 관리체계 수립 및 운영: 모든 항목 필수
- 보호대책 요구사항: 운영여부에 따른 Y/N/NA 선택
- 개인정보 처리단계별 요구사항: ISMS-P 인증심사만 선택

② 인증구분: 인증서 간 공통사항, 인증서별 별도사항을 분리하여 작성

③ 운영현황(또는 미선택 사유)
- 인증기준 대한 구축 및 실제 운영내용을 요약하여 작성하되 구축의 특성 및 정당성을 파악할 수 있도록 인증기준보다 상세히 작성
- 운영하지 않는 경우 위험 관리(위험평가 및 처리)의 결과 및 분석에 따른 미선택의 사유를 반드시 작성

④ 관련문서(정책 또는 매뉴얼)

- 인증기준을 만족하는 내용이 포함되어있는 기관의 문서(정책, 규정, 지침, 절차, 매뉴얼 등)의 제목을 작성하되 문서 내 부분에 해당할 경우 장, 절, 조 등을 상세하게 표시

⑥ 기록(증적자료)

- 인증기준에 따른 운영기록(증적자료)의 제목(파일명) 및 번호를 작성. 통제사항에 관련된 위험분석결과, 계획, 취약점분석관련 자료도 기록하여 운영명세서를 통해 관련내용을 확인할 수 있도록 함. 관련증적이 시스템으로 관리되는 경우 해당 시스템 위치, 시스템명 및 관련 메뉴를 작성

5. 관리체계 운영 단계(Step 4)

5.1 (관리체계 운영) 보호대책 구현

(1) 통제의 효과적 구현 및 평가

① 구현 계획 수립

보호대책 구현을 위한 중장기 예산, 일정, 세부 내용, 해당 수행에 관한 책임 등이 포함된 보호대책 구현 계획을 수립한다. 보호 계획 수립 과정에서는 실제 프로젝트를 수행하고 이에 영향을 받게 될 부서들의 책임자 및 실무자가 반드시 참여해야 한다. 이들이 인력 및 자금 지원, 책임의 수용, 구현 일정의 타당성 및 실행 가능성 등을 검토하거나 피드백을 제공해야만 실제 구현 가능한 계획이 작성될 수 있다. 따라서, 관련 부서의 관리자가 포함된 정보보호 위원회에서 보호계획을 검토하도록 한다. 이렇게 작성된 구현계획은 최고경영진이나 정보보호책임자 등 인력 및 비용을 승인할 수 있는 지위에 있는 최종 의사 결정권자가 명시적으로 승인해야 한다.

② 보호대책 구현

위험 관리 과정에서 선정된 보호대책을 이행하기 위한 정보보호대책 구현계획에 따라 보호대책을 구현하며, 통제의 효과성 측정 방법을 정의한다. 정보보호대책 구현을 위해 책임, 예산, 일정 등을 고려하며 정보보호대책은 적절한 관리 조치와 우선순위에 의해 구현

한다. 또한 관리체계 운영명세서에서 선정한 통제를 모두 구현한다.

선정된 대책이 위험을 수용 가능한 수준으로 감소시키는지를 확인하고 대책이 구현된 후 예상 잔여 위험 수준을 평가하고, 만일 잔여 위험이 수용 가능한 수준보다 높으나 다른 적절한 대책이 없고, 위험 회피를 하지 않는 경우 의사결정자는 별도의 위험 수용 각서를 작성하여 관리자, 즉 CEO 또는 관리체계 총괄 책임자의 승인을 받는다.

③ 대책의 효과성 측정

ISMS의 가장 중요한 부분은 ISMS 성과 측정이다. ISMS를 구축하고 운영하면서 효과성을 측정하고 PDCA에 따른 지속적인 개선 활동이 필요하다. 관리체계를 구현 및 운영 시 가장 중요한 요소는 자원이다. 인력, 시간, 비용이 지원되어야만 초기 계획에 따라 구현 및 운영이 가능하다. 자원의 확보를 위해서는 경영진의 의사와 지원이 가장 필요하다.

- 경영진은 정보보호대책의 이행계획이 잘 이루어지고 있는지 여부를 수시 및 정기적으로 검토 및 확인해야 한다.
- 경영진은 정보보호대책이 효과적인 구현되고 있는지 그 정확성과 효과성을 측정한다.
- 정보보호대책 이행계획이 모두 실행되고 있는지 확인하고, 이행되지 못 한 계획이 있다면 그 사유가 타당하고 보고가 이루어져야 한다.
- 만약 정보보호대책에 대한 구현 여부를 관리, 감독하지 않는다면 보호대책과 이행계획은 잘 구축했더라도 일부 위험은 제거되지 못한 채 조직에 큰 피해를 가져올 수 있다.

선정된 통제 또는 통제 그룹의 효과성을 측정하기 위한 지표와 측정 방법을 정의하고 측정 계획도 마련해야 한다. 측정 지표 도출을 위해서는 업무 프로세스를 분석하여 정량적 측정 지표 후보 군을 개발하고 이중 핵심 지표를 선정한다. 지표 목표치를 수립하기 위해서는 일정 기간 지표 값을 측정하여 유효성을 검증한 후 목표치를 정의할 수 있다. 또한 선정된 지표에 대하여 실행, 측정, 평가에 대한 책임을 할당한다. 실제 운영을 위해서는 업무 프로세스를 문서화하고 효과성 측정 매뉴얼을 작성하는 등의 추가 문서화 작업이 도움이 될 수 있다.

Tip — 관리체계 구축 시 문제점 해결 핵심 포인트

① 자주 발생하는 문제

- 프로젝트 구성원의 경험부족이나 지식부족으로 인해 실수를 하게 되고 프로젝트가 더디게 진행되는 결과를 낳는다.
- 관련부서와의 조정이 이루어지지 않는다.
- 위험 분석 및 평가 작업이 복잡하다.
- 일상 업무에 쫓겨 관리체계 구축작업에 시간을 낼 여유가 없다.

② 문제를 해결하려면 어떻게 하는가?

- 가장 중요한 것은 '문제를 숨기지 않는다.'는 자세를 견지하는 것이다.
- 문제점 인식한 시점에서 지체 없이 상사에게 보고하는 것이 중요하다.
- 문제 해결 과정에서 난제에 부딪혀 불필요한 시간을 낭비하지 않도록 관계자의 도움을 얻는다.

③ 최대 문제는 경영자의 이해 부족

- 관리체계 구축에는 경영자의 리더십이 필수적이다. 경영자의 이해나 협조가 없으면 부서 간 업무 조정 문제나 프로젝트팀 참여로 인해 담당자의 업무가 과다해지는 등 문제 해결이 중요하다.
- 중역회의 등을 이용하여 정기적으로 진척상황을 보고하는 것도 효과가 있다.

(2) 보안 영역별 보호대책 적용

보호대책 선택과 구현 시에는 관리체계 범위를 보안영역별로 구분하면 이용자 영역, 네트워크 영역, 시스템 영역, 관리영역 등 4개의 영역으로 구분하여 보호대책을 수립할 수 있다. 위험 분석이 끝나고 보호대책 선택 시에는 영역별 보호대책을 고려하여 구현을 한다. 정보시스템 운용 및 보호대책 적용 모델은 다음과 같다.

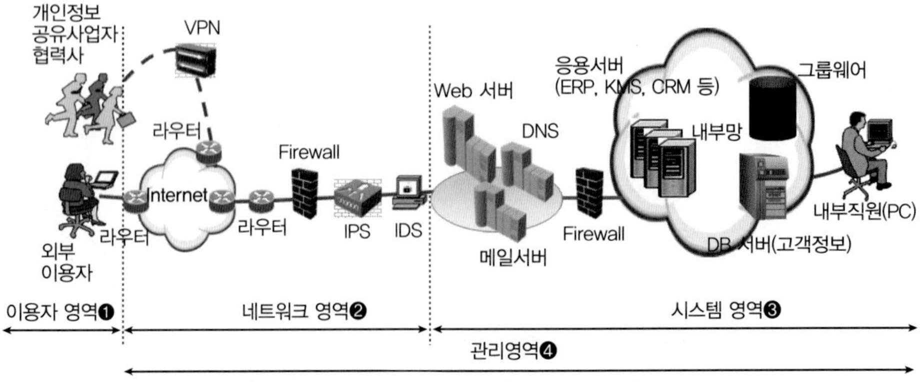

[그림 2-12] 정보시스템 운용 및 보호대책 적용 모델

① 보안영역별 보호대책 및 적용 방법

보안영역별 정보보호대책 수립은 관리적, 기술적, 물리적 등 보호조치와 법적 요구사항을 검토하여 적절한 적용 방법을 선택한다.

〈표 2-28〉 정보보호대책 적용 방법 예시

주요 영역	보호대책 (적용방법)	주요내용 (의미 및 설명)
① 이용자 영역 (협력사 및 가입자)	사용자 인증	• (비밀번호 관리) 이용자도 안전한 비밀번호 사용 및 주기적인 변경 등 비밀번호 관리규칙 수립 및 이행(사업자가 이용자의 비밀번호 관리규칙 제시) ※영문/숫자 등의 조합은 10자리 이상, 특수문자까지 조합하면 8자리 이상으로 설정 ※비밀번호에 유효기간을 설정하여 반기별 1회 이상 변경
	악성 프로그램 방지	• (악성코드 감염 예방) 출처가 확인되지 않은 S/W 및 자료, 유해 사이트, 메일 이용에 따른 악성코드 다운로드 및 감염 방지 • (보안패치 적용) Windows 이용자의 경우 보안취약점으로 인한 문제점을 방지하기 위한 실시간 보안패치 업데이트 기능 적용 • (안전한 소프트웨어 사용) 운영체제 상에 설치되는 소프트웨어의 경우, 정식제품의 사용, 제3의 기관으로부터 인증 받은 제품 등을 사용
② 네트워크 영역 (인터넷)	사용자 인증	• (관리자 계정 및 비밀번호 관리) 인가되지 않은 자에 의한 시스템(네트워크 장비, 공개서버(Web, Mail, DNS 등)) 로그인이 되지 않도록 비밀번호 생성방법 및 변경주기 등의 규칙을 적용하고, 일방향 암호화
	암호화 (네트워크 보안)	• (보안서버 구축) 인터넷상에서 도청이 되더라도 알아보지 못하도록 통신구간에서 암호화를 해주는 가상사설망 또는 보안서버 설치 ※개인정보 및 인증정보를 송수신할 때는 웹서버에 정보를 암호화하여 송수신하는 기능 설치
	접근통제	• (비인가자 접속 방지) 인터넷은 IP 주소로 접속하므로 필요한 IP만 허용하도록 침입차단시스템(Firewall)을 운영 • (이상 징후 탐지 및 대응) 허용된 IP를 통하여 공격할 경우, 이상 징후를 탐지할 수 있는 침입탐지시스템(IDS) 또는 침입방지시스템(IPS) 운영
	침입탐지 및 대응	• (보안관제 운영) 침입탐지시스템 등을 통과하는 알려지지 않은 공격에 대한 이상 징후를 실시간으로 파악할 수 있는 관제시스템 운영 ※개인정보 침해사고에 대한 실시간 모니터링 및 대응을 위해 관제시스템 구축 · 운영

	악성 프로그램 방지	• (보안패치 적용) 네트워크 및 보안장비의 운영체제, 응용프로그램 등 보안취약점으로 인한 문제점을 방지하기 위한 보안패치의 실시간 업데이트 ※바이러스, 스파이웨어 등 악성프로그램의 침투 여부를 항시 점검 · 치료할 수 있도록 백신 소프트웨어 설치
	로그관리 및 분석	• (주기적인 로그 분석 및 검토) 네트워크 및 보안장비, 공개서버 등 해당 시스템에 대한 사용자의 접속기록 등 로그 분석 및 관리
	취약점 관리	• (취약점 점검 및 분석) 네트워크 및 보안장비, 공개서버의 운영체제 및 응용프로그램 등 주요 보안취약점을 점검 · 분석하여 제거
③ 시스템 영역 (내부망)	사용자 인증	• (아이디 및 비밀번호 관리) 인가되지 않은 자에 의한 시스템 로그인이 되지 않도록 관리자 계정 관리 및 비밀번호 규칙을 적용하고, 일방향 암호화
	접근통제	• (엄격한 접근통제 적용) 주요 시스템의 경우, 최소인원(관리자)에게만 접근권한 부여, 관리자 변경 시 지체 없이 시스템 접근권한 삭제 ※개인정보의 조회, 출력 업무 시, 개인정보를 마스킹하여 표시제한 표시 ※접속권한을 개인정보관리책임자 및 취급자에게만 부여 • (원격운영의 제한) 시스템 운영관리를 위해 원격지에서의 접속을 원칙적으로 제한하고, 필요시 특정IP, 특정사용자, 특정기능 등을 제한하여 사용 ※외부에서 개인정보처리시스템 접속 시 공인인증서 등 안전한 인증 수단 적용 • (내부자에 의한 정보유출 방지) 조직 임직원에 의한 정보 유출방지를 위해 접근권한을 가진 인원을 최소화하고 접속기록을 관리 및 분석 ※전보, 퇴직 등 업무 변경 시 지체 없이 접속권한을 수정 · 삭제 • (운영망과 개발망의 분리) 개발자에 의한 개인정보 유출을 차단하기 위해 개발망과 개인정보처리시스템(DB 등)이 위치해 있는 운영망을 분리
	취약점 관리	• (취약점 점검 및 분석) 응용서버의 경우, 운영체제, 응용프로그램, 홈페이지 등 주요 보안취약점을 점검 · 분석하여 제거
	로그관리 및 분석	• (접속로그 위변조 방지) 불법적인 접근권한 부여로 인한 개인정보 유출 예방을 위해 개인정보처리시스템 접속기록에 관한 사항을 주기적으로 검토 ※접속기록이 위 · 변조되지 않도록 별도의 물리적인 저장장치에 보관하고 정기적인 백업 수행
	암호화	• (관리자 비밀번호) 관리자의 계정 및 비밀번호 유출 시 내용을 인지할 수 없도록 암호화 조치 ※비밀번호 및 바이오정보: 일방향 암호방식(해시함수), ※주민등록번호, 신용카드번호 등: 양방향 암호방식(블럭암호) • (중요 DB의 암호화) 개인정보 DB에 대한 접근통제에 실패하여 유출될 경우 인지할 수 없도록 반드시 안전한 암호화 방법을 사용하여 암호화 조치

	악성 프로그램 방지	• (바이러스 백신 사용) 악성코드 및 바이러스 유포 방지를 위해 바이러스 백신 등을 설치하여 사용 • (악성코드의 확대 방지) 내부자는 업무와 연결된 PC 등으로 인터넷을 이용할 경우, 악성코드 등이 침투될 수 있으므로 인터넷망과 분리하여 운영 • (보안패치 적용) Windows를 사용하는 이용자의 경우, 보안취약점으로 인한 문제점 방지를 위해 실시간 패치 • (안전한 소프트웨어 사용) 운영체제 상에 설치되는 소프트웨어의 경우, 정식제품을 사용하거나 제3의 기관으로부터 인증 받은 제품 등을 사용 ※MS office, KISA의 CC평가 받고 국가정보원의 인증을 받은 F/W, VPN, IPS 등 정식 라이선스를 구입하여 사용
④ 관리영역 (조직 전체)	(개인)정보보호 정책 수립	• 조직의 경영목표를 지원하고, 법적, 규제적 요건을 고려하여 조직에 맞는 일관되고 체계적인 정책을 수립
	정보보호 조직 구성	• 정보보호정책 수행 및 침해위험 관리 조직을 구성하고, 개인정보보호 책임자(CPO) 지정 등 담당자의 책임 및 역할 설정
	내부관리 계획수립	• CPO 자격요건 및 지정, 책임과 역할, 내부관리계획 수립 및 승인사항, 보호조치 이행 내부 점검 등에 관한 세부 추진방안인 『내부관리계획』을 수립 · 시행
	정보자산 식별 및 관리	• 조직 내 보호를 받을 가치가 있는 정보자산을 식별하고, 형태, 소유자, 관리자, 특성 등을 포함하여 목록 관리
	위험 분석 및 위험 관리	• 주요 정보자산의 유출 등 모든 위험을 파악하여 위험 관리전략을 수립하고, 위험 평가 실시결과 및 위험 관리 전략에 따라 보호대책 수립
	정보보호 교육 및 훈련	• 정보보호교육 · 훈련 계획을 수립하고, 관련자 모두를 대상으로 정기적으로 교육 실시하여 차기교육에 반영
	인적보안	• 주요정보 취급자를 최소한으로 제한하는 것뿐만 아니라, 임시직원, 제3자에 대한 접근권한, 책임명시, 처벌규정 마련
	침해사고 처리 및 대응 절차	• 침해사고 발생에 따른 대응계획, 대응체계, 사고보고, 처리 및 복구, 분석 및 공유, 재발방지 등을 포함한 실효성 있는 절차 규정
	사후관리	• 법적 준거성 위반을 예방하기 위해 관련 법률 준수여부를 주기적으로 점검 • 관리체계 주기적 또는 상시적으로 수행해야 하는 활동을 문서화하고 그 운영현황을 지속적으로 관리 • 감사 기준, 범위, 주기 및 방법을 규정하고, 계획된 주기에 따라 내부감사 수행 • 라이센스가 없는 불법 복제 및 해적판 소프트웨어 사용 금지

5.2 (관리체계 운영) 보호대책 공유

(1) 교육 및 훈련계획 수립

정보보호는 철저히 사람이 중심이 되어야 한다. 정보보호대책을 구현하고 나서 지속적인 유지관리를 하기 위해서는 관리체계 활동에 관련된 인력이 적절한 역량을 보유하도록 교육 및 훈련계획을 수립하고 이행하고 공유되야 한다. 정보보호는 기술적 문제인 동시에 사람의 문제이다. 관리체계가 효율적, 효과적으로 이행되기 위해서는 관련된 사람의 행동이 변화해야 한다. 이것이 곧 혁신이며 이를 위해서는 교육 및 인식 프로그램의 수립과 이행이 중요한 역할을 차지한다.

Tip — 보호대책 공유(ISMS-P 인증기준)

항목	상세내용
보호대책 공유	보호대책의 실제 운영 또는 시행할 부서 및 담당자를 파악하여 관련 내용을 공유하고 교육하여 지속적으로 운영되도록 하여야 한다.

교육 및 훈련 계획 수립 시에는 교육 대상의 직무 및 책임에 따라 필요한 교육 내용과 기간을 도출하고 교육 담당 부서와 협의하여 전반적인 교육 과정에 포함하거나 일정을 조정한다. 정보보호 교육은 집합교육, 인식제고를 위한 캠페인, 전문 과정의 온라인 교육 또는 외부 위탁 교육이 있을 수 있으며 이러한 교육은 경력관리와도 연동시킬 필요가 있다.

(2) 교육 및 훈련 내용

① 교육 및 훈련의 필요성

이행계획을 통해 시행되는 정보보호대책과 관련된 부서 및 담당자를 통하여 관련 정보를 공유할 필요가 있다. 정보보호대책 이행계획에 이행조직으로 정의된 해당 부서 및 담당자들을 대상으로 관련 내용을 협의 및 교육을 시행한다.

조직의 임직원 및 최종사용자에게 정보보호에 대한 필요성을 이해시키고, 인식과 행동을 변화시키기 위해서는 인식제고를 위한 지속적인 교육 프로그램이 필요하다. 연간 정보보호 교육을 수립할 때, 위험 관리를 통한 이행계획이 도출되는 시기에 교육 과정을 개설하고 이행에 관계된 부서 및 담당자들을 참석시킨다.

관리체계의 수립, 도입, 운용 및 유지 등을 실시하는 것은 사람이라는 사실을 잊어서는 안 된다. 조직의 각 개인이 정보보호와 관련된 책임을 다하고 기대되는 역할을 실행하기 위해서는 본인이 역량을 갖추지 않으면 안 된다는 것은 말할 나위가 없다. 경영진은 명확한 역할을 할당받은 직원 전원이 요구되는 직무를 수행 가능하도록 교육·훈련시킬 책임이 있다. 또한 실시하는 교육·훈련의 내용은 모든 직원이 스스로 정보보호에 대한 활동의 의미와 그 중요성을 인식하여 관리체계의 목적달성을 위해 어떻게 공헌할 수 있을지를 인식할 수 있도록 한다. 교육·훈련은 그 유효성을 평가하고 역량을 지닌 직원확보에 도움이 되는 것이 중요하다. 조직의 모든 직원 및 관련된 외부 사용자들은 조직의 정책 및 절차에서 정보보호가 차지하는 중요성에 대하여 적절한 훈련 및 교육을 받는다.

② 교육 및 훈련 내용

교육에는 정보보호 요구사항, 법적인 책임, 관리 통제 등을 포함 한다. 정보보호대책의 구현 및 운영 측면에서도 정책, 절차, 시스템 등의 구현만으로는 정확한 운영을 보장할 수 없다. 사용자 및 관리자가 그러한 정책 및 절차를 정확히 이해하고, 시스템의 올바른 사용법을 학습하여 필요한 방식으로 행동해야만 한다. 대책이 정확하고 효과적으로 운영될 수 있도록 시스템의 사용법, 정책과 절차의 내용 및 준수 방법 등에 대하여 관련자들을 교육시킨다.

③ 정보보호 교육 요구사항 식별

현업 부서와 IT 부서의 정보보호 교육 요구사항을 수집한다. 이러한 수집방법은 인터뷰, 설문 등을 이용할 수도 있고 직무 기술서에 해당 직무 수행에 필요한 지식 및 교육 요건 등이 포함되어 있다면 이 정보를 이용하여 필요한 정보보호 교육 요구사항을 도출할 수 있다. 또한 위험 평가 보고서에서 나타난 인식 제고 요구사항이나 위험 처리 계획에서 새롭게 추가된 정보보호 대책에 대한 사용법 등이 교육되어야 한다.

④ 교육 교재 및 교육 과정 발굴

관리체계 범위에 포함된 업무를 수행하는 모든 구성원에게 교육 및 인식 제고 프로그램을 시행한다. 대규모 조직의 경우, 전 직원 대상의 한 종류의 교재만으로는 불충분할 수 있다.

정보보호의 중요성 및 관련 업무의 복잡성에 따라 정보보호 범위 내의 대상 그룹 각각을 위하여 다양한 내용의 교재를 구비할 필요가 있다. 정보보호 교재 작성의 첫 단계는 조직의 직원을 업무에 따라 분류하여 그들의 업무 수행에 필요한 지식을 포함하는 전용 교재를 맞춤 제작하는 것이다. 교육 목적, 대상, 시기에 따라 구체적인 교육 교재를 개발하거나 또는 기존의 내·외부 교육과정을 발굴하고 각 교육별 세부 사항을 구체화 한다. 또한 연간 교육 계획에 기초하여 교육을 실시하고 교육 대상의 이해도 및 만족도를 평가하여 그 결과를 차기 교육 계획에 반영하고 결과보고서를 작성한다.

5.3 (관리체계 운영) 운영현황 관리

(1) 운영현황 문서화

관리체계 활동 운영현황은 경영진에게 주기적으로 보고해야 하며 관리체계가 안정적으로 운영되기 위해서는 주요한 수행업무들을 목록화하여 문서화하고, 운영현황과 이행여부를 지속적으로 관리하는 것이 필요하다. 관리체계 운영활동을 식별하여 수행 주기, 수행 주체가 정의된 문서가 있어야 한다.

관리체계 운영에 따른 기록이 작성되어야 하며 관리자가 경영 및 감독 임무 수행을 위해 필요한 정보를 적절한 수준의 세부사항을 포함하여 기록한다. 이에 대한 정기적인 최고경영자에 보고가 실시되어야 한다. 보고의 내용과 주기는 미리 계획되어야 한다.

Tip — 운영현황 관리(ISMS-P 인증기준)

항목	상세내용
운영현황 관리	조직이 수립한 관리체계에 따라 상시적 또는 주기적으로 수행하여야 하는 운영활동 및 수행 내역은 식별 및 추적이 가능하도록 기록하여 관리하고, 경영진은 주기적으로 운영활동의 효과성을 확인하여 관리하여야 한다.

(2) 운영현황 관리

조직은 통제가 효과적으로 운영되고 정보보호 정책과 목적이 달성되고 있는지를 확인하기 위하여 운영현황은 주기적으로 검토한다. 운영현황의 주기적 검토는 처리결과의 오류나 정보보호 위반 및 사고를 적시에 발견하고 대응하기 위한 것이다. 정보보호 활동이 기대만큼 운영되고 있는지를 관리자가 확인할 수 있게 해주고 정보보호문제를 해결하기 위한 조치를 수행할 수 있게 해 준다. 검토 결과는 경영진에게 보고하여 관리체계의 지속적 개선을 확인하는 과정으로 삼아야 한다.

관리체계 운영현황 관리시에는 ISMS-P의 경우 운영명세서를 작성하도록 하고 있다. 운영명세서의 경우 ISMS-P 인증기준(ISMS 102개, ISMS 80개)에 대한 운영현황을 작성하여 관리한다.

〈표 2-29〉 관리체계 운영현황표 예시

항목	상세내용	운영 여부	인증 구분	운영현황 (또는 미선택 사유)	관련문서 (정책, 지침 등 세부조항번호까지)	기록 (증적자료)
인증 기준 번호	인증기준 내용	Y / N	ISMS & ISMS-P	ISMS와 ISMS-P 모두 동일하게 운영하는 경우의 운영현황 작성		
			ISMS	ISMP에만 적용되어 운영하는 경우의 운영현황 작성		
			ISMS-P	ISMS-P에만 적용되어 운영하는 경우의 운영현황 작성		

이와 같이 관리체계를 운영함에 있어 다른 국내외 관리체계 표준이나 규정도 참고하여 증적자료 작성, 운영현황 관리 등의 문서화도 병행한다. 이는 짧은 전반적인 관리체계의 운영 현황과 적절성을 신뢰할 수 있도록 하기 위한 것이다. 최초 관리체계 준비 시에는 대부분 정보보호 컨설팅 업체에 의존하게 되지만 사후관리는 자체적으로 365일 관리체계를 운영해야 하니 담당자 입장에서는 이러한 사후관리의 어려움을 극복할 수 있는 운영현황 관리 자동화 시스템 도입 등을 통해 담당자 스스로 업무의 효율성과 지속적 운영 가능하도록 해야 한다.

〈표 2-30〉 관리체계 주요 문서 목록 예시

구분	문서명	인증구분	주요 내용	제개정 주체 (부서/성명)
정책	정보보호정책	ISMS		
	개인정보보호정책	ISMS-P		
	…			
지침	개인/정보보호조직관리지침			
	자산분류 및 관리지침			
	정보보호정책관리지침			
	서버보안관리지침			
	PC보안관리지침			
	사업연속성계획관리지침			
	아웃소싱보안지침			
	…			
절차	보안성검토절차			
	문서보안관리절차			
	침해사고대응절차			
	서버보안관리절차			
	PC보안관리절차			
	백업관리절차			
	암호관리절차			
	…			
기록 및 로그	임직원 보안서약서			
	출입 관리대장			
	정보보호 대책 명세서			
	…			

출처: 정보보호 및 개인정보보호 관리체계 인증신청 양식(KISA)

Tip — 관리체계 운영현황 관리 시스템 도입 및 적용시 체크리스트

정보보호 관리체계를 효율적이고 효과적으로 운영 · 관리하기 위해서는 편의성 제고와 이력(증적)관리가 용이한 자동화 시스템 활용도 고려할 수 있다. 운영현황 관리 시스템 도입 및 적용시 체크리스트는 다음과 같다.

① 관리체계에서 요구하는 사항을 포함하고 있는가?
- 현황분석, 위험 관리, 자산관리, 취약점/위협 관리, 보안정책관리, 사후관리(이행), 모니터링 및 수준평가, 보호대책 관리, 인증관리, 보안사고 관리 등

② 충분한 관련 DB가 구축되어 있는가?
- 취약점/위협, 진단결과(시스템, 소스분석, 모의해킹, 정보보호 수준 진단 등) 조치율, 위험 등
- 관리체계에서 요구하는 H/W뿐만 아니라 유무형의 모든 정보자산 DB 구축 가능

③ 내외부 시스템과 연계가 용이한가?
- 내부 인사, 자산, 보안, 그룹웨어, 업무관리시스템 등
- 기술적 취약점 점검 결과, 모의해킹, 위협시나리오와 인증기준과 매핑
- 위협시나리오, 취약점 점검 도구, 개인정보보호 점검 여부

④ 위험 관리(위험 분석 및 평가)가 가능한가?
- 위험 관리 방법 선정, 위험 식별 및 평가, 위험처리, 대책 선정 등

⑤ 문서 관리가 가능한가?
- 정책, 지침, 절차 관리, 증적 자료, 이력 등 기초자료 관리, 참고자료 등
- 경영자, 시스템/네트워크 운영자, 보안담당자, 일반사용자 참여
- 결제, 보안 사고 관리, 보안정책 등 공지
- 경영진 의사결정, 성과 측정, 지시사항 관리 등

⑥ 통제 항목 관리(평가항목)
- ISMS, ISMS-P, ISO/IEC 27001 등 유사 관리체계 통제 항목 관리
- 보안관리 활동에 대한 이력관리, 연도별 인증심사 결과 및 조치 내역
- 보안조치 이행 여부, 취약점 결과 및 대응 조치
- 보안관리 수준(현황) 관리, 개인정보보호 수준 진단, 조직별, 자산별 보안 수준
- 통제항목 미 준수 현황
- 보안 현황 대시 보드

⑦ 사후관리
- 법규 준수 사항(컴플라이언스) 관리
- 관리체계 운영 현황 관리
- 내부 감사 기능 등
- 경영진 의사결정, 성과 측정, 지시사항 관리 등

⑧ 통제 항목 관리(평가항목)가 가능한가?
- ISMS, ISMS-P, ISO/IEC 27001 등 유사 관리체계 통제 항목 관리
- 보안관리 활동에 대한 이력관리, 연도별 인증심사 결과 및 조치 내역

- 보안조치 이행 여부, 취약점 결과 및 대응 조치
- 보안관리 수준(현황) 관리, 개인정보보호 수준 진단, 조직별, 자산별 보안 수준
- 통제항목 미 준수 현황
- 보안 현황 대시 보드

⑨ 사후관리 기능이 있는가?

- 법규 준수 사항(컴플라이언스) 관리
- 관리체계 운영 현황 관리
- 내부 감사 기능 등

6. 관리체계 점검 및 개선(Step 5)

6.1 (관리체계 점검 및 개선) 법적 요구사항 준수 검토

(1) 관련 법규 검토

관리체계 구축의 사실상 마지막 단계로 사후관리 단계인 관리체계 점검 및 개선 단계이다. 관리체계가 구축되고 운영되는 과정에서 지속적으로 개선하고 유지관리하기 위해서는 지속적인 점검 및 개선이 매우 중요하다. 일반적으로 최초에 잘 만들어진 정보보호 정책이나 문서들도 최신 및 기존 법률·시행령·고시의 제·개정에 따라 관련 정책 내용의 신속한 보완이 요구된다. 정기적으로 또는 수시로 최신 법률과 관련 시행령·고시 등의 현황을 파악하여 정보보호 정책의 개정 검토를 할 필요가 있다.

조직에 적용되는 정보보호 제도, 개인정보, 영업비밀, 산업기밀 등의 법률이 존재하는 경우, 해당 법적 준거성을 점검하는 체크리스트는 최신 법률 사항을 반영한다. 법적 준수여부를 위한 법률 이행실태 점검 등의 별도의 활동을 해도 되고, 정보보호감사 계획에 반영하여 감사 시에 법적 준수여부를 함께 점검할 수 있다.

Tip — 법적 요구사항 준수 검토(ISMS-P 인증기준)

항목	상세내용
법적 요구사항 준수 검토	조직이 준수하여야 할 정보보호 및 개인정보보호 관련 법적 요구사항을 주기적으로 파악하여 규정에 반영하고, 준수 여부를 지속적으로 검토하여야 한다.

(2) 관련 법규 현황 파악 및 준수여부 검토

매월, 분기, 반기 등 연 1회 이상 주기적으로 또는 수시로 조직이 준수해야 하는 정보보호 관련 법률의 제정 및 개정 사항을 파악한다. 법률의 검토를 위하여 매년 1회 특정 시기를 정해 최신 정보보호 법률을 검토하여 정보보호 정책에 반영이 필요한지 확인해야 한다. 국내·외 법규에 의거하여 의무로 시행하는 관리체계 범위 내 서비스는 반드시 파악하여 검토한다.

〈표 2-31〉 기업이 준수해야 할 법적 요구사항 현황 예시

구분	관련 법적 요구사항	비 고
예) 데이터센터 운영 서비스	예) 정보통신망법 제46조, 제47조 ...	
	예) 집적정보 통신시설 보호지침	
	...	
...	...	...
...	...	...

정보보호 조직 또는 조직 내에서 정보보호 법률의 제정 및 개정 이슈를 파악한 경우는 수시로 정보보호 정책에 반영이 필요한지 확인하는 정보보호활동을 한다. 이 경우 매년 1회 정기적으로 하는 법률 검토 활동의 증적자료(예: 회의록 또는 보고서)는 유지하는 것이 바람직하다.

〈표 2-32〉 정보보호 관련 법률 현황 예시

구분	법률명	주요 고려사항
산업 정보 보호	부정경쟁방지 및 영업비밀 보호에 관한 법률	영업비밀을 취급하는 모든 기업을 대상으로, 행위주체(인적)에 대한 비밀유지의무와 기업의 역할(비밀설정 및 보호조치) 고려
	산업기술의 유출방지 및 보호에 관한 법률	국가로부터 지정받은 산업기술 및 국가핵심기술을 보유한 국가기관/기업/연구기업 및 대학 등을 대상으로, 행위주체(인적)에 대한 비밀유지의무와 대상 기업의 보호조치 고려
지적 재산	저작권법	논문, 강연 등의 어문저작물과 컴퓨터프로그램 등을 저작한 저작자의 이익을 보호하기 위한 역할 고려
기반 시설	정보통신 기반보호법	국가안전보장, 행정, 국방, 치안, 금융, 통신, 운송, 에너지 등의 업무와 관련된 정보통신망을 운영하는 기업 및 국가 공공기관을 대상으로, 정보통신망 운용의 기반이 되는 시설을 보호하기 위한 역할과 보호조치 고려
정보 통신 정보 보호	정보통신망이용촉진 및 정보보호 등에 관한 법률	정보통신망법에 따라 관리체계 인증 획득이 요구되는 정보통신서비스제공자 등은 관리체계 인증을 획득하는 정도의 정보보호 수준을 유지
	전자금융거래법	금융기업 및 전자금융업자가 전자금융거래의 안전성 확보 및 이용자 보호 이무사항 고려
개인 정보 보호	정보통신망이용촉진 및 정보보호 등에 관한 법률	개인정보를 취급하는 정보통신서비스제공자는 개인정보의 취급단계별 관리적, 기술적 보호조치 의무사항 고려
	신용정보의 이용 및 보호에 관한 법률	개인의 신용정보를 취급하는 금융회사(보험, 캐피탈, 카드사 등)를 대상으로, 신용정보의 취급 단계별 보호조치 의무사항 고려
	위치정보보호에 관한 법률	위치정보를 취급하는 사업자 및 공공기관 등은 수집, 이용, 파기 등에 대한 보호조치 의무사항을 고려
	개인정보 보호법	일반법으로서 개인정보를 처리하는 모든 개인, 사업자, 공공기관 등에 대한 개인정보의 취급단계별 보호조치 및 정보주체의 권리 보장사항 고려

6.2 (관리체계 점검 및 개선) 관리체계 점검

(1) 관리체계 점검

관리체계 점검은 정보보호에 관한 요구사항이 어느 정도 충족되어 있는가를 결정하기 위해 행해진다. 관리체계 점검은 관리체계의 유효성을 평가하고 개선의 기회를 파악하기 위해 사용된다. 점검의 방법은 관리체계 감사가 있으며 제1자, 제2자, 제3자 등 다양한 방법으로 수행한다.

조직은 ISMS가 계획된 절차에 따라 효과적으로 운영되고 있는지를 점검하기 위하여 연 1회 이상 보안감사를 수행한다. 정기 정보보호 감사는 기존 일반 감사 체계에 따라 이루어지는 것이 바람직하다. 정보보호 측면의 전문성을 위해 객관성과 전문성을 지닌 사람을 감사인으로 선정할 필요가 있다. 감사는 감사의 목적, 기준, 범위, 주기 및 방법 등을 사전에 규정하고 계획된 주기로 수행한다.

감사의 기획, 수행, 결과보고, 기록 유지 및 이행확인의 책임과 절차가 문서화되어 있어야 한다. 특히, 독립된 감사조직이 시행하거나 정보보호 정책 기능을 담당하는 조직이 담당하게 하여 감사의 독립성 및 전문성을 확보할 수 있도록 한다. 감사는 지침 또는 계획에 의해 시행되고 그 결과를 보고하여 사후관리까지 이루어지도록 한다.

Tip — 관리체계 점검(ISMS-P 인증기준)

항목	상세내용
관리체계 점검	관리체계가 내부 정책 및 법적 요구사항에 따라 효과적으로 운영되고 있는지 독립성과 전문성이 확보된 인력을 구성하여 연 1회 이상 점검하고, 발견된 문제점을 경영진에게 보고하여야 한다.

(2) 정보보호 감사보고서

관리체계 감사보고서는 정보보호 방침이나 목표를 수정할 필요성이나 개선이 필요한 분야를 파악하고 조치 우선 순위를 결정하는데 근거자료가 된다. 감사계획에 따라 감사 기준, 범위, 주기, 방법 등을 구체적으로 정하고 감사를 수행한 후에는 감사 결과와 권고사항을 정보보호 최고책임자 등 경영진과 관련자들에게 보고한다. 감사보고서에는 수행한 감사 작업의 범위, 목적, 기간, 그리고 감사의 성격과 제한사항을 명시한다. 보고서의 내용에 따라 수검조직, 수신인 및 배포 시 제한사항이 명시되어야 할 경우도 있을 수 있다.

〈표 2-33〉 관리체계 점검 이력 예시

No.	기간 (연.월.일 ~월.일)	수행 인력			감사결과 및 조치사항 증빙자료
		부서 (또는 외주업체명)	성명	수행업무	
1	3개월 (2020.2.1. ~2020.4.30.)	IT감사팀	홍길동	시스템개발 보안 점검	2020년 상반기 IT감사보고서 2020년 상반기 IT감사결과 보완 조치 결과보고서
		보안관리팀	아무개	보안취약점 점검	…
		…	…	…	…
…	…	…	…	…	…
…	…	…	…	…	…

출처: 정보보호 및 개인정보보호 관리체계 인증신청 양식(KISA)

감사 결과의 보고뿐만 아니라 조치를 적절하게 수행하였는지를 검증 완료하고 보고하여야만 감사가 적절하게 수행되었다고 볼 수 있다. 피 감사분야의 관리자는 발견된 보완조치사항을 확인하고 그 원인을 제거하기 위한 조치를 취한다. 그 조치 결과가 검증되고 보고 되도록 해야 할 책임 역시 피감사분야 관리자에게 있다. 보고서는 발견사항, 결론과 권고사항, 그리고 감사인이 감사에 관련해서 갖고 있는 보류사항이나 제한사항을 기술한다. 감사에 필요한 자료 중 특정 부문에 해당하는 자료를 감사 기간 내에 확보하지 못해 의견을 제출할 수 없는 경우, 또는 특정 시스템에 대해서만 감사를 수행하여 다른 시스템에 대해서는 이 감사 결과를 적용할 수 없는 경우에는 해당 사항들을 기술한다.

보안감사는 정보시스템에 대한 기술적 취약점을 중심으로 하는 활동이 아닌 조직 전체의 업무 프로세스를 점검을 통해 정보보호 요구사항을 파악하는 방향으로 진행하는 것이 바람직하다.

Tip — 관리체계 감사 시 고려사항

① 위험 관리 및 데이터 중요도 중심 업무 프로세스 감사
- 최근에는 위험 관리의 일환으로써 내부감사의 역할이 중요해지고 있다. 이들에 대응하기 위해 보다 주도적인 감사방법으로 데이터 중요도에 따른 위험 접근법에 의한 감사를 실시한다.

② 형식에 사로잡히지 않고 업무 내용이나 조직의 실정에 알맞은 위험을 주체로 한 감사를 실시
- 위험 기반의 감사 프로그램에 의한 효율적이고 실질적인 감사

- 가능한 한 부서조직에 한정되지 않는 업무 프로세스 감사의 실시
- 감사직원의 계획적 육성과 효율적 활용

③ 감사 내용

- 관리체계 요구사항에 적합할 것 또한 관련된 법령이나 법규에 적합할 것
- 식별된 정보보호 요구사항에 적합할 것
- ISMS가 효율적으로 실시되어 유지될 것
- 계획대로 실시될 것

④ 감사 방법

- 감사 직원은 억지로 흠을 찾아내는 것이 아니라 규칙대로 잘 수행되고 있다면 제대로 평가해주는 것도 중요하다.

⑤ 감사직원 선정

- 감사 직원 선정 및 감사 실시에 대해서는 감사 프로세스의 객관성 및 공평성을 확보하도록 요구된다.

⑥ 감사결과에 대한 대응과 사후지원

- 감사 받은 영역을 책임지는 관리자는 파악된 결함 사항과 그 원인을 제거하기 위해 지체하지 않고 확실한 조치를 강구한다. 또한 이를 사후 지원하는 활동으로서 강구된 조치를 검증하고 검증결과에 대한 보고를 한다.

⑦ 연간 정보보호 계획에 내부감사 활동을 포함

- 내부감사의 경우 사내 구성원들로부터 불필요한 오해는 물론, 시간과 인적 자원의 소모를 가져올 수 있기 때문에 연간 정보보호 계획에 내부감사 활동을 포함시키는 것은 물론, 이를 구성원들에게 적극적으로 알림으로써 감사활동 및 추후 결과에 대한 합의가 이뤄질 수 있도록 한다.

(3) 감사인의 자격 요건

정보보호 감사를 위한 감사기준, 범위, 주기, 방법, 감사인력에 대한 자격요건 등을 구체적으로 규정한 내부 정보보호감사 지침을 수립한다. 조직 내에서 독립성 및 전문성을 보장받을 수 있는 감사부서 또는 내외부 감사인을 선임하여 관리체계 전반에 대한 이행감사가 이루어지도록 한다.

6.3 (관리체계 점검 및 개선) 관리체계 개선

(1) 개선활동의 목표 설정 및 문서화

관리체계는 제1장에서 설명한바 있듯이 PDCA 사이클에 따라 지속적이고 반복적인 개선 활동을 한다는 것이 중요한 내용이다. 이는 관리체계 활동의 유효성 검증과 정보보호 수준을 향상시키는 조직전반에 대한 지속적인 개선업무이다. 관리체계 개선 활동의 책임 조직은 조직별로 프로세스의 성과지표 개선을 위한 활동을 지속적으로 추진하며, 추진 전에 목표가 설정되고 개선 활동의 계획을 수립하여 문서화 한다. 이러한 관리체계에 대한 개선 활동에 대한 목표와 기준을 정하고 개선활동을 수행한다.

- 정보보호 이슈로서 분석된 기회의 확대와 위험 처리(완화, 수용, 회피, 전가 등)을 목표
- 효율적이고 효과적인 보안 활동 개선을 통한 보안 수준 향상
- 보안 서비스, 관리체계의 개선, 보안 활동 개선
- 개선활동은 그 성과를 프로세스별 성과지표(KPI)로서 평가하고 분석
- 법적 요구사항 준수검토 및 관리체계 점검을 통해 식별된 관리체계 상의 문제점에 대한 근본 원인을 분석하여 재발방지 및 개선 대책을 수립·이행
- 식별된 관리체계 상의 문제점 및 결함사항에 대한 근본 원인을 분석
- 근본원인 분석결과를 바탕으로 발견된 문제점의 재발방지 및 개선을 위한 대책을 수립·이행
- 수립된 재발방지 대책에 대하여 관련자들에게 공유 및 교육 수행
- 재발방지 및 개선 결과의 정확성 및 효과성 여부를 확인하기 위한 기준과 절차를 마련
- 재발방지 및 개선조치의 정확성 및 효과성을 측정하기 위하여 관리체계 측면에서의 핵심성과지표 도출
- 보안성과지표에 대한 측정 및 모니터링 절차 수립·이행
- 재발방지 및 개선조치의 정확성·효과성에 대한 확인 및 측정 결과는 경영진에게 보고

Tip — 관리체계 개선(ISMS-P 인증기준)

항목	상세내용
관리체계 개선	법적 요구사항 준수검토 및 관리체계 점검을 통해 식별된 관리체계상의 문제점에 대한 원인을 분석하고 재발방지 대책을 수립 · 이행하여야 하며, 경영진은 개선 결과의 정확성과 효과성 여부를 확인하여야 한다.

(2) 개선활동 방법

관리체계의 프로세스 성과지표의 목표가 달성되지 않은 경우 해당 성과지표에 대한 개선 대책을 수립하여 차기 년도 사업 사업계획에 반영하여 성과지표의 목표 미달에 대한 개선을 시행한다. 또한 정보보호 개선 활동은 개선 이유와 개선 전후의 객관적 데이터에 기반을 둔 효과를 기록하고 유지하여야 하며, 이러한 개선 활동에 대한 정보보호협의체 등과 상시적으로 성과보고회와 같은 방법으로 공유되어야 한다. 관리체계 개선활동에 대한 주요 내용은 다음과 같다.

- 관리체계 개선활동은 지속적으로 정보보호의 수준향상을 위하여 개선활동이 지속되도록 한다.
- 개선활동은 그 유효성이 검증되어야 하고, 그 개선의 효과가 객관적으로 확인할 수 있는 개선 전·후 데이터의 기록을 작성되고 유지되어야 한다.
- 개선 사항은 관련 정보보호 정책, 표준 등을 반영하여 개정하고 개선 사항은 사내에 공지되어야 한다.
- 조직의 정보보호 역량 강화를 위하여 특별한 문제점이 발견되지 않아도 정보보호 활동 개선을 통한 수준 제고를 위해 개선활동을 지속적으로 추진한다.
- 개선결과를 개선 요청부서에 제시하고 개선요청부서는 개선완료 여부를 확인하고 완료 판단 시 개선결과에 대해 문서화한다. 개선완료에 대한 유무형 효과와 그 유효성을 검증하고 기록한다.

또한 관리체계 개선 활동의 하나로 통계적 기법을 사용한다. 통계적 기법의 사용은 개선사항을 이해함으로써 조직이 문제를 해결하고 유효성 및 효율을 개선하는데 도움줄 수 있다. 이 기법은 의사결정을 돕기 위하여 이용 가능한 데이터의 사용을 더욱 쉽게 할 수 있다. 명백하게 안정되어 있는 상태에서도, 많은 활동 내용 및 결과에서 개선사항 관찰이 가능하며 PDCA 사이클 단계마다 유효성이나 추가 개선사항을 발견할 수 있다.

Tip — 관리체계 개선활동 시 고려사항

① 조직이 준수해야 하는 개인정보 및 정보보호 관련 법적 요구사항(법규명, 관련 조항, 세부내용 등)의 준수여부를 주기적(최소 연 1회 이상)으로 검토한다.
② 조직이 준수해야 할 법적 요구사항은 최신성을 유지해야 한다.

③ 관리체계 운영을 위한 정보보호 활동의 수행 주기를 손쉽게 확인할 수 있도록 문서화하고 최신성 여부를 주기적으로 검토한다.
④ 법적 요구사항 및 수립된 정책에 따라 ISMS가 효과적으로 운영되는 지 여부를 검토한다.
⑤ 내부감사를 수행하기 위하여 감사기준, 범위, 주기, 감사인력 자격요건 등을 정의한다.
⑥ 내부감사 지침에 따라 연 1회 이상의 내부감사 계획을 수립하여 정보보호 최고책임자 등 경영진에게 보고한 후 계획에 따라 내부감사를 수행한다.
⑦ 내부감사에서 발견된 지적사항에 대해 보완조치 여부를 확인하여 정보보호 최고책임자 등 경영진에 보고한다.
⑧ 사후관리의 효율적이고 효과적인 대응을 위해 운영현황관리시스템 등 자동화를 검토한다.
⑨ 위험 관리 기반, 데이터 중요도 중심으로 PDCA 사이클에 따라 주기적인 개선활동을 지속적이고 체계적으로 수행한다.

(3) 관리체계 인증 신청

지금까지 제2장에서는 정보보호 관리체계 구축에 대해서 상세하게 알아보았다. 이렇게 관리체계를 지속적으로 개선활동을 통해 운영·관리하면서 제3자로부터 관리체계에 대해 검증을 받기를 원하는 경우 공인된 인증기관으로부터 인증을 받게 된다. 정보보호와 개인정보보호 관리체계에 대한 국내외 표준과 인증에 대해서도 제2장에서 다루었다. 보다 상세한 인증 절차 및 방법에 대해서는 제3장 정보보호 관리체계 인증에서 다루기로 한다.

7. 관리체계 문서 관리

7.1 효과적인 문서 관리

(1) 문서 체계

관리체계를 구축한다는 것은 결국 문서화 과정이 매우 중요하다. 일반적으로 문서 체계는 정책서, 표준(규정), 지침서, 절차서 등이 관리체계의 중심이 되는 문서이다. 정책을 정점으로 한 피라미드 모양의 체계로 정리하는 경우가 많다. 문서 체계는 각 조직의 요구되는 문서화의 정도, 업종, 형태 및 규모, 프로세스의 복잡성 및 상호작용, 고객 요구사항, 적용되는 규제 요구사항, 관리체계 요구사항 충족 등을 고려하여 결정된다.

관리체계 구축 및 운영에서는 많은 문서가 요구되고 있다. 이러한 문서는 관리체계가 유효적으로 운영되고 있다는 증거와 적절성이 지속되고 있음을 평가하는 기초 자료이기 때문이다. 이렇게 관리체계에서 문서화는 문서에 의하여 의도를 전달하고, 공유하며 행동에 일관성 부여를 가능하게 한다. 문서의 작성은 그 자체가 목적이 아니고, 가치를 부여하는 활동이다.

Tip — 정보보호 문서화 계층 구조

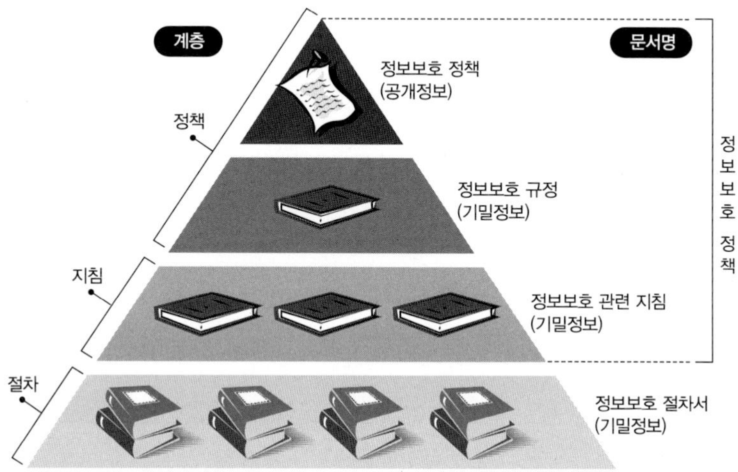

출처: 조직의 정보보호 정책 수립 가이드(TTA)

관리체계에서의 문서화 목적은 다음과 같다.

- 고객 요구사항에 대한 적합의 달성 및 품질개선
- 적절한 교육훈련의 실시
- 재현성 및 Traceability[1)]
- 객관적 증거의 제공
- 품질경영시스템의 유효성 및 적절성이 지속되고 있음을 평가

1) 물품의 유통경로를 생산 단계부터 최종 소비 단계 또는 폐기 단계까지 추적이 가능하도록 하는 일이다. 적용 대상별로 품목 특성에 맞는 사항이나 범위가 결정된다. 이러한 일들이 제도 또는 체제로 만들어진 것을 이력추적체제(traceability system)라고 한다(위키백과).

(2) 문서의 종류

문서화라는 것이 반드시 '정책서', '지침서', '절차서', '매뉴얼'만 지칭하는 것은 아니다. '일람표'나 '정의서'를 만드는 것도 당연히 문서화이다. 또한 기록은 문서의 일종으로 정의한다. 문서는 매체에 상관없으므로 종이 또는 전자적 문서도 괜찮다. 중요한 것은 어떤 목적으로 사용하는 것인가이다. 예를 들어 절차서를 만들어서 배포하는 것만으로는 규칙이 침투되고 정착되는 것이 쉽지 않기 때문에 스크린 세이버, 포스터 등을 개발하여 도구화하는 경우도 있다.

문서의 제·개정 시에는 이해 관련자의 검토(협의 및 조정 등)를 통해 조직 내에서 실제 수행하고 있는 정보보호 활동이 내용에 반영될 수 있도록 한다. 이해관련자는 상위정책과 정책시행 문서의 시행주체가 되는 부서 및 담당자(정보보호부서, 정보시스템 운영 및 개발부서, 현업부서)를 의미한다.

기록은 관리체계에서는 정의되지 않았지만 '증거를 표시하기' 위해 필요하다. 기록을 관리하는 목적은 관리체계의 요구사항에 대한 적합성, 효과적인 운용의 증거를 나타내는 것이다.

〈표 2-34〉 문서화 정의

구분	문서(Document)	기록(Record)
정의	정보 및 지원 매체	달성된 결과를 명시하거나 수행한 활동의 증거를 제공
용도	정책, 기준, 계획, 참고, 절차를 기록한 서류	증거용, 참고용
시점	현재 사용 중	과거에 종결됨
개정 또는 수정 가능 여부	가능	불가능
관리방식	보관	보유, 폐기, 처분
예시	규정, 매뉴얼, 업무지침서, 절차서	템플릿, 체크리스트, 요구사항정의서

Tip — 관리체계 문서의 종류 예시

구분	정의 및 특성
정책 (Policy)	• 정보보호 활동에 대한 경영진의 의지와 목표, 방향을 제시하는 상위 규정 • 정보보호에 대한 상위 수준의 목표 및 방향을 제시 • 조직의 경영목표를 반영하고 정보보호 관련 상위 정책과 일관성을 유지 • 정보보호를 위해 관련된 모든 사람이 반드시 지켜야 할 요구사항을 전반적이며 개략적으로 규정 ※예) 전사 정보보호정책서 등
표준/규정 (Standard)	• 정보보호 정책과 마찬가지로 반드시 지켜야 하는 요구사항에 대한 규정이지만, 정책의 만족을 위해 반드시 준수해야 할 구체적인 사항이나 양식을 규정 • 조직의 환경 또는 요구사항에 따라 관련된 모든 사용자 들이 준수하도록 요구되는 규정 ※예) IT보안 규정 등
지침 (Guidelines)	• 정보보호 정책서나 표준처럼 반드시 지켜야 하는 것이 아니라 선택 가능하거나 권고적인 내용이며 융통성 있게 적용할 수 있는 사항을 설명 • 정보보호 정책에 따라 특정 시스템 또는 특정 분야별로 정보보호 활동에 필요하거나 도움이 되는 세부 정보를 설명 ※예) 위험 관리지침, 개발보안지침, 시스템보안지침, 네트워크보안 지침 등
절차 (Procedures)	• 정책을 만족하기 위하여 수행하여야 하는 사항을 순서에 따라 단계적으로 설명 • 정보보호 활동의 구체적 적용을 위해 필요한 적용 절차 등의 구체적이고 세부적인 방법을 기술 ※예) 정보자산 등록 절차서, 개인정보 파기 절차 등

출처: 조직의 정보보호 정책 수립 가이드(TTA)

7.2 관리체계 문서화 요구사항

관리체계를 구축 운영에 가장 어려운 문제 중의 하나가 많은 문서를 작성하여야 하고, 이를 계속해서 기록하고 보관하여야 한다는 것이다. 관리체계 관련 문서는 그 목적이 분명하다. 정보자산이 안전성을 확보하기 위한 일련의 프로그램이 제대로 작동하고 있는지, 모니터링하여 이를 정확하게 기록하고, 이를 근거로 관리체계가 제대로 기능하고 있는지를 확인하는 것이다.

관리체계 인증제도에 있어서 중요한 것은 관리체계 운영을 하는 과정에서 필요한 사항을 문서로 만들어 보관하고, 그에 관한 기록을 정확하게 하여야 한다는 것이다. 아무리 열심히 관리체계를 운영한다고 해도 말로만 하고, 어떤 기록을 남겨놓지 않으면 의미가 없다. 실제로 관리체계를 제대로 운영했는지 그에 관한 서류상의 증거가 없으면 객관적으로 인정할 수 없기 때문이다.

이렇게 관리체계에 있어서 운영 내용을 문시화하고 기록을 유지하는 목적은, 관리체계의 효율적인 운영과 운영 근거자료를 확보하는데 있고, 정보보호 수준을 평가하기 위한 조사자료를 확보하고, 침해사고나 개인정보 유출 사고발생시 원인규명 및 책임소재 판명에 필요하다. 또한 소송 등 대비 법적 근거를 확보할 수 있고, 재발방지대책 수립 등 추적성 확보에 있다.

따라서 관리체계에 대한 기록유지는 필요한 기록내용을 알기 쉽고 단순하게 통합하여야 한다. 최적의 기록담당자 및 검토자, 기록시점 및 주기, 기록의 보관 기간 및 장소 등을 고려하여 가장 이해하기 쉬운 단순한 기록서식을 개발하는 것이 바람직하다.

인증심사에서 필요로 하는 문서화 요구사항은 정책서, 지침서, 절차서와 같은 문서(Document)와 프로세스를 수행하는 과정에서 생성되는 기록(Record)의 차이를 이해하고 준비한다.

(1) 관리체계 수립 및 운영 단계 문서 요구사항

〈표 2-35〉 관리체계 구축 및 운영시 요구되는 문서 목록

단계	요구사항	관련 문서
관리체계 기반 마련	• 조직 전반에 걸친 상위 수준의 정보보호 정책 수립 • 관리체계 범위 설정 • 정보보호를 수행하기 위한 조직 내 각 부문의 책임 설정 • 경영진 참여 가능하도록 보고 및 의사결정체계 구축	• 정보보호 정책, 지침, 절차서 • 관리체계 범위서 • 정보자산 목록(정보통신설비 목록) • 네트워크 및 시스템 구성도 • 정보보호 조직도
위험 관리	• 위험 관리 전략과 계획을 구축 • 위험 분석 및 평가 • 대응이 필요한 위험 및 우선순위 결정 • 정보보호대책을 선택	• 위험 관리지침서 • 위험 관리계획서 • 위험분석평가 보고서 • 관리체계 운영명세서 • 정보보호대책 이행계획서

관리체계 운영	• 정보보호대책을 효과적으로 구현 • 보호대책 공유 • 필요한 교육과 훈련을 진행함	• 정보보호대책 이행결과보고서 • 효과성 평가보고서 • 관리체계 운영명세서 • 교육 및 훈련 결과보고서
관리체계 점검 및 개선	• 관리체계를 운영하는 과정에서 상시적인 모니터링을 수행 • 정기적인 내부감사를 통해 정책 준수 확인 • 관리체계 재검토 및 개선	• 법적 요구사항 점검결과보고서 • ISMS 감사보고서 • 재발방지대책 이행보고서

(2) 정보보호 대책 수립 단계 문서 요구사항

- 관리체계 명세서(명세서 안에 포함될 증적 자료 모든 내용)
- 관리체계 운영현황
- 정보보호 감사 이력
- 각 통제항목별 증적자료
- ISMS의 효과 측정 내용 등

(3) 개인정보 처리 단계 문서 요구사항

- 개인정보 현황
- 개인정보 취급 위탁업무 현황
- 개인정보 수탁사 물리적 위치
- 인증범위 개인정보 흐름도

(개인)정보보호 관리체계를 수립하면서 각종 문서관리가 필요하며 인증을 받기 위해서는 증빙할 수 있는 각종 문서 요구사항에 따라 문서화해야 한다.

Tip — 관리체계 문서화 시 고려사항

① 정보보호 정책 및 정책시행 문서(지침, 절차 등)의 제 · 개정 시 이해관련자의 검토를 받는다.
② 정보보호 정책 제 · 개정 시 CEO의 승인을 받고, 지침, 절차 등 정책시행 문서 제 · 개정 시 CEO의 위임을 받은 책임자(CISO 등)의 승인을 받는다.
③ 정보보호 정책 및 정책시행 문서를 관련 임직원에게 이해하기 쉬운 형태로 전달하고 최신본으로 제공한다.

④ 관리체계 문서 간 내용의 일관성 여부를 검토하고 유지하고 문서의 정기적 타당성 검토 절차를 수립한다.
⑤ 관리체계 문서의 제정, 개정, 배포, 폐기 등의 이력을 확인할 수 있도록 관리 절차를 수립 · 이행한다.
⑥ 관리체계 문서는 최신본으로 관리하고, 정보보호 활동 수행에 관한 운영 기록을 생성하고 유지한다.

(4) 인증의 신청 서류

관리체계를 구축하고 일정기간 운영을 한 후 인증을 신청할 수 있다. 신청시에는 인증심사기관의 안내서에 따라 인증신청서와 정보보호 관리체계 명세서, 법인 사업자 등록증을 준비하여 신청한다. 정보보호 관리체계 명세서의 경우 ISMS 범위, 정보자산 목록 및 시스템 구성도, ISMS 수립·운영 방법 및 절차, 문서 목록, 기타 인증서 취득 명세서, 정보보호 대책 명세서 등 방대하고 중요한 내용이 많아 신중하게 작성해야 한다.

Tip — 관리체계 인증 신청 서류

- 제출공문: 대표자 명의 인증신청 공문 1부
- 필수 제출서류
  - (붙임1) 정보보호 및 개인정보보호 관리체계 인증신청서
  - (붙임2) 정보보호 및 개인정보보호 관리체계(ISMS-P) 운영현황
  - (붙임3) 정보보호 및 개인정보보호 관리체계 명세서
  - 사업자등록증 또는 고유번호증
- 선택 제출서류(해당 시)

소기업 할인 신청 시	중소기업법에 따른 소기업 증빙서류	ISMS, ISMS-P 모두
일부 생략 신청 시	(붙임4) 정보보호 관리체계 인증 생략 신청서 (붙임5) 정보보호 관리체계 인증 생략 명세서 인증심사 일부기준 생략을 증명할 수 있는 서류	ISMS 인증만 단독으로 신청한 경우 해당
공시 할인 신청 시	정보보호 공시 증빙서류	

① 인증심사의 일부 생략 신청

ISMS 인증의 경우 일부 아래와 같이 범위가 일치할 경우 인증심사를 일부 생략을 받을 수 있다. 다만, 정보보호 및 개인정보보호 관리체계 인증의 경우는 해당 사항이 없다.

- 국제인정협력기구에 가입된 인정기관이 인정한 인증기관으로부터 받은 ISO/IEC 27001 인증을 받은 자
- 「정보통신기반 보호법」 제9조에 따른 취약점의 분석·평가를 받은 자

Tip — 인증심사의 일부 생략 신청(관리체계 인증 등에 관한 고시)

〈제20조(인증심사의 일부 생략 신청 등)〉

① 제18조제1항제2호의 정보보호 관리체계 인증을 신청한 자가 다음 각 호의 어느 하나에 해당하는 인증을 받거나 정보보호 조치를 취한 경우 별표 5의 인증심사 일부 생략의 범위 내에서 인증심사의 일부를 생략할 수 있다.

1. 국제인정협력기구에 가입된 인정기관이 인정한 인증기관으로부터 받은 ISO/IEC 27001 인증
2. 「정보통신기반 보호법」제9조에 따른 주요정보통신기반시설의 취약점 분석 · 평가

② 제1항에 따라 정보보호 관리체계 인증심사의 일부를 생략하려는 경우에는 다음 각 호의 요건을 모두 충족하여야 한다.

1. 해당 국제표준 정보보호 인증 또는 정보보호 조치의 범위가 정보보호 관리체계 인증의 범위와 일치할 것
2. 정보보호 관리체계 인증 신청 및 심사 시에 해당 국제표준 정보보호 인증이나 정보보호 조치가 유효하게 유지되고 있을 것

③ 제1항에 따른 인증심사 일부 생략을 신청하고자하는 자는 별지 제10호서식의 인증심사 일부 생략 신청서를 심사수행기관에 제출하여야 한다.

④ 심사수행기관은 별표 5의 인증심사 일부 생략의 범위를 생략하여 심사하고 인터넷진흥원 또는 인증기관이 인증을 부여할 때에는 그 사실을 인증서에 표기하여야 한다.

생략요건으로 해당 국제표준 정보보호 인증 또는 정보보호 조치의 범위가 정보보호 관리체계 인증의 범위와 일치하거나 정보보호 관리체계 인증 신청 및 심사 시에 해당 국제표준 정보보호 인증이나 정보보호 조치가 유효하게 유지되고 있어야 한다.

〈표 2-36〉 정보보호 관리체계 인증 생략 명세서 예시

〈정보보호 관리체계 인증 생략 명세서 예시〉

ㅁ 인증 또는 정보보호 조치를 받은 서비스 범위

No	서비스명	서비스설명 및 URL
1	㈜조선시대 홍길동 쇼핑몰	
2	㈜고조선 대표 홈페이지	
3	㈜고조선 그룹웨어	
4		

ㅁ 인증 또는 정보보호 조치를 받은 조직 범위

부서명(또는 용역업체명)	업 무	내부인력	외부인력 (용역포함)
인사팀	인적보안 및 교육	xxx명	xxx명
감사실	내부 보안감사		
네트워크관리팀	네트워크 장비 및 보안장비 운영		
…	…		
합계		xxx명	xxx명

ㅁ 인증 또는 정보보호 조치를 받은 정보시스템 범위

서비스	구분	자산명 (어플리케이션 포함)	수량	용도 및 주요기능	관리부서
원격교육 서비스	서버	원격교육 웹서버			
	네트워크				
	보안장비				
	PC				
	어플리케이션	관리자 페이지			
	…				
공통 인프라					

ㅁ 인증 또는 정보보호 조치를 받은 물리적 위치

사업장명	위치	관련부서	수행업무	위탁사 여부

ㅁ 인증 또는 정보보호 조치에 대한 증빙자료

- 신청서 항목별 사항에 대한 증빙자료 작성

출처: 정보보호 및 개인정보보호 관리체계 인증신청 양식(KISA)

CHAPTER

03

정보보호 및 개인정보보호 관리체계 인증

contents

CHAPTER 03

정보보호 및 개인정보보호 관리체계 인증

1. 관리체계 인증 개요

1.1 관리체계 인증의 필요성

제1장에서 관리체계 정의를 조직의 중요한 정보자산을 보호하기 위한 위험 관리 기반의 체계적이고 지속적인 보호 활동이라 정의하였다. 관리체계를 구축하고 운영하는 목적은 조직 전체에 걸쳐 서로 협력관계를 유지하여 지속적이고 체계적으로 집중적으로 대처해야 할 위험 관리(Risk Management)체계를 유지하고 적절한 보호대책을 실시함으로써 정보보호 사고의 발생 가능성을 줄이고 사고가 발생했을 경우 손실경감으로 기업 가치 향상과 비즈니스 연속성을 보장할 수 있다.

최근에는 사회와 소비자들은 점점 더 리스크를 최소화하도록 요구하고 있다. 이에 따라 정부 그리고 규제 기관들은 보다 엄격하고, 더 많은 요구사항 등으로 강화하고 있다. 이러한 대내외 법적 및 규제 등에 대한 적합성은 이제 최소의 표준을 요구하고 기업들은 경쟁력 전략에 적합성 그 이상을 위해 노력하고 있다. 리스크 관리 분야는 시장의 경쟁에서 우위를 가져가지 위해 비즈니스와 경영 프로세스에 중심 영역으로 점점 더 인정받고 있다.

이제 관리체계를 구축하고 운영하는 것을 현상 유지를 위한 수단이라기보다, 변화와 개선을 관리하는 방법으로 생각한다. 효과적인 관리체계를 위한 총체적인 접근에는 단일 시스템에 따른 품질, 환경뿐만 아니라 정보보호 이슈나 업무를 보다 잘 하는 것에 대해 4차 산업혁명 시대에는 더 중요하게 되었다.

관리체계 수립을 인증을 취득 목적으로 하는 조직이 있을 수 있고 인증 목적이 아닌 자체 내부 의사결정시스템의 하나로 생각하거나 관리체계 자체에 가치를 두는 조직이 있을 수 있다. 이렇게 관리체계를 구축하여 운영하면서 침해사고나 개인정보 유출사고의 사전 예방적 차원의 목적과 병행하여 제3의 기관으로부터 효과성을 검증 받아 기업 경쟁력 확보나 법적인 요구사항, 국제적인 요구사항 대응, 이해관계자들에 대한 신뢰성 확보, 기업의 브랜드 향상 등 많은 이유가 있을 것이다.

기업이 신뢰와 믿음을 마련하기 위해서는 리스크를 어떻게 관리했는지 커뮤니케이션 하는 것이 매우 중요하다. 관리체계에 대한 인증을 추진하는 것은 이해관계자들에게 기업이 지속적으로 정보보호 이슈들에 대한 성과를 높이기 위해 노력하고 있다는 메시지를 제공할 수 있다. 외부의 독립적인 검증 평가를 통해 기업은 지속적으로 정보보호에 대한 정책, 전략, 운영, 서비스 수준들을 개선할 수 있다.

국내외 표준 규격에 따라 관리체계를 구축하고 일정 기간 동안 운영을 통해 문서화와 증적이 가능하게 되면 인증을 신청하게 된다. 제3장에서는 국내의 관리체계 인증제도(ISMS, SISMS-P)에 대하여 상세하게 인증 절차와 방법에 대해 설명하고자 한다.

1.2 관리체계 인증 단계

(1) 준비 단계

① 사전 준비 사항

관리체계(ISMS, ISMS-P)의 경우 구축 및 운영 단계가 끝나면 다음으로 인증을 취득하고자 하는 조직은 인증심사 단계로 넘어가게 된다. 국내 관리체계 인증제도에서 인증 절차는 ① 준비 단계 → ② 인증심사 단계 → ③ 인증 단계 → ④ 사후관리 단계로 나누어진다. 인증을 신청하기 전에 인증기준에 따른 관리체계를 구축하여 최소 2개월 이상 운영하며, 사전 준비 단계에서는 그동안 관리체계를 운영하고 그에 대한 증적자료를 준비하고 관리체계 문서화 등 신청을 위한 준비를 한다. 신청서 제출 시, 관리체계 수립/운영(현황 및 흐름분석, 위험평가, 보호대책 구현, 관리체계 점검)이 모두 완료되어야 한다.

> **Tip — 신청인의 사전 준비 사항(관리체계 인증 등에 관한 고시)**
>
> 〈제17조(신청인의 사전 준비사항)〉
>
> ① 정보보호 및 개인정보보호 관리체계 인증을 취득하고자 하는 자(이하 "신청인"이라 한다)는 인증을 신청하기 전에 인증기준에 따른 정보보호 및 개인정보보호 관리체계 또는 정보보호 관리체계를 구축하여 최소 2개월 이상 운영하여야 한다.
>
> ② 신청인은 인증심사를 위하여 다음 각 호의 사항을 인증심사 실시 전에 준비하여야 한다.
>
> 1. 인증심사를 위한 문서 및 증적자료
> 2. 인증심사 수행에 필요한 장소 · 시설 · 장비 · 기자재 등의 확보
> 3. 그 밖에 인증심사를 원활하게 수행하기 위하여 심사수행기관이 요구하는 사항

- 제출공문: 대표자 명의 인증신청 공문 1부
- 필수 제출서류
  - (붙임1) 정보보호 및 개인정보보호 관리체계 인증신청서
  - (붙임2) 정보보호 및 개인정보보호 관리체계(ISMS-P) 운영현황
  - (붙임3) 정보보호 및 개인정보보호 관리체계 명세서
  - 사업자등록증 또는 고유번호증

- 선택 제출서류(해당 시)
  - 소기업 할인 신청 시(ISMS, ISMS-P 모두): 중소기업법에 따른 소기업 증빙서류
  - 일부 생략 신청 시(ISMS 인증만 단독으로 신청한 경우 해당): (붙임4) 정보보호 관리체계 인증 생략 신청서, (붙임5) 정보보호 관리체계 인증 생략 명세서(인증심사 일부기준 생략을 증명할 수 있는 서류)
  - 공시 할인 신청 시: 정보보호 공시 증빙서류

신청서는 동일한 법인에서 다수의 인증을 신청하는 경우와 1개 법인이 단일 인증을 신청하는 경우로 구분하여 신청한다.

> **Tip — 통상적인 인증 절차에 따른 인증 취득 소요기간**
>
> | (2주) | (2주) | (4주) | (1~2주) | (4~12주) | (8주) | (1주) |
> |---|---|---|---|---|---|---|
> | 신청서 접수 | 일정확정 예비점검 | 수수료 납부 | 인증 심사 | 보완조치 현장점검 | 인증위원회 심의 · 의결 | 인증서 발급 |
>
> 출처: 정보보호 및 개인정보보호 관리체계 인증신청 양식(KISA)

② 인증 신청

신청인은 인증신청서, 관리체계 운영현황, 관리체계 명세서 등의 필수 제출서류와 선택적 제출서류와 함께 공문 접수를 통하여 인증을 신청을 하게 된다. 인증기관은 신청서류를 접수하고 신청서류의 기재사항을 검토하여 미비점이 있을 경우 보완을 요청하고 보완요청을 받은 신청인은 이를 보완하고 신청서류를 재구비하여 신청한다. 통상적으로 관리체계(ISMS, ISMS-P) 인증 소요기간은 내부 준비부터 인증까지 통상적으로 수개월 소요되며 보완조치와 현장점검 기간을 고려하여 신청을 해야 한다.

관리체계 인증 신청은 인증의 유형에 따라 정보보호 및 개인정보보호 관리체계 인증(ISMS-P), 정보보호 관리체계 인증(ISMS)중에서 선택하여 신청할 수 있다. ISMS 또는 ISMS-P 단일인증 신청과 ISMS, ISMS-P 혼합신청시 구분하여 작성하여 신청하게 된다.

Tip — 인증 신청(관리체계 인증 등에 관한 고시)

〈제18조(인증 신청 등)〉

① 신청인은 다음 각 호의 인증을 선택하여 신청할 수 있다.
  1. 정보보호 및 개인정보보호 관리체계 인증
  2. 정보보호 관리체계 인증

② 신청인은 제1항의 인증 선택에 따른 별지 제9호서식의 정보보호 및 개인정보보호 관리체계 인증 신청서를 심사수행기관에 제출하여야 한다.

③ 신청인은 인증범위 및 일정 등을 심사수행기관과 사전 협의하여 신청하여야 한다.

④ 심사수행기관은 제17조에 따른 신청인의 인증심사 사전준비사항을 확인할 수 있으며, 신청인의 준비가 미흡한 경우에는 신청인에 이를 보완할 것을 요구할 수 있다.

⑤ 심사수행기관은 인증범위의 변경이 필요한 경우에 이를 신청인과 협의하여 변경할 수 있다.

〈표 3-1〉 정보보호 및 개인정보보호 관리체계 인증 신청서 예시

■「정보보호 및 개인정보보호 관리체계 인증 등에 관한 고시」[별지 제9호서식]

정보보호 및 개인정보보호 관리체계 인증 신청서

※ 색상이 어두운 난은 신청인이 작성하지 아니하며, [ ]에는 해당되는 곳에 √표를 합니다.

접수번호	접수일시	처리기간

신청인	업체명	사업자등록번호
	대표자	전화번호
	주소	
	전자우편(e-mail)	

정보보호 및 개인정보보호 관리체계 인증	심사구분	[ ]최초심사 [ ]사후심사(차) [ ]갱신심사
	인증범위	
	범위 내 개인정보	
정보보호 관리체계 인증	심사구분	[ ]최초심사 [ ]사후심사(차) [ ]갱신심사
	인증범위	

「정보통신망 이용촉진 및 정보보호 등에 관한 법률」 제47조제1항 및 제9항, 같은 법 시행령 제47조, 「개인정보보호법」 제32조의2에 따라 위와 같이 인증을 신청합니다.

년 월 일

신청인(대표자) (서명 또는 인)

00000(심사수행기관명)의 장 귀하

첨부서류	정보보호 및 개인정보보호 관리체계 명세서 1부

처 리 절 차										
신청서 작성	→	접수 및 예비점검	→	수수료 납부	→	인증심사	→	인증위원회 심의	→	인증서 발급
신청인		심사수행기관		신청인		심사수행기관		인증기관		처리기관

210mm×297mm[(백상지(80g/㎡)또는 중질지(80g/㎡)]

출처: 정보보호 및 개인정보보호 관리체계 인증신청 양식(KISA)

다만, 정보보호 관리체계 인증을 신청하는 경우 ISO/IEC 27001 인증을 받거나 「정보통신기반 보호법」제9조에 따른 주요정보통신기반시설의 취약점 분석·평가를 통해 보호조치를 취한 경우 인증심사 일부 생략의 범위 내에서 인증심사의 일부를 생략을 신청할 수 있다.

신청서류 중 (붙임2) 정보보호 및 개인정보보호 관리체계(ISMS-P) 운영현황은 간략한 질의 응답식으로 되어있으며 (붙임3) 정보보호 및 개인정보보호 관리체계 명세서 작성 양식은 다음과 같다.

〈표 3-2〉 정보보호 및 개인정보보호 관리체계 명세서 서식

(붙임3)정보보호 및 개인정보보호 관리체계 명세서

Ⅰ	개요

Ⅱ	인증의 범위

- ㅁ 전체 서비스(사업) 현황
- ㅁ 서비스 현황(Ⅰ.ISMS: 인증범위명)
- ㅁ 서비스 현황(Ⅱ.ISMS: 인증범위명)
- ㅁ 조직 및 인력 현황
- ㅁ 물리적 위치
- ㅁ 조직 현황

Ⅲ	시스템 구성 및 서비스 흐름도 (공통)

- ㅁ 시스템 구성 및 네트워크 구성도
- ㅁ 주요 직무자 서비스 흐름도

Ⅳ	정보보호 및 개인정보보호 관리체계 인증 관련 현황(ISMS-P 신청기관만 작성)

- ㅁ ISMS-P 인증범위內 개인정보 현황
- ㅁ ISMS-P 인증범위 개인정보 흐름도

Ⅴ	인증범위 내 환경변화

- ㅁ 인증범위 내 환경변화

※ 사후/갱신심사 필수 작성, 최초심사의 경우 관련내용이 있는 경우에만 작성

VI	관리체계 수립 · 운영 방법 및 절차

- ㅁ 정보보호 · 개인정보보호 관리체계 운영현황
- ㅁ 위험 관리
- ㅁ 기술적 취약점 점검
- ㅁ 기업이 준수해야 할 법적 요구사항 현황
- ㅁ 관리체계 점검 이력

출처: 정보보호 및 개인정보보호 관리체계 인증신청 양식(KISA)

③ 예비점검

예비점검은 심사수행기관이 인증심사를 수행하기 전에 심사팀장이 신청기업·기관을 방문하여 인증범위 적정성, 조직 및 물리적 현황, 관리체계 운영현황, 인증심사에 필요한 기초자료 구비 여부, 인증심사 준비 상태 및 관리체계 운영 여부를 확인하는 과정이다. 심사수행기관은 신청인의 인증심사 사전준비사항을 확인하고 신청인의 준비가 미흡한 경우에는 신청인에 이를 보완할 것을 요구한다.

심사수행기관은 예비점검을 통해 심사 진행여부를 결정하게 되며 인증 범위 등을 고려하여 심사계획을 수립하게 된다.

④ 수수료 납부

신청인은 심사수행기관이 공지한 수수료 산정기준에 따라 심사 단계별 수수료를 인증심사 시작일 이전까지 심사수행기관에 납부한다. 수수료를 납부하지 않은 경우 심사수행기관은 인증심사를 실시하지 아니할 수 있다.

Tip — 수수료의 산정(관리체계 인증 등에 관한 고시)

〈제21조(수수료의 산정)〉

① 인증 수수료는 별표 6의 인증 수수료 산정 및 심사원 보수 기준을 적용하여 산정한다.

② 심사수행기관은 제1항에 따라 산정된 인증 수수료를 공지하여야 한다.

③ 심사수행기관은 신청인이 다음 각 호에 해당하는 경우 수수료를 감면 또는 조정할 수 있다.

1. 「중소기업기본법」제2조에 따른 소기업에 해당되는 경우
2. 제20조에 따른 인증심사 일부 생략 신청을 하는 경우
3. 그 밖에 신청인과 협의하여 수수료 조정이 필요하다고 판단되는 경우

〈제22조(수수료의 납부)〉

신청인은 최초심사, 사후심사 및 갱신심사 신청 시 인증 수수료를 청구 받은 날부터 인증심사 시작일 이전까지 심사수행기관에 납부하여야 하며, 수수료를 납부하지 않은 경우 심사수행기관은 인증심사를 실시하지 아니할 수 있다.

⑤ 인증심사팀 구성 및 인증심사계획 통보

심사수행기관은 인증심사를 위한 인증심사팀 구성 시 인증심사 공정성, 객관성 확보, 인증 품질 제고 및 책임성 강화를 위해 심사팀장은 심사수행기관 소속의 심사원 이상으로 선정해야 한다. 인증심사팀은 통상 5명 내외로 구성하며 인증심사원 자격을 갖춘 인증심사원으로 인증심사팀을 구성하게 된다. 여기서 인증심사원은 인터넷진흥원으로부터 인증심사를 수행할 수 있는 자격을 부여받고 인증심사를 수행하는 자를 말한다.

신청인은 원활한 인증심사를 위하여 심사수행기관에서 인증심사계획을 통보 받으면 인증심사를 수행하기 위하여 필요한 장소와 세부 문서, 운영기록 등의 자료를 제공하고 담당자 인터뷰를 주선하는 등 필요한 협조를 제공한다.

Tip — 인증심사팀 구성(관리체계 인증 등에 관한 고시

〈제24조(인증심사팀 구성)〉

① 심사수행기관은 인증심사 일정이 확정된 때에는 인터넷진흥원에 심사원 모집을 요청하여 인증심사팀을 구성하여야 한다.
② 인증심사팀 구성 시 신청인의 인증범위, 사업유형, 기술의 다양성 등을 고려하여 심사팀원을 구성하고 심사팀장은 심사수행기관 소속의 심사원 이상으로 선정하여야 한다.
③ 인증심사원은 신청인의 정보보호 또는 개인정보보호 컨설팅에 참여하였거나 소속직원 등 신청인과 이해관계를 가지는 경우 사전에 소명하여야 하며, 심사수행기관은 해당 심사원을 인증심사팀의 구성원에서 배제하여야 한다.

⑥ ISMS-P 인증 체계

ISMS-P 인증 체계는 정책기관으로 과학기술정보통신부와 개인정보보호위원회가 제도 및 정책 결정과 인증기관 및 심사기관을 지정한다. 인증기관으로는 한국인터넷진흥원과 금융보안원이 있으며 인증기관별 인증위원회를 운영하고 있다. 또한 심사기관으로는 정보통신진흥협회, 정보통신기술협회, 개인정보보호협회 등이 있다.

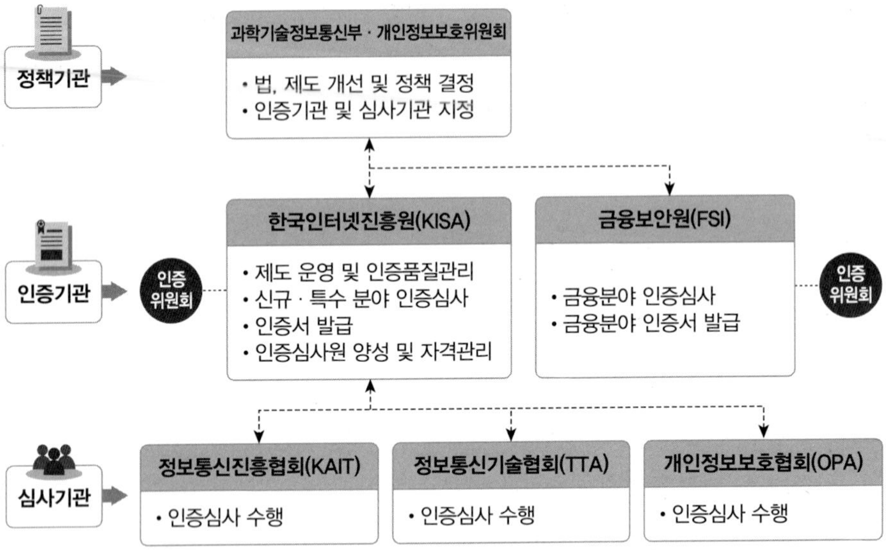

출처: https://www.kisa.or.kr

[그림 3-1] ISMS-P 인증 추진체계

⑦ 인증의 유형

- 정보보호 관리체계 인증(ISMS): 정보보호 중심으로 인증하는 경우에 해당하며 ISMS 의무대상, 의무 대상은 아니나 인증 취득을 희망하는 경우 기업·기관, 개인정보를 보유하지 않거나 개인정보 흐름의 보호가 불필요한 조직 등에 적합한 인증
- 정보보호 및 개인정보보호 관리체계 인증(ISMS-P): 개인정보의 흐름과 정보보호 영역을 모두 인증하는 경우에 해당하며, 보호하고자 하는 정보서비스가 개인정보의 흐름을 가지고 있어 개인정보 처리 단계별 보안강화가 필요한 조직 등에 적합한 인증

⑧ 인증의 대상

인증대상은 법령에 따른 의무 대상자와 의무 대상은 아니나 인증 취득을 희망하는 경우 기업·기관을 대상으로 한다.

- 의무대상자
  - 정보통신망 서비스 제공 사업자(ISP)

- 정보통신시설 운영·관리 사업자(IDC)
- 정보통신서비스 매출액 100억원 이상 / 이용자 수 100만명 이상 사업자
- 매출·세입 1,500억원 이상인 상급종합병원 및 재학생 수 1만명 이상 대학

• 자율신청 대상자
  - 의무 대상은 아니나 인증 취득을 희망하는 경우

(2) 인증심사 단계

① 인증심사 유형

관리체계 인증심사란 신청기관이 수립하여 운영하는 관리체계가 인증기준에 적합한지의 여부를 한국인터넷진흥원·인증기관 또는 심사수행기관이 서면심사 및 현장심사의 방법으로 확인하는 것을 말한다. 인증심사의 종류는 다음과 같다.

• 최초심사: 처음으로 인증을 신청하거나 인증범위에 중요한 변경이 있어서 다시 인증을 신청한 때 실시하는 인증심사
• 사후심사: 인증을 받고난 후 매년 사후관리를 위하여 실시하는 인증심사
• 갱신심사: 유효기간 만료로 유효기간 갱신을 위해 실시하는 인증심사

② 인증에 따른 심사 유형

• 단일심사: ISMS 또는 ISMS-P 중에서 하나만 신청하여 심사하는 경우
• 혼합심사: 같은 관리체계 내에서 일부 서비스만 개인정보흐름을 포함하여 수수료와 심사과정을 통합하여 심사하는 경우로 유효기간 및 심사주기가 동일하고 범위만 다름(2장의 인증서 발급)

③ 인증심사 방법

인증심사는 신청인이 관리체계를 어떻게 구축하고 운영하고 있는지와 그에 따른 보호대책들이 제대로 적용되고 있는지를 확인하게 된다. 관리체계의 인증기준에 따라 관리체계 수립의 적정성, 관리적, 기술적, 물리적 보호조치로 구성된 정보보호대책이 적절히 이행되고 있는지 확인하는 과정이 진행된다. 인증심사 수행은 신청인을 방문하고 관리체계 구축 및 운영을 확인할 수 있는 서면심사와 현장심사를 병행하여 실시하게 된다.

- 서면심사에서는 신청인이 관리체계 관련 문서인 정책과 지침, 절차 등 내부규정을 갖추고 있는지, 해당 내부규정이 인증기준에서 제시하고 있는 요구사항(통제항목)을 충족하고 있는지 인증심사한다. 각종 문서 및 이행 증적자료 검토, 보호대책 적용 여부 확인 등의 방법으로 관리적 요소를 인증심사
- 현장심사에서는 보호대책 이행에 따른 증적자료 또는 전자적 기록 점검 등 문서에서 명시한 통제사항들이 실행되고 있는지 직접 확인하고, 서면심사에서 발견된 문제점의 원인을 현장실사를 통해 기술적 대책, 물리적 대책이 이행되고 있는지 확인

인증심사 후 인증심사원들은 서면심사 및 현장심사를 통하여 도출된 문제점에 대해 결함보고서를 작성하고, 최종적으로 인증심사원 및 신청인의 담당자들과의 '결과확인 회의'를 통하여 결함 내용을 확인한다.

Tip — 인증심사 방법 및 보완조치(관리체계 인증 등에 관한 고시)

〈제25조(인증심사 방법 및 보완조치)〉

① 인증심사는 신청인을 방문하여 서면심사와 현장심사를 병행한다.

② 서면심사는 인증기준에 적합한지에 대하여 정보보호 및 개인정보보호 관리체계 구축 · 운영 관련 정책, 지침, 절차 및 이행의 증적자료 검토, 정보보호대책 및 개인정보 처리단계별 요구사항 적용 여부 확인 등의 방법으로 관리적 요소를 심사한다.

③ 현장심사는 서면심사의 결과와 기술적 · 물리적 보호대책 이행여부를 확인하기 위하여 담당자 면담, 관련 시스템 확인 및 취약점 점검 등의 방법으로 기술적 요소를 심사한다.

④ 심사수행기관은 인증심사에서 발견된 결함에 대해 심사종료 다음날부터 최대 100일(재조치 요구 60일 포함) 이내에 보완조치를 완료하도록 신청인에게 요청할 수 있다.

⑤ 심사수행기관은 인증위원회 심의결과에 따라 인증위원회 종료 다음날부터 30일 이내에 신청인에게 추가 보완조치를 요구할 수 있다.

⑥ 심사수행기관은 보완조치 결과를 확인하기 위하여 필요한 때에는 현장 확인을 할 수 있다.

④ 보완조치

심사수행기관은 인증심사원이 작성한 결함보고서와 함께 보완조치 요청을 신청인에 통보한다. 신청인은 심사종료 다음날부터 최대 100일(재조치 요구 60일 포함) 이내에 보완조치를 완료하도록 신청인에게 요청한다. 신청인은 보완조치 내역서를 작성하여 심사수행기관에 제출한다. 심사수행기관은 신청인이 제출한 보완조치 결과에 대하여 현장 확인이 필요

하다고 판단될 경우 현장을 방문하여 결과를 확인한다. 심사수행기관은 인증위원회에서 보완조치결과가 미흡하다고 판단할 경우, 재 보완조치를 요구할 수 있으며 추가적으로 30일 이내에서 보완조치 기간을 연장할 수 있다.

(3) 인증 단계

① 인증심사 결과보고서 작성 및 인증위원회 상정

심사수행기관은 서면심사 및 현장심사를 통하여 발견한 결함에 대한 보완조치의 결과 확인이 이루어지면, 인증심사 결과보고서를 작성한다. 심사수행기관은 인증심사팀이 수행한 인증심사결과에 대한 객관성과 공정성 확보 및 일정수준 이상의 품질 확보하였다고 판단하면 한국인터넷진흥원 또는 인증기관에 인증심사 결과를 심의안건으로 제출한다. 인증위원회는 한국인터넷진흥원 또는 인증기관의 장이 인증심사 결과 등을 심의·의결하기 위해 설치·운영하는 기구로서 위원장과 위원으로 구성된다.

② 인증심사 결과 심의 · 의결

인증위원회는 인증기관으로부터 인증심사결과의 심의안건으로 제출받으면 인증위원회를 개최하여 심의안건에 대해 심의·의결을 하게 된다. 인증위원회는 심사수행기관이 실시한 인증심사 결과가 인증기준에 적합한지 여부를 심의하고 그 결과를 인증기관에 제출한다.

③ 인증서 발급

인증위원회는 심사수행기관에서 수행한 인증심사결과(관리체계 인증기준 적합 여부 등)를 심의·의결하고, 그 결과에 따라 인증기관은 인증서를 발급하게 된다.

- 인증서의 유효기간은 3년
- 한국인터넷진흥원 또는 인증기관은 발급된 인증서의 인증번호, 발급일, 유효기간 등 인증서를 관리
- 인증의 표시를 사용하는 경우에는 인증범위 및 유효기간을 함께 표시
- 한국인터넷진흥원은 인증정보를 제공하는 홈페이지를 통해 인증현황을 공개

(4) 사후관리 단계

① 사후심사

관리체계의 가장 중요한 부분 중 하나가 인증 취득 후에 지속적인 관리체계를 유지하고 관리·운영하는 것이다. 매년 1회 이상 위험 관리 활동을 통해 보호대책을 갱신하고 수준을 향상시키는 것이 최소한의 사후관리라 할 수 있다. 관리체계 최초 인증심사를 통해 인증을 취득하게 되면 그 인증은 3년간 유효하고 관리체계의 지속적인 유지·운영을 위해 규정에 따라 1년에 한 번 이상 관리체계를 점검하는 사후심사를 받아야 한다.

② 갱신심사

최초 인증심사를 받고 매년 사후심사를 받아야 하며 인증 유효기간 3년 도래 시점인 유효기간 만료 3개월 전에 인증의 갱신을 위하여 갱신심사를 신청 한다. 유효기간 만료 시점에 인증의 갱신을 신청하지 않고 인증의 유효기간이 경과한 때에는 인증의 효력은 상실된다.

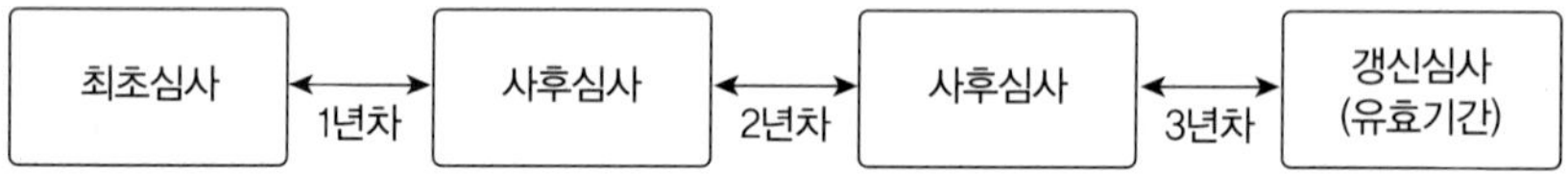

[그림 3-2] 인증심사 주기 예시

③ 인증의 취소

한국인터넷진흥원 또는 인증기관은 다음 각 호의 사유를 발견한 때는 인증위원회 심의·의결을 거쳐 인증을 취소할 수 있다.

- 거짓 혹은 부정한 방법으로 인증을 취득한 경우
- 인증기준에 미달하게 된 경우
- 인증을 취득한 자가 사후심사 또는 갱신심사를 받지 않았거나 보완조치를 하지 않은 경우
- 인증 받은 내용을 홍보하면서 인증범위 및 유효기간을 허위로 표기하거나 누락한 경우
- 인증을 취득한 자가 사후관리를 거부 또는 방해하는 경우
- 개인정보보호 관련 법령을 위반하고 그 위반사유가 중대한 경우

Tip — 인증의 표시

정보보호 및 개인정보보호 관리체계 인증	정보보호 관리체계 인증

출처: 정보보호 및 개인정보보호 관리체계 인증 등에 관한 고시(개보위)

2. 관리체계 인증기준과 인증심사

(1) 인증기준 이해

① 인증기준에는 'What to do?'를 규정

관리체계 인증을 취득하려는 기업은 관리체계 인증기준에 따라 필수 프로세스인 관리체계 수립 및 운영 과정 요구사항을 구현하고 위험 관리 과정을 통해 정보보호대책을 선택하게 되며 관리체계의 기본정신인 PDCA 사이클에 따라 순차적으로 구현하고 운영하게 된다. 관리체계 수립 및 운영 과정뿐만 아니라 보호대책 요구사항도 PDCA 생명주기가 모두 투영되어 있으며 구현 시에도 프로세스를 적용할 필요가 있다. 개인정보 처리 단계별 요구사항은 개인정보 생명주기에 따라 구현하고 운영하게 된다.

일반적으로 인증기준에서는 'What(무엇을 해야 하는가)'에 관한 규정은 있지만 'How(어떻게 실현하는가)'에 대해서는 구체적으로 규정하고 있지 않다. 'How'에 관해서는 기업의 규모나 업종, 서비스 형태, 정보보호 수준 등을 고려하여 기업 스스로 위험 관리 활동을 통해 자체적 판단하여 정보보호 수준(위험도)을 정하도록 하고 있다. 이것이 관리체계의 가장 중요한 철학이다. 인증심사원 입장에서는 많은 경험과 노하우가 필요한 부분이다.

② 관리체계 수립 및 운영 과정이 가장 중요

관리체계는 한마디로 위험 관리 과정이라 할 수 있으며 관리체계 수립 및 운영 과정이다. 관리체계 구축한다는 의미는 위험 관리 활동을 체계적이고 지속적으로 한다는 것이고 이것이 관리체계 수립 및 운영 과정(PDCA) 프로세스가 활성화되어 정보보호대책 요구사항, 개인정보 처리 단계별 요구사항 까지 위험 관리 결과가 모두 투영되어 적용하게 된다면 관리체계를 구축·운영하고 있다 할 수 있다.

정보자산을 확인하고 가치를 평가한 후에 '지켜야 할 정보'를 설정하고 해당 정보의 위험을 분석하고 평가하여 보호대책의 필요성을 판단하게 되며 보호대책을 선정한다. 또한 정보보호 업무 절차를 문서화하고 실행하며 요구되는 기록을 작성한다.

③ 관리체계인증기준은 표준 규격이며 보안 관리 모델

ISMS-P 인증기준은 국내 표준으로 국가가 고시한 국내 유일한 관리체계 구축 표준 모델이며, 관리체계 구축을 하기 위한 정보보호 컨설팅 업체들이 활용하는 방법론이다. 동일한 방법론으로 구축·운영하고 동일한 인증기준에 의해 인증심사를 하게 된다. 인증을 받았다는 것은 인증기준을 준수했다는 것이고 인증기준에 적합하게 관리체계를 구축하고 운영했다는 증거이다. 인증심사 시에는 인증기준에서 제시하는 방법 및 절차에 따라 심사를 진행하는 것이 원칙이다.

인증기준은 What에 대해서만 주로 규정하고 있지만 관리체계 기본 정신과 철학을 이해한다면 How to가 보인다. 어떻게 할 것인가를 인증기준을 학습하다 보면 이해할 수 있고 보이게 된다. 반대로 인증심사원 입장이나 정보보호 컨설턴트 입장에서도 자의적 해석은 금물이며 동일한 인증기준으로 바라봐야 하며 인식을 같이 해야 한다.

정보보호 및 개인정보보호 관리체계 인증 등에 관한 고시에서 규정하고 있는 인증기준은 다음과 같다.

가. 관리체계 수립 및 운영

분야		항목		상세 내용
1.1	관리체계 기반 마련	1.1.1	경영진의 참여	최고경영자는 정보보호 및 개인정보보호 관리체계의 수립과 운영 활동 전반에 경영진의 참여가 이루어질 수 있도록 보고 및 의사결정 체계를 수립하여 운영하여야 한다.
		1.1.2	최고책임자의 지정	최고경영자는 정보보호 업무를 총괄하는 정보보호 최고책임자와 개인정보보호 업무를 총괄하는 개인정보보호 책임자를 예산 · 인력 등 자원을 할당할 수 있는 임원급으로 지정하여야 한다.
		1.1.3	조직 구성	최고경영자는 정보보호와 개인정보보호의 효과적 구현을 위한 실무조직, 조직 전반의 정보보호와 개인정보보호 관련 주요 사항을 검토 및 의결할 수 있는 위원회, 전사적 보호활동을 위한 부서별 정보보호와 개인정보보호 담당자로 구성된 협의체를 구성하여 운영하여야 한다.
		1.1.4	범위 설정	조직의 핵심 서비스와 개인정보 처리 현황 등을 고려하여 관리체계 범위를 설정하고, 관련된 서비스를 비롯하여 개인정보 처리 업무와 조직, 자산, 물리적 위치 등을 문서화하여야 한다.
		1.1.5	정책 수립	정보보호와 개인정보보호 정책 및 시행문서를 수립 · 작성하며, 이때 조직의 정보보호와 개인정보보호 방침 및 방향을 명확하게 제시하여야 한다. 또한 정책과 시행문서는 경영진 승인을 받고, 임직원 및 관련자에게 이해하기 쉬운 형태로 전달하여야 한다.
		1.1.6	자원 할당	최고경영자는 정보보호와 개인정보보호 분야별 전문성을 갖춘 인력을 확보하고, 관리체계의 효과적 구현과 지속적 운영을 위한 예산 및 자원을 할당하여야 한다.
1.2	위험 관리	1.2.1	정보자산 식별	조직의 업무특성에 따라 정보자산 분류기준을 수립하여 관리체계 범위 내 모든 정보자산을 식별 · 분류하고, 중요도를 산정한 후 그 목록을 최신으로 관리하여야 한다.
		1.2.2	현황 및 흐름분석	관리체계 전 영역에 대한 정보서비스 및 개인정보 처리 현황을 분석하고 업무 절차와 흐름을 파악하여 문서화하며, 이를 주기적으로 검토하여 최신성을 유지하여야 한다.
		1.2.3	위험 평가	조직의 대내외 환경분석을 통해 유형별 위협정보를 수집하고 조직에 적합한 위험 평가 방법을 선정하여 관리체계 전 영역에 대하여 연 1회 이상 위험을 평가하며, 수용할 수 있는 위험은 경영진의 승인을 받아 관리하여야 한다.
		1.2.4	보호대책 선정	위험 평가 결과에 따라 식별된 위험을 처리하기 위하여 조직에 적합한 보호대책을 선정하고, 보호대책의 우선순위와 일정 · 담당자 · 예산 등을 포함한 이행계획을 수립하여 경영진의 승인을 받아야 한다.

1.3	관리체계 운영	1.3.1	보호대책 구현	선정한 보호대책은 이행계획에 따라 효과적으로 구현하고, 경영진은 이행결과의 정확성과 효과성 여부를 확인하여야 한다.
		1.3.2	보호대책 공유	보호대책의 실제 운영 또는 시행할 부서 및 담당자를 파악하여 관련 내용을 공유하고 교육하여 지속적으로 운영되도록 하여야 한다.
		1.3.3	운영현황 관리	조직이 수립한 관리체계에 따라 상시적 또는 주기적으로 수행하여야 하는 운영활동 및 수행 내역은 식별 및 추적이 가능하도록 기록하여 관리하고, 경영진은 주기적으로 운영활동의 효과성을 확인하여 관리하여야 한다.
1.4	관리체계 점검 및 개선	1.4.1	법적 요구사항 준수 검토	조직이 준수하여야 할 정보보호 및 개인정보보호 관련 법적 요구사항을 주기적으로 파악하여 규정에 반영하고, 준수 여부를 지속적으로 검토하여야 한다.
		1.4.2	관리체계 점검	관리체계가 내부 정책 및 법적 요구사항에 따라 효과적으로 운영되고 있는지 독립성과 전문성이 확보된 인력을 구성하여 연 1회 이상 점검하고, 발견된 문제점을 경영진에게 보고하여야 한다.
		1.4.3	관리체계 개선	법적 요구사항 준수검토 및 관리체계 점검을 통해 식별된 관리체계상의 문제점에 대한 원인을 분석하고 재발방지 대책을 수립 · 이행하여야 하며, 경영진은 개선 결과의 정확성과 효과성 여부를 확인하여야 한다.

나. 보호대책 요구사항

분야		항목		상세 내용
2.1	정책, 조직, 자산 관리	2.1.1	정책의 유지관리	정보보호 및 개인정보보호 관련 정책과 시행문서는 법령 및 규제, 상위 조직 및 관련 기관 정책과의 연계성, 조직의 대내외 환경변화 등에 따라 주기적으로 검토하여 필요한 경우 제 · 개정하고 그 내역을 이력관리하여야 한다.
		2.1.2	조직의 유지관리	조직의 각 구성원에게 정보보호와 개인정보보호 관련 역할 및 책임을 할당하고, 그 활동을 평가할 수 있는 체계와 조직 및 조직의 구성원 간 상호 의사소통할 수 있는 체계를 수립하여 운영하여야 한다.
		2.1.3	정보자산 관리	정보자산의 용도와 중요도에 따른 취급 절차 및 보호대책을 수립 · 이행하고, 자산별 책임소재를 명확히 정의하여 관리하여야 한다.
2.2	인적 보안	2.2.1	주요 직무자 지정 및 관리	개인정보 및 중요정보의 취급이나 주요 시스템 접근 등 주요 직무의 기준과 관리방안을 수립하고, 주요 직무자를 최소한으로 지정하여 그 목록을 최신으로 관리하여야 한다.

2.2	인적 보안	2.2.2	직무 분리	권한 오 · 남용 등으로 인한 잠재적인 피해 예방을 위하여 직무 분리 기준을 수립하고 적용하여야 한다. 다만 불가피하게 직무 분리가 어려운 경우 별도의 보완대책을 마련하여 이행하여야 한다.
		2.2.3	보안 서약	정보자산을 취급하거나 접근권한이 부여된 임직원 · 임시직원 · 외부자 등이 내부 정책 및 관련 법규, 비밀유지 의무 등 준수사항을 명확히 인지할 수 있도록 업무 특성에 따른 정보보호 서약을 받아야 한다.
		2.2.4	인식제고 및 교육훈련	임직원 및 관련 외부자가 조직의 관리체계와 정책을 이해하고 직무별 전문성을 확보할 수 있도록 연간 인식제고 활동 및 교육훈련 계획을 수립 · 운영하고, 그 결과에 따른 효과성을 평가하여 다음 계획에 반영하여야 한다.
		2.2.5	퇴직 및 직무변경 관리	퇴직 및 직무변경 시 인사 · 정보보호 · 개인정보보호 · IT 등 관련 부서별 이행하여야 할 자산반납, 계정 및 접근권한 회수 · 조정, 결과확인 등의 절차를 수립 · 관리하여야 한다.
		2.2.6	보안 위반 시 조치	임직원 및 관련 외부자가 법령, 규제 및 내부정책을 위반한 경우 이에 따른 조치 절차를 수립 · 이행하여야 한다.
2.3	외부자 보안	2.3.1	외부자 현황 관리	업무의 일부(개인정보취급, 정보보호, 정보시스템 운영 또는 개발 등)를 외부에 위탁하거나 외부의 시설 또는 서비스(집적정보통신시설, 클라우드 서비스, 애플리케이션 서비스 등)를 이용하는 경우 그 현황을 식별하고 법적 요구사항 및 외부 조직 · 서비스로부터 발생되는 위험을 파악하여 적절한 보호대책을 마련하여야 한다.
		2.3.2	외부자 계약 시 보안	외부 서비스를 이용하거나 외부자에게 업무를 위탁하는 경우 이에 따른 정보보호 및 개인정보보호 요구사항을 식별하고, 관련 내용을 계약서 또는 협정서 등에 명시하여야 한다.
		2.3.3	외부자 보안 이행 관리	계약서, 협정서, 내부정책에 명시된 정보보호 및 개인정보보호 요구사항에 따라 외부자의 보호대책 이행 여부를 주기적인 점검 또는 감사 등 관리 · 감독하여야 한다.
		2.3.4	외부자 계약 변경 및 만료 시 보안	외부자 계약만료, 업무종료, 담당자 변경 시에는 제공한 정보자산 반납, 정보시스템 접근계정 삭제, 중요정보 파기, 업무 수행 중 취득정보의 비밀유지 확약서 징구 등의 보호대책을 이행하여야 한다.
2.4	물리 보안	2.4.1	보호구역 지정	물리적 · 환경적 위협으로부터 개인정보 및 중요정보, 문서, 저장매체, 주요 설비 및 시스템 등을 보호하기 위하여 통제구역 · 제한구역 · 접견구역 등 물리적 보호구역을 지정하고 각 구역별 보호대책을 수립 · 이행하여야 한다.
		2.4.2	출입통제	보호구역은 인가된 사람만이 출입하도록 통제하고 책임추적성을 확보할 수 있도록 출입 및 접근 이력을 주기적으로 검토하여야 한다.

2.4	물리 보안	2.4.3	정보 시스템 보호	정보시스템은 환경적 위협과 유해요소, 비인가 접근 가능성을 감소시킬 수 있도록 중요도와 특성을 고려하여 배치하고, 통신 및 전력 케이블이 손상을 입지 않도록 보호하여야 한다.
		2.4.4	보호설비 운영	보호구역에 위치한 정보시스템의 중요도 및 특성에 따라 온도 · 습도 조절, 화재감지, 소화설비, 누수감지, UPS, 비상발전기, 이중전원선 등의 보호설비를 갖추고 운영절차를 수립 · 운영하여야 한다.
		2.4.5	보호구역 내 작업	보호구역 내에서의 비인가행위 및 권한 오 · 남용 등을 방지하기 위한 작업 절차를 수립 · 이행하고, 작업 기록을 주기적으로 검토하여야 한다.
		2.4.6	반출입 기기 통제	보호구역 내 정보시스템, 모바일 기기, 저장매체 등에 대한 반출입 통제절차를 수립 · 이행하고 주기적으로 검토하여야 한다.
		2.4.7	업무환경 보안	공용으로 사용하는 사무용 기기(문서고, 공용 PC, 복합기, 파일서버 등) 및 개인 업무환경(업무용 PC, 책상 등)을 통해 개인정보 및 중요정보가 비인가자에게 노출 또는 유출되지 않도록 클린데스크, 정기점검 등 업무환경 보호대책을 수립 · 이행하여야 한다.
2.5	인증 및 권한관리	2.5.1	사용자 계정 관리	정보시스템과 개인정보 및 중요정보에 대한 비인가 접근을 통제하고 업무 목적에 따른 접근권한을 최소한으로 부여할 수 있도록 사용자 등록 · 해지 및 접근권한 부여 · 변경 · 말소 절차를 수립 · 이행하고, 사용자 등록 및 권한부여 시 사용자에게 보안책임이 있음을 규정화하고 인식시켜야 한다.
		2.5.2	사용자 식별	사용자 계정은 사용자별로 유일하게 구분할 수 있도록 식별자를 할당하고 추측 가능한 식별자 사용을 제한하여야 하며, 동일한 식별자를 공유하여 사용하는 경우 그 사유와 타당성을 검토하여 책임자의 승인 및 책임추적성 확보 등 보완대책을 수립 · 이행하여야 한다.
		2.5.3	사용자 인증	정보시스템과 개인정보 및 중요정보에 대한 사용자의 접근은 안전한 인증절차와 필요에 따라 강화된 인증방식을 적용하여야 한다. 또한 로그인 횟수 제한, 불법 로그인 시도 경고 등 비인가자 접근 통제방안을 수립 · 이행하여야 한다.
		2.5.4	비밀번호 관리	법적 요구사항, 외부 위협요인 등을 고려하여 정보시스템 사용자 및 고객, 회원 등 정보주체(이용자)가 사용하는 비밀번호 관리절차를 수립 · 이행하여야 한다.
		2.5.5	특수 계정 및 권한 관리	정보시스템 관리, 개인정보 및 중요정보 관리 등 특수 목적을 위하여 사용하는 계정 및 권한은 최소한으로 부여하고 별도로 식별하여 통제하여야 한다.
		2.5.6	접근권한 검토	정보시스템과 개인정보 및 중요정보에 접근하는 사용자 계정의 등록 · 이용 · 삭제 및 접근권한의 부여 · 변경 · 삭제 이력을 남기고 주기적으로 검토하여 적정성 여부를 점검하여야 한다.

2.6	접근통제	2.6.1	네트워크 접근	네트워크에 대한 비인가 접근을 통제하기 위하여 IP관리, 단말인증 등 관리절차를 수립 · 이행하고, 업무목적 및 중요도에 따라 네트워크 분리(DMZ, 서버팜, DB존, 개발존 등)와 접근통제를 적용하여야 한다.
		2.6.2	정보시스템 접근	서버, 네트워크시스템 등 정보시스템에 접근을 허용하는 사용자, 접근제한 방식, 안전한 접근수단 등을 정의하여 통제하여야 한다.
		2.6.3	응용 프로그램 접근	사용자별 업무 및 접근 정보의 중요도 등에 따라 응용프로그램 접근권한을 제한하고, 불필요한 정보 또는 중요정보 노출을 최소화할 수 있도록 기준을 수립하여 적용하여야 한다.
		2.6.4	데이터 베이스 접근	테이블 목록 등 데이터베이스 내에서 저장 · 관리되고 있는 정보를 식별하고, 정보의 중요도와 응용프로그램 및 사용자 유형 등에 따른 접근통제 정책을 수립 · 이행하여야 한다.
		2.6.5	무선 네트워크 접근	무선 네트워크를 사용하는 경우 사용자 인증, 송수신 데이터 암호화, AP 통제 등 무선 네트워크 보호대책을 적용하여야 한다. 또한 AD Hoc 접속, 비인가 AP 사용 등 비인가 무선 네트워크 접속으로부터 보호대책을 수립 · 이행하여야 한다.
		2.6.6	원격접근 통제	보호구역 이외 장소에서의 정보시스템 관리 및 개인정보 처리는 원칙적으로 금지하고, 재택근무 · 장애대응 · 원격협업 등 불가피한 사유로 원격접근을 허용하는 경우 책임자 승인, 접근 단말 지정, 접근 허용범위 및 기간 설정, 강화된 인증, 구간 암호화, 접속단말 보안(백신, 패치 등) 등 보호대책을 수립 · 이행하여야 한다.
		2.6.7	인터넷 접속 통제	인터넷을 통한 정보 유출, 악성코드 감염, 내부망 침투 등을 예방하기 위하여 주요 정보시스템, 주요 직무 수행 및 개인정보 취급 단말기 등에 대한 인터넷 접속 또는 서비스(P2P, 웹하드, 메신저 등)를 제한하는 등 인터넷 접속 통제 정책을 수립 · 이행하여야 한다.
2.7	암호화 적용	2.7.1	암호정책 적용	개인정보 및 주요정보 보호를 위하여 법적 요구사항을 반영한 암호화 대상, 암호 강도, 암호 사용 정책을 수립하고 개인정보 및 주요정보의 저장 · 전송 · 전달 시 암호화를 적용하여야 한다.
		2.7.2	암호키 관리	암호키의 안전한 생성 · 이용 · 보관 · 배포 · 파기를 위한 관리 절차를 수립 · 이행하고, 필요 시 복구방안을 마련하여야 한다.

2.8	정보시스템 도입 및 개발 보안	2.8.1	보안 요구사항 정의	정보시스템의 도입 · 개발 · 변경 시 정보보호 및 개인정보보호 관련 법적 요구사항, 최신 보안취약점, 안전한 코딩방법 등 보안 요구사항을 정의하고 적용하여야 한다.
		2.8.2	보안 요구사항 검토 및 시험	사전 정의된 보안 요구사항에 따라 정보시스템이 도입 또는 구현되었는지를 검토하기 위하여 법적 요구사항 준수, 최신 보안취약점 점검, 안전한 코딩 구현, 개인정보 영향평가 등의 검토 기준과 절차를 수립 · 이행하고, 발견된 문제점에 대한 개선조치를 수행하여야 한다.
		2.8.3	시험과 운영 환경 분리	개발 및 시험 시스템은 운영시스템에 대한 비인가 접근 및 변경의 위험을 감소시키기 위하여 원칙적으로 분리하여야 한다.
		2.8.4	시험 데이터 보안	시스템 시험 과정에서 운영데이터의 유출을 예방하기 위하여 시험데이터의 생성과 이용 및 관리, 파기, 기술적 보호조치에 관한 절차를 수립 · 이행하여야 한다.
		2.8.5	소스 프로그램 관리	소스 프로그램은 인가된 사용자만이 접근할 수 있도록 관리하고, 운영환경에 보관하지 않는 것을 원칙으로 하여야 한다.
		2.8.6	운영환경 이관	신규 도입 · 개발 또는 변경된 시스템을 운영환경으로 이관할 때는 통제된 절차를 따라야 하고, 실행코드는 시험 및 사용자 인수 절차에 따라 실행되어야 한다.
2.9	시스템 및 서비스 운영관리	2.9.1	변경관리	정보시스템 관련 자산의 모든 변경내역을 관리할 수 있도록 절차를 수립 · 이행하고, 변경 전 시스템의 성능 및 보안에 미치는 영향을 분석하여야 한다.
		2.9.2	성능 및 장애관리	정보시스템의 가용성 보장을 위하여 성능 및 용량 요구사항을 정의하고 현황을 지속적으로 모니터링하여야 하며, 장애 발생 시 효과적으로 대응하기 위한 탐지 · 기록 · 분석 · 복구 · 보고 등의 절차를 수립 · 관리하여야 한다.
		2.9.3	백업 및 복구관리	정보시스템의 가용성과 데이터 무결성을 유지하기 위하여 백업 대상, 주기, 방법, 보관장소, 보관기간, 소산 등의 절차를 수립 · 이행하여야 한다. 아울러 사고 발생 시 적시에 복구할 수 있도록 관리하여야 한다.
		2.9.4	로그 및 접속기록 관리	서버, 응용프로그램, 보안시스템, 네트워크시스템 등 정보시스템에 대한 사용자 접속기록, 시스템로그, 권한부여 내역 등의 로그유형, 보존기간, 보존방법 등을 정하고 위 · 변조, 도난, 분실 되지 않도록 안전하게 보존 · 관리하여야 한다.

2.9	시스템 및 서비스 운영관리	2.9.5	로그 및 접속기록 점검	정보시스템의 정상적인 사용을 보장하고 사용자 오 · 남용(비인가 접속, 과다조회 등)을 방지하기 위하여 접근 및 사용에 대한 로그 검토기준을 수립하여 주기적으로 점검하며, 문제 발생 시 사후조치를 적시에 수행하여야 한다.
		2.9.6	시간 동기화	로그 및 접속기록의 정확성을 보장하고 신뢰성 있는 로그분석을 위하여 관련 정보시스템의 시각을 표준시각으로 동기화하고 주기적으로 관리하여야 한다.
		2.9.7	정보자산의 재사용 및 폐기	정보자산의 재사용과 폐기 과정에서 개인정보 및 중요정보가 복구 · 재생되지 않도록 안전한 재사용 및 폐기 절차를 수립 · 이행하여야 한다.
2.10	시스템 및 서비스 보안관리	2.10.1	보안시스템 운영	보안시스템 유형별로 관리자 지정, 최신 정책 업데이트, 룰셋 변경, 이벤트 모니터링 등의 운영절차를 수립 · 이행하고 보안시스템별 정책적용 현황을 관리하여야 한다.
		2.10.2	클라우드 보안	클라우드 서비스 이용 시 서비스 유형(SaaS, PaaS, IaaS 등)에 따른 비인가 접근, 설정 오류 등에 따라 중요정보와 개인정보가 유 · 노출되지 않도록 관리자 접근 및 보안 설정 등에 대한 보호대책을 수립 · 이행하여야 한다.
		2.10.3	공개서버 보안	외부 네트워크에 공개되는 서버의 경우 내부 네트워크와 분리하고 취약점 점검, 접근통제, 인증, 정보 수집 · 저장 · 공개 절차 등 강화된 보호대책을 수립 · 이행하여야 한다.
		2.10.4	전자거래 및 핀테크 보안	전자거래 및 핀테크 서비스 제공 시 정보유출이나 데이터 조작 · 사기 등의 침해사고 예방을 위해 인증 · 암호화 등의 보호대책을 수립하고, 결제시스템 등 외부 시스템과 연계할 경우 안전성을 점검하여야 한다.
		2.10.5	정보전송 보안	타 조직에 개인정보 및 중요정보를 전송할 경우 안전한 전송 정책을 수립하고 조직 간 합의를 통해 관리 책임, 전송방법, 개인정보 및 중요정보 보호를 위한 기술적 보호조치 등을 협약하고 이행하여야 한다.
		2.10.6	업무용 단말기기 보안	PC, 모바일 기기 등 단말기기를 업무 목적으로 네트워크에 연결할 경우 기기 인증 및 승인, 접근 범위, 기기 보안설정 등의 접근통제 대책을 수립하고 주기적으로 점검하여야 한다.
		2.10.7	보조저장 매체 관리	보조저장매체를 통하여 개인정보 또는 중요정보의 유출이 발생하거나 악성코드가 감염되지 않도록 관리 절차를 수립 · 이행하고, 개인정보 또는 중요정보가 포함된 보조저장매체는 안전한 장소에 보관하여야 한다.

2.10	시스템 및 서비스 보안관리	2.10.8	패치관리	소프트웨어, 운영체제, 보안시스템 등의 취약점으로 인한 침해사고를 예방하기 위하여 최신 패치를 적용하여야 한다. 다만 서비스 영향을 검토하여 최신 패치 적용이 어려울 경우 별도의 보완대책을 마련하여 이행하여야 한다.
		2.10.9	악성코드 통제	바이러스 · 웜 · 트로이목마 · 랜섬웨어 등의 악성코드로부터 개인정보 및 중요정보, 정보시스템 및 업무용 단말기 등을 보호하기 위하여 악성코드 예방 · 탐지 · 대응 등의 보호대책을 수립 · 이행하여야 한다.
2.11	사고 예방 및 대응	2.11.1	사고 예방 및 대응 체계 구축	침해사고 및 개인정보 유출 등을 예방하고 사고 발생 시 신속하고 효과적으로 대응할 수 있도록 내 · 외부 침해시도의 탐지 · 대응 · 분석 및 공유를 위한 체계와 절차를 수립하고, 관련 외부기관 및 전문가들과 협조체계를 구축하여야 한다.
		2.11.2	취약점 점검 및 조치	정보시스템의 취약점이 노출되어 있는지를 확인하기 위하여 정기적으로 취약점 점검을 수행하고 발견된 취약점에 대해서는 신속하게 조치하여야 한다. 또한 최신 보안취약점의 발생 여부를 지속적으로 파악하고 정보시스템에 미치는 영향을 분석하여 조치하여야 한다.
		2.11.3	이상행위 분석 및 모니터링	내 · 외부에 의한 침해시도, 개인정보유출 시도, 부정행위 등을 신속하게 탐지 · 대응할 수 있도록 네트워크 및 데이터 흐름 등을 수집하여 분석하며, 모니터링 및 점검 결과에 따른 사후조치는 적시에 이루어져야 한다.
		2.11.4	사고 대응 훈련 및 개선	침해사고 및 개인정보 유출사고 대응 절차를 임직원과 이해관계자가 숙지하도록 시나리오에 따른 모의훈련을 연 1회 이상 실시하고 훈련결과를 반영하여 대응체계를 개선하여야 한다.
		2.11.5	사고 대응 및 복구	침해사고 및 개인정보 유출 징후나 발생을 인지한 때에는 법적 통지 및 신고 의무를 준수하여야 하며, 절차에 따라 신속하게 대응 및 복구하고 사고분석 후 재발방지 대책을 수립하여 대응체계에 반영하여야 한다.
2.12	재해복구	2.12.1	재해 · 재난 대비 안전 조치	자연재해, 통신 · 전력 장애, 해킹 등 조직의 핵심 서비스 및 시스템의 운영 연속성을 위협할 수 있는 재해 유형을 식별하고 유형별 예상 피해규모 및 영향을 분석하여야 한다. 또한 복구 목표시간, 복구 목표시점을 정의하고 복구 전략 및 대책, 비상시 복구 조직, 비상연락체계, 복구 절차 등 재해 복구체계를 구축하여야 한다.
		2.12.2	재해 복구 시험 및 개선	재해 복구 전략 및 대책의 적정성을 정기적으로 시험하여 시험결과, 정보시스템 환경변화, 법규 등에 따른 변화를 반영하여 복구전략 및 대책을 보완하여야 한다.

다. 개인정보 처리 단계별 요구사항

분야		항목		상세 내용
3.1	개인정보 수집 시 보호조치	3.1.1	개인정보 수집 제한	개인정보는 서비스 제공을 위하여 필요한 최소한의 정보를 적법하고 정당하게 수집하여야 하며, 필수정보 이외의 개인정보를 수집하는 경우에는 선택항목으로 구분하여 해당 정보를 제공하지 않는다는 이유로 서비스 제공을 거부하지 않아야 한다.
		3.1.2	개인정보의 수집 동의	개인정보는 정보주체(이용자)의 동의를 받거나 관계 법령에 따라 적법하게 수집하여야 하며, 만 14세 미만 아동의 개인정보를 수집하려는 경우에는 법정대리인의 동의를 받아야 한다.
		3.1.3	주민등록 번호 처리 제한	주민등록번호는 법적 근거가 있는 경우를 제외하고는 수집 · 이용 등 처리할 수 없으며, 주민등록번호의 처리가 허용된 경우라 하더라도 인터넷 홈페이지 등에서 대체수단을 제공하여야 한다.
		3.1.4	민감정보 및 고유 식별정보의 처리 제한	민감정보와 고유식별정보(주민등록번호 제외)를 처리하기 위해서는 법령에서 구체적으로 처리를 요구하거나 허용하는 경우를 제외하고는 정보주체(이용자)의 별도 동의를 받아야 한다.
		3.1.5	간접수집 보호조치	정보주체(이용자) 이외로부터 개인정보를 수집하거나 제공받는 경우에는 업무에 필요한 최소한의 개인정보만 수집 · 이용하여야 하고 법령에 근거하거나 정보주체(이용자)의 요구가 있으면 개인정보의 수집 출처, 처리목적, 처리정지의 요구권리를 알려야 한다.
		3.1.6	영상정보 처리기기 설치 · 운영	영상정보처리기기를 공개된 장소에 설치 · 운영하는 경우 설치 목적 및 위치에 따라 법적 요구사항(안내판 설치 등)을 준수하고, 적절한 보호대책을 수립 · 이행하여야 한다.
		3.1.7	홍보 및 마케팅 목적 활용 시 조치	재화나 서비스의 홍보, 판매 권유, 광고성 정보전송 등 마케팅 목적으로 개인정보를 수집 · 이용하는 경우에는 그 목적을 정보주체(이용자)가 명확하게 인지할 수 있도록 고지하고 동의를 받아야 한다.
3.2	개인정보 보유 및 이용 시 보호조치	3.2.1	개인정보 현황관리	수집 · 보유하는 개인정보의 항목, 보유량, 처리 목적 및 방법, 보유기간 등 현황을 정기적으로 관리하여야 하며, 공공기관의 경우 이를 법률에서 정한 관계기관의 장에게 등록하여야 한다.
		3.2.2	개인정보 품질보장	수집된 개인정보는 처리 목적에 필요한 범위에서 개인정보의 정확성 · 완전성 · 최신성이 보장되도록 정보주체(이용자)에게 관리절차를 제공하여야 한다.

3.2	개인정보 보유 및 이용 시 보호조치	3.2.3	개인정보 표시제한 및 이용 시 보호조치	개인정보의 조회 및 출력(인쇄, 화면표시, 파일생성 등) 시 용도를 특정하고 용도에 따라 출력 항목 최소화, 개인정보 표시제한, 출력물 보호조치 등을 수행하여야 한다. 또한 빅데이터 분석, 테스트 등 데이터 처리 과정에서 개인정보가 과도하게 이용되지 않도록 업무상 반드시 필요하지 않은 개인정보는 삭제하거나 또는 식별할 수 없도록 조치하여야 한다.
		3.2.4	이용자 단말기 접근 보호	정보주체(이용자)의 이동통신단말장치 내에 저장되어 있는 정보 및 이동통신단말장치에 설치된 기능에 접근이 필요한 경우 이를 명확하게 인지할 수 있도록 알리고 정보주체(이용자)의 동의를 받아야 한다.
		3.2.5	개인정보 목적 외 이용 및 제공	개인정보는 수집 시의 정보주체(이용자)에게 고지 · 동의를 받은 목적 또는 법령에 근거한 범위 내에서만 이용 또는 제공하여야 하며, 이를 초과하여 이용 · 제공하려는 때에는 정보주체(이용자)의 추가 동의를 받거나 관계 법령에 따른 적법한 경우인지 확인하고 적절한 보호대책을 수립 · 이행하여야 한다.
3.3	개인정보 제공 시 보호조치	3.3.1	개인정보 제3자 제공	개인정보를 제3자에게 제공하는 경우 법적 근거에 의하거나 정보주체(이용자)의 동의를 받아야 하며, 제3자에게 개인정보의 접근을 허용하는 등 제공 과정에서 개인정보를 안전하게 보호하기 위한 보호대책을 수립 · 이행하여야 한다.
		3.3.2	업무 위탁에 따른 정보주체 고지	개인정보 처리업무를 제3자에게 위탁하는 경우 위탁하는 업무의 내용과 수탁자 등 관련사항을 정보주체(이용자)에게 알려야 하며, 필요한 경우 동의를 받아야 한다.
		3.3.3	영업의 양수 등에 따른 개인정보의 이전	영업의 양도 · 합병 등으로 개인정보를 이전하거나 이전받는 경우 정보주체(이용자) 통지 등 적절한 보호조치를 수립 · 이행하여야 한다.
		3.3.4	개인정보의 국외이전	개인정보를 국외로 이전하는 경우 국외 이전에 대한 동의, 관련 사항에 대한 공개 등 적절한 보호조치를 수립 · 이행하여야 한다.
3.4	개인정보 파기 시 보호조치	3.4.1	개인정보의 파기	개인정보의 보유기간 및 파기 관련 내부 정책을 수립하고 개인정보의 보유기간 경과, 처리목적 달성 등 파기 시점이 도달한 때에는 파기의 안전성 및 완전성이 보장될 수 있는 방법으로 지체 없이 파기하여야 한다.
		3.4.2	처리목적 달성 후 보유 시 조치	개인정보의 보유기간 경과 또는 처리목적 달성 후에도 관련 법령 등에 따라 파기하지 아니하고 보존하는 경우에는 해당 목적에 필요한 최소한의 항목으로 제한하고 다른 개인정보와 분리하여 저장 · 관리하여야 한다.
		3.4.3	휴면 이용자 관리	서비스를 일정기간 동안 이용하지 않는 휴면 이용자의 개인정보를 보호하기 위하여 관련 사항의 통지, 개인정보의 파기 또는 분리보관 등 적절한 보호조치를 이행하여야 한다.

3.5	정보주체 권리보호	3.5.1	개인정보 처리방침 공개	개인정보의 처리 목적 등 필요한 사항을 모두 포함하여 개인정보 처리방침을 수립하고, 이를 정보주체(이용자)가 언제든지 쉽게 확인할 수 있도록 적절한 방법에 따라 공개하고 지속적으로 현행화하여야 한다.
		3.5.2	정보주체 권리보장	정보주체(이용자)가 개인정보의 열람, 정정 · 삭제, 처리정지, 이의제기, 동의철회 요구를 수집 방법 · 절차보다 쉽게 할 수 있도록 권리행사 방법 및 절차를 수립 · 이행하고, 정보주체(이용자)의 요구를 받은 경우 지체 없이 처리하고 관련 기록을 남겨야 한다. 또한 정보주체(이용자)의 사생활 침해, 명예훼손 등 타인의 권리를 침해하는 정보가 유통되지 않도록 삭제 요청, 임시조치 등의 기준을 수립 · 이행하여야 한다.
		3.5.3	이용내역 통지	개인정보의 이용내역 등 정보주체(이용자)에게 통지하여야 할 사항을 파악하여 그 내용을 주기적으로 통지하여야 한다.

(2) 인증심사 개요

① 인증심사 정의

관리체계 인증심사는 인증신청인이 관리체계를 구축 및 운영하고 인증을 신청하게 되면 인증심사기관은 인증을 부여하기 위하여 인증기준에 적합한지 여부를 심사하여 인증 부여 여부를 결정하게 된다. 일반적인 인증심사는 합의된 기준이 충족되는 정도를 결정하기 위하여 증거를 수집하고 객관적으로 평가하기 위한 체계적이고 독립적이며 문서화된 프로세스라 할 수 있다. 정보보호 관리체계 인증심사의 한 가지 목적은 문제점을 지적하여 징계를 하고자 하는 것이 아니라 관리체계를 운영함에 있어 어떤 흠이 있는지를 발견하여 개선 또는 보완 조치의 필요성을 검토하여 제시하는 것이다.

② 인증심사 목적 및 종류

일반적으로 품질, 환경, 정보보호 등 인증심사를 하는 목적은 적합성 평가(Conformity), 효과성 평가(Effectiveness), 공급자/외주업체 승인, 인증 취득을 위한 인증심사, 문제점의 발견, 개선의 수단으로 활용하고자 인증심사가 수행되고 있다.

〈표 3-3〉 일반적인 인증심사의 종류 예시

구분	내용
인증심사 대상에 따른 구분 (What to audit?)	• 인증심사(Information Security Management System Audit) • 공정 인증심사(Process Audit) • 제품 인증심사(Product Audit) • 서비스 인증심사(Service Audit)
인증심사 주체에 따른 구분 (Who audit?)	• 외부인증심사(External Audit): 3자인증심사(3rd Party Audit), 2자인증심사(2nd Party Audit) • 내부인증심사(Internal Audit): 1자인증심사(1st Party Audit)
인증심사 목적에 따른 구분 (Why audit?)	• 인증심사(본 인증심사) • 사전/사후심사
인증심사 시점에 따른 구분 (When audit?)	• 최초 인증심사(Initial Audit) • 사후관리 인증심사(Surveillance) • 갱신 인증심사(Renewal - Audit)
인증심사 방법 및 절차에 따른 구분 (How to audit?)	• 인증심사수단: 문서 인증심사, 현장 인증심사 • 인증심사흐름: 순방향 인증심사, 역방향 인증심사
인증심사 주기에 따른 구분	• 정기 인증심사: 재 인증심사, 사후관리 인증심사 • 비정기 인증심사: 확인 인증심사, 특별 인증심사
인증심사 대상에 따른 구분	• 전체 인증심사: 인증심사(최초 인증심사, 갱신 인증심사) • 부분 인증심사: 사후관리 인증심사, 확인 인증심사
통지 유무에 따른 구분	• 예고 인증심사: 정기 인증심사 • 불시 인증심사: 특별 인증심사

일반적인 인증심사를 수행하는 주체에 따라 제1/제2/제3자 인증심사구분은 〈표 3-4〉와 같이 구분할 수 있다.

〈표 3-4〉 제1/제2/제3자 인증심사 비교 예시

요소	제1자(내부)	제2자(고객)	제3자(인증기관)
인증심사 목적	• 계획된 결정사항 및 조직이 설정한 요구사항 충족 여부 • 인증기준의 요구사항 충족 및 효과적 실행과 유지 여부	공급자 승인/등록 및 사후관리	ISMS의 적합성 및 효과성 평가
인증심사 범위	내부인증심사 계획에 따름	고객이 정한 계획에 따름	인증 신청범위 및 인증기준에 따름

인증심사 시기	자체계획에 따름	통상 고객이 지정하거나 고객과 합의한 시기	신청한 시기를 고려하여 인증기관에서 정하되, 신청자와 합의한 시기
감사자	내부 인증심사원	고객의 인증심사원	인증기관 소속 인증심사원
자문 요청	통상적으로 기대됨	계약서에 있는 경우에 한함	허용되지 않음 이해상충이 발생됨

3. 인증심사 절차 및 심사 수행

3.1 인증심사 절차 이해

(1) 단계별 인증심사 절차

일반적인 인증심사 절차는 크게 단계별로 준비 단계, 심사 단계, 인증 단계, 사후관리 단계로 나누어진다. 일반적으로 인증심사 프로세스 흐름(Audit Process Flow)은 인증심사계획(Planning) → 인증심사수행(Executing) → 인증심사보고(Reporting) → 후속조치(Follow-up)로 이루어지게 된다. 중요한 인증심사에서는 계획, 보고 및 후속조치에 소요되는 시간이 종종 인증심사수행에 소요되는 시간과 맞먹는 경우도 있다.

〈표 3-5〉 일반적인 인증심사 절차 예시

단계	절차	주요 내용
① 준비단계	신청 및 접수	신청서류의 접수 및 보완 요청(운영 현황 검토 등)
	예비점검	운영 현황, 위험 관리, 적용 범위 사전 검토
	인증심사 계약	신청인과 인증기관 간 계약 체결, 수수료 납부
② 심사단계	인증심사계획 수립	심사팀, 심사일정, 장소, 심사 방법 등 수립
	심사원 모집 및 팀 구성	신청기관 특성을 고려한 전문심사원 확보 및 심사팀 구성
	인증심사계획 통보	심사일정, 인원, 협조 사항 등 인증기관이 신청인에 통보
	착수회의	신청인 경영진이 참석, 관리체계 구축 현황 설명 등
	경영진 인터뷰	경영진의 책임이나 참여, 관심, 의사결정 사항 등

<table>
<tr><td rowspan="15">② 심사단계</td><td rowspan="3">서면심사</td><td>심사원별 업무 분장</td></tr>
<tr><td>신청인이 심사원에 제출한 문서의 검토 및 확인</td></tr>
<tr><td>인터뷰 대상자, 현장실사 대상 일정 통보</td></tr>
<tr><td>현장 심사 및 실사</td><td>- 심사원간의 서면심사의 문제점 공유
- 네트워크 및 시스템 취약점 점검 결과 확인 등
- 인증기준에 따른 심사(CHECKLIST)
- 위험 분석 적정성 및 결과 확인
- 관련 증적 자료 및 문서 확인
- 보호대책 수립 및 구현 이행 여부 확인
- 이행 점검 및 관계자 면담</td></tr>
<tr><td rowspan="2">심사팀 회의(수시)</td><td>심사 중에 일일 심사팀 간 업무 조정 등 회의</td></tr>
<tr><td>결함보고서 작성</td></tr>
<tr><td rowspan="3">종결회의</td><td>신청인과의 심사결과에 대한 확인</td></tr>
<tr><td>경영진 참석 하에 심사결과 발표</td></tr>
<tr><td>결함사항에 대한 보완조치 요구서 통보</td></tr>
<tr><td rowspan="2">보완조치</td><td>결함사항에 대한 보완치 통보(신청인 → 인증기관)</td></tr>
<tr><td>보완조치 확인(인증기관 → 신청인) 필요시 추가 보완요구</td></tr>
<tr><td rowspan="4">③ 인증단계</td><td>심사결과보고서 작성</td><td>보완조치가 모두 확인되면 심사결과보고서 작성</td></tr>
<tr><td>인증위원회 심의 · 의결</td><td>인증기관은 인증위원회에 심사결과보고서 심의 · 의결 요청</td></tr>
<tr><td>심사결과 통보</td><td>인증위원회 심의 결과에 따라 신청인에 통보(적합, 부적합)</td></tr>
<tr><td>인증서 교부</td><td>인증위원회 인증 적합 의결 시 인증서 교부</td></tr>
<tr><td rowspan="3">④ 사후관리 단계</td><td rowspan="2">사후심사</td><td>인증 유효기간 내 매년 1회 이상 사후심사(최초심사와 방법 및 절차 동일)</td></tr>
<tr><td>침해사고 발생 시 필요한 경우 심사</td></tr>
<tr><td>갱신심사</td><td>유효기간 종료 년도에 인증 심사</td></tr>
</table>

(2) 인증심사 준비

① 인증심사 계획(Planning) 수립

인증심사기관은 인증심사 계획 수립 단계에서는 인증심사 목적 파악 → 정보 입수 및 예비점검방문(필요시) → 인증신청서 검토 → 인증심사 계획서 작성 → 인증심사 체크리스트 준비 등 계획을 수립한다. 신청인에 대한 필요한 정보를 얻는 것은 보다 효과적인 인증심사 계획서를 만들고 인증심사팀의 선정을 단순화할 수 있다.

인증심사기관은 신청인으로부터 인증신청을 접수받은 뒤 심사팀장을 지정하고, 심사팀장은 심사계획 단계의 업무를 진행한다. 최초인증심사, 사후심사, 갱신심사 등의 여부를 구분하고 인증신청인이 제출한 인증범위 등의 간략한 정보(예: 인증신청서, 내역서 등)를 확인한다.

심사팀장은 심사수행계획을 작성한다. 수행계획에는 심사대상, 심사범위, 심사일정, 심사 주안점 등을 포함되고 심사기간 중 투입 가능한 심사원을 섭외하는 업무가 포함될 수 있다. 다만, 현재 심사원의 투입결정은 인증기관 고유의 업무이다. 심사팀장은 투입이 확정된 심사원에게 심사당일 작성이 요구되는 윤리강령, 보안서약서 등의 서류와 심사원 업무분장에 대한 계획을 수립해 두는 것이 좋다.

② 예비점검

관리체계 인증심사 신청인이 인증기관에 신청한 서류가 문제가 없다면 인증기관은 최초 인증심사 이전에 신청인의 관리체계 구축 준비 상태를 점검하여 미비점을 보완하도록 하고 본 심사에 문제가 없도록 필요시 예비점검을 수행한다. 인증심사기관은 인증 범위, 관리체계 구축 및 운영 현황, 준비 상태 등을 점검하게 되고 직접 현장 방문이 어려울 경우 체크리스트를 통해 신청인에서 자체 점검하는 방법도 있다.

상세한 정보를 파악하기 위해서는 "정보보호 관리체계 명세서" 등의 문서를 입수하여 세부적인 인증범위(자산관점, 조직관점, 물리적관점 등)를 파악한다. 예비점검을 통해 간단한 인터뷰, 문서확인 및 인증신청인의 통제사항이 적절한지를 확인한다.

예비점검 단계에서는 관리체계 운영 기간 동안 생산되는 각종 정책/지침/절차와 이행증적을 확인하는 단계이다. 물론 심사가 진행되는 단계는 아니므로 주요 산출물 정도만 확인한다. 주요 산출물은 정보보호 관리체계 규정문서(정책/지침/절차 등)와 관리체계 명세서(SOA: Statement Of Applicability), 위험 분석보고서, 정보보호 이행 계획서, 내부감사 보고서 등을 포함하므로 이들 문서는 반드시 확인한다.

〈표 3-6〉 관리체계 인증심사 예비점검 체크리스트 예시

항목	체크	메모
홈페이지	□	
• 홈페이지 서버, 네트워크, 정보보호시스템 수 • 서버운영: IDC 이용 또는 자체전산센터 이용 • 홈페이지 운영 범위 • 메인 홈페이지에 링크된 홈페이지 개수, 관리주체(소유주체), 로그인 시 프로세스 • 외부업체(협력업체) 업무수행 범위		
인증심사	□	
• 인증심사 일정 확정 • 인증심사 착수회의 시간 협의 • 인증심사범위 담당자 미리 알려줄 것 • 인터뷰는 하루 전, 반나절 전에 요청할 것		
준비사항	□	
• 상위 규정 및 정책(정책)서, 정보보호 정책/지침/절차서/매뉴얼(원본 ○부, 사본 ○부) • 인증 범위정의서, 자산목록, 위험분석보고서, 취약점 분석결과 등(원본 ○부, 사본 ○부) • 정보보호대책 이행계획서, 직무기술서, 내부 인증심사 결과 등 각종 계획서 및 보고서(원본 ○부, 사본 ○부) • 각종 점검 및 관리대장 등 이행증적 자료(○부) • 정보보호 관리체계 명세서(○부) • 업무관련 조직도, 인증심사지원 담당자 연락처(○부)		
문서 현행화 및 송부	□	
• 운영명세서, 범위정의서 현행화 여부 • 조직개편, 신청범위 재설정 시, 실무운영위원회 등 내용포함 • 내부인증심사 결과 및 이행여부 문서에 반영 • 교육결과(최근날짜 수정)		
요청사항	□	
• 착수회의 참석자 명단(이름, 직급, 부서명) • 주요정보보호시스템, 업무시스템 실무자 설명(시연) 요청 • 외주업체, 협력업체, 유지보수업체 등 상주인력 인원 포함한 목록정리 요청		
기타	□	
• 인증심사장소 및 인증심사일자 확정		

③ 인증심사팀 구성

관리체계 인증심사는 신청인의 신청서류와 예비점검을 통해 관리체계를 2개월 이상 운영하고 있다는 것이 입증이 되고 인증심사가 가능하다고 판단되면 인증기관은 계약과 동시에 인증심사팀을 구성하여 본격적인 인증심사를 수행하게 되며 인증심사 방법 및 절차는 신청인을 방문하여 서면심사와 현장심사를 병행하게 된다.

인증심사팀 구성 시 인증심사팀장은 인증기관 소속의 인증심사원 이상으로 선정한다. 또한 신청인의 정보보호 관리체계 인증을 위한 컨설팅에 참여한 인증심사원 또는 신청인의 소속직원은 인증심사팀의 구성원에서 배제하게 된다. 심사팀 구성시에는 신청인의 특성과 규모 등을 고려하여 해당 분야에 경험과 전문성이 높은 심사원을 우선 선정하게 되며, 심사원의 자질, 역량, 평판 등을 고려한다. 인증기관의 심사팀장은 심사원의 구성을 결정하기 전에 자신 또는 인증신청인 간의 현재, 과거 및 향후 예견되는 관계를 파악하는 것이 좋다.

인증심사원은 다음 사항을 준수해야 한다.

- 심사원은 공정한 심사 수행을 위해 모든 이해관계자로부터 독립적이어야 한다.
- 심사원은 심사결과에 영향을 미치는 컨설팅 등의 자문서비스를 해당 인증신청인에 제공한 사실이 없어야 한다.
- 최근 인증신청인의 직원 및 외주직원으로 근무한 사실이 없어야 한다.

④ 인증심사원 준비물

인증심사팀은 인증심사 계획서, 인증기준, 인증심사 체크리스트, 인증심사 보고서 양식, 인증심사 일지/노트, 이전 인증심사결과 기록(해당 시)을 준비하게 되며 인증심사원은 인증심사 관련 문서 및 비품을 빠짐없이 챙김으로써 인증심사 준비가 완료되었는지를 확인한다. 사후심사나 갱신심사 시에는 전년도 인증심사기록을 검토(준비)하여 가는 것이 좋다. 심사원이 심사를 위해 준비해야 할 사항으로서는 다음과 같다.

- 심사를 위한 개인용 노트북, 인증기준 및 심사해설서, 보안서약서, 관계 법령, 윤리강령, 결함보고서 양식, 필기구 등
- 노트북의 경우 인증신청인의 보안규정에 따라 반입이 금지될 수도 있고 반입이 허용되더라도 반입절차에 따라 보안조치(예: 도난방지 케이블링, 무선LAN/USB사용 제한조치 등)가 이루어질 수도 있음을 참조한다.

• 인증심사 시 입수한 신청인 관련 서류는 반드시 반납해야 하며, 심사 시 생산했던 데이터를 완전삭제하고 이를 확인하는 절차를 거쳐야 하는 경우도 있다.

〈표 3-7〉 인증심사원 준비물 목록

번호	지참물	인증심사		예비점검	비고
		인증심사팀장	인증심사원		
1	관리체계 인증기준	○	○	○	
2	인증심사 계획서	○	○	○	
3	인증심사 체크리스트	○	○	○	
4	결함보고서	○	○		
5	시작/종결회의 참석자 명단	○			
6	인증심사원 평가서	○			
7	착수회의 의제(Agenda)	○			
8	종결회의 의제(Agenda)	○			
9	인증심사결과보고서	○			
10	인증심사 관련 양식	○			
11	인증심사원 신분증	○	○	○	
12	예비점검 지적사항	○			해당 시
13	인증심사일지(Audit Log)	○	○	○	
14	보완조치 요청서	○	○		

3.2 인증심사 수행

(1) 단계별 인증심사

① 착수회의

관리체계 인증심사의 경우 최초심사인 경우 평균 심사원 5명이 5일 정도 소요되며, 일반적으로 첫째 날에는 착수회의, 마지막 날에 종료회의를 하게 된다. 인증심사는 관리체계 신청 조직을 방문하여 서면심사 및 현장심사(실사 포함) 등의 심사일정으로 구성되어 있다. 사후심사, 갱신심사도 최초심사와 동일하게 착수회의, 인증심사, 종료회의 등 심사 방법 및 절차는 모두 동일하다. 착수회의는 보통의 경우 첫날 오전에 실시하지만, 신청인의 상황에 따라 오후에 진행되기도 한다. 착수회의는 신청인의 담당자 또는 책임자의 진행으로 신청인의 관리체계 운영현황에 대한 소개, 심사팀장이 인증범위, 심사일정과 심사 방법 등을 설명하고 상호 정보를 공유하게 된다.

서면심사를 위해 관리체계 범위 내의 추가 증적자료 제출, 관련자에 대한 인터뷰 일정과 현장심사를 위한 정보통신실과 사무실 등 방문을 위해 심사팀장은 사전에 신청인의 담당자와 방문일정과 준비상황 등을 확인하는 것이 좋다.

② 경영자 및 담당자 인터뷰

경영자 인터뷰는 정책수립, 문서화, 실행, 유지 및 지속적 개선에 있어서의 경영자의 참여와 역할이 핵심요소이므로 경영자부터 인증심사를 받는다는 것 자체가 커다란 파급효과를 가져온다. 경영자 인터뷰를 CEO 또는 실행에 책임을 지는 정보보호최고책임자(CISO)뿐만 아니라, 경영진(이사급 이상 경영간부들)을 대상으로 실시한다. 이를 통해 정보보호 정책 및 관련 목표의 실천의지, 관리체계 현황 파악 및 개선 여부, 자원의 가용성, 경영진의 참여 확인(의사결정 여부) 등을 인터뷰한다.

③ 서면심사

신청인을 방문하여 신청인이 구축·운영하고 있는 관리체계 관련 정보보호 정책, 지침, 절차 및 이행의 증적자료 검토하고, 위험 관리 과정의 산출물과 실제 이행결과, 위험도 산정 이후 선정한 정보보호대책 적용 여부 확인 등의 방법으로 관리적 요소를 심사한다.

④ 현장심사

서면심사의 결과와 관리적·기술적·물리적 보호대책 이행 여부를 확인하기 위하여 담당자 면담, 관련 범위내 정보 자산에 대한 무작위 보호대책 적용 확인, 해당 직원들의 정보보호 정책 이행 여부, 실제 관련 시스템 확인 및 취약점 점검 등의 방법으로 기술적 요소를 심사한다. 현장심사는 특히 미리 현장을 방문해 본 적이 없는 심사팀에게 유용하며, 신청인 업무의 전반적인 흐름을 알 수 있게 한다.

규모가 큰 현장에 대해서는 현장실사가 모두 불가능하며, 심사팀들은 특정지역만 방문할 필요가 있을 수도 있다. 현장심사 중 인증심사원은 인증심사 계획서와 관리체계 운영에 대해 문제가 내포된 지역을 확인한다. 이를 통해 인증심사원은 조직/시스템에 대해 "감"을 잡을 수 있고 일부 결함을 발견할 수 있으며 통제되지 않은 문서, 직원들의 태도 등을 확인한다.

⑤ 인증심사팀 회의

일반적인 인증심사에서 인증심사팀 회의는 최소한 하루에 한 번은 이루어져야 하며, 인증심사를 마친 오후에 실시하는 것이 보통이다. 그 주요 목적은 정보를 교환하고, 지적사항을 공유하며, 필요시 심사팀원들에게 자신이 책임진 영역의 시스템 요소에 대한 점검 또는 확인을 요청하는 것이다. 또한 결함 사항 검토 및 판정, 신청인의 모든 지역/단위조직이 포함되는지 확인, 인증기준의 모든 요구사항이 포함되는지 공유하고 확인하는 과정이다.

인증심사팀 회의에서는 결함사항에 대해 보다 객관적으로 접근할 수 있도록 심사팀의 의견을 받아 결함보고서를 작성하되, 문장의 작성 방법에 대해서는 각각 심사원들이 작성한 결함보고서가 정확성, 객관성, 일관성이 있도록 인증심사팀장의 책임 하에 인증심사팀과 협의하여 작성한다. 이러한 사항들은 인증심사팀의 종결회의 준비를 위한 체계적인 접근을 가능하게 한다. 인증심사팀은 회의를 통해 신청인에게 확인된 가장 중요한 결함에 대해 사전 통보하고, 그 '결함'을 부정할 수 있는 증거를 더 찾을 수 있는 기회를 주게 된다.

⑥ 결함보고서 작성

인증심사 기간 중 매일 또는 격일로 결함보고서를 작성하여 심사팀장에게 제출하고, 매일 심사 업무 전에 이를 심사팀 간에 정보를 공유한다. 결함보고서는 심사 결과에 대한 집약된 내용으로 심사원의 역량과 자질을 평가할 수 있는 부분이다. 인증심사원은 다음과 같이 결함보고서 작성 시에 유의를 해야 한다.

- 인증심사원은 결함보고서 이외에도 통제항목 중 해당 없음(N/A)으로 제외된 사유 등을 파악하여 별도 서식에 기록
- 모범사례, 권고사항, 심사일지 등을 함께 파악하여 해당 내용이 존재하는 경우 내용 작성
- 심사원이 심사한 부분에 대해서는 개선조치 이외에 인증기준을 잘 준수하고 있는 부분에 대해서도 심사일지 등에 별도로 심사 증적자료 작성
- 결함보고서에는 결함이 발견된 인증기준과 기관 내에 수립된 규정 또는 지침의 내용을

명시하고 결함의 근거가 되는 운영현황을 명시

- 신청인이 정확한 세부사항 혹은 항목을 찾아낼 수 있도록 근본적인 원인을 해결하기 위한 보완 조치 활동을 시작할 수 있도록 결함에 대한 보고서에 충분한 정보를 제공
- 보고서는 단지 사실만을 반영하고 주관적인 의견은 삼가
- 인증심사 중에 해당 부서 또는 지역에서 논의되지 않았던 사항을 보고서에 포함시켜서는 안되며 감정적인 표현은 어떠한 경우라도 피하는 것이 바람직
- 인증위원회의 인증 부여를 위한 심의·의결 기초자료이기 때문에 논리적이고 객관적이며 충분한 증적기록 등 인증심사원은 최선을 다해 결함보고서 작성

이렇게 작성된 정보들은 결함보고서의 작성과 인증제도 개선, 신청인의 보안수준 제고 등에 유용하게 활용될 수 있다. 필요한 보완 조치 방법은 신청인이 결정할 문제이므로 인증심사원이 보완 조치 방법에 대해 구체적인 방향을 제시할 이유가 없다.

인증심사원들의 결함보고서가 작성되면 인증심사팀장은 보완조치 요구서를 작성하여 결함보고서와 함께 신청인에 통보한다. 심사원이 작성한 결함보고서는 심사원 자신의 역량과 능력을 보여주는 것이며 향후 심사원를 평가하는데 기초 자료가 된다. 결함보고서는 문제점을 기술하는 부분이 문서화의 핵심이다. 결함 사항 요약 명시, 인증기준 명시, 관련 정책/지침 내용 명시, 운영현황 명시, 결함 사항 명시 등의 5단계로 문장을 기술하는 것이 좋다.

〈표 3-8〉 인증심사 결함보고서 예시

<table>
<tr><th colspan="5">인증심사 결함보고서</th></tr>
<tr><td>기록일자</td><td colspan="2">20 년 월 일</td><td>신청기관</td><td>ABC(주)</td></tr>
<tr><td rowspan="2">인증심사
구분</td><td colspan="2">■ 정보보호 관리체계(ISMS)</td><td>□ 개인정보보호 관리체계(ISMS-P)</td><td>□ ISMS & ISMS-P</td></tr>
<tr><td colspan="4">■ 최초심사 □ 사후심사 □ 갱신심사</td></tr>
<tr><td>인증심사범위</td><td colspan="4">ABC(주), 『인터넷 쇼핑몰 서비스』</td></tr>
<tr><td>인증심사원</td><td>성명</td><td colspan="3">홍 심 사 (인)</td></tr>
<tr><td>신청기관
확인자</td><td>성명</td><td>장 신 청 (인)</td><td>소속 및 직급</td><td>정보보호실 / 실장
(정보보호책임자)</td></tr>
<tr><td>문제점</td><td colspan="4">□ 중결함 ■ 결 함</td></tr>
<tr><td>해당부서</td><td colspan="4">전부서</td></tr>
<tr><td>관련조항</td><td colspan="4">4. 정보자산분류 4.2.2 정보보호등급과 취급</td></tr>
</table>

문제점	□ ABC(주)는 정보분류체계(공개, 대외비, 기밀, 제한)에 따른 정보(문서, 파일)자산 식별이 되어 있지 않으며 취급기준 준수가 미흡함 • 인증기준 4.2.2에 중요도에 따라 분류된 정보자산에 정보보호등급을 부여하고 정보보호 등급에 따른 취급 절차를 정의하여 이행하도록 하고 있음 - 또한 ABC(주) "정보보호 준거 이행 표준(제3장 업무운용표준)"에는 정보를 공개(Public), 대외비(Internal), 기밀(Confidential), 제한(Restricted)로 분류하도록 하고 있으며 등급별 취급기준(표기방법, 저장, 폐기, 외부전송 등)을 정의하고 있음 □ 그러나 주요 정보 취급부서(재무부문, 인사부문, CTO 부문 등) 인터뷰 결과 다음과 같은 문제점이 발견됨 - 내부직원의 정보분류체계(공개, 대외비, 기밀, 제한)에 대한 인지 미흡 - 각 부서별로 인사기록카드, 회계전표, 권리침해신고서, 영업비밀(통계, 분석 자료), 연봉정보 등 주요정보에 대한 등급부여(대외비, 기밀, 제한) 및 식별 미흡 ※ 각 팀별로 정보(문서, 파일 등)에 대한 식별이 명확하게 되어 있지 않음 - 정보등급 따른 취급기준 준수 미흡 : 팀별로 임의적 관리 수행
근거목록	-『정보자산 분류 지침』

⑦ 종결회의

인증심사가 종료되는 마지막 날에는 종료회의를 진행한다. 종료회의는 신청인의 책임자를 포함한 관계자들이 참석할 수 있는 일정을 조율하여 진행하고, 그 발표는 심사팀장이 직접 진행한다. 이 때문에 심사팀장은 모든 심사원이 작성하는 결함보고서의 내용을 이해할 수 있어야 한다. 따라서 심사원은 본인이 작성한 결함보고서를 충분히 심사팀장과 협의가 돼야 한다.

즉 심사원은 최소한 심사팀장이 이해할 수 있는 수준 이상으로 결함보고서를 작성한다. 물론 신청인의 담당자 또는 책임자도 해당 내용을 쉽게 이해할 수 있는 수준까지 잘 작성해야만 하는 것은 당연하다. 발표 도중, 신청인에서 구체적인 사항의 답변을 요구하는 경우, 해당 영역을 심사한 심사원이 추가적인 답변을 직접할 수 있다. 심사팀장의 발표가 끝난 다음에 결함보고서는 신청인의 담당자에게 전달된다.

인증심사팀장은 인증심사가 계획대로 또 효과적으로 이루어질 수 있었던 결과에 대하여 감사의 인사를 하고 종결회의를 마무리 한다. 종결회의에서는 감사 인사, 인증심사 범위 재확인, 우수사례 소개, 주요 결함 사항 설명, 후속조치 설명, 질의응답 순서로 이루어진다.

⑧ 보완조치 요청서 통보 및 제출

종결회의가 끝나면 결함이 발생한 경우 인증심사팀장은 인증심사팀의 결함보고서를 모두 취합하여 인증신청인에 일정기간 이내에 보완조치 하도록 요구한다.

〈표 3-9〉 인증심사 보완조치 요청서 예시

<table>
<tr><th colspan="5">인증심사 보완조치 요청서</th></tr>
<tr><td rowspan="7">인증
심사
신청
내역</td><td>신청인</td><td colspan="3"></td></tr>
<tr><td>대표자</td><td colspan="3"></td></tr>
<tr><td rowspan="2">신청구분</td><td>☐ ISMS</td><td>☐ ISMS-P</td><td>☐ ISMS & ISMS-P</td></tr>
<tr><td colspan="3">☐ 최초심사 ☐ 사후심사 ☐ 갱신심사</td></tr>
<tr><td>인증심사범위</td><td colspan="3"></td></tr>
<tr><td rowspan="2">적용규격</td><td colspan="3">☐ 정보보호 관리체계 인증기준(ISMS)
☐ 정보보호 및 개인정보보호 관리체계 인증기준(ISMS-P)</td></tr>
<tr></tr>
<tr><td colspan="5">☐ 보완조치요청사항 : 총 건(중결함 (건), 결함 (건))
☐ 건별 정보보호 관리체계 결함보고서 및 보완조치요청사항은 별도로 첨부</td></tr>
<tr><td colspan="5">위와 같이 결함보고서 및 보완조치요청사항을 통보하오니 기한 내에 보완조치에 대한 결과를 제출하여 주시기 바랍니다.

년 월 일

인증기관 (인증심사팀장 : (인))</td></tr>
<tr><td colspan="5">1. 이 인증심사는 샘플링 인증심사기법에 의하여 수행된 것으로 발견되지 않은 결함이 존재할 수 있다.
2. 이 보고서의 내용은 비밀로 취급되며 신청인의 사전 동의 없이는 공개되지 않습니다. 다만 법원의 요구가 있거나 법률로 정한 경우 예외로 한다.</td></tr>
</table>

신청인은 인증기관으로부터 보완조치를 요청을 받으면 일정 기간 내에 보완조치를 완료하고 인증기관에 그 결과를 제출하여야 하며, 인증기관으로부터 보완조치에 대한 확인을 받아야 한다. 만약, 보완조치 확인 시에 조치가 미흡할 경우에 재 보완조치가 있을 수 있다.

〈표 3-10〉 보완조치 내역서 예시

<table>
<tr><th colspan="7">인증심사 보완조치 내역서</th></tr>
<tr><td colspan="2">□ 정부보호 관리체계(ISMS)</td><td colspan="3">□ 개인정보보호 관리체계(ISMS-P)</td><td colspan="2">□ ISMS & ISMS-P</td></tr>
<tr><td colspan="7">관련조항 : 통제항목번호 및 제목</td></tr>
<tr><td colspan="7">□중결함(결함)　　□ 결함</td></tr>
<tr><td rowspan="2">보완조치
결과</td><td colspan="6">※ 결함(결함)보고서의 결함(결함)사항에 대한 보완 조치 내용 작성
□ 결함(결함)내용
SAMPLE
□ 보완내역
□ 관련근거</td></tr>
<tr><td>작성자</td><td>(인)</td><td>확인자</td><td>(인)</td><td>작성일</td><td>년 월 일</td></tr>
<tr><td rowspan="2">보완조치
결과확인</td><td rowspan="2">확인자
(인증심사팀장)</td><td rowspan="2">(인)</td><td>확인일</td><td colspan="3">년 월 일</td></tr>
<tr><td>결과</td><td colspan="3">□ 완료 □ 미완료 □ 현장확인</td></tr>
<tr><td rowspan="2">현장확인</td><td rowspan="2">확인자
(인증심사팀장)</td><td rowspan="2">(인)</td><td>확인일</td><td colspan="3">년 월 일</td></tr>
<tr><td>결과</td><td colspan="3">□ 완료 □ 미완료</td></tr>
</table>

⑨ 인증심사 결과보고서 작성

인증심사 결과보고서는 중요한 기록의 하나이다. 결함 사항, 보완 조치 사항, 시간계획 그리고 결론을 포함하는 공식적이고 사실적이며 합의된 기록이다. 향후 문제가 있는 경우에 이미 수용된 의견이나 보완조치를 확인하기 위하여 검토용으로 필요할 수 있다. 인증심사 팀장은 인증심사결과보고서가 인증심사에 관련된 모든 사항과 결론을 포함하는지 확인하고 결론은 인증심사팀에 의해 뒷받침되어야 한다.

인증심사결과보고서에는 결함과 관련된 인원의 직책은 언급하되, 이름은 언급하지는 않도록 하는게 좋다. 조직의 노하우에 해당하는 기술적인 내용 또는 공개가 되면 바람직하지 않다고 판단되는 내용이 인증심사결과보고서에 상세히 언급되지 않도록 한다. 불가피한 경우, CEO에게 말할 기밀사항은 별도로 이야기하는 방법도 있다.

〈표 3-11〉 인증심사결과보고서 작성 예시

○○○ 기업 최초심사 결과보고서 예시	
1. 심사개요 가. 업체 현황 나. 심사 결과 다. 심사팀 구성 2. 심사 결과 3. 심사영역별 결과 및 보완조치 현황 가. 정보보호 관리체계 수립 및 운영 과정 나. 정보보호 대책 다. 결함/부적합 및 보완조치 내용 4. 심사팀 종합 의견	〈참고 자료〉 1. 심사대상 조직 가. 전체 조직도 나. 정보보호 조직 2. 주요 자산 및 네트워크 구성 가. 주요 자산 내역 나. 네트워크 구성도 3. 관리체계 구축 및 위험 관리 방법

4. 인증심사 기법 및 방법

(1) 인증심사 기법

「정보통신망법」에서는 인증심사란 "신청인이 수립하여 운영하는 정보보호 관리체계가 인증기준에 적합한지의 여부를 인증기관이 서면심사 및 현장심사의 방법으로 확인하는 것을 말한다."라고 정의하고 있다. 인증심사는 심사원이 심사 품질을 높이기 위해 요구되는 심사 기법이 있다. 심사수행 간에 요구되는 기술과 심사결과를 문서화하기 위한 기술로 구분해 볼 수 있다. 심사수행을 위해 요구되는 기술은 서면심사, 인터뷰기술, 현장점검 및 현장심사 등으로 크게 3가지로 구분된다. 심사결과를 문서화하기 위한 기술은 "정보보호 관리체계 결함보고서"를 작성하기 위해 요구되는 제반 기술을 의미한다.

수집된 정보를 기록하고 담당자로부터 결함사항에 대한 동의를 구하고 설득하는 과정이 포함된다. 특히 심사원은 결함보고서에 해당 내용을 이해 가능한 수준으로 잘 정리하는 기술이 가장 중요시 된다.

심사원은 이와 같은 심사기술을 잘 습득해서 심사의 정확성과 신뢰성을 높이는데 활용해야 한다. 심사는 샘플링일 수밖에 없지만, 서면/면담/현장실사 등에 있어 아래 내용들을 참조하여 진행하면 좀 더 효과적으로 심사결과를 확인할 수 있다.

인증심사원의 태도에 따라 신청인은 여러 가지로 반응하고, 그러한 반응은 여러 형태로 매우 빠르게 변할 수 있다. 인증심사원은 상호간의 행동이 어떤 유형으로 나타나는지 고려하고 그에 따라 적절히 반응할 필요가 있다.

① 서면심사 기법

서면심사는 인증 적합여부를 판단하기 위한 가장 기본적인 심사수단이고 그 결과로서 발견된 사항은 적합 또는 결함사항의 근거자료로서 활용된다. 서면심사의 범위와 대상은 정보보호 관리체계에 직접 영향을 주거나 관련된 문서를 모두 포함한다. 따라서 심사원은 관리체계 범위서, 정보보호대책 명세서 등을 차례대로 확인해 가며 자신이 심사하는 영역에서 확인하고 검토해야할 문서 대상을 발견해 나간다.

서면심사만으로 적합 또는 결함여부를 판단하기 어려운 경우는 정보보호담당자 또는 해당 실무자에게 인터뷰를 요청하고 필요시 현장실사를 병행할 수도 있다. 서면심사에서 요청한 문서(예: 계약서, 비밀문서 등)가 보안규정에 따라 제공이 불가능할 수 있다. 이 경우는 현장에 가서 열람하거나 담당자로 하여금 열람하고 해당 사실을 확인하는 방식으로 서면심사를 해야 한다.

② 인터뷰 기법

일반적인 인터뷰 형식은 상호인사 → 인증심사원 소개 → 담당 업무 설명 요청 → 질문·관찰·확인 → 객관적 증거의 수집 → 인터뷰 대상자에게 감사 표시 → 다음 단계로 이동으로 이루어진다. 인터뷰 종류에는 개방형(Open), 탐색형(Probing), 폐쇄형(Closed)의 세 가지 유형으로 질문할 수 있다.

훌륭한 인증심사원은 신청인이 하는 설명에 순수하게 관심을 보이면서 성실한 청취자가 되어야 한다. 인증심사원은 신청인 담당자의 설명을 요구하는 데 주저해서는 안 되며, "~라면[하면] 어떻게 됩니까?(What if)"라는 질문과 필요하다면, "제게 좀 보여주시겠습니까?(Show me)" 하고 요구하는 것이 좋다. 발견사항(Finding)은 인증기준에 대하여 수집된 인증심사 증거를 평가한 결과를 말하며 인증기준과의 적합 또는 결함으로 나타날 수 있고 개선에 대한 기회로 나타날 수 있다.

같은 질문을 다른 방법으로 하게 되면 다른 대답을 유도해 낼 수 있다. 상황에 따라 적당한 질문의 유형을 결정하고, 신청인에게 예상된 대답을 하도록 유도하지 않는다. 신청인에게 자신이 심문을 당하고 있다거나 아니면 인증심사원이 자신을 믿지 않고 있다는 인상을 주어서는 안 된다. 또한 인터뷰시에 수사관이 취조하듯 하지 말아야 하며 객관적이고, 온화하며, 우호적인 태도를 취하고 인증심사 업무의 80%가 듣는 일임을 명심해야 한다.

인터뷰는 서면심사만으로 해당 사실을 확인하기 어려운 경우에 심사영역에 따라서는 CEO 및 정보보호최고책임자, 부서장 그리고 실무자 또는 외부용역직원에 이르기까지 다양한 대상에 걸쳐 진행한다. 인터뷰는 심사를 위한 보조적인 수단으로 활용되지만 인터뷰 기술에 따라 현장을 정확하기 이해할 수 있는 가장 훌륭한 수단으로 활용될 수 있다. 따라서 대화의 기술을 익히는 것이 인터뷰를 성공적으로 이끌기 위한 방안이다. 인터뷰를 위한 가장 중요한 기술은 핵심적인 질문 몇 가지만으로 관련 사실을 알아내는 것이다. 분위기에 따라서 즉흥적인 질문보다는 사전에 심사 방향을 고려하여 질문을 만들어 인터뷰를 하는게 좋다. 즉 질문의 양보다는 질이 중요하다. 또한 질문에 대한 경청 역시 매우 중요하다. 인터뷰의 기본적인 예의는 잘 듣는 것이다. 인터뷰를 실시하는 심사원은 왜(Why)라는 질문에 대해 자주 언급하는 것이 좋다. 1차 답변으로는 사실을 확인하기 어렵기 때문에 그 답변에 대한 이유를 묻는 식으로 원하는 것을 확인해 나간다.

〈표 3-12〉 대화의 기법 예시

대화의 기법		• 언어, 몸동작, 음성, 대면과 시선의 위치 / 표정, 상대방 수준에 따른 어휘구사
대인관계 행동	소극적 태도 (Passive)	• 자신의 권리를 내세우지 못한다. • 자신의 요구, 바램, 의견 또는 감정을 표현하지 못한다. • 솔직하지 못하고, 자신감이 없으며, 변명하는 자세로 행동한다. • 갈등을 회피하고, 다른 사람을 만족시키려고 하거나 회유하려고 한다.

대인관계 행동	당당한 태도 (Assertive)	• 자신의 권리를 주장한다. • 상대방의 권리를 침해하지 않는다. • 자신의 요구, 바램, 의견, 감정을 표현한다. • 직접적이고 솔직하게 행동한다. • 상호간의 요구와 바램을 만족하게 하는 방향으로 일을 수행한다.
	공격적 태도 (Aggressive)	• 자신의 권리만을 주장한다. • 상대방의 권리를 침해한다. • 자신의 요구, 바램, 의견, 감정을 부적절한 방법으로 표현한다. • 상대방의 요구, 바램, 의견, 감정은 무시한다. • 필요하다면, 상대방을 희생시켜서라도 이기려고 한다.

③ 인증심사원의 태도

인증심사원은 첫 번째 접촉에서 좋은 인상을 주는 것이 중요하다. 그렇지 못하면, 계속되는 인터뷰 동안에 협조 내지는 정보를 얻을 수 없다. 신청인을 편안하게 해주면, 훨씬 더 쉽게 정보를 얻을 수 있고 인터뷰는 용이하게 진행된다. 신청인을 편안하게 해줄 수 있는 대인기술을 갖는 것이 좋은 인증심사원의 능력이다. 훌륭한 인증심사원은 신청인이 계속 정보를 제공하도록 부드럽게 독려하는 것이 좋다. 만일 인증심사원이 전혀 반응을 보여주지 않으면, 신청인은 자기가 바른 정보를 주는지 확신할 수 없게 되어 긴장하고, 나아가 가능한 이야기를 안 하려고 할 것이다.

누군가가 긴장감을 보이거나 잘못된 정보를 제공한다고 여겨지면, 상대방이 긴장감을 해소할 만한 적절한 방법을 모색하고, 그렇지 않으면, 다른 사람과 얘기한다. 결코 논쟁에 휘말려서는 안 된다. 만일 누군가가 인증심사원을 개입시키려 한다면, 인증심사원은 인증심사에 더욱 충실하고 계속해서 객관적인 사실에 근거해서만 활동한다.

인터뷰는 인증심사원과 신청인 담당자간의 상호 신뢰를 바탕으로 이루어져야 하며 강압적이거나 지시형이 되어서는 안 된다. 인증심사원은 신청인에서 숨기면 숨길수록 실패 한다는 것을 이해시키고 진솔한 답변을 할 수 있도록 분위기를 조성해야 한다.

④ 현장심사 기법

현장심사는 심사원이 현장에 직접 가서 관찰하는 포괄적인 심사활동을 의미한다. 그래서 현장을 점검하는 측면과 정보통신 인프라에 대한 기술점검, 즉 현장실사로 구분될 수 있다. 현장심사 대상이 되는 곳은 관리체계 범위 상에 조직이 근무하는 사무공간과 보호구역으로 지정된 출입구, 문서보관시설, 내화금고, 전산실 내부 설비 등의 장소이다. 물론 이 외에도 관리체계 범위에 따라 점검대상이 될 수 있는 곳은 다양하다. 현장심사의 대상에는 업무용PC, 서버, 네트워크장비, 보안장비 그리고 CCTV 녹화 장치와 출입카드 관리 시스템과 같은 물리적인 보안설비 등이 포함된다.

⑤ 객관적 증거 확보 기법

인증심사 시 결함으로 판단되는 사항에 대해서는 인터뷰 담당자, 문서/기록 명, 문서번호, 작성일자, 관련 정보 및 추적을 위한 정보(식별 번호 등), 관련 장비 및 추적을 위한 정보(관리번호, 등록번호, 교정번호 등) 등 객관적 증거에 대한 정보를 최대한 자세히 기록하여 두어야 한다. 결함이 아닌 영우에도 심사원은 인증심사원이 발견한 사항에 대해 문제가 없다는 객관적 증거를 기록해야 한다. 인증심사원은 결함뿐만 아니라 본인이 심사한 항목에 대해서 결함이 아니라는 증거를 확보해야 하며, 결함보고서 이외 심사일지 등에 그 증적을 기록하여야 한다.

⑥ 인증심사 방해 대응 기법

신청인 담당자가 시간 끌기, 솜씨자랑, 약올림, 화나게 한다든지 각본에 따른 연출, 힘겨루기, 무성의 및 불성실, 결근이나 인터뷰 등에 나타나지 않거나 동정심 유도, 언어상 장애, 건망증 등을 열거할 수 있다. 인증심사 계획서를 지킬 필요성을 단호히 그리고 정중히 강조해야만 한다. 만일 문제가 해결되지 않으면 조직의 경영자 대리인에게 이야기하도록 한다.

(2) 인증심사 방법

인증심사 시에 정보보호 관리체계 수립 및 운영 과정은 가장 중요한 점검 사항이다. 관리체계가 구축이 되어 실제 살아 움직이는 지를 확인하는 것은 가장 중요한 일이다. 관리체계 구축에서 가장 핵심적인 부분이며 인증심사에서도 중요한 부분으로 심도 있게 다루게 된다. 사실 정보보호대책 부분은 위험 관리를 통해 기업 스스로 정한 위험도에 따라 보호대책을 선정하게 되므로 선정한 타당성과 구현하고 적용하여 작동 여부를 확인하면 된다.

그러나 정보보호 관리체계 수립 및 운영 과정은 관리체계를 어떻게 수립했고 PDCA 모델이 적용이 되어 순환체계를 가지고 PDCA 사이클이 작동이 되는지 여부가 가장 중요하다. 물론 보호대책에도 모두 PDCA 기본 개념이 적용되고 내재화되어 있는지 심사하는 것도 중요하다.

〈표 3-13〉 정보보호 관리체계 수립 및 운영 과정 주요 인증심사 주안점

주요항목	인증심사 주안점
관리체계 기반마련	정보보호 정책서의 유무를 확인, 정보보호 정책서와 신청인의 경영목표와의 관계를 검토한 자료를 확인
	관련 법이나 규제사항 수집 검토하여 정책 내 포함여부 검토
	전략적이고 조직적인 위험 관리를 정책 내 포함여부 검토
	정책 개발시 구조적 접근방식을 사용해서 개발하였는지 점검하고 정책의 범위(신청인에 필요한 부분이 반영되어 있는지)가 적절한지 확인
	범위 선정 방식 및 설정된 범위 적절성 검토
	검토범위는 호스트/서버, 서비스, 업무기능, 업무조직, 네트워크 등을 기준으로 설정 가능
	예외적 사항에 대한 정당화가 적절한지 검토
	조직의 업무 수행과 관련된 중요 정보자산을 식별하여 자산목록을 관리하고 확인
	정보자산 선정기준에는 정보보호요구수준, 핵심업무, 경영진의 요구사항, 정보보호예산 범위 등이 포함되어 있는지 검토
	자산 목록이 기준에서 요구한 사항을 포함해서 적절히 관리되고 있는지 확인
	자산 항목에서 자산 그룹핑이 적절한지 검토
	조직의 규모와 요구사항을 반영하여 적절한 위상을 가진 정보보호 조직이 수립 되었는지 확인하고, 보고체계를 점검, 가능하면 정보보호 조직은 정보처리부서와 독립적으로 두는 것이 바람직함
	정보보호 조직, 정보보호 관리자의 역할 및 책임이 정보보호 정책에 정의되고 이를 바탕으로 업무분장표가 작성되었는지 점검
	정보보호 마스터 플랜 중 당해 년도 계획을 이행하는데 필요한 인력과 예산이 반영되었는지 확인(정보기술 총 예산 중 5% 정도의 정보보호 투자가 바람직하나 조직의 규모와 특성에 따라 달라질 수 있음)
위험 관리	위험 관리 전략 및 계획서에 신청인의 목표 및 정책, 법적 요구사항 등을 고려했는지 확인
	위험 관리계획서에는 수행 전담반, 기간, 예산 등이 적절하게 수립되었는지 점검
	위험 관리 전략 및 계획에 조직, 역할과 책임, 주요과정 등이 적절히 기술되어 있는지 확인
	작업반에 위험 관리 대상영역에 대한 업무 프로세스와 위험요인을 이해하고 있는 해당부서 실무책임자와 IT 실무 책임자가 포함

위험 관리	위험 관리 전문가가 작업반을 주도하는 지 검토 필요시 외부에서 위험 관리 전문가의 도움을 받을 수 있음
	신청인이 수행한 위험 관리 방법론을 확인하고 적절성 여부 확인
	충분한 문서조사와 정보보호 관리자와의 인터뷰를 통해 위험 분석적용대상이 선정되었으며, 핵심업무 및 위험이 높은 시스템, 경영층의 요구사항이 제외되었는지 점검
	변화하는 정보시스템 환경에 대하여 위험 분석 방법의 적절성을 주기적으로 검토하도록 하는 절차가 있으며, 실제 주기적인 검토가 이루어지고 있는지 확인
	위험 분석범위에 속하는 정보자산의 분류기준과 동 정보자산 가치의 산정기준이 구체적으로 수립되어 있으며, 동 기준에 따라 분류와 가치 산정이 이루어졌는지 확인
	관련 위협과 취약성이 가능한 한 전부 고려되었는지와 위협 및 취약성 정도를 평가하는 방식이 적절한지 점검
	정보보호 계획서내에 정보보호대책 구현을 위해 최소한의 다음 사항 점검
	구현할 정보보호대책 정의
	정보보호대책 구현 우선순위
	각 대책별 책임부서, 구현일정, 예산, 운영계획 등
	정보보호대책 이행계획서의 CEO의 승인 여부 확인
	선정된 정보보호대책 명세의 구체성과 선정되지 않은 정보보호대책(통제)에 대한 근거가 정당화될 수 있는지 점검
관리체계 운영	정보보호대책이 정보보호 계획서에서 결정된 우선순위에 따라 구현 되었으며, 동 계획서에 각 정보보호대책구현을 위하여 정의된 관리 절차에 근거하여 구현되었는지 점검
	구현된 정보보호대책의 신뢰성과 기능성에 대하여 충분한 테스트와 평가가 이루어졌으며, 동 결과가 문서화되어 있는지 확인, 또는 공급업체가 제공하는 평가자료 내지는 공인인증자료가 있는지 확인
	교육 및 훈련 프로그램의 수립여부 및 이에 따른 이행 여부 확인
	피 교육 대상자의 분류가 적절하고 효과적인 매체(e-mail, 배너, 포스터, 세미나, 비디오 등)를 사용하였는지 점검
	교육 및 훈련 프로그램에 정보보호대책의 필요성 및 정확한 사용에 대한 교육이 내용에 포함되어 있는지 확인
	피 교육 대상 IT 인력의 분류가 적절하며 이에 따른 교육 훈련 프로그램이 적절한지 점검
	프로그램 자체와 피교육자에 대한 평가가 포함되어 있는지 확인하고, 평가방법, 평가결과의 피드백 및 인사고과에 반영하는 방식이 적절한지 점검
관리체계 점검 및 개선	정보보호 관리체계 변화관리 절차의 적정성 검토
	대내외 환경변화를 파악할 수 있는 모니터링 체계와 정보보호 사고가 조직에 미치는 영향을 분석하는 절차나 기법의 존재 유무와 적정성을 검토

관리체계 점검 및 개선	대내외 환경변화와 정보보호 사고의 조직에 미치는 영향을 분석하는 절차나 기법의 존재 유무와 적정성을 검토
	정보보호 관리체계가 적절히 모니터링 되는 절차 및 지침이 있고 이에 따라 이행하고 있는지 확인
	모니터링 결과 기록 및 분석을 통해 개선사항을 식별하고 구현하는 절차가 적절한지 점검
	개선사항 결과에 대한 공지 및 피드백 절차의 적정성 점검

5. 인증 및 사후관리

5.1 인증심사 절차

(1) 인증 절차

관리체계 구축부터 인증취득을 목적으로 준비를 하는 경우에도 관리체계 구축 및 인증 절차를 따라야 한다. 그러나 많은 신청인들이 이 점을 간과하고 인증을 준비하는 경우가 종종 발생된다. 그 대표적인 것이 관리체계 구축 시에 인증기준을 따르지 않고 적절하지 않은 방향으로 구축한 사례가 있고 관리체계를 운영도 하지 않고 신청부터 하고 보자는 사례 등이 있다. 이는 관리체계 구축 목적이 아닌 인증을 목적으로 하다 보니 절차와 방법에 따르지 않고 쉬운 방법을 택하게 된다.

〈표 3-14〉 인증심사 절차 예시

단계	절차	주요 내용
준비 단계	신청 및 접수	• 신청 서류의 접수 및 보완 요청
	예비점검 및 계약	• 인증심사의 준비상태 점검
심사 단계	착수회의	• 심사팀 준비 회의 및 공식 착수회의 실시
	서면심사	• 관리체계 구축 및 운영 관련 문서의 검토 및 확인 – 취약점 분석 · 평가 및 위험분석 결과 보고서 등
	현장심사	• 세부 심사 방법 및 절차 확인
		• 네트워크 및 시스템 모의진단(Option)

심사 단계	현장심사	• 인증기준에 따른 심사(Checklist)
		• 취약점 분석 · 평가 및 위험분석 결과 확인
		• 관련 기록 및 문서 확인
		• 보호대책 수립 및 구현 이행 여부 확인
		• 현장 이행 점검 및 관계자 면담
		• 심사결과에 대한 확인 및 결함보고서 작성
	종료회의	• 심사팀 최종회의 및 공식 종료회의 실시 • 보완조치 요청
인증 단계	심사보고서 작성	• 보완조치결과 확인(추가 보완요청 포함)
		• 심사결과보고서 작성 및 제출
	인증위원회 심의 의결	• 인증위원회의 심사결과 검토 및 심의
	인증여부 통보	• 인증결과 통보
	인증서 교부	• 인증서 유효기간: 3년
사후관리 단계	사후심사	• 인증의 유지상태 확인: 매년 1회
	갱신심사	• 최초심사 후 인증범위 등의 변경이 있는 경우 • 유효기간 만료시점

(2) 인증심사 단계

① 준비 단계

관리체계의 성패를 좌우하는 중요한 시점이 준비 단계이다. 자체적으로 구축하든 컨설팅 업체를 활용하든 관리체계의 기본 철학을 이해하고 인증기준에 따라 순차적으로 관리체계를 구축하고 운영해야 한다. 관리체계 모델에 따라 적용하게 되면 인증심사 또한 인증기준에 따라 순차적으로 인증심사가 진행된다는 의미이다. 관리체계를 구축하여 2개월 이상 운영한 후, 인증을 취득하고자 하는 조직은 인증기관에 운영기간에 대한 증적자료를 포함하는 인증 신청서류를 제출하여 인증 신청을 한다.

인증기관은 법률에 따라 의무대상자들이 특정기간에 인증신청이 집중될 것을 방지하기 위해서 회사 사업자 등록일이 속한 분기가 끝나기 1개월 전에 인증 신청을 한 경우, 인증심사를 우선적으로 처리하고 있다. 기간 내 신청이 안 될 경우 우선순위에 밀려 인증을 받지 못해 불이익을 당할 수도 있으니 유의해야 한다.

② 심사 단계

신청인이 신청한 서류에 문제가 없는지 필요에 따라 예비점검과 계약을 하고나서 인증기관은 인증심사팀을 구성하고 신청인을 직접 방문하여 서면심사 및 현장심사를 진행한다. 서면심사에서는 관리체계 관련 문서 등이 인증기준에 적합한지를 인증심사한다. 현장심사에서는 문서에서 명시한 통제사항들이 실행되고 있는지 확인하고, 서면심사에서 발견된 문제점의 원인을 현장실사를 통해 기술적, 물리적 대책이 이행되고 있는지 확인하고 인증기관은 서면심사 및 현장심사에서 발견된 결함에 대한 결함보고서를 신청인에 전달한다.

신청인은 인증심사 시 지적된 결함을 일정 기간 내에 보완하고 보완조치 내역서를 작성하여 인증기관에 통보하고 인증기관은 보완조치의 결과 확인이 이루어지면 인증심사 결과보고서를 작성한다. 인증심사 단계에서는 신청인은 모든 것을 숨김없이 인증심사원에게 정보를 제공해야 한다. 신청인에서 숨기면 숨길수록 인증은 실패하기 마련이다.

③ 인증 단계

인증기관은 인증심사팀이 작성한 인증심사 결과보고서를 검토하여 인증위원회에 제출한다. 인증위원회는 인증심사팀이 수행한 인증심사 결과에 대한 객관성과 공정성 및 일정수준 이상의 품질 등에 대해 검토하고 인증 부여 여부를 심의·의결하게 된다. 인증기관은 인증위원회의 심의·의결 결과에 따라 추가 보완조치 또는 인증서를 발급한다.

5.2 사후관리 단계

(1) 사후심사

사후심사는 인증을 받고난 후 매년 사후관리를 위하여 실시하는 인증심사로 인증을 취득하고 인증서 유효기간 중 연 1회 이상 사후심사를 받아야 한다. 관리체계의 절차상 중요한 부분이며 구축보다는 관리체계의 기본철학이 정보보호 수준을 지속적으로 유지·관리하는 것이 중요하기 때문에 사후관리는 매우 중요하다. 인증을 취득하고 지속적인 유지·관리 책임은 인증 취득기관의 몫이다. 심사수행기관은 신청인이 관리체계 인증을 받게 되면 그 인증은 3년간 유효하고 관리체계의 지속적인 유지·운영을 위해 1년에 한 번 이상 관리체계를 점검하는 사후심사를 한다.

Tip — 사후관리(관리체계 인증 등에 관한 고시)

〈제27조(사후관리)〉

① 인증을 취득한 자는 인증서 유효기간 중 연 1회 이상 심사수행기관에 사후심사를 신청하여야 한다.

② 사후심사는 제5장 및 제6장을 준용하여 진행한다.

③ 인증 취득한 범위와 관련하여 침해사고 또는 개인정보 유출사고가 발생한 경우 인터넷진흥원은 필요에 따라 인증관련 항목의 보안향상을 위한 필요한 지원 등을 할 수 있다.

(2) 갱신검사

갱신심사는 사후심사를 통해 인증의 유효기간 만료로 유효기간 갱신을 위해 실시하는 경우를 말하며, 인증서 유효기간 만료 3개월 전에 갱신심사를 신청하여야 한다. 인증의 갱신을 신청하지 않고 인증의 유효기간이 경과한 때에는 인증의 효력은 상실된다.

Tip — 인증의 갱신(관리체계 인증 등에 관한 고시)

〈제28조(인증의 갱신)〉

① 인증을 취득한 자는 인증서 유효기간 만료 3개월 전에 갱신심사를 신청하여야 한다.

② 갱신심사는 제5장 및 제6장을 준용하여 진행한다.

③ 인증을 취득한 자가 제1항에 따른 인증의 갱신을 신청하지 않고 인증의 유효기간이 경과한 때에는 인증의 효력은 상실된다.

6. 인증기관 및 심사기관 요구사항

6.1 인증기관 및 심사기관 지정 절차

(1) 지정 공고

인증기관 또는 심사기관을 지정할 필요가 있는 때에는 협의회에서 지정대상 기관의 수, 업무의 범위, 신청방법 등을 미리 협의하고, 관보 또는 인터넷 홈페이지에 20일 이상 공고하여야 한다.

> **Tip** — 지정공고(관리체계 인증 등에 관한 고시)
>
> 〈제6조(지정공고)〉
>
> ① 과학기술정보통신부장관과 보호위원회는 인증기관 또는 심사기관을 지정할 필요가 있는 때에는 협의회에서 지정대상 기관의 수, 업무의 범위, 신청방법 등을 미리 협의하고, 관보 또는 인터넷 홈페이지에 20일 이상 공고하여야 한다.
>
> ② 제1항에 따라 인증기관 또는 심사기관으로 지정받으려는 자는 다음 각 호의 서류를 과학기술정보통신부장관과 보호위원회에 제출하여야 한다.
>
> 1. 별지 제1호서식의 인증기관 · 심사기관 지정 신청서 ·
> 2. 별지 제2호서식의 인증심사 업무를 수행하는 직원 보유현황과 이를 증명할 수 있는 서류
> 3. 별표 1의 업무수행 요건 · 능력 심사 제출서류
>
> ③ 과학기술정보통신부장관과 보호위원회는 인증기관 또는 심사기관의 지정, 재지정, 사후관리 등에 따른 업무를 인터넷진흥원에 위탁할 수 있다.

(2) 지정 기준 및 절차

과학기술정보통신부장관과 개인정보 보호위원회는 인증기관 또는 심사기관의 지정 신청을 받은 때에는 업무수행 요건·능력 심사에 관한 세부기준에 따라 심사하여 지정여부를 결정하고 인증기관 또는 심사기관 지정서를 발급하게 된다.

> **Tip** — 지정기준 및 지정절차(관리체계 인증 등에 관한 고시)
>
> 〈제7조(지정기준 및 지정절차)〉
>
> ① 인증기관 또는 심사기관의 업무수행 요건 · 능력 심사에 관한 세부기준은 별표 2와 같다.
>
> ② 과학기술정보통신부장관과 보호위원회는 제6조제2항에 따라 인증기관 또는 심사기관의 지정 신청을 받은 때에는 제1항에 따른 업무수행 요건 · 능력을 심사한다.
>
> ③ 과학기술정보통신부장관과 보호위원회는 제2항에 따른 심사 결과를 바탕으로 협의하여 인증기관 또는 심사기관으로의 지정여부를 최종 결정한다.
>
> ④ 과학기술정보통신부장관과 보호위원회는 인증기관으로 지정된 신청기관에 별지 제3호서식 정보보호 및 개인정보보호 관리체계 인증기관 지정서를, 심사기관으로 지정된 신청기관에 별지 제4호서식 정보보호 및 개인정보보호 관리체계 심사기관 지정서를 발급한다.

(3) 인증기관 및 심사기관의 사후관리

지정된 인증기관 또는 심사기관은 매년 1월 31일 까지 인증실적 또는 인증심사실적을 과학기술정보통신부장관과 보호위원회에 제출하여야 한다.

> **Tip — 인증기관 및 심사기관의 사후관리(관리체계 인증 등에 관한 고시)**
>
> 〈제8조(인증기관 및 심사기관의 사후관리)〉
>
> ① 인증기관과 심사기관은 매년 1월 31일까지 다음 각 호의 서류를 작성하여 과학기술정보통신부장관과 보호위원회에 제출하여야 한다.
>
> 1. 별지 제5호서식의 인증실적 보고서(해당 시)
> 2. 별지 제6호서식의 인증심사실적 보고서(해당 시)
>
> ② 과학기술정보통신부장관과 보호위원회는 필요한 경우 인증기관 또는 심사기관이 지정기준에 적합한지 여부의 확인을 위해 자료요청 또는 현장실사를 할 수 있다.

(4) 공정성 및 독립성 확보

인증기관 및 심사기관은 인증심사의 공정성 및 독립성 확보를 위하여 다음과 같이 노력한다.

- 정보보호 및 개인정보보호 관리체계 구축과 관련된 컨설팅 업무를 수행하는 행위
- 정당한 사유 없이 인증절차, 인증기준 등의 일부를 생략하는 행위
- 조직의 이익 등을 위해 인증심사 결과에 영향을 주는 행위
- 그 밖에 인증심사의 공정성 및 독립성을 훼손할 수 있는 행위

> **Tip — 공정성 및 독립성 확보(관리체계 인증 등에 관한 고시)**
>
> 〈제10조(공정성 및 독립성 확보)〉
>
> 인증기관 및 심사기관은 인증심사의 공정성 및 독립성 확보를 위해 다음 각 호의 행위가 발생되지 않도록 노력하여야 한다.
>
> 1. 정보보호 및 개인정보보호 관리체계 구축과 관련된 컨설팅 업무를 수행하는 행위
> 2. 정당한 사유 없이 인증절차, 인증기준 등의 일부를 생략하는 행위
> 3. 조직의 이익 등을 위해 인증심사 결과에 영향을 주는 행위
> 4. 그 밖에 인증심사의 공정성 및 독립성을 훼손할 수 있는 행위

(5) 인증기관 및 심사기관의 지정취소 등

인증기관 및 심사기관이 다음의 어느 하나에 해당하면 그 지정을 취소하거나 1년 이내의 기간을 정하여 해당 업무의 전부 또는 일부의 정지를 명할 수 있다.

- 거짓이나 그 밖의 부정한 방법으로 인증기관 또는 심사기관의 지정을 받은 경우
- 업무정지 기간 중에 인증 또는 인증심사를 한 경우
- 정당한 사유 없이 인증 또는 인증심사를 하지 아니한 경우
- 정보통신망법 제47조제11항을 위반하여 인증 또는 인증심사를 한 경우
- 정보통신망법 제47조제12항에 따른 지정기준에 적합하지 아니하게 된 경우

Tip — 인증기관 및 심사기관의 지정취소(관리체계 인증 등에 관한 고시)

〈제11조(인증기관 및 심사기관의 지정취소 등)〉

① 인증기관 및 심사기관이 다음 각 호의 어느 하나에 해당하면 그 지정을 취소하거나 1년 이내의 기간을 정하여 해당 업무의 전부 또는 일부의 정지를 명할 수 있다. 다만, 제1호나 제2호에 해당하는 경우에는 그 지정을 취소하여야 한다.

1. 거짓이나 그 밖의 부정한 방법으로 인증기관 또는 심사기관의 지정을 받은 경우
2. 업무정지 기간 중에 인증 또는 인증심사를 한 경우
3. 정당한 사유 없이 인증 또는 인증심사를 하지 아니한 경우
4. 정보통신망법 제47조제11항을 위반하여 인증 또는 인증심사를 한 경우
5. 정보통신망법 제47조제12항에 따른 지정기준에 적합하지 아니하게 된 경우

② 지정취소 및 업무정지에 대해서는 「정보통신망 이용촉진 및 정보보호 등에 관한 법률 시행령(이하 "정보통신망법 시행령"이라 한다)」제54조에 따른 지정취소 및 업무정지에 관한 행정처분의 기준을 따른다.

7. 인증심사원 요구사항

7.1 인증심사원의 자격, 역할, 자질, 역량

(1) 인증심사원 자격 요건

인증심사에 있어서 가장 중요한 요소는 인증심사원의 역량이다. 인증심사원 자격을 갖추기 위해서는 학력 및 경력 요건, 인증심사원 양성 교육을 수료 후, 최종 평가시험에 합격해야 한다. 최종 합격자는 인증심사원 자격신청서를 한국인터넷진흥원에 제출한 후, 경력 요건의 적합 여부를 평가받게 되며, 이 과정을 통과한 자에게 자격을 부여한다.

> **Tip — 인증심사원의 자격요건(관리체계 인증 등에 관한 고시)**
>
> 〈제12조(인증심사원의 자격 요건 등)〉
> 인증심사원은 심사원보, 심사원, 선임심사원으로 구분하며 등급별 자격 요건은 별표 3과 같다.

① 인증심사원 자격 구분

인증심사원 등급별 자격은 심사원보, 심사원, 선임심사원으로 구분된다. 인터넷진흥원은 인증심사원의 인증심사 능력에 따라 매년 책임심사원을 지정할 수 있다.

〈표 3-15〉 인증심사원 자격 구분(관리체계 인증 등에 관한 고시)

등급	자격 기준
심사원보	인증심사원 자격 신청 요건을 만족하는 자로서 인터넷진흥원이 수행하는 인증심사원 양성 과정 통과하여 자격을 취득한 자
심사원	심사원보 자격 취득자로서 인증심사에 4회 이상 참여하고 심사일수의 합이 20일 이상인 자
선임심사원	심사원 자격 취득자로서 정보보호 및 개인정보보호 관리체계 인증심사를 3회 이상 참여하고 심사일수의 합이 15일 이상인 자

인증심사의 신뢰성을 확보하기 위하여 인증심사원이 공통적으로 만족하여야 할 자격요건은 다음과 같다.

- 공정하고 객관적인 인증심사를 수행할 수 있는 자질을 갖추어야 한다.
- 인증심사 원칙, 절차 및 기법, 전문분야 및 관련법규 등 인증심사에 대한 지식 및 숙련도를 갖추어야 한다.
- 인증심사의 수행에서 취득한 정보를 관련 법령 또는 신청인의 동의 없이 외부에 누설하지 말아야 한다.

② 인증심사원의 학력 및 경력 요건

심사원 신청 자격 요건은 4년제 대학졸업 이상 또는 이와 동등학력을 취득한 자로서 정보보호 및 개인정보보호 경력을 각 1년 이상 필수로 보유하고 정보보호, 개인정보보호 또는 정보기술 경력을 합하여 6년 이상을 보유하여야 한다.

- "동등학력"이란 고등학교 졸업자는 4년 이상, 2년제 대학 졸업자는 2년 이상 업무경력을 말한다.
- "정보기술 경력"이란 공공기관, 기업체, 교육 및 연구기관 등에서 정보통신서비스, 정보통신기기, 소프트웨어 및 컴퓨터 관련 서비스 분야에서 계획·분석·설계·개발·운영·유지보수·컨설팅·감리 또는 연구개발 업무 등을 수행한 경력 또는 관련 법률자문 경력을 말한다.
- "정보보호 경력"이란 공공기관, 기업체, 교육 및 연구기관 등에서 정보보호를 위한 공통기반기술, 시스템·네트워크 보호, 응용서비스 보호, 계획·분석·설계·개발·운영·유지보수·컨설팅·감리 또는 연구개발 업무 등을 수행한 경력 또는 관련 법률자문 경력을 말한다.
- "개인정보보호 경력"이란 공공기관, 기업체, 교육 및 연구기관 등에서 개인정보보호 업무 수행, 개인정보보호 컨설팅, 개인정보보호 관련 법률자문 등의 업무를 수행한 경력을 말한다.
- 변호사법에 따른 변호사의 경우에는 6년의 개인정보보호 유관경력을 보유한 것으로 본다.
- 동일기간에 두 가지 이상 업무가 중복되는 경우에 하나의 경력만 인정하며, 모든 해당 경력은 신청일 기준 최근 10년 이내의 경력에 한해 인정한다.
- 아래의 학위 또는 자격을 취득한 경우 정보보호 또는 개인정보보호 경력을 대체할 수 있으며 중복으로 인정하지 않는다.

③ 자격신청

인증심사원 자격을 신청하고자 하는 자는 인증심사원 자격 신청 요건을 갖추고 인터넷진흥원이 공고하는 신청기간 내에 인증심사원 자격 신청서와 관련 서류를 제출하여야 한다.

Tip — 인증심사원의 자격신청(관리체계 인증 등에 관한 고시)

〈제13조(인증심사원 자격 신청)〉

① 인증심사원 자격을 신청하고자 하는 자는 인증심사원 자격 신청 요건을 갖추고 인터넷진흥원이 공고하는 신청기간 내에 인증심사원 자격 신청서와 관련 서류를 제출하여야 한다.

② 인터넷진흥원은 제출한 신청서류가 자격 신청 요건에 적합한지를 검토하여야 한다.

③ 제2항에 따른 서류검토 결과 적합한 자는 인터넷진흥원이 시행하는 인증심사원 양성과정을 수료하여야 한다.

④ 자격유지 및 자격관리

인증심사원의 자격 유효기간은 자격 인증을 받은 날로부터 3년이며, 인증심사원은 자격유지를 위해 유효기간 내에 인터넷진흥원이 지정하는 기관에서 시행하는 인증심사원 보수교육을 이수하고, 다만 부득이한 사유로 보수교육을 받지 못한 경우에는 인터넷진흥원이 인정하는 대체교육을 받는다. 보수교육을 이수한 자에 한하여 자격 유효기간이 3년간 연장된다. 인증심사원의 자격 유지·관리 부분은 변동사항이 많으므로 유념하여야 한다.

Tip — 인증심사원의 자격 발급 및 관리(관리체계 인증 등에 관한 고시)

〈제14조(인증심사원 자격 발급 및 관리)〉

① 인터넷진흥원은 인증심사원 양성과정을 수료한 자에게 별지 제8호서식의 정보보호 및 개인정보보호 관리체계 인증심사원 자격 증명서를 발급하여야 한다.

② 인터넷진흥원은 인증심사원의 자격 증명서 발급, 심사원등급, 인증심사 업무경력 등을 관리하여야 한다.

〈제15조(인증심사원 자격 유지 및 갱신)〉

① 인증심사원의 자격 유효기간은 자격을 부여 받은 날부터 3년으로 한다.

② 인증심사원은 자격유지를 위해 자격 유효기간 만료 전까지 인터넷진흥원이 인정하는 보수교육을 수료하여야 한다.

③ 인터넷진흥원은 자격 유효기간 동안 1회 이상의 인증심사를 참여한 인증심사원에 대하여 제2항의 보수교육 시간 중 일부를 이수한 것으로 인정할 수 있다.

④ 인터넷진흥원은 인증정보를 제공하는 홈페이지에 제2항의 보수교육 운영에 관한 세부내용을 공지하여야 한다.
⑤ 인터넷진흥원은 제2항의 요건을 충족한 인증심사원에 한하여 별지 제8호서식의 정보보호 및 개인정보보호 관리체계 인증심사원 자격 증명서를 갱신하여 발급하고 자격 유효기간을 3년간 연장한다.

⑤ 자격정지 및 취소

인증심사원 자격 신청 시 제출한 서류가 허위이거나, 자격 유지 기준을 충족하지 못한 경우에는 자격을 취소한다. 또한, 인증심사원으로서 객관적이고 공정한 인증심사를 수행하지 않거나, 인증심사와 관련된 부당한 금전, 금품 등을 수수하거나 인증심사 수행 중 취득한 정보를 누설하는 경우에는 자격을 취소한다.

Tip — 인증심사원 자격 취소(관리체계 인증 등에 관한 고시)

〈제16조(인증심사원 자격 취소)〉
① 인터넷진흥원은 다음 각 호의 어느 하나에 해당하는 사유를 발견한 경우 인증심사원의 자격을 취소할 수 있다.
1. 거짓이나 부정한 방법으로 인증심사원 자격을 부여 받은 경우
2. 제15조제2항에 따른 자격 유지 기준을 충족하지 못한 경우
3. 인증심사원으로서 객관적이고 공정한 인증심사를 수행하지 않은 경우
4. 인증심사 과정에서 취득한 정보 또는 서류를 관련 법령의 근거나 인증신청인의 동의 없이 누설 또는 유출하거나 업무목적 외에 이를 사용한 경우
5. 인증신청인으로부터 금전, 금품, 향응, 이익 등을 부당하게 수수하거나 요구한 경우
② 인터넷진흥원의 장은 제1항에 따른 자격 취소의 적합여부를 심의 · 의결하기 위하여 자격심의위원회를 개최하여야 하며, 자격심의위원회는 제29조의 인증위원회 위원 3인 이상을 포함하여 구성한다.
③ 제1항에 따른 자격 취소에 대하여 인증심사원은 30일 이내에 이의신청을 할 수 있다. 이 경우 인터넷진흥원은 해당 인증심사원의 자격을 제2항의 절차에 따라 재심의하여 처리결과를 통지하여야 한다.

인증심사원 자격이 취소된 자는 위촉장을 한국인터넷진흥원에 반납하며, 자격이 취소된 날로부터 3년이 경과하여야 인증심사원 자격을 다시 신청할 수 있다.

〈표 3-16〉 인증심사원 자격정지 또는 자격취소 경우

구 분	해당 경우
자격정지	• 인증심사원이 자격갱신을 하지 않고 자격유효기간이 종료한 경우 • 인증심사원이 인증심사원 의무사항을 위반하여 직무를 수행한 경우
자격취소	• 인증심사원 자격 신청 시 제출한 서류가 허위로 판명된 경우 • 인증심사원이 자격갱신을 하지 않아 자격이 정지되고, 자격정지일로부터 3년이 경과하도록 자격을 갱신하지 않을 경우 • 인증심사원 자격이 정지된 상태에서 인증심사 등 인증심사원으로서의 업무를 수행한 경우 • 인증심사 수행 결함조건에 해당하면서 인증심사에 참여한 경우 〈인증심사 수행 결함 조건〉 • 인증심사원이 피인증심사기업에 재직 중이거나 이직 후 1년이 경과하지 않은 경우 • 인증심사원 본인이나 인증심사원의 소속사가 인증심사수행 시작일로부터 과거 1년 이내에 피인증심사기업의 정보보호 관리체계와 관련된 컨설팅 등 정보보호 컨설팅에 참여한 경우

(2) 인증심사원 역할 및 책임

① 인증심사원의 역할

인증심사원의 역할은 인증심사에 대한 요구사항을 명확히 하고 인증심사결과는 명료하게 결론을 내리며, 부당한 사항에 대해서는 지체함이 없이 보고한다. 인증심사 결과보고서를 작성하고, 인증심사 내용의 효과성을 검증한다.

인증심사팀장은 인증심사의 계획, 수행 및 보고에 책임을 진다. 인증심사팀장은 인증심사 활동을 관리하고 성공적 인증심사에 필요한 모든 관리기술을 발휘하는데 중점을 둔다. 인증심사팀장은 "역할"의 구분이지 "자격"의 구분은 아니다.

② 인증심사원의 책임

심사원은 인증기준에 적합 여부를 판단할 수 있는 객관적 자료를 수집한다. 이를 위해서, 심사원은 인증심사 기준을 명확하게 이해하고 인증기준 영역 내에서 심사를 실시하고 그 결과를 판단해야 한다. 방문자로서, 심사원은 인증신청인 대상조직의 직원, 활동을 존중하고 제공받은 정보는 심사목적을 위해서만 사용하고 안전하게 관리해야 한다.

심사팀장을 포함하여 심사원에게 있어 무엇보다 중요한 것은 윤리적으로 예의바르게 행동하는 것이다. 즉 심사원의 매너는 심사원에게 요구되는 가장 기본적인 심사기술이다. 인증

심사원이 준수해야할 사항은 다음과 같다.

- 인증심사원은 객관적이고 공정한 인증심사를 수행한다.
- 인증심사원으로서의 성실한 직무수행 및 품위유지를 한다.
- 인증심사와 관련된 부당한 금전, 금품 등의 수수를 금지한다.
- 인증심사의 수행에서 취득한 정보를 관련 법령 또는 신청인의 동의 없이 외부에 누설하여서는 안 된다.
- 인증심사원은 인증기관의 인증업무지침을 성실히 준수한다.
- 인증심사원은 인증심사의 수행과 관련하여 상업적, 재정적 그리고 기타 모든 압력을 배제한다.

③ 인증심사팀장의 책임 및 역할

인증심사팀장은 인증심사를 성공적으로 수행하기 위하여 충분한 심사경력과 고도의 심사기술을 가질 필요가 있다. 심사팀장은 심사 일정/업무/자료 관리계획, 대인관계 및 의사소통에 있어 유능해야 한다. 심사원의 심사 활동사항을 파악하고 심사결과에 의견을 주는 등의 심사원의 업무 및 심사결과도 관리한다. 주된 업무는 심사팀의 활동사항을 간단히 요약하되, 그것은 객관적이고 확실하게 표현된, 정확하면서도 종합적인 요약이어야 한다. 인증심사팀장의 역할 및 책임 사항은 다음과 같다.

- 인증심사팀원의 선정을 지원
- 인증심사계획을 작성
- 인증심사 활동 전반에 대한 인증심사팀을 대표
- 심사원별 결함보고서의 적정성 검토
- 인증심사 결과보고서 작성
- 인증심사 결론을 도출하는데 적절하면서도 충분한 증거를 수집·분석
- 신청인과 심사원간의 갈등을 해소

(3) 인증심사원의 자질 및 역량

인증심사원은 임원진 수준과 실무자 수준 모두에게 같은 효과를 줄 수 있는 의사소통 능력이 필요하다. 인증심사원은 "자질구레한 흠을 찾는 것(nit-picking)"을 피하고 단지 중요한 사항에 집중하는 것이 필요하다. 인증심사원이 얻은 모든 단편적인 정보들의 중요성

을 판단하고 그 정보로부터 결론을 끌어내야만 한다. 이것은 사실에 입각한 결론을 끌어내서 단호하고 권위 있는 방법으로 표현한다. 인증심사원은 항상 전문가처럼 보이도록 행동해야 하며, 종종 "좋지 않은 소식"을 전달하면서도 상대방에게 인증심사에서 가치 있는 무언가를 얻었다는 느낌을 갖도록 해야 한다.

〈표 3-17〉 인증심사원의 자질 예시

구분	자질
전문 지식	정보에 대한 이론과 실제에 대한 지식, 인증기준 요구사항에 대한 지식, 인증심사 기법에 대한 지식
성격	건전한 판단, 인내심, 끈기, 전문가다운 자세와 성실성
소통 능력	모든 계층의 사람들과 대화 가능, 경청하는 자세, 관심을 가지는 자세
태도	외교적인 태도, 절도 있는 태도
능력	분석능력, 기획능력

또한 인증심사원은 임증심사의 생명과 같은 다음 사항을 고려하여 공정성, 객관성, 독립성을 유지하도록 한다.

- 인증심사원은 자신이 심사한 결과에 대해 책임을 질 수 있어야 한다.
- 인증심사원의 가장 중요한 것은 공정성(Fairness)이다.
- 인증심사팀은 공정하게 인증심사를 수행하기 위해 모든 이해관계자로부터 독립적이어야 한다.
- 인증심사팀 또는 그들이 소속한 기업이 해당 인증과정 및 결정에 영향을 미치는 자문서비스를 해당 인증신청자 또는 인증된 조직에게 제공한 사실이 없어야 한다.
- 인증심사원은 인증심사를 실시하기 전에 인증신청인과의 이해관계 여부를 인증기관에 통보한다.

7.2 인증심사원 보안관리

(1) 윤리강령 및 보안서약서 제출

① 윤리강령 제출

인증심사원은 심사 시작 전, 신청인에 인증심사 업무를 수행함에 있어 깨끗하고 투명한 사회의 실현을 위하여 실천하겠다는 윤리강령을 신청인에 제출하는 경우도 있다.

〈표 3-18〉 인증심사업무 수행 윤리강령 예시

인증심사업무 수행 윤리강령

□ 대상 업무 :
□ 수행 기간 : 20xx. x. x ~ x. x.

우리는 ○○○(인증기관)의 인증심사 업무를 수행함에 있어, 깨끗하고 투명한 사회의 실현을 위하여 다음 사항들을 실천하겠습니다.

Ⅰ. 우리는 법과 원칙의 철저한 준수야말로 부패방지의 바른 길이라 생각하며, 관계 법령과 규정이 정하는 절차에 따라 업무를 정확하고 공정하게 수행하겠습니다. Ⅰ. 우리는 작은 부패에도 관대하지 않을 것이며, 부정한 방법과 부패한 수단에 의존하여 자신과 타인의 이익을 도모하지 않겠습니다. Ⅰ. 우리는 혈연 · 지연 · 학연 보다는 합리성과 공정성을 기준으로 판단하고 행동하겠습니다. Ⅰ. 우리는 부정부패와 관련될 수 있는 어떠한 금품이나 선물, 향응이나 접대 등을 요구하지도 않고 받지도 않겠으며, 이를 위반할 때에는 관계 법령과 규정에 따라 엄중히 책임지겠습니다.	Ⅰ. 우리는 업무상 취득한 각종 정보를 불법적으로 유출 · 은폐 · 왜곡 · 조작하여 공공의 피해를 주거나 자신과 타인의 이익을 도모하는 '정보부패'를 저지르지 않겠습니다. Ⅰ. 우리는 업무 수행과 관련한 불편, 불만, 개선의견 등을 적극 수렴하겠습니다. 이를 위하여 본 업무 관련 보직자와의 핫라인을 운영하고 있으며 연락자의 인적사항 등은 철저하게 보호하겠습니다.

20xx. x. x.

심사원 x x x 외 5명 일동

소속__________ x x x (인)________ 소속__________ x x x (인)________
소속__________ x x x (인)________ 소속__________ x x x (인)________
소속__________ x x x (인)________ 소속__________ x x x (인)________

② 보안서약서 작성

인증심사원은 인증기관에 인증심사 시 보안관리를 하겠다는 "보안서약서"에 서명하고 인증기관에 제출한다. 심사원은 소속과 성명, 자필서명을 하여 심사팀장에게 제출하고 이를 인증기관이 보관한다. 만약 심사원이 서약서에 서명 후 직무상 취득하게 된 비밀을 누설, 유출하는 경우는 민·형사상 책임을 물을 수 있다. 인증심사원은 인증심사 수행 중 취득한 정보에 대해 비밀유지를 해야 하며, 비밀을 누설하거나 직무 외의 목적으로 사용할 경우 3년 이하의 징역 또는 3천만원 이하의 벌금에 처해진다.

> **Tip — 인증심사원의 비밀 유지 사항(정보통신망법)**
>
> 〈제66조(비밀유지 등)〉
>
> 다음 각 호의 어느 하나에 해당하는 업무에 종사하는 자 또는 종사하였던 자는 그 직무상 알게 된 비밀을 타인에게 누설하거나 직무 외의 목적으로 사용하여서는 아니 된다. 다만, 다른 법률에 특별한 규정이 있는 경우에는 그러하지 아니한다.
>
> 2. 제47조에 따른 정보보호 관리체계 인증업무
>
> 〈제72조(벌칙)〉
>
> ① 다음 각 호의 어느 하나에 해당하는 자는 3년 이하의 징역 또는 3천만원 이하의 벌금에 처한다.
>
> 5. 제66조를 위반하여 직무상 알게 된 비밀을 타인에게 누설하거나 직무 외의 목적으로 사용한 자
>
> 〈제37조(비밀유지 등)〉
>
> ① 인터넷진흥원, 인증기관, 심사기관, 인증위원회 위원, 인증심사원 등 인증심사 업무에 종사하는 자 또는 종사하였던 자는 정당한 권한 없이 또는 허용된 권한을 초과하여 업무상 지득한 비밀에 관한 정보를 누설하거나 이를 업무 목적 이외에 사용하여서는 아니 된다.
>
> ② 인터넷진흥원, 인증기관, 심사기관, 인증위원회 위원, 인증심사원 등 인증심사 업무에 종사하는 자 또는 종사하였던 자는 인증에 관련하여 일체의 금전, 금품, 이익 등을 부당하게 수수하여서는 아니 된다.

특히 공공기관의 경우 전자정부법에 근거하여 "행정정보"를 "정당한 이유 없이 누설하는 행위"를 하는 경우, 심사원은 형사처벌을 받을 수 있다. 또한 인증신청인의 내부 보안규정에 따라 심사원을 외부자로 보고 별도의 보안서약을 요구할 수도 있다. 이 경우 신청인의 내부규정에 의한 것이므로 심사팀장의 판단하에 필요하다면 보안서약서에 자필서명을 할 수 있도록 한다.

〈표 3-19〉 보안서약서 예시

보안서약서 예시			
심 사 일 정	20xx년 x월 x일 ~ 20xx년 x월 x일		
신 청 기 관			
심 사 구 분	☑ 최초심사	□ 사후심사	□ 갱신심사

본인은 정보보호 및 개인정보보호 관리체계 인증심사를 수행함에 있어 다음 사항을 준수할 것을 엄숙히 서약한다.

1. 나는 정보보호 및 개인정보보호 관리체계 인증심사와 관련된 심사업무가 국가기밀 사항임을 인정하고 제반 보안관계규정 및 지침을 성실히 준수한다.
2. 나는 정보보호 및 개인정보보호 관리체계 인증심사를 수행과정에서 취득한 사실과 신청인의 제출물을 심사 이외의 용도로 사용하거나 유출 또는 공개하지 아니한다.
3. 나는 이 기밀을 누설함이 국가이익을 침해할 수도 있음을 인식하고 인증심사 수행 중은 물론 인증심사가 끝난 후에도 알게 된 모든 기밀사항을 일체 타인에게 누설하지 아니한다.
4. 나는 기밀을 누설한 때에는 아래의 관계법규에 따라 엄중한 처벌을 받을 것을 서약한다.
   가. 정보통신망 이용 촉진 및 정보보호 등에 관한 법률 제66조(비밀유지 등)
   나. 국가보안법 제4조 제1항 제2호 · 제5호(국가기밀 누설 등)
   다. 형법 제99조(일반이적) 및 제127조(공무상 비밀의 누설)
   라. 군형법 제80조(군사기밀 누설)
   마. 군사기밀보호법 제12조(누설) 및 제13조(업무상 누설)

소 속:

성 명: (서명)

○○○ 귀하

또한 「국가·공공기관 발주 용역사업 보안관리 요령」(국가정보원, '07.10.10)은 발주기관이 용역업체에 제공한 내부자료나 용역 결과물 등 보안이 요구되는 제반 자료가 해킹 및 관리 부주의로 인해 유출되는 것을 방지하기 위해 제정하였다. 심사원의 심사업무는 발주 용역사업은 아니지만 심사원을 관리하는 인증기관 또는 인증신청인이 공공기관일 경우 국가정보원의 보안관리 요령에 준한 보안관리가 요구된다.

특히, 국가·공공기관의 대외비 이상 자료 열람에 대하여는 「보안업무규정」(대통령령)과 「외부 용역업체 보안관리 방안」(국가정보원)에 따라 그 열람을 제한, 관리하고 있다. 따라서 심사원은 대외비 이상의 자료에 대한 열람이 필요한 경우 상위규정과 기관 내부규정에 위반되지 않는 범위에서 자료 열람을 한다. 열람기록대장에 사인, 사본생성 금지, 현장 열람 후 즉시 반납 등 조치를 한다. 물론 심사를 위해 반드시 필요한 자료까지 기관 내의 규정에 따라 확인할 수 없어 심사를 과도하게 위축시킬 우려도 있다는 점도 있다. 이런 점을 감안하여 신청인과 잘 협의하여 원활하게 심사가 진행될 수 있도록 한다.

(2) 심사원 보안관리 업무기준

① 심사팀장이 요구하는 심사원용 서약서는 반드시 서명하여 인증기관에 제출한다. 또한 인증 신청인의 보안규정에 의해 외부자(심사원)에 대한 보안서약이 필요한 경우 요구되는 보안서약을 별도로 작성하여 제출한다.

② 심사를 위하여 받은 자료는 다음과 같이 보안관리를 한다.

- 신청인에서 받은 문서 목록을 작성하여 관리
- 민감한 자료인 경우는 잠금장치로 보관
- 제출 받은 자료는 심사 업무 종료 후 반납

③ 심사를 위해 심사원이 소지한 시스템(노트북)에 대한 보안관리는 다음과 같이 실시한다.

- 부팅, 로그인 패스워드 사용
- 안티바이러스/스파이웨어 등 보안솔루션 설치, 최신 버전 업데이트 관리, 보안패치 적용
- 인터넷 연결 시 PC 자료 유출 유의
- 당일 심사업무 종료 후 퇴근 시 자료 반납
- 신청인의 민감자료는 파일형태로 요구하지 않고 출력물 형태로 열람 후 반납
- 심사업무 최종 완료 후 고객 관련 자료 모두 삭제(심사팀장 확인 필수)

④ 휴대용 저장매체를 사용하는 경우는 저장매체의 분실에 유의하고 수령한 자료(data) 이전 등의 목적 달성 시 바로 삭제한다.

⑤ 취약점 진단 방식으로 현장심사를 실시하는 경우는 기관 담당자에게 사전 협조 요청 및 고지 후 실시하여야 하며, 임의로 수행하여서는 안 된다.

⑥ 심사 시 인증 신청인의 소속 직원에게 기밀보호를 위한 활동 참여를 유도한다.

- 신청인의 시스템에 로그인시 소속 직원이 인증 정보 입력하도록 유도
- 작업 시간에 소속 직원이 배석하도록 안내

CHAPTER

04

정보보호 및 개인정보보호 컨설팅 입문

contents

CHAPTER 04

정보보호 및 개인정보보호 컨설팅 입문

1. (개인)정보보호 컨설팅 이해

1.1 정보보호 컨설팅 개념 및 역사

(1) 정보보호 컨설팅 개념

① 정보보호 컨설팅 정의

정보보호 컨설팅이란 "전자적 침해행위에 대비하기 위한 정보시스템의 취약점 분석·평가와 이에 기초한 보호대책의 제시 또는 정보보호 관리체계 구축 등을 주된 목적으로 수행한 컨설팅"이라고 정의하고 있다(정보보호 사전점검에 관한 고시).

또한 정보보호 컨설팅은 "조직의 목적을 달성하는 데 있어 전산 시스템과 네트워크 등 모든 정보기술(IT) 자산과 조직에 일어날 수 있는 위험을 분석하고 이에 대한 대책을 수립함으로써 관리자와 조직이 그 대책을 실현할 수 있도록 지원하는 독립적인 자문 서비스"로 정의하였다(IT용어사전, 한국정보통신기술협회).

정보보호 컨설팅은 대상 조직의 요구를 만족시키고, 사업 목적과 절차에 부합하는 해결책을 수립하기 위해 대상 조직의 IT관련 부서와 업무 협조한다. 조직의 정보보호 환경을 정기적으로 개정하도록 경영진에 권고한다. 정보보호 동향 및 제품에 대하여 컨설팅 대상 조직의 운영자 및 관리자를 교육시킨다(한국직업사전).

위와 같은 내용을 종합해보면 정보보호 컨설팅은 기업 및 조직의 정보보호 문제를 전문적인 지식을 바탕으로 자문을 해주는 활동을 의미한다. 정보보호 컨설팅은 최근 인터넷 침해사고, 개인정보 유출, 해킹사고로 인한 시스템의 마비 등으로 인해 정보시스템 분야에서 많은 관심을 끌고 있는 분야 중에 하나로, 모든 영역에서 정보시스템에 대한 의존도가 높아질수록 더욱 중요도는 높아지고 있다.

② 정보보호 컨설팅 서비스 의미

인터넷 침해사고, 개인정보유출 등의 사고가 발생하게 되면, 기관이나 기업은 이미지가 실추되고 자산가치가 떨어지기 때문에 빠른 기간 내에 개선 대책을 마련하고 적용함으로써 문제점을 해결하려고 한다. 기관이나 기업에서는 이러한 새로운 정보보호 위협, 사업 기회 상실, 지속가능 불확실, 위험 관리 등으로부터 해결책을 모색하기 위하여 어떻게 하면 최소의 비용으로 효과적인 정보보호 위협에 대응하고 새로운 사업 기회와 지속가능경영을 할 수 있을까? 어떻게 하면 조직의 정보보호수준을 향상시킬 수 있는 종합계획이 마련될 수 있을까에 대한 해답을 정보보호 컨설팅으로부터 찾고자 한다.

정보보호 컨설팅을 통해 조직에 맞는 100% 완벽하게 정보보호를 추구하기 보다는 정보보호에 대한 효과적인 투자를 위해서 정보보호 사고에 따른 손실 발생과 정보보호에 소요되는 비용 발생의 합이 최소화가 최선의 방법이다. 정보보호의 균형을 유지하고 비용대비 높은 효과를 발휘할 수 있도록 투자를 계획하고 이행하기 위해서는 기업에서 보호할 중요한 자산을 파악하고, 중요자산에서 발생할 수 있는 위험에 대한 적절한 관리가 필요하다. 즉, 정보자산에 대한 위험 관리를 위해 정보보호 컨설팅을 실행해 개선하게 된다.

Tip — 정보보호 컨설팅을 받는 목적

① 자체적으로 어려운 부분을 쉽게 해결하고자 전문가의 도움이 필요
② 단기간에 최고의 전문가를 투입하여 조직의 목표달성을 위한 방향 정의
③ 내부 통제시스템들이 외부에 의한 객관적인 평가를 통해 검증
④ 조직이 정보보호에 대한 올바른 방향성 정립과 활동을 추진하고 있는지의 확인
⑤ 기업가치 상승을 위한 정보기술 환경변화에 대한 정보보호 대응전략 수립
⑥ 다양한 경영 또는 정보화 전략 목표간의 시너지 효과를 통한 경쟁력

(2) 국내 정보보호 컨설팅 역사

① 국내 정보보호 컨설팅 연혁

1990년대 중반부터 2000년대 초반까지 인터넷의 보급·확산과 정보시스템의 이용증대 및 IT 벤처 붐에 편승한 솔루션 중심의 정보보호 업체의 증가와 다양한 정보보호제품이 H/W, S/W 형태로 출시되었고 공공분야와 인터넷 기업 중심으로 수요가 발생하였다. 2000년대 중반 이후에는 정보보호시장이 정보보호 업체 중심에서 IT 업체가 자사제품과 정보보호제품을 융합하여 제품을 개발하고 공급하기 시작하였고, 제품 수요 역시 공공분야와 인터넷 기업 중심에서 사회 전 분야에 대한 정보보호 제품 및 서비스로 수요 범위가 확대되었다. 정부에서도 정보보호 서비스의 중요성을 고려하여 2000년 6월에 국내 정보보호 관련업체 55개사가 모여 "정보보호 컨설팅 포럼"을 창립하면서 정보보호 컨설팅 서비스가 활성화되는 계기를 마련하게 된다. 이러한 계기로 정보보호 컨설팅 방법론, 정보보호 관리체계 모델 개발 등을 통해 국내 정보보호 컨설팅 서비스가 하나의 정보보호 산업으로 분류하게 되었으며, 정보보호 컨설팅 포럼 운영을 통해 컨설팅 모델 개발, 관리체계 기준 마련 등 정보보호 컨설팅 서비스 기반을 마련하게 되었다.

② 정보보호 컨설팅 정착기

2001년 7월부터 시행된 「정보통신기반보호법」 제정으로 법 제17조 규정에 따라 주요정보통신기반시설에 대한 취약점 분석·평가 및 보호대책 수립업무를 수행할 수 있는 정보보호 컨설팅 전문업체를 지정하게 된다.

또한 국가의 안전보장, 행정, 금융 등의 업무와 관련되어 장애 발생 시 국민 생활에 막대한 피해를 가져올 수 있는 제어관리체계 및 전기통신 설비를 이용하거나 전기통신설비와 컴퓨터 및 이용기술을 활용하여 정보의 수집, 가공, 저장, 검색, 송신 또는 수신하는 정보통신체계를 보유하고 있는 시설을 대상으로 주요정보통신기반시설을 지정하였다. 정부에서 지정한 주요정보통신기반시설에 대한 취약점 분석·평가를 수행할 정보보호 컨설팅업체를 정보통신기반보호법 제17조에 의거하여 지정하여 운영하게 된다.

「정보통신기반보호법」에 따라 국내 정보보호 컨설팅 시장이 활성화될 수 있는 계기가 되었다. 「정보통신망법」에 따라 2001년 정보보호 관리체계 인증제도가 도입되고 다양한 분야에 인증제도(ISMS, PIMS, G-ISMS, PIPL 등)가 도입되면서 국내 정보보호 컨설팅 시장은 활성화 기반을 마련하게 되었다. 또한, 「정보통신망법」 개정을 통해 2004년 7월에 도입된 정보보호 안전진단 제도는 정보통신서비스제공자의 정보통신망에 대한 침해사고 예방을 위하여 주요정보통신서비스제공자(ISP), 집적정보통신시설사업자(IDC), 쇼핑몰 등 안전진단대상자가 의무적으로 컨설팅 업체인 안전진단수행기관으로부터 매년 안전진단을 받도록 함으로써 보안컨설팅 서비스 영역이 확대가 되었다. 이러한 안전진단 제도는 ISMS 인증제도와 통합되면서 ISP, IDC, 일정규모 이상의 정보통신사업자에게 의무화 하면서 컨설팅 시장은 많은 발전을 하게 된다.

ISMS 제도와 PIMS 제도를 통합한 ISMS-P 제도 도입으로 인해 컨설팅 서비스의 새로운 모델을 제시하고 국내 정보보호 컨설팅 서비스의 품질이나 산업측면에서 많은 성장을 할 수 있었다. 이렇게 ISMS 인증 의무화, ISMS-P 도입, GDPR 등 개인정보보호 강화 요구 등 정보보호 컨설팅 서비스 산업은 지속적으로 활성화 될 것으로 기대된다.

(3) (개인)정보보호 컨설팅 서비스 유형 및 방법론 필요성

① (개인)정보보호 컨설팅 서비스 유형

정보보호 컨설팅 서비스는 각 기업이 처한 고유한 환경에 적합한 보안 컨설팅 활동을 요구하게 됨에 따라, 단편적인 컨설팅에서 점차 다양화되고 있다. 컨설팅 서비스는 정보보호 관리체계 구축, 주요정보통신기반시설 취약점 분석·평가, 개인정보 관리체계 구축, 개인정보보호 영향평가, GDPR 대응 등 전략적, 제도적, 기술적 등 다양하게 서비스를 창출하고 있다.

〈표 4-1〉 (개인)정보보호 컨설팅 서비스 유형 예시

컨설팅 서비스 유형	내 용
(개인)정보보호 관리체계 구축 컨설팅	대부분의 보안컨설팅이 관리체계 구축 컨설팅을 기반으로 통합 정보보호 컨설팅과 유사하나 관리체계 인증기준에 따라 위험 관리 방법론 활용 구축 및 보호대책 수립 및 인증 취득 지원
Compliance 컨설팅	Basel-II, Sarbanes-Oxley 법안 등 새로운 법 규정에 따른 정보보호 대책 및 프로세스 수립
취약점 진단 컨설팅	시스템/네트워크에 대한 취약점 테스트, 취약점 결과 보고 및 대안제시
웹 어플리케이션 진단 컨설팅	정보보호 체크리스트를 이용, 침해사고가 발생할 수 있는 어플리케이션과 웹 인프라에서 발생할 수 있는 모든 취약점을 분석하여 대응방안 분석과 대응방안 수립
모의해킹 컨설팅	주요 시스템의 취약점을 찾아 침투테스트를 시도하여 해킹 및 정보보호 사고 예방 및 차단하기 위한 보호대책을 수립

주요 정보통신 기반시설	취약점분석-평가 기준을 반영한 보호대책 수립
종합 정보보호체계 수립 컨설팅	정보보호 역량 진단, 관리체계 진단, 기술진단, 관리모델 및 기준, 프로세스 진단, 프로젝트 관리 및 감리 등 종합적이고 전반적인 조직의 정보보호 마스터플랜을 수립
개인정보보호 컨설팅 (GDPR 등)	주요 고객에 대한 고객정보보호 현황 분석, 주요 고객정보보호 방안/대책 제시
개인정보영향평가	개인정보처리자가 개인정보처리시스템을 새롭게 구축하거나 기존에 운영 중에 개인정보처리시스템을 중대하게 변경이 발생한 경우 개인정보의 침해 위험성을 사전에 조사/예측/검토하여 개선하여 개인정보의 침해 또는 유출로 인한 문제로부터 피해를 최소화하기 위한 사전평가
시스템 개발단계 정보보호 컨설팅	신 시스템의 개발단계에서 발생 가능한 정보보호 취약점에 대한 사전 제거 대책/방안 제시, 오픈소스 및 시큐어 코딩 등 S/W 개발 보안 컨설팅
위험 분석 및 평가	위험 분석은 위협분석, 취약점분석, 기존 정보보호대책분석을 통해 보호되어야 할 정보시스템의 위험 수준을 판단하고, 이에 대한 보호대책을 도출하여 정보보호수준을 향상
정보보호 아키텍처 설계 및 중장기 전략 개발	컴퓨터환경 및 서비스 환경변화에 따라 네트워크 아키텍처 및 정보보호시스템의 재구축이 용이하도록 확장가능하고 효율적인 네트워크 정보보호 아키텍처 설계, 조직의 중장기 정보보호 전략 마련
정보보호 교육	교육 및 훈련 프로그램 개발, 교재 개발, 과정별 교육 등
정보보호 감사	조직의 (개인)정보보호 관리체계 등 정보보호 활동 전반에 대한 점검 및 보호조치의 효과적, 효율적으로 구현/운영 여부 점검

Tip — 정보보호 체계 수립 컨설팅 시 고려사항

① 정보보호 대상이 되는 정보자산의 범위 설정
② 정보자산과 관련된 관리적 · 기술적 · 물리적 보호 이해
③ 선진기업의 정보보호 활동에 필요한 대응 현황 파악
④ 기업 비즈니스에 필요한 정보자산의 선정
⑤ 중요 정보자산에 발생할 수 있는 위협/취약점 분석 · 평가
⑥ 위험에 대한 적절한 대책수립 및 이행
⑦ 정보보호 활동을 수행할 수 있는 조직 · 인력 등 구성

② (개인)정보보호 컨설팅 방법론의 필요성

일반적으로 컨설팅 방법론이란 일정한 기준에 맞게 구성하여 논리적으로 체계화한 것으로 "무엇을 할 것인가?" 등 문제 해결을 위한 사고의 틀을 제공한다. 국내 정보보호 컨설팅업

체들은 대부분 자체적으로 개발한 정보보호 컨설팅 방법론을 보유하고 있으며 이를 기반으로 추진하고 있다. 그런데 일부 컨설팅업체들은 관리체계 구축에 대한 컨설팅 방법론에 대해서는 관리체계 모델을 따르지 않고 기업들이 자체적으로 변형시킨 경우가 많다.

일반적으로 (개인)정보보호 컨설팅은 「정보통신망법」, 「정보통신기반보호법」, 「개인정보보호법」 등에서 요구하는 컴플라이언스 대응을 위해 법에서 요구하는 기준이나 방법론을 활용하게 되며, 컨설팅업체의 고유 컨설팅 방법론들을 추가하여 정보보호 컨설팅을 수행하게 된다.

국내 보안 컨설팅 회사들은 업체 고유 방법론을 개발하여 활용해오고 있으나, 최근 공동 프로젝트 수행, 컨설팅 방법론의 공유, 인력의 공유, 산출물 템플릿의 공유 등으로 방법론이 큰 차별화가 어려운 것이 현실이다. 보안 컨설팅 업체에서는 문제점을 인식하고 컨설팅 업체들이 사활을 걸고 최근 정보보호 환경 변화, 다양한 고객 환경, 신기술의 변화에 적용할 수 있는 다양한 방법론들을 개발하고 있다. 이러한 컨설팅 수행에 있어서 컨설팅업체 고유의 방법론이야 말로 경쟁력을 확보하고 컨설팅의 품질을 좌우하기 때문에 매우 중요하다. 보안 컨설팅 업체의 고유 정보보호 컨설팅 방법론의 필요성은 다음과 같다.

● 프로젝트의 원활한 수행에 요구된다. 방법론은 프로젝트 수행하는데 일종의 약속이다.

방법론은 컨설팅의 목적을 달성하기 위해서 작업 단계와 절차를 논리적으로 정리해 놓은 것이다. 따라서 방법론을 잘 이해하지 못하면 작업 활동을 수행하기 어렵고 궁극적으로 컨설팅 목적을 달성하기 어렵다.

● 고객과 컨설턴트간의 의사소통의 도구가 된다.

컨설팅 방법론을 이해하지 못한 사람이 컨설팅을 수행한다면 그 결과에 대해 고객이나 이해관계자가 납득을 하지 못할 것이다. 검증된 방법론에 따라 작업이 진행되어야 도출된 결과를 신뢰하게 된다.

● 반복 작업 시 같은 방식을 적용할 수 있다.

프로젝트를 여러 명이 진행하기 때문에 과정이나 산출물에 대한 공감대가 이루어지지 않는다면 작업 자체에 한계가 있다. 서로 공유할 수 있는 정해진 절차와 방법에 따라 다른 작업자가 그 일을 맡더라도 효율적으로 할 수 있다.

● 입력물과 산출물에 특정한 형식이 있다.

방법론에 따라 입력물과 산출물에 대한 특정한 포맷이 있는데 이 포맷은 적용할 때마다 변할 수 있는 것이 아니며 컨설팅 내용에 따라 그 안에 담기는 내용이 바뀔 뿐이다.

● 방법론 적용에 정해진 절차가 있다.

방법론은 정해진 절차에 따라 실행해야 컨설팅 취지와 목표에 부합되는 결론을 얻을 수 있으며 그 다음에 어떤 일을 수행해야 하는지도 예측할 수 있다.

● 방법론은 필요에 의해서 변화(진화)된다.

한 번 개발된 방법론은 그 유용성이 입증되면 적용방법이 더 구체화되고 사용범위도 확대되는 등 적용방법은 상황에 맞게 변화해야 한다. 최적의 정형화된 방법론일지라도 문제가 있으면 새롭게 개발해야 한다.

● 컨설턴트의 개인별 능력 차이를 좁혀준다.

정의된 방법론에 의해 수행하면 작업하는 사람이 다르더라도 유사한 결과를 얻을 수 있다.

정보보호 컨설팅 서비스에서 수행 방법론은 매우 중요하다. 보안컨설팅 방법론도 이제는 경영컨설팅과 같이 기업의 경영전략과 연계된 전략컨설팅 방향으로 추진해야 한다. 인력, 비용 등을 이유로 기술적 취약점 점검이나 모의해킹 등 단편적인 측면으로 추진되는 경향이 있다. 최근 정보보호 전략 수립, 정보보호 마스터플랜 수립 등 전략 컨설팅도 진행하고 있지만 아직도 조직의 경영전략과 연계한 큰 그림의 정보보호 컨설팅은 미흡한 실정이다.

1.2 (개인)정보보호 컨설팅 모델 및 절차

(1) 관리체계 컨설팅 모델

국내 정보보호 컨설팅 업체마다 고유의 컨설팅 방법론을 보유하고 있지만 본서에서는 일반적인 관리체계 컨설팅 방법론에 대해서만 언급하고자 한다. 정보보호 관리체계 구축 컨설팅 방법론은 관리체계 인증기준에서 요구하고 있는 방법과 절차에 의해 수행하여야 하나 이 부분을 간과하는 경향을 많이 있다. 그러다 보니 기술적 취약점 점검 결과 따로, 위험분석·평가 결과 따로, 위협시나리오 따로, 정보보호대책 따로 조각조작 누더기가 되어 이들 프로세스 간에 아무런 연관관계를 제시하지 못하게 된다.

결국 발주자가 관리체계나 인증기준 자체를 모를 경우, 산더미처럼 쌓여 있는 산출물들의 내용을 전혀 이해하지 못하고 해석 또한 불가하다. 예산과 시간만 낭비한 실패한 사례가 되고 마는 것이다. 다음 [그림 4-1]은 관리체계 구축 컨설팅 모델을 보여주고 있다.

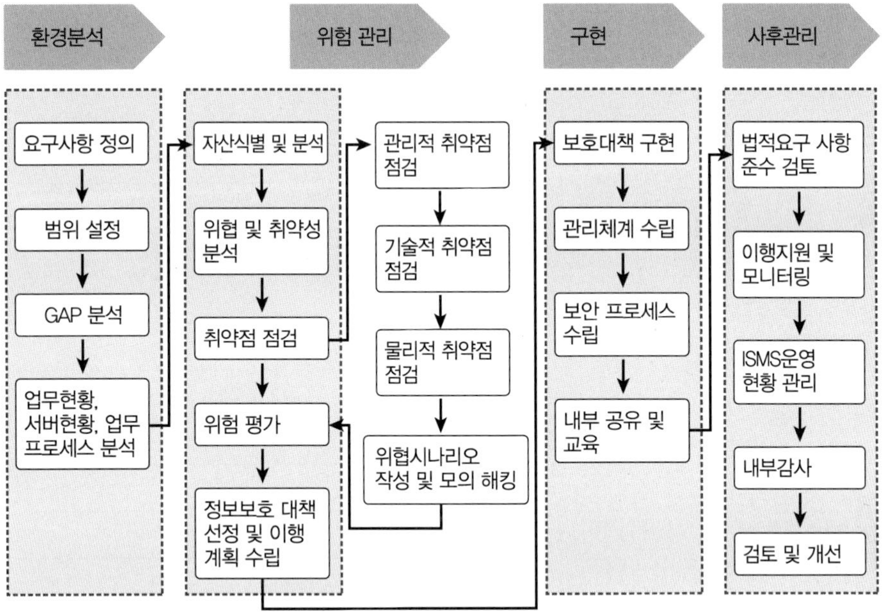

[**그림 4-1**] 관리체계 구축 컨설팅 모델

(2) 관리체계 컨설팅 절차

일반 정보보호 컨설팅 절차도 유사하겠지만 법에서 규정하고 있는 관리체계 구축 컨설팅은 인증기준의 관리체계 기본 틀인 공통 표준 프레임워크(PDCA 모델)에 따라 구축해야 한다. 따라서 관리체계 구축 컨설팅은 법에서 정한 인증기준에서 제시하는 방법에 따라 수행하게 된다.

〈표 4-2〉 관리체계 정보보호 컨설팅 수행 절차 예시

단계	상세 내역
① 준비 및 계획 단계	1. 프로젝트 준비
	2. 컨설팅 범위 설정
	3. 정보보호 현황(GAP) 분석
② 관리체계 기반 마련	1. 경영진의 참여
	2. 최고책임자의 지정
	3. 조직 구성
	4. 범위 설정
	5. 정책 수립
	6. 자원 할당
③ 위험 관리	1. 정보자산 식별
	2. 현황 및 흐름분석
	3. 위험 평가
	4. 보호대책 선정
④ 관리체계 운영	1. 보호대책 구현
	2. 보호대책 공유
	3. 운영현황 관리
⑤ 관리체계 점검 및 개선	1. 법적 요구사항 준수 검토
	2. 관리체계 점검
	3. 관리체계 개선
⑥ 결과 보고서 작성	컨설팅 결과 보고서 작성, 정책 및 지침 등 문서화
⑦ 착수 및 종료 보고회 개최	착수 및 종료 보고회 개최
⑧ 인증	인증 신청의 경우 지원

1.3 (개인)정보보호 컨설팅 프로젝트 수행시 고려사항

(1) (개인)정보보호 컨설팅 프로젝트 필요성

① 자체적으로 정보보호체계 구축 경험이 없는 경우 단시간 내에 관리체계를 효과적으로 구축하고 정보보호수준을 향상하는 지름길이 된다. 관리체계 구축에 대한 인력, 노하우, 기술, 방법론, 자동화 도구 등이 갖추기 어려운 경우 컨설팅 회사의 도움이 필요하다.

② 전사적 관리체계 구축을 위해서는 최신 정보보호 동향, 사고사례, 관리체계 구축 방법, 체계적인 정보보호 관련 교육 및 훈련 등 해당 분야의 다양한 경험과 선진사례를 제시할 수 있는 전문 컨설턴트 활용하는 것이 필요하다.

③ 내부적으로 위험 관리 등을 수행할 경우 익숙하지 못한 방법론과 기법을 적용하는데 어려움이 있으며, 현황 조사·분석, 위험식별 및 평가, 기술적 취약점 점검, 위협시나리오 도출, 모의해킹, 정보보호 마스터플랜 수립, 추진과제 도출, 정책·절차·지침 개발 등 한계에 봉착할 수 있기 때문에 경험이 많은 컨설턴트가 필요하다.

④ 업무를 접근하는 시각에 따라 경영진 설득 등 내부적인 의견 조율이 필요하며 이 과정에서 컨설턴트는 객관적이며 합리적인 조정자의 역할이 필요하다.

⑤ 일반적으로 내부의 정보보호 문제점과 개선방안의 핵심 사항을 가장 잘 알고 있는 것은 현재의 업무 담당자이지만 이를 반영하는 과정에서 일정한 한계(조직, 업무, 시간, 비용, 기술, 도구활용 등) 상황에 봉착해 있는 경우 이를 극복하기 위해서는 사업의 전체 업무를 종합적인 관점에서 바라보고 해결할 수 있는 외부 컨설턴트의 도움이 필요하다.

⑥ 외부 컨설턴트들은 기업이 정보보호 체계를 갖추도록, 현실적이고 적용 가능한 정책과 프로세스와 기법들을 기업들에 제시하고 전수한다, 주요 책임자와 경영층에게 그 중요성을 부각시켜 그 체계를 수립하고 지속적으로 적용해 나갈 수 있도록 설득할 필요가 있다.

(2) 효과적인 정보보호 컨설팅 대응 전략

컨설팅 발주기관/기업은 컨설팅을 어떻게 효과적으로 받을지에 대한 준비가 전혀 안 되어 있고 무조건 돈만 주면 모든 것을 컨설팅업체가 해결해 줄 것이라는 막연한 기대만 가지고 출발하는 경우가 많다. 컨설팅 받으면 당장 정보보호수준이 높아지고 정보보호 사고도 안 날 것이라고 경영진은 믿고 있다. 컨설팅은 고객이 정말로 고민하고 답을 못 찾는 부분에 대해 같이 고민하고 해법을 같이 찾아가는 것이다. 정보보호 컨설팅을 효과적으로 받기 위해서 다음과 같이 발주기관은 정보보호 컨설팅 받기 전 대응 전략을 마련한다.

① 정보보호 전략을 비즈니스 전략 및 목표와 연계하라.

정보보호 활동 수행 시 조직원들이 왜 정보보호를 중요시하여야 하며, 이러한 정보보호 활동이 조직의 비전 및 목표 달성에 어떠한 의미를 가지며, 본인들에게 어떠한 도움이 되는지에 대하여 인식시킬 필요가 있다. 조직원들의 공감대를 형성하여 자발적인 참여가 가능하도록 하려면, 조직의 정보보호 전략은 항상 비즈니스 목표와 연계되어 정기적으로 점검 및 정비되어야 한다.

② 문제를 정확히 파악하라.

기업의 입장에서 보면 컨설팅도 일종의 투자다. 정확하게 우리 회사의 문제가 무엇이고 무엇을 컨설팅 받을 것인지를 명확히 한 후 컨설팅을 의뢰해야만 시간과 비용을 절약할 수 있다.

③ 무엇을 얻을 것인가 목표를 명확하게 하라.

컨설팅의 목표가 무엇인지 알고 있어야 한다. 발주자가 자신이 원하는 것이 무엇인지 목표가 무엇인지를 잘 모르고 오히려 컨설턴트에게 묻는 경우도 있다.

④ 적절한 파트너를 선택하라.

단순한 지명도 보다는 해당 분야의 전문성, 강약점과 컨설턴트의 프로젝트 수행 경력 등을 면밀히 검토한 후 자사의 문제 해결에 가장 적합한 회사를 선택하는 현명함이 필요하다.

⑤ 컨설팅의 범위를 명확히 하라.

컨설팅 초반에 작업의 범위와 최종 목표에 대해 컨설턴트와 충분히 협의하고 이를 명확히 할 필요가 있다.

⑥ 최고의 직원으로 팀을 구성하라.

기업의 정보보호 문제 해결의 주체는 정보보호 조직의 역할과 책임이기 때문에 결국 컨설팅 중에는 처음부터 끝까지 항상 컨설턴트와 붙어 일하는 내부 직원들을 배치시켜야 한다. 전담 직원들은 컨설턴트들의 지식과 조언을 꾸준히 흡수해서 향후 컨설턴트가 떠나가도 자체적으로 보안관리 체계를 유지·관리할 수 있어야 한다.

⑦ 추진 팀에게 강력한 권한을 부여하라.

컨설팅을 진행하다 보면 일부 부서의 경우 자기 부서의 문제점이 노출될 것을 두려워하여 위험 분석에 필요한 자료를 그때그때 확보하기 어려울 때가 많다. 프로젝트팀이 보다 부가가치가 높은 위험 분석 업무에 집중할 수 있도록 인적, 물적 지원은 물론 업무 추진에 필요한 권한을 확실하게 보장해 주어야 한다.

⑧ 전사적 정보보호 체계를 구축하라.

초기 정보보호 컨설팅 수행 시 최고 경영진의 참여와 강력한 의지를 바탕으로 정보보호에 대한 거버넌스 체계의 구축이 바람직하다. 조직의 정보보호는 전사 차원의 전략적이고 복합적인 관점에서 정보보호 체계 구축이 필요하다.

⑨ 조직원의 공감과 참여를 확보하라.

문제에 대한 보호 대책은 컨설턴트가 제시하지만 이를 실제 행동에 옮기는 것은 결국 내부 구성원들이다. 따라서 컨설턴트의 방향 제시와 더불어 기업 내 조직원들의 자발적인 참여가 적절하게 조화를 이룰 때 컨설팅은 비로소 제 효과를 발휘할 수 있다.

(3) 정보보호 컨설팅 활용 전략

적절한 컨설팅회사를 선정하는 것보다 더 중요한 것은 기업들이 컨설팅을 제대로 활용할 수 있는 능력과 전략을 가지는 것이다. 기업들은 절대 컨설팅회사에 모든 것을 맡기는 방식으로 일을 해서는 안 된다. 만일 영원히 맡긴다면 그럴 수 있다. 그러나 컨설팅회사가 어느 주어진 기간 동안 도움을 주고 떠난다면 결국 그 뒤의 몫은 기업에게 있다. 아무리 컨설팅업체가 고객을 도우려는 의지가 있고 능력이 있는 컨설턴트들이 와도 기업이 움직이지 않고 수동적이면 실패할 확률이 높다.

그러므로 기업들은 어떠한 부분에 도움을 받아야 할지 목표를 명확히 설정해야 하고 실무 담당자들은 내가 이번 컨설팅 과정을 통해 기업 내부 컨설턴트가 된다는 생각으로 접근해야 한다. 정보보호 특성상 컨설턴트의 문제 해결 과정을 습득해야 하고 제시된 프로세스들을 기업에 체득시킬 방법을 강구하며 도움을 받아야 한다. 목표 없이 그저 컨설턴트에게 모든 것을 맡겨둔다면 기업이 할 수 있는 일은 결과 보고서에 제시된 취약점에 대한 목록과 정보보호 제품을 구입하는 것뿐일 것이다.

또한 관리체계 인증을 목표로 컨설팅을 활용할 경우에는 인증자체의 획득만을 위해 무리하게 프로젝트를 추진해서는 안 된다. 짧은 시간에 인증을 목표로 하는 경우 시간의 제한상 고민과 논의도 별로 없이 컨설턴트의 강력한 리딩 하에 그들이 만든 모범답안을 그저 수용하고 문서화하여 바인딩 할 가능성이 크다. 결국 많은 비용을 투자한 후 '인증서' 한 장 받고 모든 문서는 캐비닛으로 돌아가고, 모든 프로세스는 원래의 상태로 환원될 가능성이 크다. 기업은 '인증'을 관리체계의 수립과 이행을 위해 활용하는 추진 수단으로 생각해야지 목표로 생각해서는 안 된다.

Tip — 정보보호 컨설팅 100% 활용하기

① 프로젝트팀들과 작업그룹을 할당하고 컨설팅을 받는 명확한 목표를 수립하고 요구사항을 정립하며, 컨설팅에 들어가기 전에 먼저 충분한 교육을 통해 최대한 컨설팅 전반에 관한 절차와 내용을 파악한다.

② 컨설팅의 보고, 교육, 세미나 등을 통하여 경영층의 지원과 조직의 지원과 관심을 지속적으로 끌어내며 컨설팅 기간 중 항상 목표와 요구사항을 추적하고, 담당자들은 최대한 컨설팅의 절차를 숙지하여 기업 컨설턴트로서의 역할을 준비한다.

③ 컨설턴트들이 제시한 방안들이 그저 일반적으로 좋은 방안이 아닌 자신의 기업에 적합하도록 수정하여 이행단계를 고려하며, 컨설턴트들로 부터는 구체적인 단계별 To-be 모델을 조언받는다.

④ 컨설턴트들이 떠난 후에도 이행과 유지관리 단계에서 제시된 방안과 프로세스들을 정착시킬 수 있는 방안과 능력을 전수받는다.

⑤ 보호대책 이행과 유지관리 단계에서도 지속적인 도움을 받을 수 있도록 컨설턴트들의 투입을 보장받아야 한다. 매년 유지보수 계약을 체결하는 것도 하나의 방안이 될 것이다.

정보보호 관리체계 컨설팅은 프로세스(Process) 컨설팅이라고 해도 과언이 아니다. 단순히 해결책만을 제시해 주는 컨설팅과는 달리 프로세스 컨설팅은 문제 해결 과정에 고객을 참여시킴으로써 스스로 변화를 체험하고 문제 해결 능력을 획득할 수 있도록 도와준다. 프로세스 컨설팅은 직접 고기 잡는 법을 가르쳐주는 것이다. 컨설팅의 가장 중요한 것은 해당 기관/기업이 얼마나 효과적으로 컨설팅을 받을 준비가 되어 있느냐에 성패가 좌우 한다고 볼 수 있다.

(4) 정보보호 컨설팅업체 선정 방법

정보보호 컨설팅회사의 활용은 결국 제3자에 의한 객관적 정보보호 수준을 평가해보고 최신 해킹 동향 등에 빠른 대응과 전문성과 경험을 활용하여 정해진 기간 내에 정보보호 체계를 수립하고자 하는 것이다. 관리체계는 자체적으로 구축하는 것이 바람직하나 그렇지 않을 경우 외부 정보보호 컨설팅업체를 활용하여 컨설팅을 받아서 구축하고 학습하여 이후 운영부분서 부터는 기업 정보보호 조직에서 직접 수행하는 것이 바람직하다.

컨설턴트들이 가진 '능력' 과 또 그 보다 더 중요한 것은 그들이 가진 '철학과 사상'에 대한 것이다. 어떤 컨설팅회사나 컨설턴트들은 고객의 진정한 문제를 해결해주고 같이 고민해주고 기한 내에 요구된 산출물들을 생산하는 것이 목표일 것이다. 컨설턴트들이 대충 컨설팅을 해주고 무책임하게 대안 없이 산출물만 제시해 주고 떠나는 컨설턴트는 없을 것이다.

좋은 정보보호 컨설팅은 고객과 컨설턴트 양쪽의 노력에 의해 가능하다. 분명하고 현실적인 목표, 경영진으로부터의 심리적 지원, 고객의 장기적인 안목과 투자가 없다면 컨설턴트는 엉터리 고객들에 의한 희생양이 될 가능성이 높다.

Tip — 정보보호 컨설팅업체 선정 시 체크리스트

① 최고의 인력, 커뮤니케이션 능력, 전문지식, 수행 경험, 프로젝트관리 능력, 윤리적 문제 등을 최우선 파악한다.
② 위험 관리의 풍부한 경험, 컴플라이언스 및 정책 방향 등을 이해하고 있는지 확인한다.
③ 정보보호 관리체계 컨설팅의 경험과 인증기준에 대한 명확한 이해를 하고 있는지 파악한다.
④ 고객사에 적합한 방법론 변경 등 고객의 요구사항의 탄력적 수용 가능하고 컨설팅 방법 등이 타사와 차별화 되어 있는지 확인한다.
⑤ 고객이 스스로 할 수 있도록 힘을 길러줄 수 있어야 하며, 시스템화 할 수 있는 능력을 전수할 수 있는지 파악한다.

⑥ 고유의 컨설팅 방법론을 가지고 있으며 다양한 컨설팅 서비스를 보유하고 컨설턴트가 방법론을 숙지하고 있는지 확인한다.
⑦ 컨설팅 회사가 건전한 '철학과 사상'을 지니고 있는지를 보아야 한다. 그러나 투입될 책임자들과 인력들을 직접 인터뷰해보고, 그들이 일했던 기업으로부터의 피드백을 들어보는 등의 방법을 활용한다.

(5) 정보보호 컨설팅 실패 및 성공 요인

① 컨설팅업체 입장에서 프로젝트 실패 요인

컨설팅 프로젝트를 수행하는 컨설팅업체 입장에서 컨설팅 프로젝트 실패요인을 살펴보면 다음과 같은 것들이 있다.

● 고객의 기대수준 관리의 실패

- 프로젝트 초기 단계에서 고객의 기대 수준을 지나치게 높게 하여 시작한 경우
- 프로젝트 진행에 따른 산출물 수준과 고객의 기대 수준에 현저한 차이가 있을 경우
- 기대 수준에 대하여 프로젝트 관리자가 고객에게 전후 사정을 설명하지 않은 경우

● 프로젝트 수행 방식과 사업 범위 혼선

- 공동수급방식의 경우 계약 관리의 상당부분을 조정·관리하는 역할을 수행하지 못할 경우
- 민감한 사안이나 판단이 모호한 인접 작업범위에 대해서는 책임의 소재를 명확히 하지 않은 채 일정이 진행되는 경우

● 프로젝트의 범위 및 기간, 투입인력 규모 산정의 오류

- 프로젝트에 대한 충분한 이해 부족과 고객의 요구사항, 기대 수준을 정확하게 파악이 안 되는 경우
- 프로젝트의 목적 및 배경이 불분명한 경우

- 과거의 지적자산 활용 고수 및 맹목적인 의존
  - 컨설팅 업체의 방법론을 강요하거나, 고객의 요구사항에 적절하게 대응을 못하는 경우
  - 기존에 틀에 박힌 산출물을 활용하거나 타사의 산출물과 차별화가 안 될 경우
- 충분한 노하우를 통한 컨설팅 부족
  - 타사의 노하우를 무조건 따라하거나 돈에 맞추어 고객과 합의 없이 일부를 생략하고 진행하는 경우
- 컨설턴트의 자질과 능력 부족, 자체 방법론이 없거나 이해가 부족
  - 정보보호 컨설팅회사의 자체 방법론이 없거나, 기업 환경에 맞지 않은 방법론 적용하는 경우
  - 컨설턴트가 완벽하게 방법론을 숙지하거나 이해를 하지 못할 경우
- 수행기관의 경영진의 관심과 지원 소홀
  - 발주기관의 최고경영진 관심과 참여를 이끌어내지 못하는 경우
- 프로젝트 관리원칙의 부재
  - 변화하는 환경과 프로젝트 수행 조건 등을 공식적이고 체계적인 절차에 따라 반영하지 않을 경우
- 컨설팅 내용에 대한 품질보증 활동의 미비
  - 동일한 회사에서 동일한 방법론을 적용해도 산출물이나 품질에 컨설턴트에 따라 차이가 발생하는 경우
- 프로젝트 핵심 투입인력의 변동
  - 프로젝트 기간 중 핵심인력에 변동이 발생하는 경우

② 컨설팅 받는 기업 입장에서 성공 요인

정보보호 컨설팅을 받는 조직 입장에서 효과적이고 성공적인 컨설팅을 받기 위해서 고려해야할 사항은 다음과 같다.

- 정보보호 사업의 배경 및 목적, 컨설팅 범위, 목표 수립 등 컨설팅 추진 계획 수립한다.
- 경영진 설득 및 전 직원 교육, 프로젝트팀을 구성한다.
- 컨설팅업체로 부터 단계별 기술 전수, 컨설팅 결과에 대한 신뢰 및 실질적 이행을 한다.
- 정보보호 관리체계 및 인증기준에 대한 명확한 이해를 한다.
- 컨설팅회사에 모든 것을 맡기는 방식이 되어서는 안 되며 관리체계 구축 및 운영에 직접적으로 참여한다.
- 지속적으로 운영·변경 관리를 할 수 있도록 산출물을 관리한다.
- 정보보호 관리체계를 지속적으로 운영·관리 위해 자동화 시스템화를 고려한다.
- 인증만을 위한 접근은 궁극적으로 고객과 컨설팅업체 모두를 실패하게 함을 인식한다.
- 컨설팅 업체의 실패요인을 분석하여 시행착오를 줄인다.

Tip — 정보보호 컨설팅 시 유의사항

① 동일한 정보보호 컨설팅 방법론을 적용하기 보다는 컨설팅 업체별 독자 방법론 개발 필요
② 동일한 템플릿, 동일한 보고서, 동일한 내용 보다는 자체 방법론에 의거한 문서화 고려
③ 동일한 정보보호 컨설팅 회사에서 생산한 결과물의 경우 컨설턴트에 따라 수준이 결정되는 것이 아니라 동일한 수준의 품질관리
④ 컨설팅 결과에 대하여 발주기관의 경영진 수준에서 이해할 수 있는 논리적이고 체계적인 컨설팅 결과보고서 작성 필요
⑤ 정보보호 컨설팅을 일반적 경영컨설팅이나 전략컨설팅과 비즈니스와 연계
⑥ 정보보호 컨설팅 결과에 대해 보호대책 수립에 대한 무엇을 해야 한다를 포함하여 어떻게 구형하는 구체적 대책을 제시
⑦ 중장기 정보보호 전략 수립 등 전체그림을 그릴 수 있는 정보보호 아키텍터 고려
⑧ 위험 분석 및 평가 등 경험과 노하우가 풍부한 고급 컨설턴트를 활용하여 품질관리 절차 마련

2. (개인)정보보호 컨설팅 프로젝트 수행 절차

(1) 프로젝트 절차

컨설팅 프로젝트 발주기관/기업 입장에서 정보보호 컨설팅을 준비하면서 프로젝트를 수행하기 위한 절차는 통상적으로 '제안요청서(RFP : Requests for Proposal, 이하 RFP라 한다) 발송 또는 공고 → 제안서 제출 및 발표 → 업체선정 → 계약체결 → 프로젝트 수행 → 프로젝트 완료' 순으로 진행된다.

〈표 4-3〉 정보보호 컨설팅 프로젝트 수행 절차 예시

수행단계	내용
① 제안요청서 공고 (입찰 공고)	제안요청서(이하 RFP라 한다)는 정보보호 컨설팅을 수행하기 위해 정보보호 컨설팅 업체로부터 제안서를 받고 추진하고자 하는 사업에 최적의 업체를 선정하기 위한 기초자료다. RFP에는 사업을 추진하게 된 배경, 목적, 사업범위(정보시스템 현황, 정보보호 컨설팅 수행업무), 업체선정 기준 및 추진일정 등을 포함하고 있다. 단, 국가기관의 경우 조달청 입찰 절차에 따르게 된다.
② 제안서 제출 및 발표	정보보호 컨설팅업체로부터 접수한 제안서에 대해 각 컨설팅업체의 발표 및 제안내용에 대한 인증심사를 수행한다.
③ 업체선정	제안발표 내용을 근간으로 정보보호 컨설팅을 수행할 컨설팅업체를 선정하는 단계로 기술점수 및 가격점수(점수의 비율은 통상 80대 20)를 토대로 정보보호 컨설팅업체를 선정한다.
④ 계약체결	최종 선정된 업체와 기술협상 등 요구사항에 대해 최종 확정하고 업무협의가 완료된 경우 최종 협의된 사항을 포함한 계약서를 작성한다.
⑤ 프로젝트 수행	계약체결과 함께 프로젝트를 수행한다. 프로젝트 상주인력에 대한 정보보호서약서, 사무환경, 의사소통 등 업무수행에 필요한 제반사항에 협의를 수행하고 본 프로젝트를 수행한다.
⑥ 프로젝트 종료	RFP의 요구사항에 대한 정보보호 컨설팅업체의 프로젝트 산출물을 검수하고 최종 결과보고를 끝으로 프로젝트를 종료한다.

(2) 제안요청서(RFP) 발송 또는 공고

① 제안요청서 확인

컨설팅을 받고자 하는 기관/기업은 먼저 내부 계획이 확정되면 컨설팅업체 선정을 위한 제안요청서를 작성하고 입찰 공고 또는 특정 업체에게만 제안요청서를 통보하게 된다.

〈표 4-4〉 정보보호 관리체계(ISMS) 구축 컨설팅 제안요청서 예시

제안서 목차	내용
Ⅰ. 사업개요	사업명, 사업 목적, 사업 내용, 기간 및 예산, 추진체계, 추진 방법, 사업 결과물 등 정의
Ⅱ. 제안요청 내용	컨설팅 구체적인 내용 기술
Ⅲ. 제안의 일반사항	컨설팅 수행 조건, 일반 조건, 하자 보수 조건, 산출물, 품질 보증 및 관리 계획, 통제 및 위험 관리 계획, 지원 부분, 계약 이행, 검수, 일정 등 기술
Ⅳ. 제안 유의사항	입찰 참가자격, 입찰관련 사항, 제출서류, 제안서의 효력 및 유의사항 등 기술
Ⅴ. 제안서 작성 요령	제안서에 대한 구체적인 포함될 내용에 대한 작성 요령 설명

컨설팅 수행업체가 제안서 작성 시 제안요청서 내용을 완전히 숙지하지 않고, 발주기관의 요구사항을 이해하지 못한 상태에서 정보보호 컨설팅 내용은 같을 것이라고 판단하여 무작정 기존 제안서를 약간의 수정·제안하여 실패하는 경우가 많다.

② 입찰 참가자격 확인

일부 기관/기업에서는 특정 분야에 대해 입찰참가자의 자격을 정부가 지정한 지식정보보안 컨설팅전문업체, 개인정보영향평가수행기관 등으로 제한하는 경우가 있으나 기타 보안컨설팅을 특별하게 제한하는 경우는 없다. 하지만 갈수록 업체에 대한 제한, 참여수행자에 대한 자격제한 요소 등이 많아지고 있어 입찰 참가자격이 까다로워지고 있다.

〈표 4-5〉 입찰 참가 자격 예시

① 국가를 당사자로 하는 계약법 시행령 제12조에 의한 경쟁 입찰자격소지자
   - 사업자 등록증상에 당해 사업을 수행할 수 있는 사업 업태 및 종목이 신고되어 있는 업체
② 국가를 당사자로 하는 계약법 시행규칙 제76조의 규정에 의한 부정당업자로 입찰참가자격 제한을 받은 업체는 제외
③ 대기업인 소프트웨어사업자가 참여할 수 있는 사업금액의 하한 적용 대상 업체이어야 함
④ 중소기업자간 경쟁제품 직접생산확인기준에 의거 직접생산증명서[입찰마감일 전일까지 전산업무(소프트웨어) 개발분야로 발행된 것으로 유효기간 내에 있어야 함]를 소지한 업체
   - 판로지원법 제33조 제1항에 의거 중소기업자로 간주되는 특별법인 포함
   (특별법인의 경우 해당 자격을 증빙할 수 있는 관련 서류를 추가로 제출하여야 함)

또한 공동수급으로 참여할 경우, 공동수급 방식, 입찰 참가 자격, 공동수급체 구성원 및

구성원별 계약참여 최소 지분율, 중복 결성 참여 가능 여부, 공동수급협정서 제출 등을 반드시 확인한다. 이외 공동수급 방식의 경우 다음 사항을 확인한다.

- 공동수급 방식의 경우에는 주사업자 투입인력이 전체 인력의 최소 비율 확인(통상 30% 이상)
- 대기업의 참여제한 및 대기업 공동수급의 제한하는 내용을 확인
- 사업수행 책임자(PM) 및 전담인력의 변경 사항 조건 확인
- 사업자 선정방식 확인(기술평가 90%, 가격평가 10% 적용 등)

> **Tip — 공동수급 방식(공동이행방식, 분담이행방식) 비교**
>
> ① 공동이행방식의 경우에는 계약상 의무이행에 대하여 연대하여 책임을 지게 되므로 구성원 각각이 당해 계약의 이행에 필요한 자격요건을 갖추어야 한다.
>
> ② 분담이행방식의 경우에는 구성원 간에 각자 책임을 지며, 주로 면허보완이 필요한 경우에 허용되는 방식으로써 구성원 공동으로 면허보완을 통하여 계약이행에 필요한 자격요건을 갖추면 되는 것이다(조달청 홈페이지).

(3) 제안서 제출 및 발표

① 사전 요구사항 파악

제안서는 고객으로부터 발주 받은 프로젝트를 어떻게 수행할 것인지를 포괄적으로 정리한 문서로써, 제안요청서를 근거로 프로젝트 수행 능력, 전략, 방법, 절차 등과 같은 내용을 포괄적으로 제시하는 문서라 할 수 있다. 따라서 제안서는 고객에게 깊은 인상을 심어줄 수 있는 기회이자 프로젝트 수주와 직결되는 매우 중요한 문서인 만큼 깔끔한 형식과 명료한 내용으로 작성해야 한다. 고객에게 강점을 부각될 수 있도록 하고 중점적이고 전략적으로 부각시킬 부분을 검토하여 이를 중심으로 구성하는 것이 요구된다. 따라서 제안서 작성 시에 고려할 사항을 정리하면 다음과 같다.

● 일반 원칙 준수

- 지나친 기술적 표현을 피하고 가독이 쉽도록 작성한다.
- 제안요청서에 제시된 작성 기준과 요구사항을 준수하고 충족했는지 검토한다.
- 구성이 조직적이고 체계적이며 내용이 정확하고 문장이 읽기 용이해야 한다.

- 일관성 있는 전략과 방향이 전개되고 가시적인 효과를 제시한다.

● 제시된 수행방법의 적정성 검토

- 수행방법이 고객사의 환경에 가장 적합한 접근방법 인가를 검토한다.
- 제시된 기간 내에 요구되는 수준을 달성 할 수 있을지 검토한다.
- 제시된 방법론으로 프로젝트를 수행할 경우 예상되는 문제점이나 위험요소가 무엇인지 확인한다.
- 예상 투입 인력의 적정성과 이행 가능성 여부를 확인한다.

● 고객사의 요구사항 명확화

- 프로젝트의 목적과 범위에 대해 명확화한다.
- 고객의 요구사항에 대해 우선 순위를 설정하여 성격을 명확하게 한다.
- 불명확한 고객의 요구사항이나 변동 가능성을 명확히 한다.

② 제안서 작성 및 발표 준비

제안서 제출은 대부분 직접 전달하는 방식이 적절하며 내용을 확실하게 파악하는 사람이 고객사가 질문할 경우를 대비하여 예상 질의·응답 등을 준비한다. 당일 제출과 동시에 발표를 하는 경우 사전에 예행 연습을 하는 것이 좋다. 발표는 실제 프로젝트팀 책임자가 직접 발표하는 것이 좋으며, 발표 시에는 평가위원들의 반응과 질문에 대한 의도를 빨리 파악하여 지체 없이 명확하게 답변하여야 한다.

〈표 4-6〉 관리체계 구축 컨설팅 제안서 작성 관련 요령 예시

작성항목		작성방법
Ⅰ. 제안개요		제안업체는 본 사업의 제안내용을 명확하게 이해하고, 본 제안의 목적, 범위, 전제조건 및 제안내용의 핵심 기술전략, 제안의 특징 및 장점을 요약하여 기술하여야 한다.
Ⅱ. 제안업체 일반현황	1. 일반현황	제안업체는 일반현황 및 주요연혁, 최근 3년간 자본금 및 부문별 매출액 등을 명료하게 제시하여야 한다.
	2. 조직 및 인원	제안업체의 조직 및 투입인력현황을 제시하여야 한다.
	3. 주요 사업내용	제안업체의 주요 사업내용을 분야별로 구분하여 제시하여야 한다.
	4. 주요 사업실적	최근 3년 이내에 본사업과 관련이 있는 사업을 수행한 실적을 제시하여야 한다.

Ⅲ. 기술 부문	1. 대상사업에 대한 이해	요구사항을 만족하는 구축 목표시스템의 구성도, 구성 체계를 제시하여야 한다.
	2. 제안범위 및 추진전략	- 효율적인 컨설팅 방법을 제시하고 인적, 물적, 자원의 확보 및 활용 방안과 관련된 사업 추진전략을 기술하여야 한다. - 컨설팅에 대한 단계별 적용방법을 상세하게 기술, 컨설팅 방법에 대한 타당성과 제안 근거를 제시, 절차에 대한 방안을 제시, 운영 및 모니터링에 대한 전반적인 방안을 제시하여야 한다.
	3. 컨설팅 내용 및 분야	컨설팅 내용을 구체적으로 제시한다.
	4. 컨설팅수행 방법론 및 수행환경	기관별 컨설팅 적용 방법을 제시하여야 한다.
	5. 기타 수행 방안	기타 수행방법 및 전략을 제시하여야 한다.
Ⅳ. 사업 관리 부문	1. 추진일정계획	발주자와 협의된 결과에 따라 일정을 준수할 수 있음을 기술하여야 한다.
	2. 수행조직 및 업무분장	본 사업을 수행할 제안업체 인력, 협력업체의 조직 및 업무분장 내용을 상세히 제시하여야 한다.
	3. 투입인력 및 이력사항	투입인력 계획을 주요일정별로 제시하고, 투입 인력의 개인별 프로젝트 수행실적을 본 사업과 유사한 업무 및 기본환경을 중심으로 구체적으로 작성하여야 하며 인력의 이력사항을 첨부하여야 한다.
	4. 품질보증계획	품질보증을 위한 조직, 방법, 절차, 내용 등을 제시하여야 한다.
		사업기간 동안 이루어질 보고 및 검토계획을 상세하게 제시하여야 한다. - 월간, 주간, 일일, 수시 보고, 단계별 검토회의 등
	5. 관리방법론	각 구성요소별로 업무수행을 위해 컨설팅 절차 및 방안을 제시하여야 한다.
		프로젝트 환경 미흡, 인력변경 등 프로젝트 수행과정에서 발생할 수 있는 위험요인에 대한 관리방안을 제시한다.
Ⅴ. 교육 및 지원 부문	1. 교육훈련 및 기술이전 계획	관리자, 운영자 등 대상자별로 구분하여 교육 프로그램을 상세히 제시하여야 한다.
	2. 기밀정보보호 및 비상대책	수행 중 발생할 수 있는 비상상황에 대한 처리 절차, 컨설팅 후속 조치, 기밀사항에 대한 교육 등 종합적인 방안이 제시되어야 한다.
	3. 기타 지원사항	기타 본 사업과 관련된 항목에서 제시되지 않은 내용 외에 반드시 필요하다고 판단되는 사항
Ⅵ. 기타 일반부문		제안업체가 사업과 관련되어 추가 제안할 내용을 기술한다.

(4) 업체선정

① 제안서 평가

제안서 제출이 끝나면 컨설팅업체 입장에서는 업체선정을 위한 제안서 평가와 발표가 가장 중요한 절차라 할 수 있다. 제안서 내용도 중요하지만 제안서 발표자의 역량에 따라 업체 선정의 결정적 요인으로 작용할 수 있다. 때문에 컨설팅 업체는 제안서 작성, 발표 및 평가 시에 제안요청서에 나와 있는 평가기준 및 배점을 확인하고 프레젠테이션 등 철저한 준비가 필요하다. 조달청 입찰의 경우 일반적으로 사용하는 기술평가 항목 및 배점 기준은 다음과 같이 준비한다.

〈표 4-7〉 제안서 기술 평가항목 및 배점 기준 예시

평가부문	평가항목	평가기준	배점
추진 전략	사업 이해도	사업의 특성 및 목표에 대해 주변 환경 분석과 업무내용의 연관관계의 이해를 바탕으로 일관성 있는 방향과 전략을 제시하고 있는가?	20점
	추진 전략	컨설팅 수행 시 위험요소를 고려하여 얼마나 창의적이며 타당한 대안을 제시하였는가?	
	적용 기술	사업에서 적용하고자 하는 컨설팅 기술이 향후 확장성을 고려하여 현실적으로 실현 가능하게 제시되어 있는지?	
	표준 프레임워크 적용	컨설팅 방법 등 표준 프레임워크의 사용 계획과 예상되는 문제점을 구체적으로 기술하고 실현 가능한 대응 방안을 제시하였는지?	
	사업수행조직	조직체계의 적정성, 참여인력의 적정성, 참여인력의 전문성(자격증 소유 여부 등)	
	관련분야 사업실적	관련 분야 수행 실적, 관련 분야 수행 규모, 자체기술 등 관련기술 보유 여부	
기술 및 기능	사업 수행 기술력	사업에 적정한 방법론의 제안 타당성을 평가하고, 실제 적용 사례와 경험을 바탕으로 효율적인 단계별 활동 내용을 구성하여 산출물의 적정성을 유지하고, 기술과 경험을 적절히 활용하고 있는가?	30점
	수행방법론 및 수행환경	정보보호 컨설팅 방법론 및 분석 도구를 통하여 구체적인 내용으로 분석되고 구현 방안이 구체적으로 기술되어 있는가를 평가하고, 제안한 방안 및 기술이 적용 가능한지?	
	정보보호 요구 사항	관련 기능 등 타 요구사항 및 시스템과 관련되어 분석되고, 적용할 표준 및 구현 방안이 설계단계부터 반영되어 구체적으로 기술되어 있는가를 평가하고, 제안한 방안 및 기술이 적용 가능한지?	

<table>
<tr><td rowspan="4">품질 관리</td><td rowspan="2">품질 요구 사항</td><td>방법론 및 분석 도구를 통하여 구체적인 내용으로 분석되고 구현 및 테스트 방안이 구체적으로 기술되어 있는가를 평가하고, 제안한 방안 및 기술을 통해 요구 성능을 충족시킬 수 있는지?</td><td rowspan="4">15점</td></tr>
<tr><td>컨설팅 방법이 구체적으로 기술되어 있는가를 평가하고, 기술적 취약점 점검 등 각 단계별 품질 요구사항의 점검 및 검토 방안이 구체적으로 계획되어 있는가?</td></tr>
<tr><td>품질보증</td><td>품질보증계획의 적정성, 품질보증인력의 자질, 사업자 품질보증 능력</td></tr>
<tr><td>산출물 관리계획</td><td>산출물 관리방안의 적정성</td></tr>
<tr><td rowspan="3">프로젝트 관리</td><td>관리 방법론</td><td>사업위험, 사업진도, 사업수행 시 정보보호를 관리하는 방법, 사업수행 성과물이나 산출물의 형상 및 문서를 관리하는 방법 등</td><td rowspan="3">18점</td></tr>
<tr><td>일정 계획</td><td>사업수행에 필요한 활동을 도출하여 정확한 활동 기간의 산정과 도출된 활동 간의 배열이 합리적인지, 중간목표가 적정하게 제시되어 있는지, 각 활동에 적합한 자원이 적절히 할당되어 있는지 등</td></tr>
<tr><td>개발 장비</td><td>컨설팅 도구 등 해결방안을 명확히 제시하고 있는가?</td></tr>
<tr><td rowspan="5">프로젝트 지원</td><td>시험 운영</td><td>사업 수행을 위해 제공 및 지원하는 부분</td><td rowspan="5">7점</td></tr>
<tr><td>교육 훈련</td><td>사업 운영 및 관리자를 위해 제공 및 지원하는 각종 교육훈련의 방법, 내용, 일정 및 조직 등</td></tr>
<tr><td>유지 보수</td><td>하자보수 및 유지보수 계획, 조직, 절차, 범위 및 기간 등</td></tr>
<tr><td>기밀 정보보호</td><td>사업 추진 동안 악영향을 미치는 기밀을 보호함과 동시에 원활한 사업의 수행을 보장하기 위한 체계 및 대책</td></tr>
<tr><td>비상 대책</td><td>사업 수행자가 안정적인 사업 수행을 위해 제시하는 인력, 각종 백업/복구 및 장애대응 대책</td></tr>
<tr><td rowspan="2">상생 협력 및 하도급 계약 적정성</td><td>상생협력</td><td>공동수급체 구성을 통한 입찰참가 시, 사업 참가자 중 중소기업인 소프트웨어사업자의 참여비율</td><td rowspan="2">10점</td></tr>
<tr><td>하도급계약 적정성</td><td>하도급에 참가하는 중소기업인 전문기업의 보유기술과 기술요구사항의 일치성, 보유기술의 실현 가능성, 입찰참가자(공동수급일 경우에는 공동수급체 전부)의 하도급 대금지급 방식의 적정성</td></tr>
</table>

② 기술협상

제안서 평가와 발표가 끝나면 우선협상대상자가 선정이 된다. 우선협상대상자가 선정되면 제안요청서를 기반으로 추가적인 기술협상을 하고 협상이 이루어지면 계약체결을 진행하게 된다. 기술협상에서는 제안서에는 구체적이지 않으나 발주기관의 추가 요구사항 또는 제안서 발표 시 별도의 추가 제안을 한 경우 이를 반영하여 기술협상서에 상호 협의 사항을 정리하게 된다.

〈표 4-8〉 기술협상서 양식 예시

제 안 서 협 상 안

□ 구매관리번호 :
□ 수 요 기 관 :
□ 품명 및 수량 :
□ 협 상 일 시 :
□ 협상 대상자 :
□ 협상 내용

제안내용	협상안	협상결과	비고
○ 상주 인원(2명)	○ 총괄 PM 1명, 컨설팅 1명	수용	

위와 같이 협상하였음을 확인하고 협상결과를 계약의 일부로 하는데 동의함.

협상대상자 주소 :

상호 :

대표자 : (인)

(5) 계약 체결

① 사업수행계획서 제출

우선협상대상자가 확정되고, 기술협상을 마무리 하게 되면 발주기관 또는 조달청 입찰의 경우 조달청과 최종 계약을 하게 되며, 조달청 계약인 경우 계약 체결 후 10일 이내에 사업수행계획서, 용역책임자 및 참여기술자, 이력서, 서약서 등을 포함하여 착수계획서를 제출하고 발주기관의 승인을 받게 된다. 제안서 내용과 기술협상 내용을 포함하여 구체적인 사업수행계획서 및 최종 산출물을 작성하여 발주기관에 제출하여야 한다.

〈표 4-9〉 사업수행계획서 예시

사 업 수 행 계 획 서	
1. 프로젝트 개요 가. 프로젝트 개요 나. 프로젝트 배경 및 목적 2. 프로젝트 내용 가. 전체 목표 시스템 나. 프로젝트 범위 다. 하드웨어/소프트웨어 및 네트워크 내역 3. 프로젝트 조직 및 일정계획 가. 조직도 - 책임 및 역할 나. 업무분장 및 인력투입계획 다. 일정계획 - 전체추진 일정 - 단계별 세부일정	라. 업무보고 - 보고의 목적 및 절차 - 보고의 유형 및 방법 4. 사업추진 방안 가. 산출물관리 - 산출물관리 개요 및 관리 절차 - 주요 산출물 나. 품질관리 다. 형상관리 5. 유지보수 방안 및 교육 계획 가. 유지보수 방안 나. 교육계획 6. 인수조건

② 최종 산출물 내역 제출

산출물은 프로젝트의 목적이나 발주기관의 요구사항에 따라 다양할 수 있다.

〈표 4-10〉 정보보호 컨설팅 절차별 산출물 내역 예시

절차		산출물
① 프로젝트 준비		사업수행계획서
② 컨설팅 범위 정의		범위 정의서
③ 현황분석(GAP 분석)		GAP 분석보고서
④ 위험 관리	자산분석	자산목록, 자산분석보고서
	위협분석	위험 관리 계획서, 기술적 취약점 점검 계획서 위험 분석 · 평가보고서 (위협 및 취약점 분석, 모의해킹 및 위협대응시나리오 포함)
	취약점 분석	
	위험 평가	
	보호대책 선정 및 이행계획 수립	정보보호대책 이행계획서

⑤ 보호대책 구현	정보보호 정책 및 지침
	관리체계 운영명세서
	교육 및 훈련 보고서
⑥ 사후관리	법적요구사항 분석서
	정보보호 관리체계 운영 현황표
	내부감사보고서
⑦ 착수 및 종료 보고	착수 및 종료회의 보고서
	컨설팅결과 최종보고서

* 인증 신청의 경우 인증기관의 인증신청관련서류 작성 지원

③ 비밀준수 서약서 제출

사업수행계획서와 함께 산출물 내역과 비밀준수 서약서를 제출하게 된다.

〈표 4-11〉 비밀준수 서약서 예시

비밀준수 서약서			
성 명		직(급)위	
소 속		사업참여기간	

본인은 정보보호 컨설팅 수행 인력으로서 아래 내용을 비롯하여 "비밀준수"의 모든 내용을 준수할 것을 서약한다.

1. ( ) 컨설팅 사업을 수행하는 동안 수집한 정보 및 취득한 지식에 대하여 업무 목적 이외로 ________________ 의 동의 없이 제 3자에게 유출하거나 공개하지 않겠습니다.

2. 업무를 위해 요청한 자료는 '자료관리대장'을 작성하여 관리하고 반드시 사업 종료 후 반납하겠습니다.

3. 사업 수행 중 생산되는 보고서 및 산출물은 이메일이나 여타 온라인 전송 매체를 이용하여 전달하지 않겠습니다.

4. 컨설팅 산출물은 사업 종료시 담당자에게 제출한 후 개인 PC에 남아 있지 않도록 삭제하겠습니다.

이상의 사항을 위배했을 경우 어떠한 처벌도 받을 것을 엄숙히 서약한다.

년 월 일

서약자 (인)

귀하

(6) 프로젝트 수행 및 완료

사업수행계획서와 함께 컨설팅 프로젝트가 계약이 완료되면 발주기관과 일정에 따라 프로젝트를 수행하게 된다. 프로젝트 수행 내용은 4.3절 정보보호 컨설팅 방법 및 절차에서 상세하게 설명한다.

3. (개인)정보보호 컨설팅 프로젝트 수행 방법

3.1 요구사항 및 현황(GAP) 분석

(1) 요구사항 정의 및 컨설팅 범위 설정

사업수행계획서에서 정의한 수행 단계별 산출물에 대한 정의와 내용을 발주기관과 수행기관이 상호 확인하면 발주기관의 승인 하에 계약이 완료되면 본격적인 정보보호 컨설팅 프로젝트를 시작하게 된다. 가장 먼저 수행 단계로 고객의 요구사항 정의, 구축 범위 또는 컨설팅 범위 설정, GAP 분석, 업무현황 및 서비스 현황, 업무 프로세스 분석 순으로 진행하게 된다. 범위 선정은 어떤 근거로 범위를 정한 근거와 기준을 제시해야 하며 타당성을 설명할 수 있어야 한다. 관리체계 구축 컨설팅의 가장 기초가 되는 정보보호 컨설팅 범위 정의서를 작성한다.

〈표 4-12〉 정보보호 컨설팅 범위 정의서 예시

정보보호 컨설팅 범위 정의서 예시	
1. 일반현황 가. 일반현황 나. 주요 사업 내역 다. 정보보호 관리체계 수립 방법 및 절차 2. 요구사항 정리 3. 범위 선정 기준 4. 정보자산 식별 가. 정보시스템 목록	나. 인력 및 서비스 범위 다. 주요 정보자산의 범위 제외 사유 5. 정보호호 컨설팅 범위 가. 주요 서비스 및 업무 현황 나. 서비스 제공과 관련된 조직 다. 정보보호 조직, 주요 설비 목록 라. 네트워크 및 시스템 구성도 마. 서버 및 네트워크, 정보보호시스템 현황 바. 응용시스템 현황 사. 문서 목록(예: 정책, 지침, 매뉴얼, 대책명세서 등)

(2) GAP 분석 및 업무 현황 분석

① GAP 분석 개요

GAP 분석은 관리체계 인증기준과 기업 내 현재의 보호대책 적용 현황과의 수준 차이를 확인할 수 있다. 즉, GAP 분석을 통하여 관리체계 인증기준에서 부족한 부분이 무엇인지를 확인하는 것을 목표로 한다.

GAP 분석결과는 조직 내 관리체계 현황을 파악, 관리체계 인증기준과 보안관리 영역의 Best Practice에 도달하기 위해 각 영역별로 인터뷰, 문서검토, 이행 현황 검토 등의 방법을 통해 수준을 평가한다. 수준 평가 자료는 관리체계 인증을 받기 위한 참고 자료로서 기준점수와의 격차가 클수록 관리체계 인증기준에 부합되지 않음을 나타낸다.

② GAP 분석보고서 작성

GAP 분석보고서는 관리체계 점검항목과의 차이(GAP)를 비교 분석함으로써 기존 관리체계 현황 파악을 목적으로 한다. 관리체계 분석을 위하여 진행되는 내용으로는 전사적으로, 부서별로 진행할 것인지를 판단하여 진행한다. 조직의 서비스 현황, 업무 프로세스도 같이 분석한다. 조직에서는 관리체계 분석을 통해 정보보호 수준을 파악하기도 하는데 이에 대한 분석에 따른 산출물을 관리한다.

〈표 4-13〉 정보보호 GAP(수준) 분석서 예시

정보보호 수준(GAP) 분석서 예시	
1. 개요 가. 목적 나. 분석대상 1) 서비스 영역 2) 조직 영역 3) 시스템 영역 다. 인터뷰/실사 대상자 라. 수행일정 2. 정보보호요구사항 및 요구 수준 분석 3. 관련 정책/규정/지침 등 문서 파악 4. 정보보호 조직 파악	5. 정보보호 GAP(수준) 분석 가. 분석기준 나. 정보보호 수준 분석 방법 1) 현재의 정보보호 관리 수준 평가 2) 인증기준과의 GAP 분석 항목과 내용 다. 정보보호 수준 분석 체크리스트 라. 정보보호 수준 분석 결과 정의 6. 원인별, 위험요인별 등의 위험 분석 방법 도출 7. 정보보호 GAP(수준) 분석 결과 가. 정보보호 수준 분석 결과 종합 나. 정보보호 관리체계의 주요 문제점 다. 정보보호수준 분석 상세결과

3.2 위험 관리

(1) 정보자산 식별 및 평가

① 자산 평가 요소

정보자산 식별 단계에서는 보호자산의 중요도에 따라 보호자산에 대한 평가 기준을 정하고 기준에 따라 자산에 대한 중요도를 평가한다. 대상 서비스를 구성하는 정보자산의 평가요소 도출 및 평가등급 설정한다.

〈표 4-14〉 정보자산의 평가요소 도출 및 평가등급 기준

평가요소	평가 등급	평가 점수	설 명
기밀성 (Confidentiality)	H	3	매우 민감한 정보이므로 업무관련 책임자만 접근 가능
	M	2	민감한 정보이므로 내부담당자, 책임자 등 일부 허가된 직원만 접근 가능
	L	1	민감한 정보는 아니나 내부인만 접근 가능
무결성 (Integrity)	H	3	정보의 무결성 손상시 서비스 제공에 치명적인 영향을 주며, 주요업무 및 회사기능에 마비를 초래할 수 있음
	M	2	정보의 무결성 손상시 서비스 제공에 중대한 영향을 줌
	L	1	정보의 무결성 손상시 서비스 제공에 경미한 영향을 주지만, 충분히 해결할 수 있음
가용성 (Availability)	H	3	24시간 항상 가동이 필요하며 중단이 되어서는 안 됨
	M	2	근무시간 중에는 항상 접근 가능해야 함
	L	1	근무시간 중에 50% 이상 사용 가능해야 하고 접근 가능해야 함

② 서비스 특성에 따른 등급 산정 기준

서비스의 특성에 따라 추가하는 평가요소의 등급 산정은 다음 사항을 고려한다.

〈표 4-15〉 서비스 특성에 따른 등급 산정 기준

평가등급	평가점수	설 명
H	3	피해발생시 서비스 품질의 현저한 저하 및 직원이나 시스템 운영자가 업무에 심각한 지장을 초래하는 등급

M	2	피해발생시 서비스 품질의 저하 및 운영자의 작업 효율성을 감소시킬 수 있는 등급
L	1	피해발생시 서비스 품질에 거의 영향을 끼치지 못하는 등급

③ 자산별 중요도 평가 기준

보호자산의 중요도 평가 결과 및 방법은 다음과 같으며 평균값에 따라 보호자산별 중요도를 부여한다.

〈표 4-16〉 자산별 중요도 평가 기준

평가요소별 평가등급의 평균값	보호자산 중요도
2.0 이상 ~	H
1.0 이상 ~ 2.0 미만	M
0.0 이상 ~ 1.0 미만	L

> **Tip — 평가요소별 평가등급에 따른 점수의 평균값 계산 방법**
>
> 평균값 = {(C의 점수) + (I의 점수) + (A의 점수) + (추가 점수)} ÷ (평가요소 개수)}

(2) 위협 분석 평가

① 위협 분석 단계에서 위협 평가 기준

위협 분석 단계에서는 대상 서비스를 구성하는 보호자산의 내·외부적 위협요소를 식별하고, 해당 위협의 위협등급을 평가하는 기준은 다음과 같다.

〈표 4-17〉 위협 평가 기준

평가등급	위협에 의한 영향	발생 가능성
H	보호자산 손실로 인해 업무중단 등 심각한 영향을 초래	서비스 제공시 손실이 자주 발생함(6개월 이내)
M	보호자산의 손실이 있으나, 업무에 심각하게 영향을 끼치지 않음	서비스를 운영하는 동안 여러 번 손실이 발생할 수 있는 상태(1년 이내)
L	보호자산의 손실이 매우 경미함	서비스를 운영하는 동안 손실이 거의 발생하지 않음

② 서비스 특성에 따라 추가하는 평가요소의 위협등급 기준

서비스 특성에 따라 추가하는 평가요소의 위협등급은 다음과 같은 사항을 고려하여 산정한다.

〈표 4-18〉 서비스 특성에 따른 위협등급 기준

위협영향	발생 가능성	위협등급
H	H	H
H	M	H
H	L	M
M	H	M
M	M	M
M	L	L
L	H	M
L	M	L
L	L	L

(3) 취약점 분석 · 평가

① 기술적 취약점 점검 개요

정보보호 컨설팅의 중요한 부분으로 기술적 취약점 점검은 위험 관리 과정 중의 한 단계로 시스템에 대한 기술적 취약점 점검을 하게 된다. 보통 시스템 보안취약점 점검은 2가지로 이루어지는데 자동 취약점 스캐너를 활용 방법과 수동(자체 점검 도구(스크립트), 매뉴얼에 따라 직접 시스템을 점검) 방법으로 이루어진다.

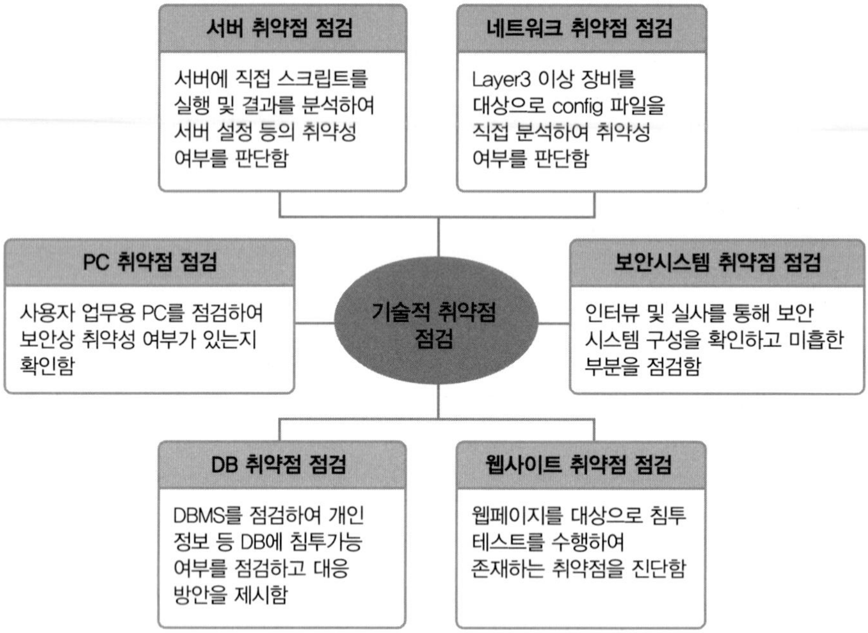

[**그림 4-2**] 기술적 취약점 점검 영역 구분 예시

- 수동 점검 방법: 조직 내 고유의 요구 사항을 반영한 자체 진단 도구를 이용하여, 진단 업무를 수행 후 진단 결과에 대해 진단 자가 직접 분석하는 방법으로 심층적이며 유연한 진단은 가능하나, 전문 진단자가 필요하다는 단점이 있다.
- 자동 점검 방법: 자동화 취약점 스캐너를 이용하여 대량의 시스템을 단기간에 진단할 수 있으며, 점검자가 전문적인 진단 기술 지식 없이 최신 보안 취약점을 점검할 수 있으나, 점검 시 부하를 줄 수 있으며, 오탐으로 인한 결과가 다수 발생한다.

점검 절차는 점검 계획 수립 → 점검 및 보고서 작성 → 점검 결과 조치 순으로 이루어진다. 기술적 취약점 점검을 위한 점검 계획서는 보편적으로 다음과 같은 순서대로 작성하여 활용되고 있다.

〈표 4-19〉 기술적 취약점 점검 계획서 예시

기술적 취약점 점검 계획서	
1. 개요 가. 목적 나. 점검대상 1) 서버 및 네트워크/정보보호장비 현황 다. 점검기간 라. 점검 인력 2. 기술적 취약점 절차 및 방법 3. 시스템 취약점 진단 방법 가. 진단 도구 및 스크립트 1) 취약점 진단도구 2) 취약점 진단 스크립트	나. 서버 취약점 점검 항목 1) 점검 항목 선정 근거 2) Window 계열 3) Unix 계열 다. 네트워크 장비 취약점 점검 항목 1) 점검 항목 선정 근거 2) 네트워크 라. 정보보호장비 취약점 점검 항목 1) 점검 항목 선정 근거 2) 정보보호장비 4. 기술적 취약점과 인증기준과의 매핑

② 점검 영역별 기술적 취약점 점검

● 서버 취약점 점검

서버 보안 취약점 점검은 운영체제별 보안 설정 및 최신 취약점을 점검하는 것으로서, 점검을 통해 발견된 취약점에 대해서는 조치계획을 수립하여 조치 및 평가가 수반되어야 한다. 해당 취약점 점검은 자체 점검 도구를 사용하거나, 취약점 스캐너를 통해 수행할 수 있다. Windows 서버의 점검 항목으로는 크게 『계정관리설정』, 『파일 및 디렉터리보안 설정』, 『네트워크 서비스 보안 설정』, 『응용프로그램 보안 설정』, 『로그관리 및 보안 감사 설정』, 『시스템 보안 설정』, 『보안 패치』 항목 등이 있다.

● 웹 어플리케이션 취약점 점검

웹 취약점 점검은 체크리스트 기반으로 알려진 취약점에 대해 점검하는 것으로 시나리오 기반의 모의해킹과는 개념이 다르다. 웹 해킹은 웹 서비스를 통해 해킹 시도를 진행하는 것으로 방화벽이 설치되어 있는 환경에서도 침투가 가능하다. 이러한 웹 해킹에 효과적으로 대응하기 위해 웹 서버나 웹 기반의 응용 프로그램의 취약점을 점검하여 웹 서버의 보안 취약점을 보완할 수 있다. 웹 어플리케이션 서버의 보안 점검 항목으로는 크게 『사용자 관리 설정』, 『디렉터리 보안설정』, 『운영환경설정』, 『감사 및 로그 설정』, 『보안패치』 항목 등이 있다.

〈표 4-20〉 웹 취약점 점검항목

점검 항목	설명
버퍼 오버플로우	메모리나 버퍼의 블록 크기보다 더 많은 데이터를 넣음으로써 결함을 발생시키는 취약점
포맷스트링	스트링을 처리하는 부분에서 메모리 공간에 접근할 수 있는 문제를 이용하는 취약점
LDAP 인젝션	LDAP(Lightweight Directory Access Protocol) 쿼리를 주입함으로써 개인정보 등의 내용이 유출될 수 있는 문제를 이용하는 취약점
운영체제 명령실행	웹사이트의 인터페이스를 통해 웹서버를 운영하는 운영체제 명령을 실행하는 취약점
SQL인젝션	SQL문으로 해석될 수 있는 입력을 시도하여 데이터베이스에 접근할 수 있는 취약점
SSI 인젝션	SSI(Server-side Include)는 "Last modified"와 같이 서버가 HTML 문서에 입력하는 변수 값으로, 웹서버상에 있는 파일을 포함하도록 하여, 서버 상에서 명령문을 수행하여 데이터에 접근할 수 있는 취약점
XPath 인젝션	조작된 XPath 쿼리를 보냄으로써 비정상적인 데이터를 쿼리해 올 수 있는 취약점
디렉토리 인덱싱	본 페이지(index.html, home.html, default.asp 등)의 파일이 존재하지 않을 때 자동적으로 디렉토리 리스트를 출력하는 취약점
정보누출	웹 사이트의 민감할 수 있는 부분의 데이터가 노출되는 것으로 개발과정의 코멘트나 에러 메시지 등에서 중요한 정보가 노출되는 취약점
악성 콘텐츠	웹 어플리케이션에 정상적인 콘텐츠 대신에 악성 콘텐츠를 주입하여 사용자에게 악의적인 영향을 미치는 취약점
크로스사이트 스크립팅	웹 어플리케이션을 사용해서 다른 최종 사용자의 클라이언트에서 임의의 스크립트가 실행되는 취약점
약한 문자열 강도	사용자의 이름이나 패스워드, 신용카드 정보나 암호화 키 등을 자동으로 대입하여 여러 시행착오 후에 맞는 값이 발견되는 취약점
불충분한 인증	민감한 데이터에 접근할 수 있는 곳에 인증 메커니즘을 설계하지 않거나, 취약한 인증 메커니즘으로 구현된 취약점
취약한 패스워드 복구	취약한 패스워드 복구 메커니즘(패스워드 찾기 등)에 대해 공격자자 불법적으로 다른 사용자의 패스워드를 획득, 변경, 복구할 수 있는 취약점
크로스사이트 리퀘스트변조 (CSRF)	CSRF 공격은 로그인한 사용자 브라우저로 하여금 사용자의 세션 쿠키와 기타 인증 정보를 포함하는 위조된 HTTP 요청을 취약한 웹 어플리케이션에 전송하는 취약점
세션 예측	단순히 숫자가 증가하는 방법 등의 취약한 특정 세션의 ID를 예측하여 세션을 가로챌 수 있는 취약점
불충분한 인가	민감한 데이터 또는 기능에 대한 접근권한 제한을 두지 않은 취약점

불충분한 세션 만료	세션의 만료 기간을 정하지 않거나, 만료 일자를 너무 길게 설정하여 공격자가 만료되지 않은 세션 활용이 가능하게 되는 취약점
세션 고정	세션 값을 고정하여 명확한 세션 ID 값으로 사용자가 로그인하여 정의된 세션 ID가 사용 가능하게 되는 취약점
자동화공격	웹 어플리케이션에 정해진 프로세스에 자동화된 공격을 수행함으로써 자동으로 수많은 프로세스가 진행되는 취약점
프로세스 검증누락	공격자가 응용의 계획된 플로우 통제를 우회하도록 허가하는 취약점
파일 업로드	파일을 업로드 할 수 있는 기능을 이용하여 시스템 명령어를 실행할 수 있는 웹 프로그램을 업로드 할 수 있는 취약점
파일 다운로드	공격자는 파일 다운로드 스크립트를 이용하여 첨부된 주요 파일을 다운로드 할 수 있는 취약점
관리자 페이지노출	단순한 관리자 페이지 이름(admin, manager 등)이나 설정, 프로그램 설계상의 오류로 인해 관리자 메뉴에 직접 접근할 수 있는 취약점
경로추적	공격자에게 외부에서 디렉터리에 접근 할 수 있는 것이 허가되는 문제점으로 웹 루트 디렉터리에서 외부의 파일까지 접근하고 실행할 수 있는 취약점
위치 공개	예측 가능한 폴더나 파일명을 사용하여 해당 위치가 쉽게 노출되어 공격자가 이를 악용하여 대상에 대한 정보와 민감한 정보가 담긴 데이터에 접근이 가능하게 되는 취약점
데이터 평문전송	서버와 클라이언트간 통신 시 암호화 하여 전송을 하지 않아 중요 정보 등이 평문으로 전송되는 취약점
쿠키 변조	적절히 보호되지 않은 쿠키를 사용하여 쿠키 인젝션 등과 같은 쿠키 값 변조를 통한 다른 사용자로의 위장 및 권한 상승 등이 가능한 취약점

과거 시스템의 운영체제 수준에서 이루어지던 해킹이 최근 웹 어플리케이션 수준으로 전환되고 있으나, 웹 어플리케이션 개발 시 보안을 고려하지 않음으로써 해커의 악의적인 공격에 쉽게 노출되고 있다. 웹 어플리케이션 보안 취약점 분석 및 컨설팅은 기관 또는 기업에서 개발·운영·서비스 중인 웹 어플리케이션에 대해 외부/내부자의 관점에서 침해사고가 발생할 수 있는 위협요소를 분석하고 발생할 수 있는 모든 취약점을 도출하고 사전에 이를 제거함으로써 내·외부의 악의적인 공격으로부터 시스템을 안전하게 보호하여 편리한 웹 서비스를 제공할 수 있도록 대책을 제시하게 된다.

〈표 4-21〉 홈페이지 취약점 점검 결과보고서 예시

홈페이지 취약점 점검 결과 보고서 예시
1. 개요 가. 목적 나. 취약점 점검 대상 선정방법 및 그 사유 다. 점검 대상 현황 라. 점검 방법 및 내용 마. 점검기간, 점검 인력 2. 취약점 점검 결과 가. 홈페이지 구성 및 현황 나. 취약점 점검 방법 및 결과 다. 보호조치 방법 라. 위험성 및 피해사례 3. 종합 의견 4. 기타 참고자료

● 네트워크 취약점 점검

네트워크 장비 보안 취약점 점검은 Cisco, Alteon, Juniper 등의 라우터 및 스위치 장비에 대하여 수행할 수 있으며, 점검을 통해 발견된 취약점에 대해서는 조치계획을 수립하여 조치 이행 및 평가를 수행한다. 이로써 내부 정보시스템의 네트워크에 대한 보안수준을 향상시킬 수 있다. 네트워크 장비의 보안 점검 항목으로는 크게 『계정관리설정』, 『SNMP설정』, 『장비운영환경설정』, 『로그관리설정』, 『네트워크서비스설정』, 『패치관리』 항목 등이 있다.

● PC 취약점 점검

PC보안 취약점 점검은 내부 사용자 PC 및 외부 용역 업체 노트북, 단말 PC, 내부 PC형 파일 서버 등이 포함되며, 다양한 진단 도구(PC진단도구, 백신, 공유폴더스캔 등)들을 이용하여 점검이 가능하다. 점검 후 취약한 PC에 대해서는 전사적인 조치 관리가 필요하다. PC 보안 점검 항목으로는 크게 『사용자계정보안』, 『네트워크보안』, 『공유폴더보안』, 『시스템보안』, 『안티바이러스』, 『보안패치』 항목 등이 있다.

● 모의해킹을 통한 취약점 점검

모의해킹 대상은 시스템 취약점 분석 대상에 포함되지 않는 부분까지 확대해 실증 보안점검을 수행해야 한다. 특히, 침입위협의 발생 가능성을 검증하기 위해 가장 위험성이 높은 최근 침입유형을 우선적으로 실시하게 된다. 모의해킹은 실제 해킹 기법을 활용해 시스템을 모의공격하는 것이므로 운영 중인 시스템에 영향을 줄 수가 있다. 따라서 모의해킹 시나리오를 우선적으로 확정하여, 일어날 수 있는 문제에 대해 고객과의 사전합의가 선행되어야 한다. 대상이 되는 정보시스템에 대해 스캐닝 등을 통해 보안 취약점을 수집하고, 수집정보를 토대로 공격시나리오를 수립하고 모의침투를 수행한다.

이런 일련의 모의해킹은 내부자 또는 외부자를 가장해 정보시스템의 내부 또는 외부에서 수행하게 된다. 실제 해커가 사용하는 최신 해킹기법 및 도구, 웹 진단 자동화 도구를 이용하여 네트워크, 서버 및 응용프로그램의 취약점을 통해 정보시스템으로의 침투 가능성을 진단하며, 운영 서비스에 장애를 발생시키지 않는 범위 내에서 실제 공격과 동일한 방법으로 진단하는 것을 말한다. 모의 해킹 도구에는 종류 별로 웹 취약점 스캐너, 웹 스니퍼, 웹 프록시 등이 있으며, 숙련된 공격자는 별도의 도구 없이 웹 브라우저와 검색 엔진(Google 해킹)만으로도 공격이 가능하다.

③ 기술적 취약점 점검 결과보고서

기술적 취약점 점검에 따른 결과보고서는 기본적으로 전체적인 요약과 상세점검결과보고서로 작성한다. 점검 현황 작성시에는 최근 몇년간 외부 정보보호 컨설팅업체를 통하여 취약점 점검을 받은 내용도 기술하고 취약점 점검 당시 발견된 취약점 건수와 당시 발견한 취약점이 보완되지 않고 남아 있는 건수도 같이 작성한다.

〈표 4-22〉 기술적 취약점 점검결과보고서 예시

기술적 취약점 점검결과보고서 예시
1. 개요 가. 목적 나. 취약점 점검 대상 선정방법 및 그 사유 다. 점검 대상 현황 1) 홈페이지, 서버 및 네트워크 시스템 2) 정보보호시스템

3) WAS, DBMS

4) PC 등 기타

라. 점검기간, 점검 인력

기간 (○.○월~○월)	대상 서비스	대상 자산 및 규모		점검툴	취약점건수 (점검시)	잔여취약점 (현재)
5개월 (2015.7월~11월)	웹서비스	서버	대		건	건
		네트워크장비	대		건	건
		보안장비	대		건	건
		PC	대		건	건
		S/W	대		건	건
		…	…		…	…
	URL					
…						

2. 취약점 점검 결과
   가. 홈페이지, 서버 및 네트워크 시스템
   나. 정보보호시스템
   다. WAS, DBMS
   라. PC 등 기타

3. 모의해킹 및 위협시나리오 작성(위험분석 · 평가 결과 반영)

4. 취약점 점검 결과에 대한 보호 대책

5. 관리체계 운영명세서와 매핑

④ 취약점 분석 단계에서 취약점 평가 기준

위협분석 단계에서 도출된 위협 분류와 내용을 활용하여 취약점 관련 정보를 수집하고 관리적·물리적·기술적 사항에 대한 취약점을 식별하고 다음과 같이 취약점 평가 기준표를 참고하여 평가한다. 점검팀이 자체 평가기준을 보유하고 있을 경우 해당 기준을 활용할 수 있다.

〈표 4-23〉 취약점 평가 기준 예시

취약(H)	최고 경영자나 상급관리자의 정밀한 검색 및 승인을 필요로 하는 위험을 발생시킬 수 있는 경우, 보호자산의 복구는 가능하나 그 피해규모가 비교적 큰 경우
보통(M)	취약점이 상급관리자의 검토 및 승인을 필요로 하는 정도의 위험을 발생시킬 수 있는 경우
거의 취약하지 않음(L)	취약점이 보호자산에 별다른 영향을 끼치지 않거나 취약점이 자산에 약간의 영향은 끼치지만 그 영향이 미미해서 해당 보호자산이 하위관리자의 조치만으로 문제해결이 가능한 경우

(4) 위험 분석 · 평가

① 위험 분석 단계에서 위험 평가 기준

보호자산에 대한 발생 가능한 위험을 평가하는 등급 부여 기준을 정한다.

〈표 4-24〉 위험 분석 단계에서 위험 평가 기준 예시

평가등급	내용설명
H	위험이 발생될 가능성이 매우 높고, 발생 시 서비스 품질의 현저한 저하 및 직원이나 시스템 운용자가 업무에 심각한 지장을 초래
M	위험의 발생가능성이 높고, 발생 시 서비스 품질에 미미한 영향을 미침 위험의 발생가능성이 보통이거나 낮고, 발생 시 서비스 품질의 저하 및 운영자의 작업 효율성을 감소시킴
L	위험발생 가능성이 낮고, 피해발생시 서비스 품질에 거의 영향을 끼치지 못함

② 위험 등급 평가(위험도)

보호자산의 중요도, 위협 등급, 취약점 등급 등을 고려한 위험 등급을 평가한다. 위험에 대한 등급 평가는 "위험 = f (자산, 위협, 취약점)"에 대한 함수로 표시한다.

(5) 위험 평가

기술적 취약점이 끝나면 자산, 취약점, 위협 분석·평가 자료를 기반으로 프로젝트팀장(PM)급이 필요에 따라 모의해킹 결과와 위협시나리오 작성, 위험도 측정, 위험처리 방안 마련, 정보보호 대책 선정 등 내용을 포함한 위험 평가를 수행한다. 정보보호 컨설팅의 가

장 중요한 단계가 위험 분석·평가 단계라 할 수 있다. 위험 평가는 해당 기업의 환경 분석과 위협 및 취약점 분석, 기술적 취약점 분석 결과, 위협시나리오, 모의해킹 결과를 종합 분석한 자료가 되어야 한다. 위험 분석·평가는 컨설팅 결과의 집합으로 모든 결과의 분석 자료들을 분석하고 평가하여 그 기업의 정보보호 수준을 한눈에 알아 볼 수 있어야 하며 무엇이 문제이고 어떻게 처리해야 하는지를 제시한다.

〈표 4-25〉 위험분석 · 평가 결과 보고서 예시

위험분석 · 평가 결과 보고서 예시	
1. 개요 가. 목적 나. 대상 및 범위 1) 대상 부서, 업무, 자산, 서비스 범위 다. 위험을 식별하고 평가할 수 있는 방법 라. 위험분석 · 평가 절차 마. 환경분석 결과 2. 위험 관리 계획 가. 위험 관리를 수행하기 위하여 전문인력 구성, 기간, 대상, 방법, 예산 등 3. 위험식별 및 평가 가. 정보보호 및 개인정보보호 관련 법적 준거성 위험을 식별 나. 통제항목 또는 별도의 기준으로 관리적, 운영적, 물리적 위험을 식별 4. 자산 식별 및 평가 가. 자산 평가 및 등급 분류 기준 나. 자산 평가 결과	5. 위협분석 및 평가 가. 위협 평가 기준 나. 위협 평가 결과 다. 위협 등급 분류 6. 취약점 분석 · 평가 가. 기술적 취약점 점검 결과 나. 모의해킹 결과 7. 우려사항(취약점 및 위협) 가. 인증기준과의 매핑 연관관계 분석 8. 위험 평가 · 평가 가. 위험도 측정 기준 나. 위험도 평가표 다. 위험도 측정 결과 라. 위협시나리오 작성 9. 위험 처리 전략 10. 정보보호대책 선정 및 이행계획 수립

위험 분석·평가보고서에 일부 내용은 포함하되 선정된 보호대책에 대한 이행계획서를 별도로 작성하게 된다. 보호대책 이행계획서에는 정보보호 계획서와 동일한 것으로 위험 분석·평가 결과와 선정한 정보보호 대책에 대해 구체적으로 무엇을 어떻게 구현하고 적용할 것인지에 대해서 상세하게 기술한다. 이행계획은 효과성, 시급성, 예산 확보 여부, 법적 강제성, 경영진 의지 등을 고려하여 작성한다.

〈표 4-26〉 정보보호대책 이행계획서 예시

정보보호대책 이행계획서 예시	
1. 개요 가. 목적 나. 적용범위 다. 참고사항 2. 보호대책 구현 가. 보호대책의 구현 우선순위 나. 일정 다. 담당부서 및 담당자 지정, 예산 등 3. 위험 처리 전략 가. 식별된 위험에 대한 처리 전략(위험감소, 위험회피, 위험전가, 위험수용 등) 4. 정보보호 관리체계 수립 계획 5. 보안 프로세스 수립 계획 6. 내부 공유 및 교육 계획	7. 위험처리 계획 가. 이행 우선순위를 정하고 계획을 수립 나. 경영진의 승인 다. 이행여부를 확인하기 위한 절차 및 방법 8. 법적 요구사항 준수 검토 9. 이행 및 모니터링 10. 관리체계 운영현황 관리 11. 내부 감사 12. 검토 및 개선 13. 정보보호 조직별 이행 업무 가. 정보보호 조직 나. 정보보호 조직별 역할 다. 단기, 중기, 장기 이행 계획

3.3 정보보호대책 구현

(1) 관리체계 운영명세서

컨설팅이 본격적으로 수행되면 정보보호대책을 선정하고 선정된 정보보호 대책들을 효과적으로 구현해야 하며 기존의 정보보호 정책 및 지침 등을 현실적으로 맞게 개정하도록 하고 "관리체계 운영명세서"(ISO27001에서는 "적용성보고서"로 통칭)를 작성하게 된다. 관리체계 운영명세서는 인증을 받기 위해 관리체계를 수립하고 어떻게 이행하고 있는지, 보호조치를 어떻게 적용했는지를 기업 스스로 자가 측정하는데 의미가 있다.

인증기관 입장에서는 관리체계 운영명세서를 보면 관리체계를 어떻게 구축하고 운영하고 있는지를 가늠하는 자료이며 인증심사의 가장 기초 자료인 셈이다. 대상 기업이나 컨설팅 업체 입장에서는 위험 관리 과정에서 나온 결과와 관리체계 운영명세서와의 매핑하는 작업이 가장 어려울 수 있다. 이 부분에서 오류가 많이 발생하며 연관관계나 논리적 근거를 제시해야 한다. ISMS-P의 경우 정보보호 관리체계 명세서 내에 별도 양식에 따라 정보보호 대책 명세서를 작성하도록 하고 있다. 인증기관의 정보보호 관리체계 인증 안내서를 참고하기 바란다.

〈표 4-27〉 정보보호 및 개인정보보호 관리체계 명세서 개요 예시

인증범위 개요	구분		인증범위명			
	ISMS	최초	쇼핑몰			
인증심사 희망일	1순위: 4월2주(04.08-)		2순위: 5월2주(05.13-)		3순위: 6월2주(06.10-)	
담당자 연락처	부 서	:		성 명	:	
	전화번호	:		이 메 일	:	
관리체계 운영기간	__년 __개월 (○○○○년 ○월 ~ ○○○○년 ○월)					
인증범위 대상	구분	범위내 서비스수	범위내 개인정보	인원수	정보시스템 수	개인정보 위탁업체수
	ISMS	OO개 서비스	OO만 건	10,000명	9,000대	OO개

※ 정보시스템에는 서버(웹서버, DB서버 등), 네트워크 장비(라우터, L4이상 스위치 등), 보안장비(방화벽, IDS, IPS, DDos 대응시스템, 웹방화벽 등) 등을 포함하며 범위내의 임대장비도 포함

※ 가상화로 운영하는 경우, 서버수 산정은 OS기준으로 산정

※ 동일 네트워크 구간내 이중화인 경우 중복 제외(네트워크 존 및 OS 세부 버전, 모델 등이 완전히 동일하게 구성된 경우만 해당)

물리적 위치	심사장 위치		
	범위 내 사업장 수		
관리체계 수립 · 운영	구분		수행일자
	현황 및 흐름분석 완료일		
	위험평가 완료일		
	보호대책 구현 완료일		
	관리체계 점검 완료일		
내부정책	구분	문서명	최종 업데이트일
	정책	외 00종	
	시행문서	외 00종	

출처: 정보보호 및 개인정보보호 관리체계 인증 등에 관한 고시(개보위)

3.4 사후관리

(1) 사후관리 절차

① 사후관리 중요성

정보보호대책 구현이 모두 끝나게 되면 사후관리 단계로 넘어가게 되며 컨설팅의 실질적인 마지막 단계라 하겠다. 여기에서는 조직이 준수해야 할 법규가 존재하는 경우 법적 요구사항을 명시한 문서(지침 등), 해당 법규 준거성을 점검하도록 하고 체크리스트는 최신 법규 사항을 반영하고 있어야 한다. 또한 조직 내 정책, 지침, 절차 등에 규정화 되어 있는 관리체계 운영활동을 식별하고 그 운영현황을 확인할 수 있도록 수행 주기, 수행 주체(담당부서, 담당자)를 정의한 문서(운영현황표)를 관리하고 최신성을 유지한다. 법적 요구사항 및 조직 내 수립된 정보보호 정책에 따라 관리체계 활동이 효과적으로 수행되는 지 여부를 검토하기 위하여 내부감사 지침을 수립하고 내부감사를 수행한다. 내부감사 중 지적사항이 발견된 경우 일정 기간 동안 피감사 부서 혹은 담당자가 대책을 마련하여 보완하게끔 한 후 보완조치 여부를 확인한다. 관리체계의 지속적인 운영과 업무 효율화를 위해서는 자동화 시스템 구현도 검토한다.

② 법적 요구사항 준수 검토

조직이 준수해야 하는 법령의 관련 조항, 해외규정, 국내/국제 표준, 산업표준 등 세부 내용을 파악하고 준수여부를 주기적으로 검토할 수 있는 절차를 수립하고 체크리스트를 작성하여 점검한다. 컨설팅 수행과정이나 내부 감사 시에 점검하는 방안도 있다.

〈표 4-28〉 법적 요구사항 점검 체크리스트 예시

구분	법률/규정	적용 분야 (서비스)	법적 요구사항	해당 부서	준수여부	조치사항	미준수시 처벌내용
국내 법률							
해외 규정							

국제/국내 표준							
산업표준							
기타							

기업이 준수해야 할 법적 요구사항 현황과 해당 서비스별 법적 요구사항을 파악하고 준수 여부를 검토하도록 한다.

③ 관리체계 운영현황 관리

조직 내 정책, 지침, 절차 등에 규정화되어 있는 정보보호 관리체계 운영활동을 식별하고 그 운영현황을 확인할 수 있도록 수행 주기, 수행 주체(담당부서, 담당자)를 정의한 문서(운영현황표)를 관리하고 최신성을 유지한다. 관리체계 운영현황 관리는 신청인이 관리체계를 구축하여 인증을 취득한 후 지속적인 운영과 사후심사를 대비하여 관리체계 운영현황을 관리한다. 컨설팅 수행 이후 기업 스스로 관리체계를 효율적으로 운영하고 실효성 있는 보호대책 관리를 위해서는 운영현황 관리를 자동화하는 방안도 고려한다.

〈표 4-29〉 관리체계 운영현황 점검표 예시

관리체계 운영 현황	수행 주기	수행주체		관련 문서	이행근거 (증적자료)	확인
		담당부서	담당자			
관리체계 범위, 자산식별						
정보보호 정책 수립 및 검토						
관리체계 관련 문서 관리						
경영진 참여 및 지시사항						
정보보호위원회 운영						
기술적 취약점 점검 (모의해킹 포함)						
PDCA 적용						
현황분석(GAP 분석)						
위협시나리오 작성						

위험 관리	위험 관리 방법 및 계획 수립						
	위험식별 및 평가						
	보호대책 선정 및 이행계획 수립						
관리체계 운영	관리체계 운영명세서 작성						
	보호대책 구현 이행결과의 정확성 및 효과성 확인						
	내부 공유 및 교육						
관리체계 점검 및 개선	법규준수 검토						
	관리체계 운영현황 관리						
	내부감사						
통제항목	1. 정보보호 정책						
	2. 정보보호 조직						
	3. 외부자 정보보호						
	4. 정보자산분류						
	5. 정보보호 교육						
	6. 인적정보보호						
	7. 물리적 정보보호						
	8. 시스템 개발정보보호						
	9. 암호통제						
	10. 접근통제						
	11. 운영정보보호						
	12. 침해사고 관리						
	13. IT재해복구						
기타							

ISMS-P의 경우 정보보호 관리체계 수립·운영·방법 및 절차에 따라 인증기관이 제시하는 별도의 작성 양식에 작성하도록 하고 있다. 주요 정보보호 및 개인정보보호 활동 목록은 구축 운영 순서대로 작성하고 관리체계를 지속적으로 운영하기 위해서 주기적 또는 상시적으로 수행하는 정보보호 및 개인정보보호 활동을 목록화하여 활동 목록을 작성한다.

〈표 4-30〉 주요 정보보호 및 개인정보보호 활동 목록표 예시

주요 활동	주기	담당자 (부서/성함)	실시유무 (O/X)	최근 실시
개인정보보호정책수립	1회/3년	홍길동/개인정보관리팀	O	2015.12월
백업훈련	1회/1년	홍길동/개인정보관리팀	O	2016.1월
…				

④ 내부감사

정보보호 정책에 반드시 상세히 기술되어 있어야 할 내용으로서 보안업무는 정기적 또는 비정기적인 감사를 통하여 개인 대 개인, 부서 대 부서 간의 경쟁을 유발시키고 항상 임직원 모두가 감사를 의식하여 보안을 생활화하고 습관화하도록 유도해야 한다. 특히, 감사실적의 평가에 있어 징계를 위한 평가보다는 표창을 주기 위한 감사를 실시함으로써 임직원으로 하여금 자발적으로 동참하는 분위기 조성이 필요하다. 컨설팅 수행 이후 자체적인 내부감사 수행을 위해서는 체계화된 내부 감사 시스템을 구축하는 것도 고려한다. 내부감사 지침을 수립하고 정기적 내부 감사를 실시한다.

〈표 4-31〉 정보보호 감사 결과 보고서 예시

<table>
<tr><th colspan="2">정보보호 감사 결과 보고서 예시</th></tr>
<tr><td>1. 개요
가. 감사 목적
나. 감사 범위
다. 내부감사 계획 수립
라. 감사 기준

2. 감사 주기 및 일정

3. 내부감사 조직구성
가. 내부감사위원회
나. 부문별 내부감사책임자
다. 정보시스템 내부감사 요원의 능력 및 경력 확인

4. 내부감사 요원의 직무 책임</td><td>5. 감사 대상
가. 시스템
나. 시설
다. 인력
라. 데이터 및 어플리케이션

6. 감사 내용
(감사 방법, 검토 문서, 면담자 등)

7. 지적사항 및 보완조치 내용
(보완조치 완료 여부, 대책 등 포함)

8. 최종 의견</td></tr>
</table>

또한 내부감사 결과에 대한 이력을 관리하도록 한다. 이력에는 기간, 수행인력(부서, 성명, 수행업무), 감사결과 및 조치사항을 기재하고 관리한다.

3.5 정보보호 컨설팅 프로젝트 결과보고서 작성

정보보호 컨설팅 결과보고서 작성은 정보보호 컨설턴트로서 갖추어야 할 중요한 스킬 중 하나이다. 보고서 작성 원칙에 따라 시각적으로 간결하고 논리적이며 설득력 있는 보고서를 작성한다. 일반적으로 정보보호 컨설팅 프로젝트 결과 보고서 작성 시 고려사항은 다음과 같다.

① 컨설팅 보고서 작성시 자산별 대상 및 범위를 명확하게 구분하여 기술하고, 위험 평가 결과와 동일한 일관된 결과치가 도출되야 하며, 전반적인 취약점이나 위협을 종합 분석하여 위협시나리오를 제시하고 모의해킹 등을 통해 기술적 근거를 제시한다.

② 컨설턴트가 진단항목 및 점검 포인트에 따라 점검을 수행한 후에 그 문제점과 원인을 파악하여 정보보호 수준(GAP)을 측정한 근거를 제시하고 진단항목을 준수하지 않을 경우 위협이나 취약점이 무엇인지를 설명한다.

③ 기술적 취약점 점검 결과와 관리적, 물리적 취약점 점검결과, 인증기준과의 연관관계를 매핑하여 그 근거를 제시 한다. 또한 위험 분석 및 평가 결과, 위협시나리오와도 상호 연관관계를 분석하여 대책을 제시한다.

④ 현황분석에는 발주기관의 담당자 의견 등을 종합하여 왜 문제점이 발생했는지, 위협 원인이 무엇인지, 취약점이 무엇인지를 구체적으로 제시하고 단순히 항목을 지키느냐 지키지 않느냐가 아닌 점검항목이 원하는 바를 이행하고 있는지를 확인하고 이행이 되지 않는 원인을 기술한다.

⑤ 컨설팅 종합보고서에는 관리체계가 어떻게 구축이 되어 있고 인증기준에 따라 무엇을 어떻게 분석하고 적용 여부와 어떤 증적 문서(근거)들을 확인했는지 기술하고 문서는 있으나 내용이 부족하거나 이행되지 않는 부분, 현실성이 없는 부분들을 모두 기술한다.

⑥ 기술적 취약점 점검 결과와 위험 평가 결과를 종합하여 해당 진단항목을 찾아 보호대책을 제시하고 정보보호에 대한 개선사항을 단기, 중기, 장기로 구분하여 구체적으로 제시한다.

⑦ 담당자가 무엇을 어떻게 조치해야 하는지 구체적으로 기술하여야 한다. 위험 평가와 일관성을 유지하고 위험도에 따라 보호대책을 제시하여야 하며 조치 시점은 위험 평가, 우선순위, 중요성, 시급성 등을 고려하여 적정한 시기를 제시한다.

⑧ 경영진이 쉽게 이해하고 의사결정을 할 수 있도록 간결하고 논리적이며 설득력 있는 요약자료를 작성한다.

3.6 인증의 신청

ISMS-P 관리체계 구축 컨설팅이 완료되면 일정기간 운영을 한 후 인증을 신청하게 되면 인증신청서를 작성하게 되며, 컨설팅 수행업체의 도움이 필요할 수 있다. 이 경우 인증기관에서 정한 신청서 양식에 따라 논리적으로 관리체계가 구축되고 운영되고 있음을 설명할 수 있도록 정보보호 관리체계 명세서 작성을 지원한다. 또는 별개의 프로젝트로 모의 인증심사를 수행하는 것도 도움이 된다.

정보보호 관리체계 명세서 작성과 동시에 사후 및 갱신심사 신청시에는 인증범위 내 환경변화를 상세하게 작성하고 최초심사의 경우 관련내용이 있는 경우에만 작성한다.

〈인증범위 내 환경변화 예시(관리체계 명세서 일부)〉

① 조직(구성원) 환경 변화
- 전년대비 구성원 수 변경 현황 기술
- 정보보호 최고책임자, 개인정보보호 책임자, 담당자 등의 변경 사항 기술
- 조직구성변경 사항 기술

② 정책/지침 개정 현황
- 주요 개정내용 및 개정배경 등 기술
- 전년도 대비 변경 현황 기술

③ 주요 자산 변경 현황(신규도입, 용도변경, 폐기)
- 주요 정보시스템 신규도입, 용도변경, 폐기된 범위 내 자산 현황 기술

구분	자산내역	장비대 수
신규도입	서버	xx 대
	네트워크	
	...	

용도변경		
폐기		

④ 시스템/개발 환경변화(신규개발 등에 관한 변경사항)
- 시스템 환경(OS 변경 등)
- 개발 환경에 대한 변화 (신규 시스템 개발, 전년도 개발 종료 등)
- 정보보호 솔루션, 시스템 도입 OR 폐기 등 정보보호시스템/솔루션에 대한 변화

⑤ 네트워크 환경변화
- 네트워크 구성 변경 사항에 대한 기술

⑥ 물리적 환경변화
- 사무실, 전산실 등의 물리적인 위치 변경 사항 기술

⑦ 외주용역 환경변화
- 신규용역, 용역해지 등의 변경 사항 기술

4. 정보보호 컨설턴트 요구사항

(1) 정보보호 컨설턴트 정의 및 역량

정보보호 컨설턴트란 “정보보호 정책을 수립하고, 시스템에 대한 접근 및 운영을 통제하며, 침입자가 발생했을 때에는 신속히 탐지 대응해 정보자산을 보호한다. 인가받지 않은 사람이 컴퓨터 시스템의 정보자원에 불법 접근하여 정보를 탈취, 변조, 파괴하는 등의 공격 행위를 할 때, 이를 방어하거나 예방하는 자”로 정의하고 있다(한국직업능력개발원). 또한, 정보보호 컨설턴트란 “조직의 정보 보호의 수준과 취약점 및 핵심 자원을 분석하고, 고객의 요구수준에 입각하여 최적의 해결책을 제안하는 자”로 정의하고 있다(한국직업사전).

정보보호 컨설턴트는 최고의 정보보호 전문가이며 아키텍터이다. 그러기 위해서는 정보보

호의 전문 지식뿐만 아니라 컨설턴트로서 반드시 갖추어야 할 기본적인 역량이 있다. 컨설팅 프로젝트의 성공여부는 컨설턴트 역량에 좌우한다.

기본 역량 중에 가장 중요한 4대 기본 역량을 모두 갖추어야 진정한 정보보호 컨설턴트라 할 수 있다. 4대 기본 역량은 효과적인 커뮤니케이션 능력, 문제 해결력, 논리적 글쓰기, 프레젠테이션 역량이다. 인터뷰를 통해서 문제점을 발견하고 논리적으로 보고서를 작성하여 고객에게 설득력 있게 해결방안을 프레젠테이션으로 설명을 할 수 있어야 한다. 컨설턴트의 4대 기본 역량은 다음과 같다.

① 커뮤니케이션 능력

컨설턴트는 인터뷰 등 커뮤니케이션 능력은 컨설팅을 수행하는데 필요한 자료의 수집 및 컨설팅 활동 내용을 관계자들에게 이해시키는 양방향의 의사소통 활동이다. 컨설턴트에게 가장 중요한 요건은 분석력, 창의력, 성실성이다. 고객의 문제를 검토하여 해결방안을 제시하고 지식 습득을 위해 끊임없는 자기계발과 자신감을 가지고 문제를 접하며 고객과 협조하여 일을 추진해야 한다. 일에 대한 열정과 성의가 있어야 하며 정서적으로 안정되고 대인관계가 원만해야 한다.

또한 상대방의 입장을 이해하면서 객관적인 조언을 할 수 있어야 하며, 아울러 자신의 생각을 합리적으로 표현할 수 있어야 한다. 정보보호 방법론에 대해 이해와 숙지를 하고 동료와 고객과의 공동 작업을 원활하게 이끌어나가야 한다. 윤리의식 및 작업방식과 그 결과에 대해 신뢰감을 줄 수 있어야 한다. 정보보호 컨설턴트는 고도의 전문지직과 신뢰감 있는 언행으로 고객을 대해야 하며 전문지식을 실무에 적용한다는 점에서 보다 검증된 지식과 경험으로 고객의 고민과 요구사항에 귀 기울여야 하며, 신뢰감 있는 언행으로 고객의 의사결정을 도울 수 있다는 믿음을 주어야 한다.

② 문제해결책 제시 능력

정보보호 컨설턴트는 고객이 정보보호 목표를 달성하기 위해서 무엇을 어떻게 해야 하며, 무엇이 문제인가에 대해 전문가로서 다음과 같은 해결책을 제시할 수 있어야 한다. 컨설턴트는 문제의 현상 및 해결방안을 항상 표나 문장 등으로 일목요연하게 정리할 수 있어야 한다.

- 사실에 근거한 분석, 문제에 대한 전문적이고 객관적인 해결책 제시, 실현가능한 이행 계획 수립 능력

- 조직의 변화 예측에 따른 계획, 경영자와 조직원의 교육훈련 프로그램 개발, 객관적이고 편견 없는 판단 제공 역량
- 새로운 아이디어나 기법 제시, 최신의 정보 제공, 새로운 제도의 도입 적용 능력

③ 논리적 보고서 작성 능력

논리력: 산출물, 발표자료 등이 논리에 맞아야 한다. 나 자신이 논리가 명확해야 한다.

일반적인 컨설팅 보고서 작성 과정은 통상적으로 목표설정 → 자료수집 및 분석 → 보고서 작성 → 보고 후 사후조치 → 기획 및 구성 → 초안 작성 → 보완 및 수정 → 최종교정 순으로 진행된다. 보고서를 작성할 때는 원칙을 지켜야 한다.

Tip — 정보보호 컨설팅 보고서 작성 원칙 예시

① 명확한 목표설정이 효율적 보고서의 출발점으로 컨설팅 이후 어떤 것을 핵심이슈로 할지, 왜, 어떤 목적으로 보고 할지 언제 누구에게 보고할지(적시성)에 대해 파악한다.
② 자료수집과 분석이 보고서의 질을 좌우한다.
③ 논리적 보고서는 큰 틀을 그려야 한다. 논리적 전개를 위해 구조적 사고가 선행되어야 한다.
④ 수요자, 결재자 관점에서 이해하기 쉽게 작성해야 한다.
⑤ 보고서를 효율적으로 작성해야 하도록 하고 내용과 구성이 산만하지 않도록 간결하게 작성하며 핵심내용은 앞에 배치한다.
⑥ 보고서가 그 자체로 완결성을 가질 수 있도록 해야 하고 표준화된 양식에 따라 간결, 명료, 효율적으로 작성한다.
⑦ 서술방식은 간결하고 원활하게(필요시 연결조사나 접속사 사용)하고 단순 문단구조/능동형 표현, 명사나 동사를 주로 사용하고 압축표현, 중복 억제, 한 개의 문단에 한 개의 초점만 기술한다.
⑧ 표현방식은 객관성과 신뢰성 유지/의사결정을 해야 할 중요한 사항이나 쟁점사항 중시, 화법통일하고 특수용어 및 과거사항 등 설명이 필요한 내용은 괄호 또는 참고표시를 통해 주석을 달아주고 보다 긴 설명이 필요한 경우에는 참고자료 첨부 등을 통하여 해결한다.

④ 프레젠테이션 능력

프레젠테이션 기술은 정보보호 컨설턴트에게는 반드시 필요한 기본 역량 중에 하나다. 컨설턴트들은 지위고하를 막론하고 쓸 만한 프레젠테이션 기법을 익혀야만 한다. 제안서 발표라든가 컨설팅 최종 보고회시 결과를 발표할 경우 프레젠테이션이야 말로 컨설턴트, 수

행기관의 수준을 판가름하는 중요한 잣대가 된다. 따라서 공식적인 프레젠테이션을 할 기회가 많은 컨설턴트들은 성공적인 프레젠테이션 스킬을 반드시 알아두어야 한다. 내가 가진 것을 말로 글로 표현할 수 있어야 한다.

업체 선정을 위한 제안서 발표라든가 최종 컨설팅 결과 발표 등 중요한 프로젝트일 경우 가장 좋은 기회는 한 번 밖에 오지 않는다. 이것은 컨설턴트가 가장 명시해야 할 영원한 과제다. 앞에 나가 말할 때는 편안하고 신뢰를 주는 감성적인 억양을 사용해야 한다. 진지한 모습으로 핵심을 전달하여 직접적이고 만족스럽게 전달되는 느낌을 주는 것이 가장 중요하다.

또한 발표 자료는 정해진 발표 순서에 따라 페이지를 배열하고 보는 사람들이 한 번에 파악할 수 있도록 간단명료하게 구성해야 한다. 또 중복해서 설명하지 말고 처음부터 끝까지 차근차근 발표하는 것이 좋다. 프레젠테이션이 끝나면 질문을 받는데 너무 길게 이야기하지 않는 것이 좋으며 솔직하게 답하는 것이 가장 현명하다. 효과적이고 효율적인 프레젠테이션 기술을 위해 컨설턴트들은 늘 연구하고 노력해야 한다.

Tip — 프레젠테이션 원칙

① 스토리를 만들어라.
② 청중이 누구인지를 파악하여 청중의 주의를 집중시켜라.
③ 프로다운 자세를 갖춰라.
④ 핵심부터 말하라.
⑤ 프레젠테이션의 목적을 파악하라.
⑥ 충분한 연습과 열정적으로 이야기하라.
⑦ 딱딱한 진행은 지루하다 간결하면서도 부드럽게 진행하라.

(2) 정보보호 컨설턴트 자질 및 역할

컨설턴트는 제안서, 산출물을 내용 품질뿐만 아니라 형식 및 품질도 높일 수 있어야 한다. 최고의 제안서나 산출물을 항상 벤치마킹해서 힘들더라도 따르려고 노력해야 한다. 잠시 편하고 예전 것을 그대로 쓰면 결코 발전하지 않는다.

성공하는 컨설팅 프로젝트, 컨설턴트를 보면 다 이유가 있다. 자신의 분야에 대한 전문기술은 물론 컨설턴트로서의 기본 자질, 전문가로서의 기본 역량을 고루 갖추고 있다는 공통점이 있다. 정보보호 컨설턴트로서의 기본 자세를 몇 가지 설명하면 다음과 같다.

① 정보보호의 문제를 CEO의 시각으로 바라보되 사실에 입각하여 철저하게 분석하고 고객의 상황에 맞는 최적의 해결책을 제시하며, 도출된 해결책의 효과적인 실행을 위해 고객을 지속적으로 지원하는 사람이 되어야 한다.

② 기업의 정보보호의 현황을 객관적으로 관찰·분석하고 문제점을 조기에 지적하며, 풍부한 경험을 바탕으로 적절한 해결방안을 조언하는 정보보호 닥터가 되어야 한다.

③ 컨설팅 서비스를 통해 전달할 수 있는 차별화된 가치가 무엇인지를 판단해야 하며 사업 발굴에서부터 계약에 이르는 과정을 세분화해서 관리할 수 있어야 한다.

④ 컨설팅 프로젝트에 착수한 이후에는 고객과 컨설팅 진행 방향 및 수행방법 등에 대해 지속적으로 의사소통을 해야 한다.

CHAPTER

05 개인정보보호 관리체계 개론

contents

CHAPTER 05

개인정보보호 관리체계 개론

1. 개인정보보호의 이해

1.1 개인정보의 개요

(1) 개인정보의 정의

개인정보의 법적근거로는 '생존하는 개인을 식별할 수 있는 정보'를 의미한다. 개인정보는 해당 정보만으로는 식별이 불가하더라도 다른 정보와 쉽게 결합하여 식별이 가능한 정보를 포함하는 것으로 되어 있다.

〈표 5-1〉 개인정보의 정의

개인정보 보호법 제2조	• "개인정보"란 살아 있는 개인에 관한 정보로서 다음 각 목의 어느 하나에 해당하는 정보를 말한다. 가. 성명, 주민등록번호 및 영상 등을 통하여 개인을 알아볼 수 있는 정보 나. 해당 정보만으로는 특정 개인을 알아볼 수 없더라도 다른 정보와 쉽게 결합하여 알아볼 수 있는 정보. 이 경우 쉽게 결합할 수 있는지 여부는 다른 정보의 입수 가능성 등 개인을 알아보는 데 소요되는 시간, 비용, 기술 등을 합리적으로 고려하여야 한다. 다. 가목 또는 나목을 제1호의2에 따라 가명처리함으로써 원래의 상태로 복원하기 위한 추가 정보의 사용 · 결합 없이는 특정 개인을 알아볼 수 없는 정보(이하 "가명정보"라 한다)

신용정보의 이용 및 보호에 관한 법률 제2조	• "신용정보"란 금융거래 등 상거래에서 거래 상대방의 신용을 판단할 때 필요한 정보로서 다음 각 목의 정보를 말한다. 가. 특정 신용정보주체를 식별할 수 있는 정보(나목부터 마목까지의 어느 하나에 해당하는 정보와 결합되는 경우만 신용정보에 해당한다) 나. 신용정보주체의 거래내용을 판단할 수 있는 정보 다. 신용정보주체의 신용도를 판단할 수 있는 정보 라. 신용정보주체의 신용거래능력을 판단할 수 있는 정보 마. 가목부터 라목까지의 정보 외에 신용정보주체의 신용을 판단할 때 필요한 정보
위치정보의 보호 및 이용 등에 관한 법률 제2조	• "개인위치정보"라 함은 특정 개인의 위치정보(위치정보만으로는 특정 개인의 위치를 알 수 없는 경우에도 다른 정보와 용이하게 결합하여 특정 개인의 위치를 알 수 있는 것을 포함한다)를 말한다.

일반적으로 알고 있는 개인정보로는 이름, 주민번호, 전화번호 등의 인적사항 뿐만 아니라 신체정보, 의료정보, 신용정보 등 특정 개인을 식별할 수 있는 모든 정보로 확대하고 있다. 오늘날의 고도의 정보사회 도래로 과거에 없었던 새로운 유형의 개인정보 등장과 아울러 GPS·바이오인식 기술의 발전으로 바이오정보 등이 개인정보화와 페이스북 등 SNS 이용 시 개인정보를 스스로 공개하는 추세가 증가함에 따라 게시글(댓글)·행태정보 등이 개인정보에 해당되는지에 대해 논란도 일어나고 있다.

EU, OECD, 미국, 영국 등 외국의 경우에 대부분의 국가는 개인정보의 개념을 '개인을 식별된 또는 식별할 수 있는 개인에 관한 모든 정보(자료, 기록)'로 규정하고 있다.

〈표 5-2〉 개인정보의 개념에 대한 각 국의 입법례

구분	법령	정의
OECD	개인정보 보호지침 (Guidelines on the Protection of Privacy and Transborder Flows of Personal Data)	식별되거나 식별가능한 개인에 관한 모든 정보를 지칭
EU	GDPR (General Data Protection Regulation)	식별되거나 식별가능한 자연인("데이터 주체")과 관련된 모든정보 ※ 식별 가능한 개인은 직접 또는 간접적으로 신원확인번호, 신체적, 생리적, 정신적, 경제적, 사회적 동일성(identity)을 나타내는 요소를 참조하여 그 신원이 확인될 수 있는 사람을 지칭

미국	프라이버시법 (Privacy Act, 1974)	개인기록(Record)은 행정기관이 보유하는 개인에 관한 정보(information about an individual)의 개개 항목 또는 그 집합 ※ 개인기록에는 당해 개인의 이름, 식별번호 · 부호, 지문, 성문, 자신과 같은 당해 개인의 고유한 식별자(identifying particular)가 포함
영국	개인정보 보호법 (Data Protection Act, 1998)	신원확인이 가능한 생존하는 개인과 관련된 데이터 또는 정보관리자가 보유하고 있거나 앞으로 그러할 가능성이 높은 기타 데이터나 정부로부터 신원확인이 가능한 생존 개인과 관련된 데이터
독일	연방데이터보호법 (Bundesdatenschutsgesetz, 1974)	자연인의 신원을 식별하거나 식별할 수 있는 정보주체에 관한 인적 및 물적 환경에 관한 일체의 정보
일본	개인정보 보호법 (個人情報の保護に關する法律)	개인정보는 생존하는 개인에 관한 정보로서 성명 · 생년월일 기타 기술(記述)에 의해 특정 개인을 식별할 수 있는 정보

(2) 주요국의 개인정보 활용 현황

① 유럽연합(EU): 2018년 1월 은행권의 데이터를 개방하는 PSD2(개정지급결제산업지침)를 마련했으며, 같은 해 5월 개인정보를 어떻게 다룰지 규정한 GDPR을 전면 시행했다. GDPR에서는 식별정보의 경우 사전동의를, 비식별정보의 경우 사후동의를 받도록 되어 있고 상업적 목적 등의 모든 연구에서 가명정보를 활용할 수 있도록 했다.

② 미국: 미국은 개인정보를 연방법에서 따로 규제하지 않으며 식별정보의 경우 민감정보일 때 사전동의를 구하고 비식별정보일 때는 사후동의를 받는다.

③ 일본: 일본의 경우 개인정보 보호법을 2015년 개정해 익명가공정보 개념을 도입했다. 2018년 7월에는 GDPR의 적정성 평가를 통과해 일본 기업들은 유럽에서 개별적으로 심사를 받을 필요가 없게 됐다.

(3) 개인정보의 개념

① 살아있는 개인에 관한 정보

- 개인정보의 주체는 자연인이어야 하며, 법인 또는 단체 정보는 개인정보에 해당하지 않음
- 법인 또는 단체에 관한 정보이면서 개인에 관한 정보인 대표자를 포함한 임원진, 업무 담당자의 이름, 주민번호, 자택주소, 개인연락처, 사진 등 그 자체로 개인을 식별할 수 있는 정보는 개인정보로 취급될 수 있음

- 이미 사망했거나 실종신고 등 관계 법령에 의해 사망한 것으로 간주되는 자에 관한 정보는 개인정보로 볼 수 없음

② 특정 개인과의 관련성

- 특정 개인과 관련된 모든 정보는 개인정보에 해당됨
- 개인정보는 특정개인을 식별하거나 식별 가능해야 함
- 통계적으로 변환되어 특정 개인이라는 사실을 식별할 수 없다면 개인정보가 아님

③ 식별 가능성 (쉽게 또는 합리적으로 결합 가능)

- 해당 정보만으로는 특정개인을 알아볼 수 없다하더라도 다른 정보와 쉽게 결합하여 개인을 식별할 수 있는 정보라면 개인정보에 해당함
- 특정개인을 구분할 수 있는 신원정보 (성명, 주민번호, 본적, 주소)
- 학교/직장/단체 등 소속된 곳에서 특정 개인을 구분할 수 있는 정보 (학번, 사번, 학년, 직급)
- 기업고객 중에서 특정개인을 구분할 수 있는 정보 (ID, 결재정보, 주소지, 연락처 등 기타 고객정보)

④ 정보의 임의성 (개인에 관한 모든 정보)

- 개인을 알아볼 수 있는 정보에 해당하는 한, 모든 종류의 정보가 개인정보가 될 수 있음
- 부정확한 정보 또는 허위 정보라도 특정 개인과 관련성을 지닌다면 개인정보가 될 수 있음
- 정보의 처리형식이나 처리 매체에도 제한이 없음 (문서, 전자파일, 영상, 문자, 음성 등 모든 형태)

(4) 다른 개념과의 구별

① 개인정보와 비밀

개인정보는 공개 여부를 불문하고 태생적으로 누군가에 의해서 이용 또는 활용될 것을 전제로 하지만, 비밀은 밝혀지지 않았거나 알려지지 않은 내용으로 남에게 드러내거나 알리지 말아야 할 것으로서 해당 비밀의 주체가 공개하지 않으면 영원히 비밀로 존재하는 것으

로 원칙적으로 수집·이용의 대상이 되지 않는다.

비밀도 경우에 따라서는 제한적인 범위에서 활용의 필요성이 인정되는 경우가 있다. 통신비밀이 범죄수사를 위해 수집·이용되거나, 성병이나 에이즈 같은 질병정보가 다른 사람에 대한 감염확산을 방지하기 위해서 수집·이용되는 경우를 그 예로 들 수 있다. 그러나 이러한 경우에도 비밀은 그 수집·이용의 목적범위 내에서 내부적으로만 이용될 뿐 공공연하게 이용되거나 유통해서는 안 된다.

② 개인정보와 프라이버시(Privacy)

프라이버시는 오랜 역사와 광범위한 사용에도 불구하고 아직까지 명확한 법적 정의가 정립되어 있지 않다. 다만, 사전적 정의로 '프라이버시'란 개인의 사생활이나 집안의 사적인 일 또는 그것을 남에게 간섭받지 않을 권리를 말한다. 개인정보와 프라이버시는 다음 두 가지 점에서 근본적으로 구별한다.

첫째, 프라이버시는 자기 자신에 전속한 권리로서 누구의 간섭도 받지 않고 독립적으로 그 권리를 행사할 수 있으나, 개인정보는 그 개인정보를 실질적으로 수집·관리하고 있는 사람이나 기관·단체의 권리도 인정해야 한다.

둘째, 프라이버시는 인격권 그 자체이지만 개인정보는 인격권의 침해가 없더라도 보호해야 할 경우가 있다. 예를 들어 정보주체의 은행계좌번호나 신용카드번호가 유출된 경우 그러한 정보가 인격권에 영향을 미치지 않는다고 하여 개인정보 보호의 대상이 아니라고는 볼 수 없다.

1.2 개인정보의 유형

(1) 개인정보의 유형 분류

개인정보는 국가마다 다르게 정의하여 관리할 수 있으며, 우리나라에서는 「정보통신망법」에 기반한 정보통신서비스 제공자의 개인정보 보호 가이드 상의 개인 정보 분류를 인적사항, 신체적 정보, 정신적 정보, 재산적 정보, 사회적 정보 등으로 분류한다.

〈표 5-3〉 정보통신서비스 제공자 개인정보 보호 가이드 상의 개인정보 분류 예시

유형	개인정보의 예시
인적 사항	성명, 주민등록번호, 주소, 본적지, 전화번호 등 연락처, 생년월일, 출생지, 이메일 주소, 가족관계 및 가족구성원 정보 등
신체적 정보	(신체정보) 얼굴, 지문, 홍채, 음성, 유전자정보, 키, 몸무게 등 (의료 · 건강정보) 건강상태, 진료기록, 신체장애, 장애등급, 병력(病歷) 등
정신적 정보	(기호 · 성향정보) 도서 · 비디오 등 대여기록, 잡지구독정보, 물품구매내역, 웹사이트 검색내역 등 (내면의 비밀 등) 사상, 신조, 종교, 가치관, 정당 · 노조 가입여부 및 활동내역 등
재산적 정보	(개인금융정보) 소득, 신용카드번호, 통장계좌번호, 동산 · 부동산 보유내역, 저축내역 등 (신용정보) 신용평가정보, 대출 또는 담보설정 내역, 신용카드 사용내역 등
사회적 정보	(교육정보) 학력, 성적, 출석상황, 자격증 보유내역, 상벌기록, 생활기록부 등 (법적정보) 전과 · 범죄 기록, 재판 기록, 과태료 납부내역 등 (근로정보) 직장, 고용주, 근무처, 근로경력, 상벌기록, 직무평가기록 등 (병역정보) 병역여부, 군번, 계급, 근무부대 등
기타	전통화내역, IP 주소, 웹사이트 접속내역, 이메일 또는 전화메시지 등 기타 GPS 등에 의한 위치정보

「개인정보 보호법」에서 다루는 개인정보는 일반정보, 경제정보, 사회정보, 의료정보, 통신정보, 민감정보 등이다. 최근에는 개인위치정보, 생체인식기술, 바이오정보, 신기술 등의 등장에 따른 스마트폰, RFID, CCTV 등도 다루고 있다.

〈표 5-4〉 개인정보 유형에 따른 개인정보 분류

유형/구분		개인정보의 예시
인적 사항	일반정보	이름, 주민등록번호, 주소, 전화번호, 생년월일, 출생지, 이메일주소, ID/PW, 가족관계 및 가족구성원의 정보, IP 주소 등
	가족정보	가족의 성명, 주민등록번호, 직업, 출생지 등
	신체정보	얼굴, 지문, 홍채, 음성, 유전자정보, 키, 몸무게
	의료/건강	건강상태, 진료 및 병력기록, 신체장애, 장애등급 등
신체적 정보	기호/성향	도서, 비디오 대여기록, 잡지구독정보, 여행 등 활동내역, 식료품 등 물품구매내역, 인터넷 웹사이트 검색내역
	신념/사상	종교 및 활동내역, 정당, 노조가입여부 및 활동내역

정신적 정보	동산정보	현금, 저축액, 주식, 채권 등 소유내역
	부동산정보	주택, 토지, 자동차 등 소유내역
	소득정보	봉급액, 이자소득, 사업소득 등
	신용정보	개인신용평가정보, 대출 또는 담보설정내역, 신용카드 이용내역
	수익정보	보험가입현황, 투자 또는 퇴직연금 등
사회적 정보	교육정보	학력, 성적, 출석상황, 자격증보유내역, 상벌기록, 생활기록부
	법적정보	전과, 범죄기록, 교통위반기록, 재판기록, 납세 및 과태료 납부내역
	고용정보	직장, 고용주, 근무처, 근무경력, 상벌기록, 직장평가기록
	병역정보	병역여부, 군번, 계급, 근무부대 및 주특기 등
기타	통신정보	통화내역, 인터넷 웹사이트 접속내역, 이메일이나 전화메시지
	위치정보	IP 주소, GPS 등에 의한 개인위치 정보
	영상정보	CCTV를 통해 수집된 영상정보
	습관/취미	흡연 및 음주, 스포츠 및 오락 등

영국의 개인정보보호위원회에서는 개인정보 분류를 개인속성, 가족·사회 환경, 교육 및 훈련, 고용 및 근로, 금융 및 신용, 계약활동, 민감 정보 등으로 구분하였다.

〈표 5-5〉 영국 개인정보보호위원회의 개인정보 분류

분류	개인정보의 예시
개인속성	성명, 주소, 연락처, 연령, 성별, 생일, 신체적 특징, 공공개인 식별번호 등
가족 · 사회 환경	혼인관계, 동거관계, 이혼경력, 가족속성, 세대원 정보, 취미, 주거환경, 여행 및 레저활동, 사회단체 봉사 및 기부활동 등
교육 및 훈련	학력, 자격, 기능, 직업훈련 기록, 전문성강화 실습기록, 학생기록부 등
고용 및 근로	경력 및 이력, 취업상세정보, 근태기록, 보건기록, 근무평정기록, 직장 내 훈련기록, 사회보장기록 등
금융 및 신용	소득 및 수입, 자산 및 투자평가정보, 지출정보, 신용평가기록, 부채, 수익, 보험 상세정보, 연금정보 등
계약활동	제공받는 재화 및 용역에 관한 정보, 법적 이용권 확보에 관한 정보, 계약상의 합의나 계약조건에 관한 정보 등
민감 정보	인종 및 민족, 정치적 견해, 종교 및 신앙, 노조가입정보, 신체 및 정신적 건강 상태, 성생활정보, 행정처분 기록, 범죄 및 수사기록 등

(2) 개인정보보호의 필요성

개인정보보호의 필요성은 크게 첫째로 개인정보 유출 등 정신적 피해, 보이스피싱 등에 의한 금융사기 및 유괴 등 각종 범죄에 개인이 당사자로 노출 우려가 있다. 둘째로 이미지 실추, 소비자단체의 불매운동, 개인정보 유출 피해자의 집단적 손해배상 등으로 인해 기업 경영에 타격을 가져올 수 있는 우려가 있다. 셋째로 '개인정보자기결정권'을 보장할 책무가 있으며, 개인정보 제공 과정에서 개인이 불이익을 당하지 않도록 정부에서는 기업을 관리·감독해야 한다.

개인정보보호의 관리방식으로 정부 측면에서는 정부 또는 준정부기관을 통한 법적인 통제(유럽, 한국)가 선행적으로 추구하고 있으며, 위반에 따른 과태료, 과징금, 형사처벌 등 강제력 있는 조치가 수반되어 추진하고 있다.

기업의 자율적 측면에서 개인이나 사업자단체 등의 시장경쟁에 기초를 둔 자발적 활동으로, 대표적으로는 미국이 자율적으로 추구하고 있다. 자율적인 요소에 따라 소속 사업자단체에 의한 개선권고, 제명조치 등 법적 강제력 없는 규제지만 신속하고 예방적인 규제가 가능하나 그 효과가 자사 또는 회원사에 한정적으로 처리되는 경향이 있다.

(3) 개인정보의 가치산정

① 가상가치산정법(CVM, Contingent Valuation Method)

비 시장 자원(환경보전, 공해의 영향 등)에 대한 가치를 산정하는 경제학적 방식이다. 설문조사를 통해 사람들이 '어느 정도의 금액을 지불할 의사(WTP, Willingness To Pay)'가 존재하는가를 산정한다.

② CVM에 의한 개인정보 가치 산정단계

- 1단계: 설문조사 대상 및 질의로 확인해야 할 결과물을 식별한다.
- 2단계: 개인정보의 가치를 투영할 수 있는 대상을 구별한다.
- 3단계: 1, 2단계를 통해 확인된 개별 개인정보 항목의 가치를 취합하여 이를 평균값으로 환산한다. 이 평균값이 CVM에 의한 해당 개인정보 항목의 가치가 된다.

(4) 기업의 사회적 책임(CSR, Corporate Social Responsibility)

기업의 의사결정과정에 공공의 이익을 포함하는 개념이며, 사람·지구·이익이라는 3P(People, Planet, Profit)를 중요시하는 것을 의미한다. 기업의 사회적 책임은 기업이 영업에만 집착하지 않고 사회구성원의 일원으로서 책임을 지각하여 이를 실천해야 한다는 사고방식이다. 최근에는 기업이 경제적 이익 이외에 환경이나 사회 건전성까지 고려해야 한다는 것이다.

- CSR를 중요시 하는 기업은 고객의 신뢰를 형성하여 자사의 제품과 서비스에 대한 긍정적 인식을 형성할 수 있고 추가적으로 조직 전체의 사기를 높일 수 있다.
- 고객의 개인정보보호를 위해 많은 노력을 기울이는 기업은 중요한 사회적 책임을 다하고 있다고 볼 수 있다.
- CSR를 정보보호 영역에 집중한다면 고객의 긍정적 이미지를 더욱 효과적으로 형성할 수 있을 것이다.

(5) 개인정보보호의 원칙 비교

개인정보처리자가 준수해야 할 개인정보보호 원칙은 국내의 경우 개인정보 보호법에 8가지 원칙을 명시하고 있으며, 이와 유사하게 OECD 8원칙, GDPR 7원칙이 있다.

〈표 5-6〉 개인정보보호의 원칙 예시

원칙	개인정보 보호법 8원칙 (개인정보 보호법 제3조)	OECD 프라이버시 8원칙	GDPR 개인정보 처리 7원칙
1	• 목적에 필요한 최소정보의 수집 · 처리 - 개인정보처리자는 개인정보의 처리 목적을 명확하게 하여야 하고 그 목적에 필요한 범위에서 최소한의 개인정보만을 적법하고 정당하게 수집하여야 한다. - 개인정보처리자는 정보주체의 사생활 침해를 최소화하는 방법으로 개인정보를 처리하여야 한다. - 개인정보처리자는 개인정보의 익명처리가 가능한 경우에는 익명에 의하여 처리될 수 있도록 하여야 한다.	• 1원칙: 수집제한의 원칙 - 개인정보의 수집은 적법하고 정당한 절차에 의해 정보주체의 인지나 동의를 얻은 후 수집되어야 한다.	적법성, 공정성, 투명성의 원칙 (Lawfulness, fairness and transparency)

2	• 처리목적 내에서 정확성, 완전성, 최신성 보장 ③ 개인정보처리자는 개인정보의 처리 목적에 필요한 범위에서 개인정보의 정확성, 완전성 및 최신성이 보장되도록 하여야 한다.	• 2원칙: 정보 정확성의 원칙 - 개인정보는 그 이용목적에 부합되는 것이어야 하며 이용목적에 필요한 범위내에서 정확하고 완전하며 최신의 상태를 유지해야 한다.	정확성의 원칙 (Accuracy)
3	• 처리목적의 명확화 - 개인정보처리자는 개인정보의 처리 목적을 명확하게 하여야 하고 그 목적에 필요한 범위에서 최소한의 개인정보만을 적법하고 정당하게 수집하여야 한다	• 3원칙: 목적 명확화의 원칙 - 개인정보의 수집목적은 수집시에 특정되어 있어야 하며 그 후의 이용은 구체회된 목적달성 또는 수집목적과 부합해야 한다.	개인정보처리의 최소화 (Data minimization)
4	• 목적 범위 내에서 적법하게 처리 및 목적 외 활용금지 - 개인정보처리자는 개인정보의 처리 목적에 필요한 범위에서 적합하게 개인정보를 처리하여야 하며, 그 목적 외의 용도로 활용하여서는 아니 된다.	• 4원칙: 이용제한의 원칙 - 개인정보는 특정된 목적 이외의 다른 목적을 위하여 공개, 이용, 제공될 수 없다.	목적 제한의 원칙 (Purpose limitation)
5	• 권리침해 가능성 등을 고려하여 안전하게 관리 - 개인정보처리자는 개인정보의 처리 방법 및 종류 등에 따라 정보주체의 권리가 침해받을 가능성과 그 위험 정도를 고려하여 개인정보를 안전하게 관리하여야 한다.	• 5원칙: 안전성 확보의 원칙 - 개인정보는 분실 또는 불법적인 접근, 파괴, 사용, 위조변조, 공개 위험에 대비하여 적절한 안전조치에 의해 보호되어야 한다.	무결성 및 기밀성의 원칙 (Integrity and confidentiality)
6	• 개인정보 처리방침 등 공개 - 개인정보처리자는 개인정보 처리방침 등 개인정보의 처리에 관한 사항을 공개하여야 하며, 열람청구권 등 정보주체의 권리를 보장하여야 한다.	• 6원칙: 처리방침의 공개 원칙 - 정보주체가 제공한 개인정보가 어떠한 용도와 방식으로 이용되고 있으며 개인정보보호를 위하여 어떠한 조치를 취하고 있는지를 공개하여야 하며 정보주체가 자신의 정보에 대하여 쉽게 확인할 수 있어야 한다	적법성, 공정성, 투명성의 원칙 (Lawfulness, fairness and transparency)

7	• 열람청구권 등 정보주체의 권리보장 – 개인정보처리자는 개인정보 처리방침 등 개인정보의 처리에 관한 사항을 공개하여야 하며, 열람청구권 등 정보주체의 권리를 보장하여야 한다.	• 7원칙: 정보주체 참여의 원칙 – 정보주체가 제공한 개인정보를 열람, 정정, 삭제를 요구할 수 있는 절차를 마련해야 한다.	보관기간 제한의 원칙 (Storage limitation)
8	• 개인정보처리자의 책임준수 · 신뢰확보 노력 – 개인정보처리자는 이 법 및 관계 법령에서 규정하고 있는 책임과 의무를 준수하고 실천함으로써 정보주체의 신뢰를 얻기 위하여 노력하여야 한다.	• 8원칙: 책임의 원칙 – 정보관리자는 위의 제 원칙이 지켜지도록 필요한 제반조치를 취해야할 책임이 있다.	책임성의 원칙 (Accountability)

2. 개인정보보호 관련 법률 이해

2.1 국내 · 외 개인정보보호 관련 법률 현황

(1) 국내 개인정보보호 체계

개정 「개인정보 보호법」은 심의·의결 기구에 머물렀던 개인정보보호위원회(이하 '보호위원회')를 중앙행정기관화하고, 행정안전부와 방송통신위원회가 수행하고 있던 개인정보 보호 관련 법 집행 권한을 보호위원회로 이관하여 일원화하였다. 또한 개인정보 정의의 판단기준 명확화, 가명정보 개념 도입 및 가명정보 처리 시 준수의무 등 개인정보의 안전한 이용 활성화를 도모하고자 하였다. 한편, 「정보통신망 이용촉진 및 정보보호 등에 관한 법률」(이하 '정보통신망법')의 개인정보 규정(제4장)을 삭제하여 이 중 「정보통신망법」에 특별한 조항들은 「개인정보 보호법」 내에 특례규정으로 편입되었다. 그리고 「신용정보의 이용 및 보호 등에 관한 법률」(이하 '신용정보법')도 「개인정보 보호법」과의 정합성, 가명정보의 도입 등을 내용으로 하여 개정되었다. 위 법률들은 2020년 2월 4일 공포되었고, 6개월 후인 8월 5일에 시행되었다.

〈표 5-7〉 부처별 개인정보보호 업무 현황

구분	법률	소관업무
개인정보 보호위원회 (중앙행정기관)	개인정보 보호법 (조사, 행정처분, 심의 · 의결, 민원 등)	• 개인정보의 보호와 관련된 법령의 개선에 관한 사항 • 개인정보 보호와 관련된 정책 · 제도 · 계획 수립 · 집행에 관한 사항 • 정보주체의 권리침해에 대한 조사 및 이에 따른 처분에 관한 사항 • 개인정보의 처리와 관련한 고충처리 · 권리구제 및 개인정보에 관한 분쟁의 조정 • 개인정보 보호를 위한 국제기구 및 외국의 개인정보 보호기구와의 교류 · 협력 • 개인정보 보호에 관한 법령 · 정책 · 제도 · 실태 등의 조사 · 연구, 교육 및 홍보에 관한 사항 • 개인정보 보호에 관한 기술개발의 지원 · 보급 및 전문인력의 양성에 관한 사항 • 이 법 및 다른 법령에 따라 보호위원회의 사무로 규정된 사항
금융위원회	신용정보법 (신용정보회사 등)	• 신용정보회사등이 마련해야 할 기술적 · 물리적 · 관리적 보안대책의 구체적인 기준 마련 • 내부관리규정이 신용정보 및 신용정보주체의 권익 보호에 적합하지 않다고 판단할 경우 시정 명령 • 신용정보회사 등에 자료제출, 처리중단, 시정조치, 공시 등 필요한 조치를 명령 • 신용정보의 수집 · 처리 · 이용 및 보호 등에 대하여 신용정보 관리기준 마련 등
기타 중앙행정기관 (행안부, 방통위 등)	소관분야별 개별법 (주민등록법, 정보통신망법 등)	• 소관분야 개인정보시행계획 수립 • 소관분야 개인정보 보호지침 마련 • 개인정보처리자에게 처리실태 개선/권고 • 법 취지에 부합하도록 소관법령 정비 • 법 위반행위조사, 시정권고 명령, 과태료 부과 • 소속기관, 소관공공기관에 의견제시 및 지도/권고

Tip — 개인정보보호위원회 구성(개인정보 보호법 제7조)

〈개인정보보호위원회 구성〉

① 보호위원회는 상임위원 2명(위원장 1명, 부위원장 1명)을 포함한 9명의 위원으로 구성한다.

② 보호위원회의 위원은 개인정보 보호에 관한 경력과 전문지식이 풍부한 다음 각 호의 사람 중에서 위원장과 부위원장은 국무총리의 제청으로, 그 외 위원 중 2명은 위원장의 제청으로, 2명은 대통령이 소속되거나 소속되었던 정당의 교섭단체 추천으로, 3명은 그 외의 교섭단체 추천으로 대통령이 임명 또는 위촉한다.

1. 개인정보 보호 업무를 담당하는 3급 이상 공무원(고위공무원단에 속하는 공무원을 포함한다)의 직에 있거나 있었던 사람
2. 판사 · 검사 · 변호사의 직에 10년 이상 있거나 있었던 사람
3. 공공기관 또는 단체(개인정보처리자로 구성된 단체를 포함한다)에 3년 이상 임원으로 재직하였거나 이들 기관 또는 단체로부터 추천받은 사람으로서 개인정보 보호 업무를 3년 이상 담당하였던 사람
4. 개인정보 관련 분야에 전문지식이 있고 「고등교육법」 제2조제1호에 따른 학교에서 부교수 이상으로 5년 이상 재직하고 있거나 재직하였던 사람

③ 위원장과 부위원장은 정무직 공무원으로 임명한다.

④ 위원장, 부위원장, 제7조의13에 따른 사무처의 장은 「정부조직법」 제10조에도 불구하고 정부위원이 된다.

〈개인정보보호위원회 위원장〉

① 위원장은 보호위원회를 대표하고, 보호위원회의 회의를 주재하며, 소관 사무를 총괄한다.

② 위원장이 부득이한 사유로 직무를 수행할 수 없을 때에는 부위원장이 그 직무를 대행하고, 위원장 · 부위원장이 모두 부득이한 사유로 직무를 수행할 수 없을 때에는 위원회가 미리 정하는 위원이 위원장의 직무를 대행한다.

③ 위원장은 국회에 출석하여 보호위원회의 소관 사무에 관하여 의견을 진술할 수 있으며, 국회에서 요구하면 출석하여 보고하거나 답변하여야 한다.

④ 위원장은 국무회의에 출석하여 발언할 수 있으며, 그 소관 사무에 관하여 국무총리에게 의안 제출을 건의할 수 있다.

〈위원의 임기〉

① 위원의 임기는 3년으로 하되, 한 차례만 연임할 수 있다.

② 위원이 궐위된 때에는 지체 없이 새로운 위원을 임명 또는 위촉하여야 한다. 이 경우 후임으로 임명 또는 위촉된 위원의 임기는 새로이 개시된다.

개인정보보호 관련 국내 주요 법률로는 헌법 제17조(사생활의 비밀과 자유)와 제18조(통신의 비밀)에 근거를 두고 개별 법률에 의해 개인정보보호에 관한 규정을 마련하였다.

〈표 5-8〉 분야별 보호대상 및 관련 법률

<table>
<tr><th colspan="2">구분</th><th>보호대상</th><th>법률명</th></tr>
<tr><td>일반법
(통합법)</td><td>전체분야</td><td>개인정보</td><td>개인정보 보호법(2011)</td></tr>
<tr><td rowspan="10">특별법
(개별법)</td><td rowspan="2">공공행정
분야</td><td>행정정보</td><td>가족관계의 등록 등에 관한 법률
공공기관의 정보공개에 관한 법률
전자정부법, 주민등록법 등</td></tr>
<tr><td>국가기밀</td><td>국방정보화 기반조성 및 국방정보자원관리에 관한 법률
군사기밀보호법, 보안업무규정, 군형법 등</td></tr>
<tr><td rowspan="3">정보통신
분야</td><td>개인정보</td><td>위치정보이용 및 보호에 관한 법률 등</td></tr>
<tr><td>정보통신망 및
시설</td><td>국가정보화기본법, 통신비밀보호법
정보통신기반보호법(2001), 전기통신사업법 등</td></tr>
<tr><td>전자서명</td><td>전자서명법, 전자정부법(2001) 등</td></tr>
<tr><td rowspan="2">금융/신용
분야</td><td>영업정보</td><td>부정경쟁방지법, 공정거래법 등</td></tr>
<tr><td>금융정보
신용정보</td><td>금융실명거래 및 거래비밀보장에 관한 법률(1995)
신용정보의 이용 및 보호에 관한 법률(1995)
전자거래기본법
전자상거래 등에서의 소비자보호에 관한 법률 등</td></tr>
<tr><td>의료분야</td><td>의료정보</td><td>보건의료기본법, 의료법
생명윤리 및 안전에 관한 법률
응급의료에 관한 법률, 장기 등 이식에 관한 법률</td></tr>
<tr><td>교육분야</td><td>교육정보</td><td>교육기본법, 초중등교육법
교육정보시스템의 운영 등에 관한 규칙 등</td></tr>
<tr><td>(continued)</td><td></td><td></td></tr>
</table>

출처: 개인정보보호와 영향평가(신영진, 2013)

이러한 법적 준거성 부분은 관리체계 인증 준비 시에 신청인이 업무특성을 고려하여 법령 준수를 검토하고 적정하게 준수한다. 일반적으로 다음의 관련법령의 준거성을 충분히 검토한다.

〈표 5-9〉 법률별 개인정보보호 고려사항

분야	법률명	주요 고려사항
산업보안	부정경쟁방지 및 영업비밀 보호에 관한 법률	영업비밀을 취급하는 모든 기업을 대상으로, 행위주체(인적)에 대한 비밀유지의무와 기업의 역할(비밀설정 및 보호조치) 고려
	산업기술의 유출방지 및 보호에 관한 법률	국가로부터 지정받은 산업기술 및 국가핵심기술을 보유한 국가기관/기업/연구기관 및 대학 등(이하 '기관')을 대상으로, 행위주체(인적)에 대한 비밀유지의무와 대상 기관의 보호조치 고려
지적재산	저작권법(컴퓨터프로그램보호법은 폐지, 통합)	논문, 강연 등의 어문저작물과 컴퓨터프로그램 등을 저작한 저작자의 이익을 보호하기 위한 역할 고려
기반시설	정보통신기반보호법	국가안전보장, 행정, 국방, 치안, 금융, 통신, 운송, 에너지 등의 업무와 관련된 정보통신망을 운영하는 기업 및 국가 공공기관을 대상으로, 정보통신망 운용의 기반이 되는 시설을 보호하기 위한 역할과 보호조치 고려
정보통신 보안	정보통신망법	법 제45조제에 따라 ISP, IDC, 일정 규모 이상 정보통신서비스 제공자는 매년 ISMS 인증을 의무적으로 받아야 함
개인정보 보호	개인정보 보호법	일반법으로서 개인정보를 처리하는 모든 개인, 사업자, 공공기관 등에 대한 개인정보의 취급단계별 보호조치 및 정보주체의 권리 보장사항 고려 개인정보를 취급하는 정보통신서비스 제공자는 개인정보의 취급단계별 관리적, 기술적 보호조치 의무사항 고려
	신용정보의 이용 및 보호에 관한 법률	개인의 신용정보를 취급하는 금융회사(보험, 캐피탈, 카드사 등)를 대상으로, 신용정보의 취급 단계별 보호조치 의무사항 고려

(2) 데이터 3법 개요

데이터 이용을 활성화하는 「개인정보 보호법」, 「정보통신망 이용촉진 및 정보보호 등에 관한 법률(이하 정보통신망법)」, 「신용정보의 이용 및 보호에 관한 법률(이하 "신용정보법"이라 한다)」 등 3가지 법률을 통칭한다.

4차 산업혁명 시대를 맞아 핵심 자원인 데이터의 이용 활성화를 통한 신산업 육성이 국가적 과제로 대두되고 있다. 특히, 신산업 육성을 위해서는 인공지능(AI), 인터넷기반 정보통신 자원통합(클라우드), 사물인터넷(IoT) 등 신기술을 활용한 데이터 이용이 필요하다. 한편 안전한 데이터 이용을 위한 사회적 규범 정립도 시급하다. 데이터 이용에 관한 규제 혁신과 개인정보 보호 협치(거너번스) 체계 정비의 두 문제를 해결하기 위해 데이터 3법이 개정되게 되었다.

제4차 산업혁명 시대의 도래에 따른 세계 각국의 데이터경제 활성화 전략 추진과 EU(유럽연합)의 일반 개인정보 보호법(GDPR; General Data Protection Regulation) 시행(2018.5) 및 국내에서의 개인정보의 효율적 활용을 위한 법 개정의 거센 요구 등의 영향으로 기존의 개인정보보호 추진체계까지 바꾸며 새로운 모습으로 개정된 것이다.

① 「개인정보 보호법」의 개인정보보호위원회의 중앙행정기관화

- 개정(2020년) 「개인정보 보호법」은 현행 대통령 소속의 보호위원회를 국무총리 소속의 중앙행정기관으로 하고, 독자적인 조직·인사·예산권 및 조사·처분 등 집행권과 의안제출 건의권 및 국회·국무회의 발언권을 부여
- 보호위원회의 위상에 절대적으로 요구되는 독립성 보장을 위해 국무총리 소속으로 하되 조사·처분 등 독립성이 요구되는 일부 기능[1]에 대해서는 국무총리의 행정감독권을 배제
- 행정안전부와 방송통신위원가 수행했던 업무[2]는 모두 개인정보보호위원회로 이관
- 개정 「신용정보법」은 개인신용정보와 관련하여 금융위원회의 감독을 받지 않는 신용정보회사 등 금융회사 외의 '상거래 기업 및 법인'에 대해서는 금융위원회의 감독·검사 등을 대신하여 보호위원회에 대하여 자료제출 요구·검사·출입권·시정명령·과징금·과태료 부과 등의 권한을 부여

② 개인정보 범위의 판단기준 제시

- 개정(2020년) 「개인정보 보호법」은 특정 개인의 식별가능 여부에 대한 기준을 제시
- 개정법은 개인정보 범위 정의를 "쉽게 결합하여"의 범위"를 다른 정보의 입수 가능성"

1) 보호위원회 소관사무 중 정보주체의 권리침해에 대한 조사 및 이에 따른 처분에 관한 사항과 개인정보의 처리와 관련한 고충처리 · 권리구제 및 개인정보에 관한 분쟁, 그리고 보호위원회 심의 · 의결 사항 중 개인정보 침해요인 평가에 관한 사항은 국무총리의 행정감독권의 적용을 받지 않음

2) 개인정보보호지침 수립, 개인정보파일 등록, 개인정보보호 인증, 개인정보영향평가, 개인정보 유출통지, 침해사실 신고접수(개인정보침해신고센터 운영), 자료제출 요구 및 검사 등 개인정보 보호 관련 업무는 보호위로 이관

등 기준을 제시하여 기업 등 이해관계자의 개인정보 처리에 기존보다 명확한 기준을 제시

- '익명정보'라는 용어는 사용하지 않았으나, 익명정보는 「개인정보 보호법」을 적용하지 않는다는 규정도 신설

③ 가명정보의 제도화

- 개정(2020년) 「개인정보 보호법」은 데이터 활용을 활성화하기 위해 가명정보의 개념을 도입
- 개인정보처리자는 가명정보를 통계작성, 과학적 연구, 공익적 기록보존 등의 목적으로 정보주체의 동의없이 처리할 수 있고, 개인정보처리자 간에 지정된 전문기관을 통해서 가명정보를 결합하여 이용할 수 있음

④ 수집목적과 합리적 관련 범위 내에서의 활용 확대

- 개인정보처리자는 애초에 수집 시에 고지한 수집 목적과 합리적으로 관련된 범위 내에서 암호화 등 안전성 확보조치를 하였는지 여부 등을 고려하여 대통령령이 정하는 바에 따라 정보주체의 동의 없이 개인정보를 이용 또는 제공
- 추가의 개인정보 이용 또는 제공 목적이 애초의 수집 목적과 합리적으로 관련되었다면 안전성 확보를 전제로 하여 정보주체의 동의 없이 개인정보를 이용하거나 제공하는 것을 허용

⑤ 「신용정보법」과 「개인정보 보호법」 유사 · 중복 조항의 정비 등

- 개인신용정보의 처리, 그 업무의 위탁, 유통 및 관리와 신용정보주체의 보호에 관하여 일반법인 「개인정보 보호법」의 일부 규정을 금융 분야에 알맞게 특별법인 「신용정보법」에 수용하거나 일반법과 특별법의 적용관계를 보다 명확히 규정
- 이 법에서 유사하거나 중복적으로 규정하고 있는 내용에 대해서는 「개인정보 보호법」의 해당 조문을 적용하도록 하는 등 현행 개인정보 보호 체계를 보다 효율화
- 개인신용정보의 정의, 신용정보의 수집 시 동의의 예외, 신용정보 처리 업무의 위탁, 신용정보관리·보호인의 업무 등에 대해서는 「개인정보 보호법」을 준용하는 등 정합성을 맞출 수 있도록 함

- 추가정보를 사용하지 아니하고는 특정 개인을 알아볼 수 없도록 처리(가명처리)한 개인 신용정보로서 가명정보의 개념을 도입
- 통계작성(시장조사 등 상업적 목적의 통계작성을 포함), 연구(산업적 연구를 포함), 공익적 기록보존을 위해서는 가명정보를 신용정보주체의 동의 없이도 이용하거나 제공할 수 있도록 규정
- 익명처리에 대해서는 금융위원회에서 지정한 데이터 전문기관의 적정성 평가를 거친 경우에는 더 이상 특정 개인을 알아볼 수 없도록 처리한 정보로 추정하여 금융회사 등의 빅데이터 활용에 따른 법적 불확실성을 해소
- 개정 「신용정보법」은 고지사항의 중요한 사항만을 발췌한 요약정보를 신용정보주체에게 알리고 정보활용 동의를 받을 수 있도록 하되, 신용정보주체가 요청할 경우 고지사항 전부를 알리도록 하는 등 신용정보주체에게 요약정보를 고지한 후에 동의를 얻는 가능성을 허용
- 금융위원회로 하여금 금융회사 등의 정보활용 동의사항에 대하여 사생활의 비밀과 자유를 침해할 위험, 신용정보주체가 받게 되는 이익이나 혜택 등을 고려하여 정보활용 동의등급(정보활용 동의 사항에 대하여 금융위원회가 평가한 등급)을 부여

2.2 EU GDPR(General Data Protection Regulation)

(1) 개요

2016년 5월 유럽연합(이하 'EU')에서 제정한 「일반 개인정보 보호법(General Data Protection Regulation)」[3](이하 'GDPR')이 2018년 5월 25일부터 시행되었다. GDPR은 2018년 5월 25일부터 기존 개인정보 이행지침(Directive 95/46/EC, 이하 Directive)를 대체하여 시행되는 유럽연합(EU)의 개인정보보호 일반법이다. Directive는 각 회원국들의 입법 방향을 제시할 뿐 강제·구속력은 없었으나, GDPR은 EU 모든 회원국에 직접적인 법적 구속력을 가직 되었다. 서문(Preamble or Recital) 173항 + 11장 99조로 구성되었다.

GDPR은 자연인(Natural Person)에 관한 기본권과 자유 및 특히 개인정보보호에 대한 권리를 보호하고(제1조제2항), EU 역내에서 개인정보의 자유로운 이동(제1조제3항)을 보장

3) 유럽 연합 일반 데이터 보호 규칙(General Data Protection Regulation, GDPR)은 유럽연합의 법으로써 유럽연합에 속해있거나 유럽경제지역(EEA)에 속해있는 모든 인구들의 사생활 보호와 개인정보들을 보호해주는 규제이다. 이 법은 유럽연합과 유럽경제지역 이외 지역의 개인정보의 침해 또한 적용이 가능하다(위키백과).

하는 것을 목적으로 한다. GDPR은 개인정보 삭제권, 처리 제한권, 개인정보 이동권, 반대권(거부권) 등의 신규 권리 추가 및 기존 권리 명확화를 통하여 기존 개인정보 이행지침(Directive 95/46/EC)보다 정보주체의 권리를 확대·강화하였으며, 개인정보 처리 활동의 기록, DPO의 지정, 개인정보 영향평가, Data protection by design and by default 등을 규정함으로써 기업의 책임성을 강화하였다.

GDPR은 지침(Directive)과 달리 "Regulation"이라는 법 형식으로 제정되어 법적 구속력을 가지며, 모든 EU 회원국 내에 직접적으로 적용된다. 기존 Directive에서는 회원국 간 개인정보보호 법제가 서로 달라 규제에 어려움이 있었으나, GDPR 제정을 통하여 통일된 개인정보보호 규제가 가능하게 되었다. 그동안 시행되어 온 개인정보 이행지침(Directive 95/46/EC)은 2018년 5월 25일 GDPR 시행으로 폐지되었다.

GDPR 적용 범위는 EU 내 설립된 기관의 개인정보 처리 활동 외에 다음 경우를 적용 범위에 포함하였다. EU 밖에서 EU 내에 있는 정보주체에게 재화나 용역을 제공하는 경우, EU 내에 있는 정보주체가 수행하는 활동을 모니터링하는 경우, 또한 유럽 경제 지역(European Economic Area, EEA)에 관한 주요 협정에 따라 아이슬란드, 리히텐슈타인, 노르웨이도 EU와 동일하게 GDPR이 적용된다.

〈표 5-10〉 개인정보 보호법과 GDPR 비교

구분	개인정보 보호법	GDPR
원칙의 적용 차이	개인정보보호원칙은 말 그대로 원칙으로 구속력이 없다. 제재는 구체적인 조항을 어겼을 때만 가능	GDPR에서의 원칙은 절대적. 구체적 조항이 없더라도 원칙에 부합하지 않는 것만으로도 제재 가능
개인정보 보호책임자	일반적으로 CPO. 규모에 따라 CISO가 겸임하기도 함 • 임원급(최소 부서장)이 하도록 되어 있어 실무를 담당한다기 보단 일반적으로 결재를 하고 책임을 지는 역할	DPO라는 개념을 정의 • 단순히 책임을 지는 것이 아니라 실무를 겸하여 포괄적인 권한을 가짐 • 외부 전문가 위촉 가능 • 한 DPO가 여러 기업의 DPO를 할 수도 있음 • 책임자보다는 전문가 개념
아동의 기준	만 14세	기본적으로 16세. 13~16세 회원국의 법에 따라 달리 할 수 있음
민감정보의 기준	전체적인 의미는 비슷함	추가로 민족 · 인종에 대한 정보를 민감 정보로 보고 있음
범죄정보	개인정보 보호법, 신용정보법 등 관련 법엔 없고 "형의 실효 등에 관한 법률"에 따름	범죄 정보에 대한 정의, 처리법 등 내용이 GDPR에 세부적으로 규정되어 있음

개인정보 수집 시 고지사항	4가지	6+6 또는 6+7가지
개인정보의 제3자 제공	위탁자, 제3자를 모두 명시해야 함	카테코리화 해서 표현 가능(상담, 배송 등)
개인정보 수집 출처 고지	공개된 개인정보는 일단 쓰고, 물어보면 알려주면 됨	사전에 고지하고 사용해야 함
정보주체의 권리	–	이동권을 추가로 정의 • 이동권은 PSD2와도 연계되는 부분
개인정보영향 평가	공공기업만 대상	민간기업도 포함함

출처: http://itwiki.kr/w/GDPR

(2) 개인정보 정의와 적용대상 범위

GDPR에서는 개인정보를 "식별되었거나 또는 식별 가능한 자연인(정보주체)과 관련된 모든 정보"로 정의하면서, 기존 Directive에 명시되지 않았으나 판례, 유권해석, 개별법 차원에서 인정된 개념을 포함하였다.

① 자연인이 사용하는 장치, 애플리케이션, 도구와 프로토콜을 통해 제공되는 개인 식별이 가능한 경우의 IP 주소, 쿠키(Cookie) ID, RFID(무선 인식) 태그 등을 개인정보(온라인 식별자)에 포함한다.
② 위치정보를 개인정보의 정의에 명시적으로 규정하였다.
③ 민감한 성격의 개인정보를 '특수한 범주의 개인정보'(이하 '민감정보')라고 정의하면서, 유전정보와 생체 인식정보를 명시적으로 규정하였다.
④ 개인정보의 가명처리(Pseudonymisation) 개념을 명문화함으로써, 분리 보관 및 특별조치 등을 통하여 개인정보를 활용할 수 있도록 하였다.

(3) GDPR의 개인정보 기본 처리 원칙

개인정보를 처리하는 경우 다음 7가지 원칙을 모두 준수하여야 한다.

① 합법성·공정성·투명성 원칙
② 목적 제한의 원칙
③ 개인정보 최소처리 원칙

④ 정확성의 원칙
⑤ 보유기간 제한의 원칙
⑥ 무결성과 기밀성의 원칙
⑦ 책임성의 원칙

(4) 동의 요건의 강화 및 아동 개인정보 처리에 대한 동의 원칙

① GDPR에 따른 유효한 동의는 수집되는 개인정보가 이용되는 목적에 대한 명시적 동의여야 한다.
② 컨트롤러는 동의를 받았다는 사실을 증명할 수 있어야 하고, 해당 동의는 철회될 수 있다.
③ 만 16세 미만의 아동에게 직접 정보사회서비스를 제공할 때에는 부모나 보호자의 동의를 받아야 한다. 다만, 각 회원국은 개별 법률을 통하여 부모나 보호자의 동의를 요하는 아동의 연령 기준을 만 13세까지 낮추어 규정할 수 있다.

(5) 개인정보의 합법 처리 기준

개인정보 처리의 합법성·공정성·투명성 원칙에 따라 개인정보 처리는 GDPR에서 허용한 다음 중 어느 하나 이상의 요건에 해당해야 합법 처리로 인정된다.

① 정보주체가 하나 이상의 특정한 목적을 위하여 본인의 개인정보 처리에 동의한 경우
② 정보주체가 계약 당사자로 있는 계약의 이행을 위하여 또는 계약 체결 전 정보주체의 요청에 따라 조치를 취하기 위하여 처리가 필요한 경우
③ 컨트롤러에 적용되는 법적 의무를 준수하는 데 처리가 필요한 경우
④ 정보주체 또는 자연인인 제3자의 생명상의 이익을 보호하기 위하여 처리가 필요한 경우
⑤ 공익상의 이유 또는 컨트롤러에게 부여된 직무권한을 행사할 때 처리가 필요한 경우
⑥ 컨트롤러 또는 제3자의 적법한 이익을 달성하기 위하여 처리가 필요한 경우

(6) One Stop Shop 메커니즘의 도입

원스톱숍 메커니즘(One stop shop mechanism)이란 처리되는 개인정보의 정보주체가 EU 내 여러 국가에 흩어져 있는 경우에 주 사업장이나 단일 사업장이 소속된 국가의 감독

기구가 주 감독기구의 역할을 수행하면서 다른 회원국의 감독기구와 수시로 협력함으로써 컨트롤러·프로세서가 하나의 감독기구만을 대상으로 대응 가능한 집행 체계를 말한다.

- 원스톱숍 메커니즘을 통해 컨트롤러와 프로세서는 여러 국가에 흩어져 있는 정보주체의 개인정보 처리에 대하여 하나의 감독기구(주 감독기구)를 대상으로 대응이 가능하다.
- 각 감독기구는 GDPR 위반이 한 회원국의 사업장에만 관련이 있거나 해당 회원국의 정보주체에 중대한 영향을 미치는 경우 주 감독기구에 관련 사항을 통지해야 한다.
- 내용을 통지받은 주 감독기구는 해당 감독기구가 자체적으로 사안을 처리할 것인지 주 감독기구에서 해당 사안을 처리할 것인지 결정해야 한다. 이 때 주 감독기구가 해당 사안을 처리하는 경우 이 역시 원스톱숍 메커니즘이 작동한 것으로 본다.

(7) 프로세서에 대한 적용

GDPR은 프로세서를 직접 규제하는 다음 내용을 다수 포함하고 있어서, 프로세서도 개인정보보호를 위한 다양한 의무를 부담한다. 프로세서는 제재의 직접적 적용 대상이 되며, GDPR 요구 사항을 충족하지 못할 경우 정보주체로부터 배상을 요구받을 수 있다.

① DPO 지정
② 처리활동의 기록
③ 개인정보 처리 보안 기준 적용
④ 정기적인 개인정보 영향평가 수행
⑤ 제3국 및 국제기구로의 개인정보 역외 이전
⑥ 국가 감독기구 협조 의무 등

(8) 정보주체의 권리

① 접근권, ② 정정권, ③ 삭제권, ④ 처리 제한권, ⑤ 개인정보 이동권, ⑥ 반대권, ⑦ 프로파일링을 포함한 자동화된 의사결정의 대상이 되지 않을 권리 등

(9) 책임성과 거버넌스

공공기관이나 정기적·체계적·대규모 등 일정 기준에 해당하는 컨트롤러나 프로세서는 DPO(Data Protection Officer)를 지정해야 하고, 컨트롤러에게도 GDPR 각 규정의 준수

를 위하여 일정한 의무가 부과된다. 예를 들면, 문서보관의무나 개인정보 영향평가를 받을 의무가 있으며, 기획 단계에서부터 기본적으로 정보보호가 높은 수준으로 설정될 수 있도록 관련활동을 수행하여야 한다(Data protection by design and by default). 구체적으로 개인정보보호를 위하여 아래와 같은 책임성 및 거버넌스가 요구된다.

① 처리 활동의 기록
② 높은 위험(high risk)을 내재한 개인정보 처리에 대하여 개인정보 영향평가 수행
③ DPO 지정
④ 개인정보 침해 통지 및 종합적 기록 유지
⑤ Data protection by design and by default 이행 등

(10) DPO 지정 의무

다음에 해당하는 경우 DPO를 의무적으로 지정해야 하며, DPO는 조직이 개인정보보호 의무를 준수하도록 도움을 줄 수 있다.

① 정부부처 또는 관련기관이 개인정보를 처리하는 경우(법원은 예외)
② 컨트롤러나 프로세서의 핵심 활동이 다음에 해당하는 경우
- 정보주체에 대한 대규모의 정기적이고 체계적인 모니터링에 해당하는 활동
- 민감정보나 범죄경력 및 범죄행위에 대한 대규모 처리인 활동

(11) 개인정보 역외 이전 메커니즘

GDPR이 인정하는 개인정보의 역외 이전 메커니즘에 따르는 경우에만 EU 역외로의 개인정보 이전이 허용된다.

① 적정성 결정(Adequacy decision)을 통하여 개인정보보호 관련 법제가 적절한 수준의 보호를 보장하고 있다고 인정된 국가로 이전하는 경우
② '적절한 보호조치(Appropriate safeguards)의 제공', '정보주체의 권리 행사 보장', '효과적인 법적 구제 수단의 존재'에 모두 해당하는 경우
- 적절한 보호조치에는 구속력 있는 기업 규칙(Binding Corporate Rules), 표준 개인정보보호 조항(Standard data protection clauses), 승인된 행동규약(Code of conduct), 승인된 인증 메커니즘(Certification mechanism) 등이 포함

③ 적정성 결정이나 적절한 보호조치가 없는 경우에도 명시적 동의(explicit consent), 계약의 이행 또는 정보주체의 요청으로 필요한 경우, 공익의 중요한 이유 등과 같은 특정 상황에서 예외 요건에 해당하는 경우에 역외 이전이 가능하다.

(12) 개인정보 침해 시 통지의무

컨트롤러는 개인의 권리와 자유에 위험을 일으킬 가능성이 있는 침해가 발생한 경우, 개인정보 침해 사실을 인지한 시점으로부터 72시간 내에 감독기구에 신고하여야 하며, 개인의 자유와 권리에 높은 위험이 예상될 때에는 부당한 지체 없이(Without undue delay) 침해 사실을 정보주체에게 통지하여야 한다. 다만 개인정보 침해가 개인의 자유와 권리에 위험을 일으킬 가능성이 낮은 경우 통지하지 않을 수 있다. 만약, 감독기구에 대한 신고가 72시간 이내에 이루어지지 않는 경우에는 지체된 이유를 함께 신고해야 한다.

(13) 제재

각각의 개인정보 처리에 따라 제재 규정을 적용하며, '사업체 집단' 매출을 바탕으로 과징금(fines imposed by reference to the revenues of an undertaking)을 부과한다.

① GDPR 규정의 일반적 위반의 경우 직전 회계연도의 전 세계 매출액 2% 또는 1천만 유로 중 더 큰 금액을 상한으로 하여 부과
② GDPR 규정의 심각한 위반의 경우 직전 회계연도의 전 세계 매출액 4% 또는 2천 만 유로 중 더 큰 금액을 상한으로 하여 부과

(14) 인증제도 및 인증기관에 대한 인정

GDPR은 기업의 GDPR 준수 입증을 위해 인증 메커니즘의 이용을 권장하고 있다. 인증제도를 활용할 경우 기업은 기술적·관리적 조치 및 개인정보 이전과 관련한 적절한 보호조치를 실시하고 있음을 입증할 수도 있다. 인증서는 감독기구나 지정된 인증기관이 발행하며 인증의 유효기간은 최대 3년이다. GDPR은 인증을 발급하는 인증기관(Certification bodies)이 소관 감독기구(Competent supervisory authority)나 국가의 인정 기관(National accreditation body), 또는 두 기관 모두의 인정을 받도록 요구하고 있다. 이는 인증 메커니즘 수립과 개인정보보호를 보장하기 위한 것으로, 효과적인 인증 메커니즘을 도입할 경우 GDPR 준수와 정보주체에 대한 투명성 향상 효과를 제공할 것으로 기대된다.

〈표 5-11〉 개인정보 보호법과 GDPR의 주요 용어 비교

한국(개인정보 보호법)	EU(GDPR)	비고
특수한 범주의 개인정보(민감정보)		
[제23조제1항] 개인정보처리자는 사상 · 신념, 노동조합 · 정당의 가입 · 탈퇴, 정치적 견해, 건강, 성생활 등에 관한 정보, 그 밖에 정보주체의 사생활을 현저히 침해할 우려가 있는 개인정보로써 대통령령으로 정하는 정보(이하 '민감정보'라 한다)를 처리해서는 아니된다.	[제9조] 컨트롤러는 인종 · 민족, 정치적 견해, 종교적 · 철학적 신념, 노동조합의 가입 여부를 나타내는 개인정보의 처리와 유전자 정보, 개인을 고유하게 식별할 수 있는 생체정보, 건강정보, 성생활 · 성적 취향에 관한 정보를 처리해서는 안 된다. [제10조] 범죄경력 및 범죄행위에 관련된 개인정보의 처리 또는 제6조제1항에 근거한 관련 보안조치는 공적권한의 통제 하에서 또는 그 처리가 정보주체의 권리 및 자유를 위한 적절한 안전장치를 규정하는 EU 또는 회원국 법이 허가하는 경우에만 수행되어야 한다.	GDPR은 특수한 범주의 개인정보(민감정보)와 범죄 경력 및 범죄행위에 관련한 개인정보를 구분하고, 그 처리기준을 구분하였음
위탁자	**컨트롤러**	
[제26조제2항] 위탁자는 개인정보의 처리 업무를 위탁하는 개인정보처리자를 의미한다. 위탁자는 자신의 사무처리를 위해 통상 직접수집한 개인정보를 수탁자에게 제공한다.	[제7조] 컨트롤러는 개인정보 처리의 목적과 수단을 결정하는 주체를 의미한다. 컨트롤러는 개인정보 처리의 목적과 수단을 규정하기만 하면 족하며, 자신이 개인정보를 직접 수집하여 프로세서에게 제공할 필요는 없다.	GDPR의 컨트롤러는 처리의 목적과 수단을 규정하는 역할을 하며, 반드시 정보의 처리를 위탁할 필요는 없음
수탁자	**프로세서**	
[제26조제2항] 수탁자는 위탁하는 업무의 내용과 개인정보 처리 업무를 위탁받아 처리하는 자를 의미한다.	[제8조] 프로세서는 컨트롤러를 대신하여 개인정보를 처리하는 개인, 법인, 정부부처 및 관련 기관, 기타단체 등을 의미하며, 컨트롤러의 지시에 따라 개인정보를 처리한다.	
개인정보보호책임자	**DPO**	
[제31조제1항] 개인정보처리자는 개인정보의 처리에 관한 업무를 총괄해서 책임질 개인정보 보호책임자를 지정하여야 한다.	[제37조제5항] DPO는 전문적 자질, 특히 개인정보 보호법과 실무에 대한 전문적 지식 및 제39조에 언급된 직무를 완수할 능력에 근거하여 지정되어야 한다. [제39조제1항] DPO는 최소한 다음의 직무를 가져야 한다.	

[시행령 제32조제2항] 개인정보처리자는 법 제31조제2항에 따라 개인정보 보호책임자를 지정하려는 경우에는 다음 각 호의 구분에 따라 지정한다. 1. 공공기관: 다음 각 목의 구분에 따른 기준에 해당하는 공무원 등 2. 공공기관 외의 개인정보처리자: 다음 각 목의 어느 하나에 해당하는 사람 가. 기업주 또는 대표자 나. 임원(임원이 없는 경우에는 개인정보 처리 관련 업무를 담당하는 부서의 장)	(a) 컨트롤러나 프로세서, 그리고 데이터 처리를 수행하는 해당 직원에게 GDPR과 EU 또는 회원국의 개인정보보호 조문에 따른 의무에 대하여 고지하고 조언 (b) GDPR과 EU 또는 회원국의 개인정보보호 조문에 대한 컨트롤러 또는 프로세서의 정책 준수 여부를 모니터링(직원 교육과 감시 활동 포함) (c) 요청이 있을 경우, 개인정보 영향평가에 관한 자문을 제공하고 평가 이행 상황을 감시 (d) 감독기구와의 협력 (e) 사전협의 등 처리에 관련된 사항에 대한 감독기구의 연락처 역할을 수행하며, 적절한 경우에는 기타 사안에 대한 자문을 제공	국내법상 개인정보 보호책임자의 자격 요건은 공무원 또는 사업주, 대표자, 임원 등 일정 지위로 구분 하나, GDPR 상 DPO는 전문적 자질, 특히 개인정보 보호법과 실무에 대한 전문적 지식 및 제39조에 언급된 직무를 완수할 능력에 근거하여 지정되어야 함

출처: EU일반개인정보보호법 가이드북(KISA, 2020)

Tip — GDPR 가명처리(Pseudonymisation)

〈가명처리〉

- GDPR은 정보주체의 위험을 감소시키고 컨트롤러와 프로세서의 의무를 충족시키는 보호조치 중 하나로서 가명처리(pseudonymisation)를 제시하고 있다.
- 가명처리는 데이터 세트(data set)의 전체나 일부를 가상의 이름이나 부호로 대체함으로써 개인 식별 가능성을 낮추는 데이터의 처리를 의미한다.
- 다만 가명처리된 정보는 추가적 정보를 이용하여 개인을 식별할 수 있는 정보이므로 식별 가능한 '개인정보'로 보아야 한다고 명시하고 있다

〈가명처리의 활용〉

- 가명처리는 개인정보를 처리할 때 위험성을 감소시키는 보호조치의 하나로, 정보주체에게 미치는 위험성을 줄이고 컨트롤러와 프로세서의 개인정보보호 의무 준수를 위한 수단으로 활용할 수 있다.
  - 그 예로 GDPR(Data protection by design and default)에서는 개인정보 처리 방법 결정 시점 및 처리 당시 시점에서 가명처리를 포함한 안전 조치를 취해야 함을 규정한다.
- 가명처리된 정보는 GDPR 준수 의무에서 완전히 배제되지 않지만 가명처리 기술을 사용하는 경우 컨트롤러에 대한 요구 사항이 완화되는 등의 인센티브를 기대할 수 있다.

- 일반적인 분석을 허용하면서도, 특정 정보주체의 개인정보와 연결되는 추가적 정보를 별도로 보관할 수 있는 기술적 · 관리적 조치를 취할 때 가명처리를 통한 인센티브를 고려할 수 있다고 명시한다.

〈가명처리된 정보의 활용〉

- GDPR은 개인정보 처리의 당초 목적과 양립가능성 여부를 판단하는 보호조치 중 하나로 가명처리를 지목하고 있다.
- 공익을 위한 기록 보존의 목적, 과학이나 역사적 연구의 목적, 또는 통계 목적인 경우의 정보 처리는 당초 목적과 양립가능성이 있는 것으로 보고 가명처리를 통하여 추가적인 개인정보 처리가 가능하다고 밝히고 있다.
  – 다만 이러한 경우 추가적 정보는 기술적 · 관리적 조치 하에 별도 분리 보관되어야 한다.

2.3 미국 CCPA(California Consumer Privacy Act, CCPA)

(1) 개요

앞에서 설명한 것처럼 유럽연합에서 일반데이터보호규칙(GDPR)이 2018년 5월 25일부터 유럽회원국에 공통적으로 시행·적용되어, 유럽회원국 및 다른 국가의 기업의 개인정보 관행에 많은 변화가 있었다. 이에 미국에서는 캘리포니아주가 2018년 6월 28일 소비자프라이버시법(이하 'CCPA'라 함)을 제정하였고, 2020년 1월 1일부터 시행되고 있다. CCPA는 캘리포니아주를 대상으로 발표된 일종의 미국판 GDPR이다. 현재 글로벌 개인정보 보호법으로 받아들여지고 있는 EU의 GDPR과 유사하다 보니 그만큼 CCPA는 강력한 개인정보 보호 법으로 꼽히고 있다.

CCPA는 캘리포니아 주민인 소비자에게 프라이버시권리를 보장하므로 개인정보를 통제하는 효과적 방법을 부여하여 캘리포니아 주민의 프라이버시권리를 더 강화하는데 목적이 있다. 연방법이 아님에도 캘리포니아 주에서 적용되는 CCPA가 많은 주목을 받고 있는 이유는 캘리포니아 주는 미국에서 인구가 가장 많은 주(State)인데다 미국 인구의 10% 이상을 차지하고 있을 뿐 아니라, 세계 5위의 경제 규모를 가진 곳이기 때문이다. Google, Apple, Facebook, Twitter 등 글로벌 IT 기업의 출발지인 실리콘 밸리가 있는 곳으로 수많은 데이터 거래가 활발히 이루어지고 있는 거점이기도 하기 때문이다.

(2) 적용 범위

CCPA는 캘리포니아주 이외의 지역에 거주하고 있는 캘리포니아 주민에게는 적용이 되지 않는다. 반면 GDPR은 유럽 내에서 개인정보를 처리하게 되는 유럽인을 포함한 외국인 모두에게 적용된다. 기업의 소재지와 관계없이 캘리포니아 주민의 개인정보를 수집하거나 판매하는 모든 기업은 CCPA에 영향을 받는다. CCPA는 치외법권 조항에 따라 캘리포니아 주 이외의 지역에 거주하는 캘리포니아 주민에게는 적용되지 않는다는 점에서, EU 역외 국가에도 적용되는 GDPR과는 차이가 있다. GDPR의 경우 유럽 내에서 본인의 개인정보가 수집된 소비자, 유럽인이 아니더라도 유럽 내에서 개인정보를 처리하게 되는 외국인 등에게도 적용된다.

GDPR은 공공 기관 및 비영리 부문에 이르는 모든 조직에 대하여 사업자의 위치에 관계없이 EU 정보 주체의 데이터를 처리하는 모든 경우 적용되지만, CCPA는 캘리포니아 주에 일정 조건 하의 영리 사업자에게만 적용된다. 비즈니스 활동 및 매출액 규모 등 특정 기준을 설정함으로써, 특정조건을 만족하지 않는 실리콘 밸리의 소규모 스타트 업 등에 대해서는 적용을 배제하고 있다.

(3) 소비자(정보주체)의 권리

개인정보 처리 시 동의 관련 내용에서도 CCPA와 GDPR에는 차이가 있다. CCPA는 개인정보 판매 관련하여 데이터 주체에게 '사후 거부 의사'를 밝힐 수 있는 Opt-out 제도를 채택하고 있다. 반면 GDPR은 데이터 주체에게 '사전 동의'를 요구하는 Opt-in 제도를 채택하고 있다. CCPA는 소비자가 사업자에게 개인정보를 삭제하도록 요구할 수 있는 권리를 명시하고 있다. 사업자는 이러한 개인정보 삭제 요구권이 있음을 알려야 한다. 요구권에만 한정되지 않고 소비자에게 이러한 요구를 받을 시에는 기록에서 개인정보를 삭제해야 하며, 관련 서비스 제공 업체 모두에게 해당 정보 삭제를 지시해야한다.

CCPA와 GDPR이 데이터 주체에게 보장하는 권리는 데이터 주체에 대한 통지, 데이터 접근 관련 등의 측면에서는 유사하다. 그러나 그 외에 CCPA는 거부권(Opt-out right), 서비스 평등권 등을 규정하고 있고, GDPR은 오류 수정권(Data rectification right)과 처리제한권(Processing restriction right), 잊힐 권리, 자동화된 결정 및 프로파일링 관련 권리 등을 규정하고 있다는 점에서 보장하고 있는 내용에서도 차이가 있음을 알 수 있다.

(4) 개인정보의 처리 동의 및 공개

개인정보의 처리 시 동의 관련하여서는 GDPR은 데이터 주체에게 사전 동의를 요구하는 '옵트인(Opt-in)[4] 제도'를 채택하고 있는 반면, CCPA는 개인정보 판매 관련하여 데이터 주체에게 사후 거부 의사를 밝힐 수 있게 하는 '옵트아웃(Opt-out)[5] 제도'를 채택하고 있다는 것도 큰 차이라고 할 수 있다. 미성년자의 정보 처리 관련하여서도 GDPR은 모든 처리 과정에 대해 보호자 동의를 얻도록 하는 반면, CCPA는 제3자에게 판매에 대해서만 보호자 동의를 얻도록 규정하고 있다.

데이터 공개 관련하여서는 두 법률 모두 수집한 개인 데이터의 이용 목적을 공개할 것을 요구하고 있으나, 세부지침에는 차이가 있다. CCPA는 프라이버시 정책(개인정보처리방침) 외에 캘리포니아 개인정보권리 설명을 수립 및 공개, 개인정보의 판매 여부, 목적 등의 고지 및 공개 외에 연 1회 이상 업데이트 의무도 부여하고 있는 반면, GDPR은 중요 정보를 이해하기 쉽게 알리도록 규정할 뿐 이러한 제한 사항을 두지 않고 대신 CCPA와 달리 데이터 처리 시 법적 근거를 요구하고 있다.

또한 CCPA는 해당 소비자로부터 수집한 개인정보만 삭제 요구 대상으로 명시하고 있으나, GDPR은 삭제 요구 대상을 특별히 규정하고 있지 않아 모든 정보가 삭제 요구 대상이 될 수 있다는 것에서도 차이가 있다.

(5) 위반 시 벌금

CCPA는 GDPR보다 전반적으로 규제 정도가 낮고 위반 사항에 대한 벌금도 GDPR보다 크지 않게 보일 수 있다. 그러나 법 위반 시 벌금이 해당 사업장의 수익을 초과하지 않도록 상한선을 두는 GDPR과 달리, CCPA는 벌금 상한선을 두지 않으며, 소비자 1명 당 배상 및 집단 소송 등을 보장하고 있기 때문에 많은 위반 사항의 발견 또는 대규모 유출 사고 등이 발생하는 경우 사업 존폐 위험까지도 고려해야 할 만큼 사업자에게 매우 큰 제재가 될 수 있다.

---

4) 옵트인(Opt-in)은 당사자가 개인 데이터 수집을 허용하기 전 까지 당사자의 데이터 수집을 금지하는 제도이다. 기업과 같은 단체가 광고를 위한 메일을 보낼 때, 수신자의 동의를 얻어야 메일을 발송할 수 있도록 하는 방식도 옵트인(Opt-in)방식이다(위키백과).

5) 옵트아웃(Opt-out)은 당사자가 자신의 데이터 수집을 허용하지 않는다고 명시할 때 정보수집이 금지되는 제도이다. 기업과 같은 단체가 광고를 위한 메일을 보낼 때, 수신자가 발송자에게 수신거부 의사를 밝혀야만 메일발송이 금지되고 수신거부 의사를 밝히기 전에는 모든 수신자에게 메일을 보낼 수 있는 방식이다(위키백과).

3. 개인정보의 가치 보호 및 활용

3.1 개인정보보호 원칙 및 기준

개인정보보호에 대한 대책은 개인정보보호법률, 개인정보의 안전성 확보 조치 기준 고시, 표준 개인정보보호지침 등을 근거로 한다. 개인정보를 수집하고 처리하는 사업자나 공공기관 등은 개인정보보호법령에 명시된 개인정보보호 원칙를 준수해야 하며, 정보 주체의 권리를 보호하기 위해 노력해야 한다.

(1) 개인정보보호 8대 원칙

① 처리 목적 명확화와 최소한의 수집 원칙
② 목적 외 활용 제한 원칙
③ 정확성, 완전성, 최신성 보장 원칙
④ 안전한 관리 원칙
⑤ 개인정보 처리 방침 공개 및 정보 주체 권리 보장 원칙
⑥ 사생활 침해 최소화 원칙
⑦ 익명 처리 원칙
⑧ 법 및 관계 법령의 책임과 의무 준수 원칙

(2) 정보 주체의 권리

① 처리에 관한 정보를 제공 받을 권리
② 동의 여부, 동의 범위를 선책하고 결정할 권리
③ 처리 여부를 확인하고 열람을 요구할 권리
④ 처리의 정리, 정정, 삭제 및 파기를 요구할 권리
⑤ 피해를 신속하고 공정하게 구제받을 권리

(3) 개인정보의 안전성 확보 조치 기준

개인정보의 안전한 관리를 위해 내부 관리 계획을 수립하고, 안전성 확보에 필요한 기술적· 관리적·물리적 조치를 취해야 한다. 개인정보의 안전성 화보를 위한 기술적·관리적·물리적 조치는 개인정보의 안정성 확보조치 기준 고시에 상세하게 정의되어 있다.

개인정보보호를 위해 네트워크와 시스템 등에만 보안이 집중되어 있는 전사적 보안 환경을 웹어플리케이션으로부터 정보의 핵심이라 할 수 있는 데이터베이스에 이르기까지 접근 제어와 권한 제어를 수행해야 한다. 개인정보가 저장되어 있는 컬럼 단위까지 암호화를 적용해야 한다. 암호화 통신의 구현과 개별 단말기의 개인정보 유출 방지를 위한 데이터 통제, 악성 프로그램 방지 및 전사적 보안 요소에 대한 개인정보보호 관리체계를 구축해야 한다.

개인정보보호를 위해서는 다양한 유형의 보안성이 고려되어야 하며 이를 유기적으로 운영하기 위한 전체 시스템 및 서비스의 설계 단계에서 완성도 높은 분석과 계획이 필요하다. 개인정보보호를 위해 고려해야 할 사항은 다음과 같다.

① 개인정보보호는 실제적으로 기밀성, 무결성, 가용성 이외에 오남용과 투명성의 이슈를 다루며 오남용의 관점에서 접근해야 한다.
② 개인정보보호에 있어서 정보의 흐름을 분석하는 부분이 중요하다. 고객 정보의 경우 목적상 다양하고 동적으로 사용되고 전송되기 때문이다.
③ 개인정보보호와 다른 법 규정의 차이를 잘 파악하여 법적 요구사항에 대한 부분을 면밀하게 반영하여야 한다.

(4) 영상정보처리기기 설치 및 운영 기본 원칙

영상정보처리기기를 설치·운영하려는 공공기관은 개인의 사생활이 침해되지 않도록 영상정보처리기기를 최소한으로 설치·운영하여야 하며, 개별 구체적 사안에서 아래의 각 원칙이 구현될 수 있도록 적용·운영하여야 한다.

① 영상정보처리기기 설치·운영 제한 및 필요 최소한 촬영
② 영상정보처리기기 임의조작·녹음 금지
③ 설치 시 의견수렴 및 안내판 설치를 통한 설치 사실 공지
④ 영상정보처리기기 운영·관리 방침 수립·공개 및 책임자 지정
⑤ 영상정보의 목적 외 이용·제공 제한 및 보관·파기 철저
⑥ 영상정보처리기기의 설치·운영 위탁 시 관리·감독 철저
⑦ 정보주체의 자기영상정보 열람권 보장
⑧ 개인영상정보의 안전성 확보 조치 및 자체 점검 현황 등록

공개된 장소에서의 영상정보처리기기 설치는 원칙적으로 금지되고, 예외적으로 법에서 규정하는 사유에 해당하는 경우에만 영상정보처리기기를 설치·운영할 수 있다.

① 법령에서 구체적으로 허용하고 있는 경우
- 「형의 집행 및 수용자의 처우에 관한 법률」 제2조제4호에 따른 교정시설(교도소·구치소 및 그 지소)
- 「정신보건법」 제3조제3호부터 제5호까지의 규정에 따른 정신의료기관(수용시설을 갖추고 있는 것만 해당), 정신질환자사회복귀시설, 정신요양시설

② 범죄의 예방 및 수사를 위하여 필요한 경우
③ 시설안전 및 화재 예방을 위하여 필요한 경우
④ 교통단속을 위하여 필요한 경우
⑤ 교통정보의 수집·분석 및 제공을 위하여 필요한 경우

(5) 공공정보 개방 · 공유에 따른 개인정보보호 기본 방침 및 단계별 적용 원칙

① 기본 방침

● 개인정보가 포함된 공공정보 처리 시 개인정보 보호법 원칙 준수

- 개인정보가 포함된 공공정보의 처리가 필요한 경우에는 처리 목적과 법적 근거를 명확히 하고, 필요 최소한의 범위 내에서 처리
- 개인정보를 안전하게 관리하기 위한 각종 안전조치 의무 준수

● 원칙적으로 개인정보는 공공정보 개방 · 공유 대상에서 배제

- 공공정보 개방·공유 시에는 해당 정보에 개인정보가 포함되어 있는지 여부를 점검하고 이를 비식별화 하는 등 충분한 보호조치 실시

● 불가피하게 개인정보가 포함될 경우 본인 동의 또는 법률에 근거

- 개인정보 포함 공공정보의 개방·공유는 정보주체의 동의를 받은 경우 또는 법률에 따라 개인정보가 포함된 정보의 개방·공유를 요구·허용하는 경우에 한하여 가능
- 법률 근거 등에 따라 개인정보의 개방·공유가 가능한 경우에도 해당 업무 목적상 필요 최소한의 범위 이내로 제한

② 개인정보 처리 단계별 개념

개인정보 처리 단계별 개인정보 처리에 대한 공공기관의 관리 및 책임 범위는 다음과 같다.

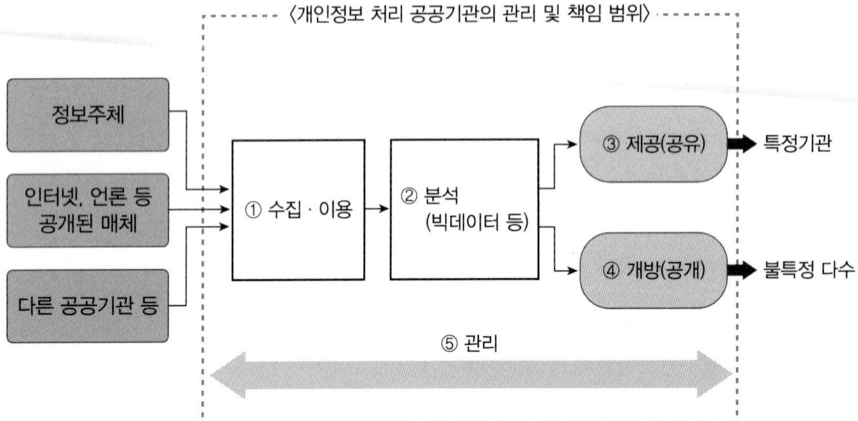

출처: 가명정보 처리 가이드라인(개보위)

[**그림 5-1**] 개인정보 처리 공공기관의 관리 및 책임 범위

③ 단계별 적용 원칙

공공정보 개방·공유에 따른 개인정보 보호 단계별 적용 원칙은 다음과 같다.

〈표 5-12〉 단계별 적용 원칙 예시

구분	주요 내용(요약)
① 수집 · 이용	• 법령 근거 또는 정보주체 동의에 의해 수집 · 이용 • 인터넷, 언론 등에 공개된 개인정보는 사회 통념상 공개된 목적 범위 내 수집 · 이용 • 고유식별정보와 민감정보는 법령상 구체적 근거 또는 정보주체 별도 동의가 있는 경우 에만 수집 · 이용 가능 ※ 고유식별정보: 주민등록번호, 여권번호, 운전면허번호, 외국인등록번호 ※ 민감정보: 사상 · 신념, 노동조합 · 정당의 가입 · 탈퇴, 정치적 견해, 건강, 성생활 등에 관한 정보, 유전정보, 범죄경력정보
② 분석	• 개인 식별 가능한 정보는 삭제 또는 비식별화 후 분석(빅데이터 등) • 개인정보 활용이 불가피한 경우 당초 수집 목적 범위 내에서 분석
③ 제공(공유)	• 목적 내 제3자 제공(공유) 시에는 필요 최소한으로 제한 • 목적 외 제3자 제공(공유) 시에는 법률 근거 또는 별도 동의 필요

④ 개방(공개)	• 원칙적으로 개인정보는 배제, 비식별화 처리 후 개방 • 법률 근거 또는 정보주체 동의하에 제한적으로 개방 가능
⑤ 관리	• 주민등록번호 등 중요정보는 암호화 • 개인정보 필터링, 재식별 여부 모니터링 등 안전조치

Tip — 비식별화 처리 원칙

① 원칙적으로 그 자체로 개인을 식별할 수 있는 정보는 삭제
- 쉽게 개인을 식별할 수 있는 정보(이름, 전화번호, 주소, 생년월일, 사진 등)
- 고유식별정보(주민등록번호, 운전면허번호, 외국인등록번호, 여권번호)
- 생체정보(지문, 홍채, DNA 정보 등)
- 기관, 단체 등의 이용자 계정(등록번호, 계좌번호, 이메일 주소 등)

② 개인을 식별할 수 있는 정보의 삭제처리 대신 (일부)속성 정보로 대체처리 가능
- 단, 공개하려는 속성정보는 함께 공개되는 정보 및 인터넷 등에 공개되어 있는 정보와 결합하여 개인을 식별할 수 없어야 함

③ 삭제 후 남아있는 정보의 추가 가공(삭제 · 변환 등) 등을 통해 제공받는 자가 보유한 정보 및 인터넷 · 언론 등에 공개되어 있는 정보와 쉽게 결합하여 개인을 식별할 수 없도록 조치

3.2 분쟁해결 절차

(1) 개인정보 분쟁조정

개인정보 분쟁조정위원회는 공공·민간분야를 모두 아우르는 개인정보 피해구제 기구이다. 분쟁조정은 강제적 조정절차가 아니기 때문에, 통지를 받은 상대방은 조정에 응할지 여부를 선택할 수 있다.

① 개인정보 분쟁조정위원회는 원칙적으로 분쟁조정신청일로부터 60일 이내 에 조정안을 제시하여야 한다. 조정안의 내용에는 침해행위 중지, 원상회복, 손해배상, 침해재발을 방지하기 위한 조치 등이 있다.

② 개인정보 분쟁조정위원회가 제시한 조정안에 대하여 당사자가 제시일로부터 15일 이내에 수락여부를 알리지 않으면 조정을 거부한 것으로 본다.

(2) 집단분쟁조정

국가 및 지방자치단체, 개인정보 보호단체 및 기관, 정보주체, 개인정보처리자는 정보주체의 피해 또는 권리침해가 다수의 정보주체에게 같거나 비슷한 유형으로 발생하는 경우로서 다음의 요건을 갖춘 사건에 대하여는 개인정보 분쟁조정위원회에 일괄적인 분쟁조정을 의뢰 또는 신청할 수 있다.

① 피해 또는 권리침해를 입은 정보주체의 수가 다음 각 목의 정보주체를 제외하고 50명 이상일 것
  - 개인정보처리자와 분쟁해결이나 피해보상에 관한 합의가 이루어진 정보주체
  - 같은 사안으로 다른 법령에 따라 설치된 분쟁조정기구에서 분쟁조정 절차가 진행 중인 정보주체
  - 해당 개인정보 침해로 인한 피해에 대하여 법원에 소(訴)를 제기한 정보주체

② 사건의 중요한 쟁점이 사실상 또는 법률상 공통될 것

(3) 단체 소송

일정한 자격을 갖춘 단체는 개인정보처리자가 집단분쟁조정을 거부하거나 집단분쟁조정의 결과를 수락하지 아니한 경우에는 법원에 권리침해 행위의 금지·중지를 구하는 소송을 제기할 수 있다. 개인정보 단체소송을 제기할 수 있는 단체는 소비자단체/비영리민간단체이다. 단체소송은 권리침해 행위의 금지 및 중지 청구만을 허용한다. 원상회복, 손해배상청구는 불가능하다. 개인정보 단체소송의 원고가 소 제기를 하기 위해서는 변호사를 소송대리인으로 선임해야 한다.

① 소비자 단체: 공정거래위원회에 등록한 소비자단체/정보주체의 권익증진을 단체의 주된 목적으로 하는 단체/단체의 정회원수가 1천명 이상/공정거래위원회에 등록한 후 3년이 경과하였을 것
② 비영리민간단체: 법률상 또는 사실상 동일한 침해를 입은 100인 이상의 정보주체로부터 단체소송의 제기를 요청받을 것/개인정보 보호 단체의 목적으로 최근 3년 이상 활동실적이 있을 것/상시 구성원수가 5천명 이상일 것/중앙행정기관에 등록되어 있을 것

3.3 개인정보 가명처리 및 활용

(1) 가명정보 처리 원칙

4차 산업혁명 시대 신성장 동력인 '데이터' 활용에 대한 시대적 요구를 반영한 데이터3법이 개정 시행('20.8.5.)되어 가명정보 처리에 관한 특례가 신설되었다. 개인정보처리자가 통계작성, 과학적 연구, 공익적 기록보존 등을 위한 목적으로 개인정보를 가명처리하여 활용할 수 있는 기반이 마련되었다. 가명정보란 「개인정보 보호법」 개정에 따라 새로 도입된 개념으로, 식별정보를 삭제 하거나 대체하는 등의 방법으로 식별가능성을 낮춘 개인정보의 하나로서 다른 개인정보에 준하는 안전조치를 하여야 한다.

따라서 개인정보처리자는 개인정보 처리의 기본원칙을 준수하는 범위 내에서 가명처리의 전 과정을 진행해야 한다. 개인정보처리자는 가명정보 처리 목적과 처리환경을 고려하여 가명처리 방법을 자체적으로 판단할 수 있다. 개인을 식별할 가능성이 높은 정보는 삭제하거나 원래의 정보로 복원할 수 없도록 처리하고, 그 외의 정보는 가명정보 처리목적 달성을 위해 적절한 가명처리 방법(암호화, 총계처리, 라운딩, 일반화 등)을 선택하여 가명처리할 수 있다.

특히, 보안수준이 낮은 환경에서는 개인정보 침해 우려가 높은 점을 감안하여 식별가능성을 낮추어 익명정보에 가깝게 처리하도록 하여야 한다. 개인정보처리자가 가명정보 처리 목적에 필요한 최소한의 정보만을 처리하고, 가명처리 과정에서 재식별 가능성이 없는지를 확인하도록 하여야 한다. 또한 개인정보처리자는 가명정보 처리 시 「안전성 확보조치 기준」(개인정보보호위원회 고시)을 준수하여야 하고, 재식별을 방지하기 위한 추가 조치도 하여야 한다.

(2) 가명정보 처리 절차

가명정보 처리 절차는 사전준비단계, 가명처리단계, 적정성 검토 및 추가 가명처리 단계, 사후관리 단계 등 총 4단계로 구분할 수 있다.

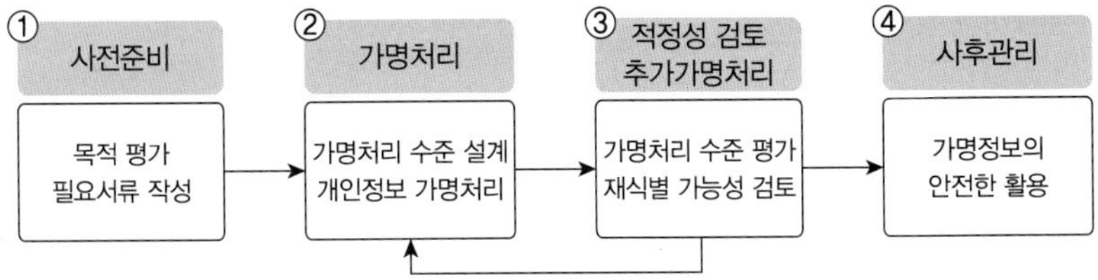

출처: 가명정보 처리 가이드라인(개보위)

[그림 5-2] 가명정보 처리 절차

① 사전준비 단계: 가명정보 활용 목적을 명확화·구체화하고, 필요한 서류를 작성한다. 이때 제3자 제공의 경우에는 계약체결 관련 서류를 마련한다.

- 가명처리의 목적을 명확히 하고, 내부 승인절차를 별도로 마련한 경우 이를 위한 추가업무를 수행
- 가명정보를 제3자에게 제공하는 경우 이용목적 및 방법, 재식별 위험 관리 등 가명정보의 안전성 확보를 위하여 필요한 조치를 마련하도록 하는 내용을 포함한 계약을 체결

② 가명처리 단계: 처리 유형(내부 활용, 제3자 제공 등), 안전조치 수준 등 처리환경과 정보의 성격 등을 고려하여 가명처리 한다.

- 목적에 필요한 최소한의 항목만을 가명처리 대상으로 선정하고, 개인정보파일에서 가명처리 대상 항목을 우선 추출
- 추출한 결과 정보의 '항목별 위험도 측정'은 가명정보처리자의 안전조치 수준이나 정보 자체의 재식별 가능성을 고려하여 판단
- 항목별 위험도 측정이 완료되면 이를 고려하여 항목별 가명처리 방법과 수준을 먼저 정의·가명처리 수행

③ 적정성 검토 및 추가 가명처리 단계: 가명처리한 결과물을 이용해 목적을 달성할 수 있는지, 특정인을 식별할 수 있는 재식별 위험은 없는지를 점검하여야 한다. 검토 결과 필요하다고 판단한 경우 2단계부터 다시 진행할 수 있다.

- 가명처리한 결과, 목적을 달성하기 어렵거나 재식별 가능성이 있다고 판단한 경우 '2단계(가명처리)'를 반복하거나 부분적으로 추가적인 가명처리 수행
- 데이터의 분포와 값을 살펴보았을 때, 특이정보가 있다고 판단한 경우 재식별 가능성을 낮추기 위한 적절한 조치

④ 사후관리 단계: 적정성 검토 결과 적합하다고 판단한 경우 가명정보를 처리할 수 있으며, 처리과정에서 재식별 위험이 없는지를 지속적으로 확인해야 한다.

- 가명정보처리자는 가명정보취급자에게 금지행위, 안전조치 등에 관한 사항을 안내하여 가명정보를 안전하게 처리

Tip — 가명처리 기술 예시

기술유형	세부기술	설명
삭제기술	삭제 (Suppression)	원본정보에서 개인정보를 단순 삭제
통계도구	총계처리 (Aggregation)	평균값, 최대값, 최소값, 최빈값, 중간값 등으로 처리
일반화 (범주화) 기술	일반 라운딩 (Rounding)	올림, 내림, 반올림 등의 기준을 적용하여 집계 처리하는 방법으로, 일반적으로 세세한 정보보다는 전체 통계정보가 필요한 경우 많이 사용
	로컬 일반화 (Local generalization)	전체 정보집합물 중 특정 열 항목(들)에서 특이한 값을 가지거나 분포상의특이성으로 인해 식별성이 높아지는 경우 해당 부분만 일반화를 적용하여 식별성을 낮추는 기법
암호화	일방향 암호화 – 암호학적 해시함수 (One-way encryption – Cryptographic hash function)	• 원문에 대한 암호화의 적용만 가능하고 암호문에 대한 복호화 적용이 불가능한 암호화 기법 • 키가 없는 해시함수(MDC, Message Digest Code), 솔트(Salt)가 있는 해시함수, 키가 있는 해시함수(MAC, Message Authentication Code)로 구분 • 암호화(해시처리)된 값에 대한 복호화가 불가능하고, 동일한 해시 값과 매핑(mapping)되는 2개의 고유한 서로 다른 입력값을 찾는 것이 계산상 불가능하여 충돌 가능성이 매우 적음
	동형 암호화 (Homomorphic encryption)	• 암호화된 상태에서의 연산이 가능한 암호화 방식으로 원래의 값을 암호화한 상태로 연산 처리를 하여 다양한 분석에 이용가능 • 암호화된 상태의 연산값을 복호화 하면 원래의 값을 연산한 것과 동일한 결과를 얻을 수 있는 4세대 암호화 기법
무작위화 기술	잡음 추가 (Noise addition)	개인정보에 임의의 숫자 등 잡음을 추가(더하기 또는 곱하기)하는 방법

출처: 가명정보 처리 가이드라인(개보위)

(3) 가명정보 결합 · 반출 절차

서로 다른 개인정보처리자 간의 가명정보의 결합은 보호위원회 또는 관계 중앙행정기관의 장이 지정하는 결합전문기관을 통하여 수행 하며, 결합신청자는 다음과 같은 절차 ① 사전준비 및 결합신청, ② 결합키 생성 및 정보 송신, ③ 추가처리 및 반출 요청, ④ 반출 및 사후관리의 총 4단계로 이루어진다.

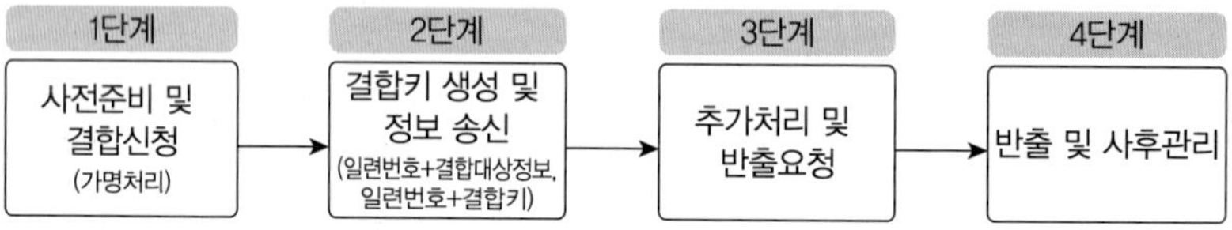

출처: 가명정보 처리 가이드라인(개보위)

[그림 5-3] 가명정보 결합 · 반출 절차

① (1단계) 결합신청자는 사전에 서로 다른 결합신청자 간의 협의를 통해 결합신청에 필요한 가명처리를 수행하거나 결합신청서를 작성하는 등 가명정보 결합에 대한 사전 준비를 수행하고, 결합전문기관에 결합 신청

② (2단계) 결합신청자는 결합전문기관과 결합 일정, 전송 방법 등을 협의하고, 결합키 관리기관으로부터 결합키 생성에 이용되는 정보를 수신하여 결합키를 생성한 후 결합 관련 정보 송신((결합전문기관(일련번호+결합대상정보), 결합키 관리기관(일련번호+결합키)). 이때, 결합신청자는 결합키 관리기관에게 사전결합률을 요청할 수 있음

③ (3단계) 결합신청자는 결합된 정보의 반출을 위해 결합전문기관 내에 설치된 별도의 공간(결합된 정보의 반출을 목적으로 추가 가명·익명처리를 위해 전문기관에서 제공하는 안전성 확보에 필요한 기술적·관리적·물리적 조치가 된 공간)에서 추가 가명처리 할 수 있으며, 결합전문기관에 반출을 요청하는 경우 반출심사를 위한 기초자료(추가 가명처리 시 적용한 가명·익명처리 기법, 수준 등에 관한 사항 등)를 제출하여야 함

④ (4단계) 결합신청자는 반출된 가명정보를 당초 결합을 신청한 목적에 따라 처리할 수 있으며, 가명정보 처리에 대한 안전조치의무를 준수하여야 함

(4) 가명정보의 안전한 관리

개인정보처리자가 가명정보를 처리하는 경우에는 원래의 상태로 복원하기 위한 추가정보를 별도로 분리하여 보관·관리 하고, 가명정보가 분실·도난·유출·위조·변조 또는 훼손되지 않도록 안전성 확보에 필요한 관리적·기술적·물리적 보호조치를 적용한다.

〈표 5-13〉 가명정보의 안전한 관리

가명정보의 안전한 관리	보호조치 내용
가명정보의 관리적 보호조치	• 개인정보처리자는 가명정보 및 추가정보를 안전하게 관리하기 위한 내부 관리계획을 수립 · 시행하고 내부 관리계획에는 추가정보의 별도 분리 보관 및 이에 대한 접근권한 분리에 대한 사항 등을 포함한다.
	• 가명정보처리자는 내부 관리계획에서 정한 사항에 중요한 변경이 있는 경우 이를 즉시 반영하여 내부관리계획을 수정 · 시행하고, 관리책임자는 연 1회 이상 내부 관리계획 이행 실태를 점검 · 관리한다.
가명정보의 기술적 보호조치	• 가명정보처리자는 추가정보의 분리 보관, 접근권한 관리, 접근통제 및 접속기록의 보관 및 점검 등의 기술적 보호조치를 취한다.
	• 추가정보는 가명정보와 분리하여 별도로 저장 · 관리하고 가명정보와 불법적으로 결합되어 재식별에 악용되지 않도록 접근 권한을 최소화하고 접근통제를 강화하는 등 필요한 조치를 적용한다.
	• 추가정보와 가명정보는 분리하여 보관하는 것을 원칙으로 하고, 불가피한 사유로 물리적인 분리가 어려운 경우 DB 테이블 분리 등 논리적으로 분리하는 것도 가능하다.
	• 추가정보의 활용 목적달성 및 불필요한 경우에는 추가정보를 파기할 수 있으며, 이 경우 파기에 대한 기록을 작성하고 보관한다.
	• 가명정보처리자는 가명정보 또는 추가정보에 접근할 수 있는 담당자를 가명정보 처리 업무 목적달성에 필요한 최소한의 인원으로 엄격하게 통제하여야 하며, 접근권한도 업무에 따라 차등부여 한다.
	• 가명정보를 취급할 자를 추가로 둘 여력이 없는 경우 등 접근권한의 분리가 어려운 정당한 사유가 있는 경우에는 업무 수행에 필요한 최소한 접근 권한 부여 및 접근권한의 보유 현황을 기록으로 보관하는 등 접근권한을 관리 · 통제한다.
	• 가명정보취급자가 가명처리하는 시스템(이하 '가명정보처리시스템') 외의 특정 개인을 알아 볼 수 있는 다른 개인정보처리시스템에 접근할 수 없도록 권한을 제한할 필요가 있다.
	• 전보 또는 퇴직 등 인사이동이 발생하여 가명정보취급자가 변경되었을 경우 지체 없이 가명정보를 처리하는 시스템의 접근 권한을 변경 또는 말소한다.
	• 가명정보처리시스템의 접근 권한 부여, 변경 또는 말소에 대한 내역을 기록하고, 그 기록을 최소 3년간 보관한다.

가명정보의 물리적 보호조치	• 가명정보처리자는 가명정보 또는 추가정보의 안전한 관리를 위하여 물리적 안전조치를 취한다.
	• 가명정보 또는 추가정보가 전산실이나 자료보관실에 보관되어 있는 경우에는 비인가자의 접근으로부터 보호하기 위하여 출입 통제 등의 절차를 수립한다.
	• 가명정보 또는 추가정보가 보조저장매체 등에 저장되어 있는 경우 잠금장치가 있는 안전한 장소에 보관하여야 하며, 이러한 보조저장매체 등에 대한 반 · 출입 통제를 위한 보안 대책을 마련한다.

출처: 가명정보 처리 가이드라인(개보위)

4. 개인정보 생명주기

4.1 개인정보 생명주기 개요

(1) 개인정보 생명주기(Life-Cycle)란

개인정보는 사람의 일생처럼 일련의 생명주기(라이프 사이클)을 가지고 있으며 일반적인 정보와는 달리 개인정보는 '수집 → 보유·이용 → 제공 → 파기'의 과정을 거친다. 우리는 고객으로부터 개인정보를 '수집'하고, 수집 목적 범위 내에서 '보유·이용'하며, 필요한 경우 제3자에게 '제공'하기도 하고, 보유 기간이 경과한 개인정보는 '파기'하고 있다. 이것이 개인정보의 생명주기(Life-Cycle)이다.

① 수집: 정보주체의 개인정보를 취득하는 단계로써 통상적으로 웹사이트 회원 가입 서면 신청서 작성, 민원 접수 등의 형태를 통해 이루어지는 단계
② 보유·이용: 수집한 개인정보를 보유하는 단계로써 보유한 개인정보를 안전하게 관리하며 정보주체의 개인정보 열람 정정권리 등을 보장하는 단계
③ 제공: 수집·저장한 개인정보를 업무적인 목적으로 이용하거나 수집한 공공기관 외의 제3자에게 정보를 제공하는 단계
④ 파기: 수집 및 이용 목적이 달성된 개인정보를 파기하는 단계

〈표 5-14〉 개인정보의 생명주기와 주요 준수사항 예시

생명주기	의미	주요 준수 사항
수집	민원인(정보주체)이 서비스 이용을 위해 웹사이트 또는 신청서 등을 이용하여 기업 또는 기관에 제공하는 단계	• 수집 시 동의 획득(고유식별정보 별도 동의) • 개인정보 처리방침 수립 및 고지 • 만14세 미만 아동의 개인정보 수집 절차 • 정보주체의 권리 보장
보유·이용	민원인이 서비스 이용을 위해 제공한 정보를 저장하고, 이를 통해 조회 등의 업무 수행하는 단계	• 개인정보취급자 관리 • 내부관리계획의 수립, 이행, 점검, 개선 • 안전조치 이행(개인정보취급자에 의한 유출, 오남용 방지)
제공	업무 제휴, 대국민 서비스를 위한 부처간 정보 공유 단계	• 제공 시 별도의 동의 획득 • 위탁자에 대한 관리감독(개인정보보호 서약서) • 기술적 관리적 보호조치
파기	민원 해소 등으로 인해 민원인의 정보가 더 이상 필요하지 않아, 정보를 삭제하는 단계	• 파기 방법 및 시기 • 기술적 관리적 보호조치

(2) 생명주기에 따른 보호대책

생명주기 단계별 보호대책은 〈표 5-15〉와 같이 개인정보수집에 따른 조치, 개인정보이용 및 적용에 따른 조치, 개인정보관리 및 파기에 따른 조치 등으로 구성되어 있다.

〈표 5-15〉 개인정보 생명주기 단계별 보호대책(ISMS-P)

생명주기 단계	보호대책
Ⅰ. 개인정보 수집	1. 개인정보 수집 제한
	2. 개인정보의 수집 동의
	3. 주민등록번호 처리 제한
	4. 민감정보 및 고유식별정보의 처리 제한
	5. 간접수집 보호조치
	6. 영상정보처리기기 설치 · 운영
	7. 홍보 및 마케팅 목적 활용 시 조치

Ⅱ. 개인정보 보유 및 이용	8. 개인정보 현황관리
	9. 개인정보 품질보장
	10. 개인정보 표시제한 및 이용 시 보호조치
	11. 이용자 단말기 접근 보호
	12. 개인정보 목적 외 이용 및 제공
Ⅲ. 개인정보 제공	13. 개인정보 제3자 제공
	14. 업무 위탁에 따른 정보주체 고지
	15. 영업의 양수 등에 따른 개인정보의 이전
	16. 개인정보의 국외이전
Ⅳ. 개인정보 파기	17. 개인정보의 파기
	18. 처리목적 달성 후 보유 시 조치
	19. 휴면 이용자 관리

4.2 개인정보 생명주기 단계별 보호조치

(1) 개인정보 수집에 따른 보호조치

① 개인정보 수집 제한

개인의 권리·이익이나 사생활을 뚜렷하게 침해할 우려가 있는 민감한 개인정보를 수집하여서는 안 된다. 정보통신서비스 제공자는 사상, 신념, 과거의 병력(病歷) 등 개인의 권리·이익이나 사생활을 뚜렷하게 침해할 우려가 있는 개인정보를 수집하여서는 안 된다. 다만 이용자의 동의를 받거나 다른 법률에 따라 특별히 수집 대상 개인정보로 허용된 경우에는 그 개인정보를 수집할 수 있다.

〈표 5-16〉 개인정보 수집 제한 보호조치(ISMS-P)

항목	상세내용
개인정보 수집 제한	개인정보는 서비스 제공을 위하여 필요한 최소한의 정보를 적법하고 정당하게 수집하여야 하며, 필수정보 이외의 개인정보를 수집하는 경우에는 선택항목으로 구분하여 해당 정보를 제공하지 않는다는 이유로 서비스 제공을 거부하지 않아야 한다.

② 개인정보의 수집 동의

개인정보는 정보주체의 동의를 얻은 후에 수집한다. 개인정보 수집 시 정보주체로부터 개인정보 수집에 대한 동의를 획득하여야 하며, 동의는 다음 중 하나의 방법으로 동의를 받는다.

- 인터넷 사이트에 동의 내용을 게재하고 이용자가 동의 여부를 표시하도록 하는 방법
- 동의 내용이 기재된 서면을 이용자에게 직접 교부하거나, 우편 또는 모사전송을 통하여 전달하고 이용자가 동의 내용에 대하여 서명날인 후 제출하도록 하는 방법
- 동의 내용이 기재된 전자우편을 발송하여 이용자로부터 동의의 의사표시가 기재된 전자우편을 전송받는 방법
- 전화를 통하여 동의 내용을 이용자에게 알리고 동의를 얻거나 인터넷주소 등 동의 내용을 확인할 수 있는 방법을 안내하고 재차 전화 통화를 통하여 동의를 얻는 방법

〈표 5-17〉 개인정보의 수집 동의 보호조치(ISMS-P)

항목	상세내용
개인정보의 수집 동의	개인정보는 정보주체(이용자)의 동의를 받거나 관계 법령에 따라 적법하게 수집하여야 하며, 만 14세 미만 아동의 개인정보를 수집하려는 경우에는 법정대리인의 동의를 받아야 한다.

③ 주민등록번호 처리 제한

법령에서 이용자의 주민등록번호 수집·이용을 허용한 경우를 제외하고 주민등록번호를 수집·이용하면 안 된다. 법령에서 이용자의 주민등록번호 수집·이용을 허용한 경우에도 공인인증서, 아이핀 등 주민등록번호 대체수단을 제공 한다.

〈표 5-18〉 주민등록번호 처리 제한 보호조치(ISMS-P)

항목	상세내용
주민등록번호 처리 제한	주민등록번호는 법적 근거가 있는 경우를 제외하고는 수집 · 이용 등 처리할 수 없으며, 주민등록번호의 처리가 허용된 경우라 하더라도 인터넷 홈페이지 등에서 대체수단을 제공하여야 한다.

④ 민감정보 및 고유식별정보의 처리 제한

고유식별정보와 민감정보는 법령상 구체적 근거 또는 정보주체 별도 동의가 있는 경우에만 수집·이용 가능하다.

- 고유식별정보: 주민등록번호, 여권번호, 운전면허번호, 외국인등록번호
- 민감정보: 사상·신념, 노동조합·정당의 가입·탈퇴, 정치적 견해, 건강, 성생활 등에 관한 정보, 유전정보, 범죄경력정보

〈표 5-19〉 민감정보 및 고유식별정보의 처리 제한 보호조치(ISMS-P)

항목	상세내용
민감정보 및 고유식별정보의 처리 제한	민감정보와 고유식별정보(주민등록번호 제외)를 처리하기 위해서는 법령에서 구체적으로 처리를 요구하거나 허용하는 경우를 제외하고는 정보주체(이용자)의 별도 동의를 받아야 한다.

⑤ 간접수집 보호조치

간접 수집하는 개인정보들에 대해 미리 이용자에게 이를 고지하거나 개인정보취급방침 등에 명시하고 동의를 받는다. 또한 간접 수집된 정보를 제공받는 경우, 개인정보 수집에 대한 동의획득 책임이 개인정보 제공업체에 있음을 계약을 통해 명시한다.

〈표 5-20〉 간접수집 보호조치(ISMS-P)

항목	상세내용
간접수집 보호조치	정보주체(이용자) 이외로부터 개인정보를 수집하거나 제공받는 경우에는 업무에 필요한 최소한의 개인정보만 수집 · 이용하여야 하고 법령에 근거하거나 정보주체(이용자)의 요구가 있으면 개인정보의 수집 출처, 처리목적, 처리정지의 요구권리를 알려야 한다.

⑥ 영상정보처리기기 설치 · 운영

영상정보처리기기를 운영 하는 경우 설치 목적에 따라 법적 요구사항(안내판 설치, 안전성 확보에 필요한 조치 등)을 준수하여야 한다. 영상정보처리기기를 설치·운영하려는 공공기관은 개인의 사생활이 침해되지 않도록 영상정보처리기기를 최소한으로 설치·운영하여야 하며, 개별 구체적 사안에서 아래의 각 원칙이 구현될 수 있도록 적용·운영하여야 한다.

〈표 5-21〉 영상정보처리기기 설치 · 운영 보호조치(ISMS-P)

항목	상세내용
영상정보처리기기 설치 · 운영	영상정보처리기기를 공개된 장소에 설치 · 운영하는 경우 설치 목적 및 위치에 따라 법적 요구사항(안내판 설치 등)을 준수하고, 적절한 보호대책을 수립 · 이행하여야 한다.

⑦ 홍보 및 마케팅 목적 활용 시 조치

재화나 서비스의 홍보, 판매 권유, 광고성 정보전송 등 마케팅 목적으로 개인정보를 수집·이용하는 경우에는 정보주체의 동의를 받아야 한다.

〈표 5-22〉 홍보 및 마케팅 목적 활용 시 조치 보호조치(ISMS-P)

항목	상세내용
홍보 및 마케팅 목적 활용 시 조치	재화나 서비스의 홍보, 판매 권유, 광고성 정보전송 등 마케팅 목적으로 개인정보를 수집 · 이용하는 경우에는 그 목적을 정보주체(이용자)가 명확하게 인지할 수 있도록 고지하고 동의를 받아야 한다.

(2) 개인정보 보유 및 이용에 따른 보호조치

① 개인정보 현황관리

조직의 개인정보 및 개인정보 관리 자산을 식별하고 관리 자산별로 업무 영향, 법적 준수사항 등을 고려하여 중요도를 결정해야 한다. 또한, 소유자, 관리자, 개인정보취급자를 확인하고, 적절한 통제를 유지하기 위해 책임 소재를 명확히 정의한다. 개인정보 및 개인정보 관리 자산에 대하여 보안등급을 부여하고 관리해야 한다. 또한, 보안등급에 따라 취급 절차를 정의·이행한다.

〈표 5-23〉 개인정보 현황관리 보호조치(ISMS-P)

항목	상세내용
개인정보 현황관리	수집 · 보유하는 개인정보의 항목, 보유량, 처리 목적 및 방법, 보유기간 등 현황을 정기적으로 관리하여야 하며, 공공기관의 경우 이를 법률에서 정한 관계기관의 장에게 등록하여야 한다.

② 개인정보 품질보장

수집된 개인정보는 안전하게 저장 및 관리 하여야 하며 정확성을 유지 하고 정보주체(이용자)에게 관리절차를 제공한다.

〈표 5-24〉 개인정보 품질보장 보호조치(ISMS-P)

항목	상세내용
개인정보 품질보장	수집된 개인정보는 처리 목적에 필요한 범위에서 개인정보의 정확성 · 완전성 · 최신성이 보장되도록 정보주체(이용자)에게 관리절차를 제공하여야 한다.

③ 개인정보 표시제한 및 이용 시 보호조치

업무를 목적으로 개인정보 조회, 출력 등을 수행할 경우, 마스킹 기술 등을 통해 개인정보 표시를 제한 한다. 개인정보 출력 시 용도를 특정하고 용도에 따라 출력 항목을 최소화 한다. 또한, 개인정보 출력방법(테이프, 디스크, 인쇄, 휴대용 저장매체 등)에 따라 출력 일시, 방법 등 필요한 사항의 기록·관리 등 보호대책을 수립한다.

〈표 5-25〉 개인정보 표시제한 및 이용 시 보호조치(ISMS-P)

항목	상세내용
개인정보 표시제한 및 이용 시 보호조치	개인정보의 조회 및 출력(인쇄, 화면표시, 파일생성 등) 시 용도를 특정하고 용도에 따라 출력 항목 최소화, 개인정보 표시제한, 출력물 보호조치 등을 수행하여야 한다. 또한 빅데이터 분석, 테스트 등 데이터 처리 과정에서 개인정보가 과도하게 이용되지 않도록 업무상 반드시 필요하지 않은 개인정보는 삭제하거나 또는 식별할 수 없도록 조치하여야 한다.

④ 이용자 단말기 접근 보호

모바일기기를 활용한 모바일 서비스를 제공함에 따라 그에 따른 개인정보보호대책을 수립하도록 계획하고, 모바일 서비스의 구축/개발 시 모바일 서비스를 통한 개인정보의 노출 및 저작권 침해를 방지하도록 기술적 대책을 수립한다.

〈표 5-26〉 이용자 단말기 접근 보호 보호조치(ISMS-P)

항목	상세내용
이용자 단말기 접근 보호	정보주체(이용자)의 이동통신단말장치 내에 저장되어 있는 정보 및 이동통신단말장치에 설치된 기능에 접근이 필요한 경우 이를 명확하게 인지할 수 있도록 알리고 정보주체(이용자)의 동의를 받아야 한다.

⑤ 개인정보 목적 외 이용 및 제공

개인정보를 제3자와 연계하거나 제3자에게 개인정보를 제공하는 경우, '개인정보 목적 외 이용·제공대장'에 기록하여 관리하고, 개인정보를 목적 외의 용도로 이용하는 경우에 '개인정보 목적 외 이용·제공대장'에 기록·관리한다.

〈표 5-27〉 개인정보 목적 외 이용 및 제공 보호조치(ISMS-P)

항목	상세내용
개인정보 목적 외 이용 및 제공	개인정보는 수집 시의 정보주체(이용자)에게 고지 · 동의를 받은 목적 또는 법령에 근거한 범위 내에서만 이용 또는 제공하여야 하며, 이를 초과하여 이용 · 제공하려는 때에는 정보주체(이용자)의 추가 동의를 받거나 관계 법령에 따른 적법한 경우인지 확인하고 적절한 보호대책을 수립 · 이행하여야 한다.

(3) 개인정보 제공에 따른 보호조치

① 개인정보 제3자 제공

이용자의 개인정보를 제3자에게 제공하는 경우, 제공받는 자, 제공목적 등 관련 내용을 이용자에게 알리고 동의를 얻는다. 개인정보를 제공받은 경우 제공받은 목적 외의 용도로 이용하지 않고, 제3자에게 제공하지 않아야 한다. 또한, 제3자에게 개인정보의 접근을 허용하는 경우 개인정보를 안전하게 보호하기 위한 보호절차에 따라 통제해야 한다.

〈표 5-28〉 개인정보 제3자 제공 보호조치(ISMS-P)

항목	상세내용
개인정보 제3자 제공	개인정보를 제3자에게 제공하는 경우 법적 근거에 의하거나 정보주체(이용자)의 동의를 받아야 하며, 제3자에게 개인정보의 접근을 허용하는 등 제공 과정에서 개인정보를 안전하게 보호하기 위한 보호대책을 수립 · 이행하여야 한다.

② 업무 위탁에 따른 정보주체 고지

개인정보처리에 관한 사무 위탁 시 개인정보 관리에 관한 책임사항을 위탁계약서에 포함하고 개인정보를 연계·제공한 대상기관이 다른 기관에게 개인정보를 재제공한 사실이 확인된 경우, 정보제공을 중단하는 절차를 마련하도록 한다.

〈표 5-29〉 업무 위탁에 따른 정보주체 고지 보호조치(ISMS-P)

항목	상세내용
업무 위탁에 따른 정보주체 고지	개인정보 처리업무를 제3자에게 위탁하는 경우 위탁하는 업무의 내용과 수탁자 등 관련사항을 정보주체(이용자)에게 알려야 하며, 필요한 경우 동의를 받아야 한다.

③ 영업의 양수 등에 따른 개인정보의 이전

영업의 양도, 합병 등으로 개인정보를 이전하는 경우 적절한 보호대책을 수립·이행해야 한다.

〈표 5-30〉 영업의 양수 등에 따른 개인정보의 이전 보호조치(ISMS-P)

항목	상세내용
영업의 양수 등에 따른 개인정보의 이전	영업의 양도 · 합병 등으로 개인정보를 이전하거나 이전받는 경우 정보주체(이용자) 통지 등 적절한 보호조치를 수립 · 이행하여야 한다.

④ 개인정보의 국외이전

개인정보를 해외로 이전하는 경우 개인정보 항목 등에 대한 이용자 동의를 얻고 적절한 보호대책을 수립·이행해야 한다.

〈표 5-31〉 개인정보의 국외이전 보호조치(ISMS-P)

항목	상세내용
개인정보의 국외이전	개인정보를 국외로 이전하는 경우 국외 이전에 대한 동의, 관련 사항에 대한 공개 등 적절한 보호조치를 수립 · 이행하여야 한다.

(4) 개인정보 파기에 따른 보호조치

① 개인정보의 파기

개인정보의 보유기간 및 파기 관련 내부 규정이 마련하고 개인정보가 저장된 매체, 문서 등은 서비스 이용계약 해지 등 개인정보의 수집 목적이 달성된 경우 이를 지체 없이 파기한다. 또한, 개인정보는 안전한 방법으로 파기한다.

〈표 5-32〉 개인정보의 파기 보호조치(ISMS-P)

항목	상세내용
개인정보의 파기	개인정보의 보유기간 및 파기 관련 내부 정책을 수립하고 개인정보의 보유기간 경과, 처리목적 달성 등 파기 시점이 도달한 때에는 파기의 안전성 및 완전성이 보장될 수 있는 방법으로 지체 없이 파기하여야 한다.

② 처리목적 달성 후 보유 시 조치

개인정보의 수집목적 달성 후에도 개인정보를 관련 법령 등에 의해 일부 또는 전부를 보유한다면 정보주체에게 보유근거, 목적, 보유기간 및 항목에 대해 고지하거나 약관에 명시하고 최소한의 항목으로 제한한다.

〈표 5-33〉 처리목적 달성 후 보유 시 조치 보호조치(ISMS-P)

항목	상세내용
처리목적 달성 후 보유 시 조치	개인정보의 보유기간 경과 또는 처리목적 달성 후에도 관련 법령 등에 따라 파기하지 아니하고 보존하는 경우에는 해당 목적에 필요한 최소한의 항목으로 제한하고 다른 개인정보와 분리하여 저장 · 관리하여야 한다.

③ 휴면 이용자 관리

일정기간 동안 이용하지 않는 휴면 이용자의 개인정보를 보호하기 위해 개인정보 삭제 예정고지와 삭제조치 및 안내를 하는 등 보호조치를 취해야 한다.

〈표 5-34〉 휴면 이용자 관리 보호조치(ISMS-P)

항목	상세내용
휴면 이용자 관리	서비스를 일정기간 동안 이용하지 않는 휴면 이용자의 개인정보를 보호하기 위하여 관련 사항의 통지, 개인정보의 파기 또는 분리보관 등 적절한 보호조치를 이행하여야 한다.

5. 개인정보의 안전성 확보 조치

(1) 내부관리계획의 수립 · 시행

개인정보를 처리하거나 취급하는 곳에서는 개인정보가 분실·도난·유출·위조·변조 또는 훼손되지 아니하도록 안전성 확보에 필요한 기술적·관리적 및 물리적 안전조치에 필요한 내부관리계획를 수립·시행한다. 내부 관리계획은 전사적인 계획 내에서 개인정보가 관리될 수 있도록 최고경영층으로부터 내부결재 등의 승인을 받아 모든 임직원 및 관련자에게 알림으로써 이를 준수할 수 있도록 한다.

〈표 5-35〉 내부관리계획의 수립 · 시행 보호조치(안전성 확보 기준 고시)

분야	보호조치
내부관리 계획의 수립 · 시행	① 개인정보처리자는 개인정보의 분실 · 도난 · 유출 · 위조 · 변조 또는 훼손되지 아니하도록 내부 의사결정 절차를 통하여 다음 각 호의 사항을 포함하는 내부 관리계획을 수립 · 시행하여야 한다. 1. 개인정보 보호책임자의 지정에 관한 사항 2. 개인정보 보호책임자 및 개인정보취급자의 역할 및 책임에 관한 사항 3. 개인정보취급자에 대한 교육에 관한 사항 4. 접근 권한의 관리에 관한 사항 5. 접근 통제에 관한 사항 6. 개인정보의 암호화 조치에 관한 사항 7. 접속기록 보관 및 점검에 관한 사항 8. 악성프로그램 등 방지에 관한 사항 9. 물리적 안전조치에 관한 사항 10. 개인정보 보호조직에 관한 구성 및 운영에 관한 사항 11. 개인정보 유출사고 대응 계획 수립 · 시행에 관한 사항

내부관리 계획의 수립 · 시행	12. 위험도 분석 및 대응방안 마련에 관한 사항 13. 재해 및 재난 대비 개인정보처리시스템의 물리적 안전조치에 관한 사항 14. 개인정보 처리업무를 위탁하는 경우 수탁자에 대한 관리 및 감독에 관한 사항 15. 그 밖에 개인정보 보호를 위하여 필요한 사항 ② 개인정보처리자는 제1항 각 호의 사항에 중요한 변경이 있는 경우에는 이를 즉시 반영하여 내부 관리계획을 수정하여 시행하고, 그 수정 이력을 관리하여야 한다. ③ 개인정보보호책임자는 접근권한 관리, 접속기록 보관 및 점검, 암호화 조치 등 내부 관리계획의 이행 실태를 연1회 이상으로 점검 · 관리하여야 한다.

Tip — 개인정보 내부 관리계획 목차 예시

제1장 총칙
- 제1조(목적)
- 제2조(용어정의)
- 제3조(적용범위)

제2장 내부 관리계획의 수립 및 시행
- 제4조(내부 관리계획의 수립 및 승인)
- 제5조(내부 관리계획의 공표)

제3장 개인정보 보호책임자의 역할과 책임
- 제6조(개인정보 보호책임자의 지정)
- 제7조(개인정보 보호책임자의 역할 및 책임)
- 제8조(개인정보취급자의 역할 및 책임)

제4장 개인정보 보호 교육
- 제9조(개인정보 보호책임자의 교육)
- 제10조(개인정보취급자의 교육)

제5장 기술적 안전조치
- 제1조(접근권한의 관리)
- 제12조(접근통제)
- 제13조(개인정보의 암호화)
- 제14조(접속기록의 보관 및 점검)
- 제15조(악성프로그램 등 방지)

제6장 관리적 안전조치
- 제16조(개인정보 보호조직 구성 및 운영)
- 제17조(개인정보 유출사고 대응)
- 제18조(위험도 분석 및 대응)
- 제19조(수탁자에 대한 관리 및 감독)

제7장 물리적 안전조치
　제20조(물리적 안전조치)
　제21조(재해 및 재난 대비 안전조치)
제8장 그 밖에 개인정보 보호를 위하여 필요한 사항

(2) 접근권한의 관리

개인정보처리시스템의 데이터베이스(DB)에 대한 직접적인 접근은 데이터베이스 운영·관리자에 한정하는 등의 안전조치를 적용할 필요성이 있다. 직원의 퇴직 시 해당 직원의 계정을 지체없이 변경·말소하는 조치 등을 내부 관리계획 등에 반영하여 이행하도록 한다. 또한, 직원의 퇴직 시 계정 말소를 효과적으로 이행하기 위해서는 퇴직 점검표에 사용자계정의 말소 항목을 반영하여, 계정 말소 여부에 대해 확인을 받을 수도 있다. 기록의 보관 시 신청자 정보, 신청일시, 승인자 및 발급자 정보, 신청 및 발급 사유 등 발급 과정과 이력 등을 확인할 수 있도록 필요한 정보를 보관하여야 한다.

비밀번호는 정당한 접속 권한을 가지지 않는 자가 추측하거나 접속을 시도하기 어렵도록 문자, 숫자 등으로 조합·구성하여야 한다.

〈표 5-36〉 접근권한의 관리 보호조치(안전성 확보 기준 고시)

분야	보호조치
접근권한의 관리	① 개인정보처리자는 개인정보처리시스템에 대한 접근 권한을 업무 수행에 필요한 최소한의 범위로 업무 담당자에 따라 차등 부여하여야 한다. ② 개인정보처리자는 전보 또는 퇴직 등 인사이동이 발생하여 개인정보취급자가 변경되었을 경우 지체없이 개인정보처리시스템의 접근 권한을 변경 또는 말소하여야 한다. ③ 개인정보처리자는 제1항 및 제2항에 의한 권한 부여, 변경 또는 말소에 대한 내역을 기록하고, 그 기록을 최소 3년간 보관하여야 한다. ④ 개인정보처리자는 개인정보처리시스템에 접속할 수 있는 사용자계정을 발급하는 경우 개인정보취급자 별로 사용자계정을 발급하여야 하며, 다른 개인정보취급자와 공유되지 않도록 하여야 한다. ⑤ 개인정보처리자는 개인정보취급자 또는 정보주체가 안전한 비밀번호를 설정하여 이행할 수 있도록 비밀번호 작성규칙을 수립하여 적용하여야 한다. ⑥ 개인정보처리자는 권한 있는 개인정보취급자만이 개인정보처리시스템에 접근할 수 있도록 계정정보 또는 비밀번호를 일정 횟수 이상 잘못 입력한 경우 개인정보처리시스템에 대한 접근을 제한하는 등 필요한 기술적 조치를 하여야 한다.

(3) 접근통제

불법적인 접근 및 침해사고 방지를 위해서는 침입차단 및 침입탐지 기능을 갖는 장비 설치와 더불어 침입차단 및 침입탐지 정책 설정, 개인정보처리시스템에 접속한 이상 행위 대응, 로그 훼손 방지 등 적절한 운영·관리가 필요하다. 인증수단만을 적용하는 경우에는 통신보안을 위한 암호화 기술의 추가 적용이 필요할 수 있으므로, 보안성 강화를 위하여 안전한 접속수단을 고려한다. 인터넷 홈페이지를 통하여 개인정보가 유출될 수 있는 위험성을 줄이기 위하여 정기적으로 웹 취약점 점검한다.

〈표 5-37〉 접근통제 보호조치(안전성 확보 기준 고시)

분야	보호조치
접근통제	① 개인정보처리자는 정보통신망을 통한 불법적인 접근 및 침해사고 방지를 위해 다음 각 호의 기능을 포함한 조치를 하여야 한다. 1. 개인정보처리시스템에 대한 접속 권한을 IP(Internet Protocol) 주소 등으로 제한하여 인가받지 않은 접근을 제한 2. 개인정보처리시스템에 접속한 IP(Internet Protocol) 주소 등을 분석하여 불법적인 개인정보 유출 시도 탐지 및 대응 ② 개인정보처리자는 개인정보취급자가 정보통신망을 통해 외부에서 개인정보처리시스템에 접속하려는 경우 가상사설망(VPN: Virtual Private Network) 또는 전용선 등 안전한 접속수단을 적용하거나 안전한 인증수단을 적용하여야 한다. ③ 개인정보처리자는 취급중인 개인정보가 인터넷 홈페이지, P2P, 공유설정, 공개된 무선망 이용 등을 통하여 열람권한이 없는 자에게 공개되거나 유출되지 않도록 개인정보처리시스템, 업무용 컴퓨터, 모바일 기기 및 관리용 단말기 등에 접근 통제 등에 관한 조치를 하여야 한다. ④ 고유식별정보를 처리하는 개인정보처리자는 인터넷 홈페이지를 통해 고유식별정보가 유출 · 변조 · 훼손되지 않도록 연 1회 이상 취약점을 점검하고 필요한 보완 조치를 하여야 한다. ⑤ 개인정보처리자는 개인정보처리시스템에 대한 불법적인 접근 및 침해사고 방지를 위하여 개인정보취급자가 일정시간 이상 업무처리를 하지 않는 경우에는 자동으로 시스템 접속이 차단되도록 하여야 한다. ⑥ 개인정보처리자가 별도의 개인정보처리시스템을 이용하지 아니하고 업무용 컴퓨터 또는 모바일 기기를 이용하여 개인정보를 처리하는 경우에는 제1항을 적용하지 아니할 수 있으며, 이 경우 업무용 컴퓨터 또는 모바일 기기의 운영체제(OS: Operating System)나 보안프로그램 등에서 제공하는 접근 통제 기능을 이용할 수 있다. ⑦ 개인정보처리자는 업무용 모바일 기기의 분실 · 도난 등으로 개인정보가 유출되지 않도록 해당 모바일 기기에 비밀번호 설정 등의 보호조치를 하여야 한다.

(4) 개인정보의 암호화

개인정보처리자는 자신이 제공하는 인터넷 홈페이지에서 이용자가 입력하는 고유식별정보, 비밀번호, 바이오정보를 암호화하여 송신하거나 전달한다. 비밀번호의 경우에는 복호화 되지 않도록 일방향(해시 함수) 암호화 하여야 한다. 일방향 암호화는 저장된 값으로 원본 값을 유추하거나 복호화 할 수 없도록 한 암호화 방법으로서, 인증검사 시에는 사용자가 입력한 비밀번호를 일방향 함수에 적용하여 얻은 결과 값과 시스템에 저장된 값을 비교하여 인증된 사용자임을 확인한다.

또한, 인터넷 구간이나 DMZ 구간은 외부에서 직접 접근이 가능하므로 외부자의 침입을 받을 가능성이 있다. 이에 따라 DMZ 구간에 주민등록번호, 외국인등록번호, 운전면허번호, 여권번호 등의 고유식별정보를 저장하는 경우 암호화하여 저장해야 한다. 비밀번호 및 바이오정보를 저장하는 경우에도 암호화하여 저장해야한다.

〈표 5-38〉 개인정보의 암호화 보호조치(안전성 확보 기준 고시)

분야	보호조치
개인정보의 암호화	① 개인정보처리자는 고유식별정보, 비밀번호, 바이오정보를 정보통신망을 통하여 송신하거나 보조저장매체 등을 통하여 전달하는 경우에는 이를 암호화하여야 한다. ② 개인정보처리자는 비밀번호 및 바이오정보는 암호화하여 저장하여야 한다. 다만, 비밀번호를 저장하는 경우에는 복호화되지 아니하도록 일방향 암호화하여 저장하여야 한다. ③ 개인정보처리자는 인터넷 구간 및 인터넷 구간과 내부망의 중간 지점(DMZ: Demilitarized Zone)에 고유식별정보를 저장하는 경우에는 이를 암호화하여야 한다. ④ 개인정보처리자가 내부망에 고유식별정보를 저장하는 경우에는 다음 각 호의 기준에 따라 암호화의 적용여부 및 적용범위를 정하여 시행할 수 있다. 1. 법 제33조에 따른 개인정보 영향평가의 대상이 되는 공공기관의 경우에는 해당 개인정보 영향평가의 결과 2. 암호화 미적용시 위험도 분석에 따른 결과 ⑤ 개인정보처리자는 제1항, 제2항, 제3항, 또는 제4항에 따라 개인정보를 암호화하는 경우 안전한 암호알고리즘으로 암호화하여 저장하여야 한다. ⑥ 개인정보처리자는 암호화된 개인정보를 안전하게 보관하기 위하여 안전한 암호 키 생성, 이용, 보관, 배포 및 파기 등에 관한 절차를 수립 · 시행하여야 한다. ⑦ 개인정보처리자는 업무용 컴퓨터 또는 모바일 기기에 고유식별정보를 저장하여 관리하는 경우 상용 암호화 소프트웨어 또는 안전한 암호화 알고리즘을 사용하여 암호화한 후 저장하여야 한다.

(5) 접속기록의 보관 및 점검

개인정보처리자는 개인정보처리시스템의 접속기록을 월 1회 이상 정기적으로 점검하여야 하며, 이를 통해 비인가된 개인정보 처리, 대량의 개인정보에 대한 조회, 정정, 다운로드, 삭제, 출력 등의 비정상 행위를 탐지하고 적절한 대응조치를 할 필요가 있다. 개인정보처리시스템의 접속기록은 임의적인 수정·삭제 등이 불가능하도록 접근권한을 제한하는 등의 안전조치를 한다.

〈표 5-39〉 접속기록의 보관 및 점검 보호조치(안전성 확보 기준 고시)

분야	보호조치
접속기록의 보관 및 점검	① 개인정보처리자는 개인정보취급자가 개인정보처리시스템에 접속한 기록을 1년 이상 보관 · 관리하여야 한다. 다만, 5만명 이상의 정보주체에 관하여 개인정보를 처리하거나, 고유식별정보 또는 민감정보를 처리하는 개인정보처리시스템의 경우에는 2년 이상 보관 · 관리하여야 한다. ② 개인정보처리자는 개인정보의 오 · 남용, 분실 · 도난 · 유출 · 위조 · 변조 또는 훼손 등에 대응하기 위하여 개인정보처리시스템의 접속기록 등을 월 1회 이상 점검하여야 한다. 특히 개인정보를 다운로드한 것이 발견되었을 경우에는 내부관리 계획으로 정하는 바에 따라 그 사유를 반드시 확인하여야 한다. ③ 개인정보처리자는 개인정보취급자의 접속기록이 위 · 변조 및 도난, 분실되지 않도록 해당 접속기록을 안전하게 보관하여야 한다.

(6) 악성프로그램 등 방지

개인정보처리자는 악성프로그램 등을 통해 개인정보가 위·변조, 유출되지 않도록 이를 방지하고 치료할 수 있는 백신 소프트웨어 등 보안 프로그램을 설치·운영 한다. 악성프로그램 감염 방지를 위한 보안 프로그램의 최신상태 유지, 보안 업데이트 실시, 발견된 악성프로그램의 삭제 등 대응 조치 등을 적용한다.

운영체제나 응용 프로그램 보안 업데이트 시 현재 운영중인 응용 프로그램의 업무 연속성이 이루어 질 수 있도록 보안 업데이트를 적용하는 것이 필요하며, 가능한 자동으로 보안 업데이트가 설정되도록 할 필요가 있다.

〈표 5-40〉 악성프로그램 등 방지 보호조치(안전성 확보 기준 고시)

분야	보호조치
악성프로그램 등 방지	개인정보처리자는 악성프로그램 등을 방지 · 치료할 수 있는 백신 소프트웨어 등의 보안 프로그램을 설치 · 운영하여야 하며, 다음 각 호의 사항을 준수하여야 한다. 1. 보안 프로그램의 자동 업데이트 기능을 사용하거나, 일 1회 이상 업데이트를 실시하여 최신의 상태로 유지 2. 악성프로그램 관련 경보가 발령된 경우 또는 사용 중인 응용 프로그램이나 운영체제 소프트웨어의 제작업체에서 보안 업데이트 공지가 있는 경우 즉시 이에 따른 업데이트를 실시 3. 발견된 악성프로그램 등에 대해 삭제 등 대응 조치

(7) 관리용 단말기의 안전조치

관리용 단말기에 대해 개인정보처리시스템의 관리, 운영, 개발, 보안 등의 목적으로 업무처리를 하는 특정 직원 등에 한하여 접근을 허용하는 등 업무관련자 이외의 인가 받지 않는 사람이 관리용 단말기에 접근하여 임의로 조작하지 못하도록 접근통제 등의 안전조치를 한다.

〈표 5-41〉 관리용 단말기의 안전조치(안전성 확보 기준 고시)

항목	보호조치
관리용 단말기의 안전조치	개인정보처리자는 개인정보 유출 등 개인정보 침해사고 방지를 위하여 관리용 단말기에 대해 다음 각 호의 안전조치를 하여야 한다. 1. 인가 받지 않은 사람이 관리용 단말기에 접근하여 임의로 조작하지 못하도록 조치 2. 본래 목적 외로 사용되지 않도록 조치 3. 악성프로그램 감염 방지 등을 위한 보안조치 적용

(8) 물리적 안전조치

출입을 통제하는 방법으로는 물리적 접근 방지를 위한 장치를 설치·운영하고 이에 대한 출입 내역을 전자적인 매체 또는 수기문서 대장에 기록한다. 또한, 개인정보처리자는 개인정보가 포함된 서류, 보조저장매체(이동형 하드디스크, USB메모리, SSD 등) 등은 금고, 잠금장치가 있는 캐비넷 등 안전한 장소에 보관하여야 한다. 이러한 보조저장매체를 통해 개인정보가 유출되지 않도록 개인정보가 저장·전송되는 보조저장매체의 반출·입 통제를 위한 보안대책을 마련한다.

〈표 5-42〉 물리적 안전조치(안전성 확보 기준 고시)

항목	보호조치
물리적 안전조치	① 개인정보처리자는 전산실, 자료보관실 등 개인정보를 보관하고 있는 물리적 보관 장소를 별도로 두고 있는 경우에는 이에 대한 출입통제 절차를 수립 · 운영하여야 한다. ② 개인정보처리자는 개인정보가 포함된 서류, 보조저장매체 등을 잠금장치가 있는 안전한 장소에 보관하여야 한다. ③ 개인정보처리자는 개인정보가 포함된 보조저장매체의 반출 · 입 통제를 위한 보안대책을 마련하여야 한다. 다만, 별도의 개인정보처리시스템을 운영하지 아니하고 업무용 컴퓨터 또는 모바일 기기를 이용하여 개인정보를 처리하는 경우에는 이를 적용하지 아니할 수 있다.

(9) 재해 · 재난 대비 안전조치

대응절차를 정기적으로 점검하여 대응절차에 변경이 있는 경우에는 변경사항을 반영하는 등 적절한 조치를 취하여야 하며, 중대한 영향을 초래하거나 해를 끼칠 수 있는 사안 등에 대해서는 사업주·대표·임원 등에게 보고 후, 의사결정 절차를 통하여 적절한 대책을 마련하여야 한다. 백업 및 복구를 위한 계획에는 개인정보처리시스템 등 백업 및 복구 대상, 방법 및 절차 등을 포함하도록 한다.

〈표 5-43〉 재해 · 재난 대비 안전조치(안전성 확보 기준 고시)

항목	보호조치
재해 · 재난 대비 안전조치	① 개인정보처리자는 화재, 홍수, 단전 등의 재해 · 재난 발생 시 개인정보처리시스템 보호를 위한 위기대응 매뉴얼 등 대응절차를 마련하고 정기적으로 점검하여야 한다. ② 개인정보처리자는 재해 · 재난 발생 시 개인정보처리시스템 백업 및 복구를 위한 계획을 마련하여야 한다.

(10) 개인정보의 파기

개인정보처리자는 보유 기간의 경과, 개인정보의 처리 목적 달성 등 개인정보가 불필요하게 되었을 때는 지체 없이 그 개인정보를 파기한다. 개인정보를 파기할 때에는 복구 또는 재생되지 않도록 조치한다. 개인정보처리자는 보유 기간의 경과, 개인정보의 처리 목적 달성 등 개인정보가 불필요하게 되었을 때는 지체 없이 그 개인정보를 파기한다. 개인정보를 파기할 때에는 복구 또는 재생되지 않도록 조치하여야 한다.

〈표 5-44〉 개인정보의 파기 보호조치(안전성 확보 기준 고시)

항목	보호조치
개인정보의 파기	① 개인정보처리자는 개인정보를 파기할 경우 다음 각 호 중 어느 하나의 조치를 하여야 한다. 1. 완전파괴(소각 · 파쇄 등) 2. 전용 소자장비를 이용하여 삭제 3. 데이터가 복원되지 않도록 초기화 또는 덮어쓰기 수행 ② 개인정보처리자가 개인정보의 일부만을 파기하는 경우, 제1항의 방법으로 파기하는 것이 어려울 때에는 다음 각 호의 조치를 하여야 한다. 1. 전자적 파일 형태인 경우: 개인정보를 삭제한 후 복구 및 재생되지 않도록 관리 및 감독 2. 제1호 외의 기록물, 인쇄물, 서면, 그 밖의 기록매체인 경우: 해당 부분을 마스킹, 천공 등으로 삭제

(11) 개인정보 처리방침의 수립 및 공개

「개인정보 처리방침」이란 개인정보를 처리하고 있는 사업자/단체의 개인정보 처리기준 및 보호조치 등을 문서화하여 공개하는 것을 말한다. 개인정보 보호법에서는 사업자 등 개인정보처리자로 하여금 개인정보 처리방침을 수립·공개하도록 의무화하고 있다. 개인정보 보호법 및 표준 개인정보 보호지침은「개인정보 처리방침」에 포함되어야 하는 사항을 다음과 같이 정하고 있다.

〈표 5-45〉 개인정보 처리방침 기재사항(개인정보 보호법)

필수적 기재사항
1. 개인정보의 처리 목적 2. 개인정보의 처리 및 보유 기간 3. 개인정보의 제3자 제공에 관한 사항(해당되는 경우에만 정함) 4. 개인정보처리의 위탁에 관한 사항(해당되는 경우에만 정함) 5. 정보주체와 법정대리인의 권리 · 의무 및 그 행사방법에 관한 사항 6. 처리하는 개인정보의 항목 7. 개인정보의 파기에 관한 사항 8. 개인정보 보호책임자에 관한 사항 9. 개인정보 처리방침의 변경에 관한 사항 10. 개인정보의 안전성 확보조치에 관한 사항 11. 개인정보 자동 수집 장치의 설치 · 운영 및 그 거부에 관한 사항 ※ 필수적 기재사항이란 개인정보 보호법 제30조, 시행령 제31조, 표준 개인정보 보호지침 제37조에 따라「개인정보 처리방침」에 반드시 모두 포함해야 하는 사항임

임의적 기재사항
1. 정보주체의 권익침해에 대한 구제방법 2. 개인정보의 열람청구를 접수 · 처리하는 부서 3. 영상정보처리기기 운영 · 관리에 관한 사항 (개인정보 보호법 제25조제7항에 따른 '영상정보처리기기 운영 · 관리방침'을 개인정보 처리방침에 포함하여 정하는 경우) ※ 임의적 기재사항이란 「개인정보 처리방침」에 포함시킬지 여부를 사업자/단체 스스로가 개인정보 처리현황을 고려하여 자율적으로 정할 수 있는 사항임

「개인정보 처리방침」은 사업자, 단체 등의 인터넷 홈페이지에 지속적으로 게재해야 한다. 게재시에는 반드시 "개인정보 처리방침"이라는 명칭을 사용하고, 글자크기·색상 등을 활용하여 다른 고지사항(이용약관, 저작권 안내 등)과 구분하여 정보주체가 쉽게 확인하도록 해야 한다. 다만, 인터넷 홈페이지에 게재할 수 없는 경우 아래 방법으로 공개해야 해야 한다.

① 사업자/단체 사무소 등의 보기 쉬운 장소에 게시
② 간행물, 소식시, 홍보지, 청구서 등에 지속적 게재
③ 사업자/단체 사무소가 있는 지역을 주된 보급지역으로 하는 일반일간신문 등에 게재
④ 재화·용역 제공을 위해 사업자/단체와 정보주체가 작성한 계약서 등에 실어 정보주체에게 발급

〈표 5-46〉 개인정보 처리방침의 수립 및 공개(개인정보 보호법)

항목	보호조치
개인정보 처리방침의 수립 및 공개	① 개인정보처리자는 다음 각 호의 사항이 포함된 개인정보의 처리 방침(이하 "개인정보 처리방침"이라 한다)을 정하여야 한다. 이 경우 공공기관은 제32조에 따라 등록대상이 되는 개인정보파일에 대하여 개인정보 처리방침을 정한다. 1. 개인정보의 처리 목적 2. 개인정보의 처리 및 보유 기간 3. 개인정보의 제3자 제공에 관한 사항(해당되는 경우에만 정한다) 3의2. 개인정보의 파기절차 및 파기방법(제21조제1항 단서에 따라 개인정보를 보존하여야 하는 경우에는 그 보존근거와 보존하는 개인정보 항목을 포함한다) 4. 개인정보처리의 위탁에 관한 사항(해당되는 경우에만 정한다) 5. 정보주체와 법정대리인의 권리 · 의무 및 그 행사방법에 관한 사항 6. 제31조에 따른 개인정보 보호책임자의 성명 또는 개인정보 보호업무 및 관련 고충사항을 처리하는 부서의 명칭과 전화번호 등 연락처

개인정보 처리방침의 수립 및 공개	7. 인터넷 접속정보파일 등 개인정보를 자동으로 수집하는 장치의 설치 · 운영 및 그 거부에 관한 사항(해당하는 경우에만 정한다) 8. 그 밖에 개인정보의 처리에 관하여 대통령령으로 정한 사항 ② 개인정보처리자가 개인정보 처리방침을 수립하거나 변경하는 경우에는 정보주체가 쉽게 확인할 수 있도록 대통령령으로 정하는 방법에 따라 공개하여야 한다. ③ 개인정보 처리방침의 내용과 개인정보처리자와 정보주체 간에 체결한 계약의 내용이 다른 경우에는 정보주체에게 유리한 것을 적용한다. ④ 보호위원회는 개인정보 처리방침의 작성지침을 정하여 개인정보처리자에게 그 준수를 권장할 수 있다.

〈표 5-47〉 개인정보처리방침 공개 보호조치(ISMS-P)

항목	상세내용
개인정보처리방침 공개	정보주체(이용자)가 개인정보의 열람, 정정 · 삭제, 처리정지, 이의제기, 동의철회 요구를 수집 방법 · 절차보다 쉽게 할 수 있도록 권리행사 방법 및 절차를 수립 · 이행하고, 정보주체(이용자)의 요구를 받은 경우 지체 없이 처리하고 관련 기록을 남겨야 한다. 또한 정보주체(이용자)의 사생활 침해, 명예훼손 등 타인의 권리를 침해하는 정보가 유통되지 않도록 삭제 요청, 임시조치 등의 기준을 수립 · 이행하여야 한다.

(12) 정보주체 권리보호

① 정보주체 권리보장

정보주체는 개인정보처리자가 자신에 관하여 어떤 정보를 보유하고 있고, 어떻게 활용하고 있으며, 개인정보처리자가 보유하는 개인정보는 정확한지 여부를 확인 할 수 있어야 한다. 이와 같은 정보주체의 권리는 개인정보자기통제권의 핵심을 이룬다. 개인정보처리자는 정보주체의 권리행사 방법과 절차를 어렵게 하거나 정보주체에게 과도한 비용을 청구하여서는 안 된다. 그러나 정보주체 이외의 자가 권한 없이 또는 권한을 넘어 정보주체의 권리를 대신하여 행사하지 못하도록 적절한 수준의 본인확인 절차를 강구하여야 한다.

〈표 5-48〉 정보주체 권리보장 보호조치(ISMS-P)

항목	상세내용
정보주체 권리보장	정보주체(이용자)가 개인정보의 열람, 정정 · 삭제, 처리정지, 이의제기, 동의철회 요구를 수집 방법 · 절차보다 쉽게 할 수 있도록 권리행사 방법 및 절차를 수립 · 이행하고, 정보주체(이용자)의 요구를 받은 경우 지체 없이 처리하고 관련 기록을 남겨야 한다. 또한 정보주체(이용자)의 사생활 침해, 명예훼손 등 타인의 권리를 침해하는 정보가 유통되지 않도록 삭제 요청, 임시조치 등의 기준을 수립 · 이행하여야 한다.

② 이용내역 통지

개인정보의 이용내역을 통지할 경우 이용자에게 통지하여야 하는 정보의 종류는 개인정보의 수집·이용 목적 및 수집한 개인정보의 항목, 개인정보를 제공받은 자와 그 제공 목적 및 제공한 개인정보의 항목, 개인정보 처리위탁을 받은 자 및 그 처리위탁을 하는 업무의 내용을 포함해야 한다. 통지는 전자우편·서면·모사전송·전화 또는 이와 유사한 방법 중 어느 하나의 방법으로 연 1회 이상 해야 한다.

〈표 5-49〉 이용내역 통지 보호조치(ISMS-P)

항목	상세내용
이용내역 통지	개인정보의 이용내역 등 정보주체(이용자)에게 통지하여야 할 사항을 파악하여 그 내용을 주기적으로 통지하여야 한다.

6. 개인정보보호 관리체계 표준

(1) 개인정보보호 관리체계 개요

개인정보보호 관리체계(이하 ISMS-P)는 정보보호 관리체계(ISMS)와 같이 이용자의 개인정보를 안전하게 보호할 수 있도록 기술적·관리적·물리적·조직적인 다양한 보호대책들을 구현하고 단편적인 보호대책이 아닌 체계적이고 지속적인 개인정보보호 활동을 위한 위험관리 기반의 관리체계를 구축하도록 함으로써 개인정보 침해가능성을 최소화 할 수 있도록 관리·운영하는 종합적인 체계를 의미한다.

ISMS나 ISM-P의 핵심은 정보보호나 개인정보보호 활동을 경영활동의 일환으로 간주하고 경영 활동의 관리 방법론을 적용하고 있다는 것이다. PDCA(Plan, Do, Check, Action)는 경영 활동에서 생산 및 품질 등을 관리하는 방법으로 Plan(계획) → Do(실행) → Check(평가)→ Act(개선)의 4단계를 반복하여 업무를 지속적으로 개선하는 것을 의미하며 목표를 달성하고자 하는데 사용하는 방법이다. PDCA 사이클이란, 반복적인 흐름으로 그 결과를 다음 계획에 반영하는 프로세스를 말한다.

특히 개인정보보호 관리체계의 경우는 이러한 PDCA 핵심원리에 개인정보의 생명주기인 '수집 → 보유·이용 → 제공 → 파기'의 과정을 반영하여 기준이나 표준에 따라 개인정보보호 활동을 체계적으로 수행하도록 한 것이다.

PDCA의 핵심원리는 행동과 행동의 결과인 피드백을 통해 이를 수정해 나감으로서 목표에 접근하는 방식으로 이해해볼 수 있는데 이는 Do(실행)과 Check(평가)라는 시행착오를 통한 업무 개선 과정에 과학적 방법을 적용한 사례의 기반을 제공하였다고 할 수 있다. 이러한 대표적이고 중요한 사례로는 ISO 9000(품질), ISO 14001(환경) 인증 절차가 있고, 정보보호와 개인정보보호에는 ISO/IEC 27001, ISO/IEC 27701이 있으며 국내에는 ISMS와 ISMS-P가 있다. 국내 ISMS나 ISMS-P 모두 기준(표준)자체도 모두 이 PDCA 사이클 속에서 표현되고 있다.

PDCA 사이클이란 어떠한 일을 함에 있어서 계획하고 실천에 옮겨 실행하고, 이러한 실행이 옳은지 그른지 또는 유익한지를 검증하여 잘못된 점은 개선하고 다음번에는 보다 발전된 계획으로 실행하고 검증하여 개선해 나가는 반복적인 사이클이라고 할 수 있다. PDCA의 핵심은, 이루고자 하는 일에 대해 이룰 때까지 그 계획과 실천방식을 끊임없이 업그레이드 시키는데 있다. 이러한 원리를 반영한 것이 ISMS, ISMS-P이다. PDCA 사이클은 계획하고(Plan), 계획한 대로 실행하며(Do), 실행의 결과가 성과가 있었는지 확인하고(Check), 반성하여 시정한 후 그 결과를 다음 계획에 반영(Action)하는 일련의 사이클을 끊임 없이 돌리는 것으로 '관리사이클'이라고도 한다. 관리(管理, Management)는 통제(Control)의 의미와 개선(Improvement)의 의미를 동시에 갖는다.

① 통제는 현장유지의 활동으로서 표준대로 일을 해서 그 결과가 희망하는 대로 되어 있는가를 체크하고, 만약 희망하는 대로 되어 있지 않으면 필요한 조치를 취해가는 것을 의미한다.

② 개선은 개선활동으로서 품질향상이나 원가절감 등 목표를 현재의 수준보다는 높은 곳에 두고 이것을 달성할 계획을 세워 실행하고 그 결과를 수시로 확인하면서 목표를 달

성하기 위해서 필요한 조치를 취해가는 것을 말한다.

〈표 5-50〉 개인정보 처리방침 기재사항 예시(개인정보 보호법)

PDCA	내용
제1 Step (Plan)	① 목적을 명확히 하여 목표를 결정한다. ② 목표를 달성하는 방법을 결정한다.
제2 Step (Do)	① 작업방법을 교육 훈련한다. ② 작업을 실시한다. ③ 정해진 방법으로 작업결과의 데이터를 잡는다.
제3 Step (Check)	① 기준대로의 작업이 행해졌는가 어떤가를 조사한다. ② 여러 가지 측정치나 시험의 결과가 기준에 맞는가 어떤가를 조사한다. ③ 관리항목이 겨냥의 값과 맞는가 어떤가를 조사한다.
제4 Step (Act)	제3 Step에서 조사한 결과에 의거하여 조치를 취한다. ① 작업이 기준에서 벗어나 있으면 기준대로 되도록 수정의 조치를 취한다. ② 이상의 결과가 인정되면 그 원인을 조사하여 재발방지의 조치를 취한다, ③ 일의 원칙이나 방법을 보다 좋아지도록 개정한다.

이렇게 표준적인 개인정보보호 관리체계는 해외는 대표적으로 ISO/IEC27001, GDPR, 영국표준인 BS10012가 있고 국내의 경우 ISMS, ISMS-P와 추가적으로 개인정보 영향평가가 있다. ISMS-P, GDPR에 대해서는 앞장에서 다뤘고 이 장에서는 국제 표준 규격인 ISO/IEC 27701에 대해 알아보고자 한다.

(2) ISO/IEC 27701

① 개요

ISO/IEC 27701 국제 표준은 한국에서 이미 국내 표준으로 제정하고 국제 표준으로 추진하던 PIMS((Personal Information Management System)를 기반으로 기존의 정보보호 관리체계 국제 표준인 ISO/IEC 27001과 ISO/IEC 27002과 개인정보보호 분야 대해 GDPR, BS10012를 반영하여 국제 표준으로 제정되었다. 한국의 ISMS가 정보보호 관리체계 국제 표준인 ISO/IEC 27001에 반영된 것처럼 ISO/IEC 27701 또한 국내 PIMS를 반영하여 국제 표준화(2019.8)하였다. 이 표준은 조직이 개인식별 정보(Personally Identifiable Information, PII)를 보호하기 위한 프로세스의 정의와 개인 식별 가능 정보(PII)와 관련된 프라이버시 리스크를 관리할 수 있도록 경영 시스템 프레임워크로 가이드라인을 제공한다. PII 컨트롤러와 프로세서 역할을 하는 조직이 갖추어야 할 개인정보보호 관리시스템이다.

ISO/IEC 27701은 ISMS 내에서 PII(개인식별정보)처리를 담당하는 조직에 위험 기반 접근방식(Risk-based approach)을 제공함으로써, 조직은 개인정보 및 프라이버시에 대한 위험뿐만 아니라 특성 개인 정보 위험에도 내처할 수 있다. ISO/IEC 27701은 다음과 같은 몇 가지 이점이 있다.

- 고객 및 직원 모두의 개인 정보 관리 능력에 대한 신뢰를 구축
- GDPR 및 기타 적용 가능한 개인 정보 관리 능력에 대한 신뢰를 구축
- 조직 내 역할과 책임의 명확화
- 내부 역량 향상 및 프로세스 개선을 통한 위반 방지
- 프라이버시 관리를 위한 확립된 통제 및 투명성 제공
- PII 처리과정이 상호관련이 있는 비즈니스 파트너와의 합의를 촉진
- 선도적인 정보보안 표준 ISO/IEC 27001과 쉽게 통합 가능

② 구성

ISO/IEC 27701주조의 특징은 조직의 역할(Controller 또는 Processor)에 따라 적용되는 ISO/IEC 27701요구사항이 구분된다. ISO/IEC 27001에 PII 역할에 따라 통제항목을 SOA(Statement Of Applicability)에 추가할 수 있다.

- Clause 5. PIMS-specific requirements related to ISO/IEC 27001
- Clause 6. PIMS-specific guidance related to ISO/IEC 27002
- Clause 7. Additional ISO/IEC 27002 guidance for PII controllers
- Clause 8. Additional ISO/IEC 27002 guidance for PII processors
- Annex A: PIMS specific controls and control objectives for PII controllers
- Annex B: PIMS specific controls and control objectives for PII processors
- Annex C: Mapping to ISO/IEC 29100
- Annex D: Mapping to the General Data Protection Regulation
- Annex E: Mapping to ISO 27018 and ISO 29151
- Annex F: Explanatory text for applying ISO 27701 to ISO 27001 and ISO 27002

ISO/IEC 27701 및 ISO/IEC 27001이나 ISMS-P을 준수하는 경영시스템을 구현한다면 GDPR에 명시된 개인정보보호 요건 및 데이터 보호 규정을 충족할 수 있다. GDPR은 조직이 처리한 개인 데이터를 보호하기 위해 적절한 기술적, 관리적 조치(정책, 절차, 프로세스 포함)를 채택하도록 요구하기 때문이다. ISO/IEC 27001요건을 토대로 한 ISO/IEC 27701은 요구사항을 제공하고 기업이 개인 식별 가능 정보(PII)와 관련된 프라이버시 리스크를 관리할 수 있다. 이것은 또한 기업들이 여타 데이터 보호 규정뿐만 아니라 GDPR을 준수하도록 도울 수 있다.

ISO/IEC 27701은 ISMS 내에서 PII(개인식별정보) 처리를 담당하는 공공 및 민간 기업뿐만 아니라 정부 기관 및 기타 유형의 조직을 포함한 모든 규모와 유형의 조직에 필요하다. 위험 기반 접근방식(Risk-based approach)을 제공함으로써, 모든 조직은 정보보호뿐만 아니라 개인정보 및 프라이버시에 대한 위험에 대처할 수 있다.

〈표 5-51〉 ISO/IEC 27701 요구사항

<table>
<tr><th>구분</th><th>PII Controller</th><th>PII Processor</th><th>요구사항</th></tr>
<tr><td rowspan="3">Requirement</td><td colspan="2">ISO 27001</td><td rowspan="2">ISMS-P Framework
• Context of organization
• Interested party
• PIMS Policy
• PII Risk Assessment and treatment</td></tr>
<tr><td colspan="2">Clause 5</td></tr>
<tr><td>Annex B</td><td>Annex A</td><td>ISO 27001 SOA에 추가</td></tr>
<tr><td rowspan="2">Guidance</td><td>Clause 6</td><td>Clause 6</td><td>ISO 27002에 관련된 가이던스
(SOA 통제항목에 따라 요구사항이 될 수 있음)</td></tr>
<tr><td>Clause 7</td><td>Clause 8</td><td>for PII controllers and PII Processors
(SOA 통제항목에 따라 요구사항이 될 수 있음)</td></tr>
</table>

ISO/IEC 27701은 ISO/IEC 27001의 요구사항, 관리 목적 및 관리를 기반으로 하여 개인정보보호 관리체계를 수립, 구현, 유지 및 지속적 개선을 위한 요건을 명시하고 있다. 이는 두 표준 모두 규정을 준수하는 기업들이 GDPR 프라이버시 및 정보보호 요건을 충족하고 준수함을 입증하는 데에 도움이 된다하겠다. 또한 정부적 차원에서 도입한 유럽 연합의 GDPR(General Data Protection Regulations)과 같은 프라이버시 규정들은 기업의 대응을 요구한다. ISO/IEC 27701과 같은 ISO 표준은 개인 식별 가능 정보(PII)와 관련된 개인정보보호 위험을 관리하고 요구사항을 충족시키는 데에 도움이 된다.

〈표 5-52〉 ISO/IEC 27701 구조

No	분류	No	세부내용
1	범위		
2	인용 표준		
3	용어 정의 및 약어		
4	일반	4.1	문서의 구조
		4.2	ISO/IEC 27001:2013 요구사항
		4.3	ISO/IEC 27002:2013 가이드
		4.4	고객
5	ISO/IEC 27001 관련 PIMS 특정 요구사항	5.1	일반
		5.2	조직 상황
		5.3	리더쉽
		5.4	계획
		5.5	지원
		5.6	운영
		5.7	성능 파악
		5.8	개선
6	ISO/IEC 27002 관련 PIMS 특정 요구사항	6.1	일반
		6.2	정보보호 정책
		6.3	정보보호 조직
		6.4	인적 보안
		6.5	자산관리
		6.6	접근통제
		6.7	암화화
		6.8	물리적 및 환경적 보안
		6.9	운영 보안
		6.10	통신 보안
		6.11	시스템 도입, 개발 및 유지 보수
		6.12	공급 업체 관리
		6.13	정보보호 사고 관리
		6.14	비즈니스 연속성 관리의 정보보호 측면

6	ISO/IEC 27002 관련 PIMS 특정 요구사항	6.15	컴플라이언스
7	PII 컨트롤러에 대한 추가 ISO/IEC 지침	7.1	일반
		7.2	수집 및 처리 조건
		7.3	PII 원칙과 의무
		7.4	Privacy by design, Privacy by default
		7.5	PII 공유, 이전 및 공개 Default
8	PII 컨트롤러에 대한 추가 ISO/IEC 지침	8.1	일반
		8.2	수집 및 처리 조건
		8.3	PII 원칙과 의무
		8.4	Privacy by design, Privacy by default
		8.5	PII 공유, 이전 및 공개 Default
부록 A		PIMS 특정 기준 제어 목표 및 제어(PII 컨트롤러)	
부록 B		PIMS 특정 기준 제어 목표 및 제어(PII 프로세서	

7. 개인정보 영향평가

7.1 개인정보 영향평가 개요

(1) 개인정보 영향평가 개념

개인정보 영향평가(PIA: Privacy Impact Assessment, 이하 "영향평가"라 한다)는 개인정보의 수집, 활용이 수반되는 개인정보파일을 구축, 운용 또는 변경하려는 경우 개인정보의 항목(수), 개인정보의 제3자 제공 여부, 정보 주체의 권리침해 가능성 및 그 위험 정도 등이 개인정보에 미칠 수 있는 중대한 영향을 사전에 조사·예측·검토하여 개인정보의 침해요인을 분석하고 그에 따른 개선사항을 도출하여 개인정보 침해사고를 사전에 예방하는 데 목적이 있다.

법률적으로는 개인정보 보호법 제33조 규정에 따라 공공기관이 개인정보를 활용하는 새로운 정보시스템의 도입이나 기존 정보시스템의 중요한 변경 시, 시스템의 구축·운영이 구성원은 물론 국민의 프라이버시에 미칠 영향에 대하여 미리 조사·분석·평가하는 제도이다.

Tip — 개인정보파일 및 개인정보처리시스템

〈개인정보파일〉

- 개인정보파일은 개인정보를 쉽게 검색할 수 있도록 일정한 규칙에 따라 체계적으로 배열하거나 구성한 개인정보의 집합물을 말한다.
- 개인정보파일은 데이터베이스 등 전자적인 형태뿐만 아니라 수기 문서 자료도 포함하지만 영향평가의 대상이 되는 개인정보파일은 전자적으로 처리할 수 있는 것에 한정되어 있으므로 일반적으로 종이 등의 문서에 수기로 기록된 개인정보 문서는 대상에서 제외된다.
- 단, 종이로 기록된 개인정보 문서가 PDF 등의 전자적인 매체로 변환될 경우 해당 PDF 파일 등은 평가의 대상이 될 수 있다.

〈개인정보처리시스템〉

- 개인정보처리시스템이란 데이터베이스 등 개인정보를 처리할 수 있도록 체계적으로 구성한 시스템을 말한다. 개인정보처리시스템은 일반적으로 데이터베이스(DB) 내의 데이터에 접근할 수 있도록 해주는 응용시스템을 의미하며 데이터베이스를 구축하거나 운영하는데 필요한 시스템을 말한다.
- 다만, 개인정보처리시스템은 개인정보처리자의 개인정보 처리방법 시스템 구성 및 운영환경 등에 따라 달라질 수 있으며 작게는 한 대의 서버에서부터 크게는 수백 대의 서버 및 DBMS 운영하는 것까지 다양한 규모를 가지고 있다.
- 영향평가에서는 개인정보처리시스템 내의 개인정보파일을 안전하게 보호하기 위하여 필요한 기술적 관리적 및 물리적 안전조치가 적절하게 적용되었는지 여부를 비롯하여 개인정보의 수집 저장 이용 제공 파기 등 생명주기 상에 관련 법규를 준수하고 정보주체의 권리를 제대로 보장하고 있는지를 확인하고 문제점이 있는 경우 개선방안을 제시하게 된다.

(2) 영향평가 대상

개인정보 보호법 규정에 따른 영향평가 의무 대상은 개인정보를 전자적으로 처리하는 개인정보파일을 구축·운영 또는 변경하려는 공공기관이 대상이다. 단, 공공기관 외의 개인정보처리자는 개인정보파일 운용으로 인하여 정보주체의 개인정보 침해가 우려되는 경우에는 영향평가를 하기 위하여 적극 노력하여야 한다. 영향평가 대상 개인정보파일 기준(시행령 제35조)은 다음과 같다.

- 구축·운용 또는 변경하려는 개인정보파일로서 5만명 이상의 정보주체에 관한 민감정보 또는 고유식별정보의 처리가 수반되는 개인정보파일

- 구축·운용하고 있는 개인정보파일을 해당 공공기관 내부 또는 외부에서 구축·운용하고 있는 다른 개인정보파일과 연계하려는 경우로서 연계 결과 50만명 이상의 정보주체에 관한 개인정보가 포함되는 개인정보파일
- 구축·운용 또는 변경하려는 개인정보파일로서 100만명 이상의 정보주체에 관한 개인정보파일

Tip — 영향평가 대상 공공기관의 범위(개인정보 보호법 제2조)

〈공공기관의 정의〉

- 국회, 법원, 헌법재판소, 중앙선거관리위원회의 행정사무를 처리하는 기관, 중앙행정기관(대통령 소속 기관과 국무총리 소속 기관을 포함한다) 및 그 소속 기관, 지방자치단체
- 그 밖의 국가기관 및 공공단체 중 대통령령으로 정하는 기관

  1. 「국가인권위원회법」 제3조에 따른 국가인권위원회

  1의2. 「고위공직자범죄수사처 설치 및 운영에 관한 법률」 제3조제1항에 따른 고위공직자범죄수사처

  2. 「공공기관의 운영에 관한 법률」 제4조에 따른 공공기관
  3. 「지방공기업법」에 따른 지방공사와 지방공단
  4. 특별법에 따라 설립된 특수법인
  5. 「초 · 중등교육법」, 「고등교육법」, 그 밖의 다른 법률에 따라 설치된 각급 학교
     - 단, 국회, 법원, 헌법재판소, 중앙선거관리위원회(그 소속 기관을 포함한다)의 영향평가에 관한 사항은 국회규칙, 대법원규칙, 헌법재판소규칙 및 중앙선거관리위원회규칙으로 정하는 바에 따른다.

(3) 영향평가 절차

개인정보 영향평가 절차는 사전 준비 단계, 수행 단계, 이행 단계 등 3단계로 구성된다.

① 사전 준비 단계에서는 영향평가 사업계획을 수립하여 예산을 확보하고 평가기관을 선정한다.

- 영향평가 필요성 검토 → 사전평가(선택) → 사업계획서 작성 → 제안요청서 작성 및 발주 → 영향평가기관 선정

② 수행 단계에서는 평가기관이 개인정보 침해요인을 분석하고 개선계획을 수립하여 영향평가서를 작성한다.

- 영향평가 수행계획 수립 → 평가자료 수집 → 개인정보 흐름분석 → 개인정보 침해요인 분석 → 개선계획 수립 → 영향평가서 작성

③ 이행 단계에서는 영향평가서의 침해요인에 대한 개선계획이 반영되는 가를 점검한다.

- 개선사항 반영 여부 점검 → 개선사항 이행확인

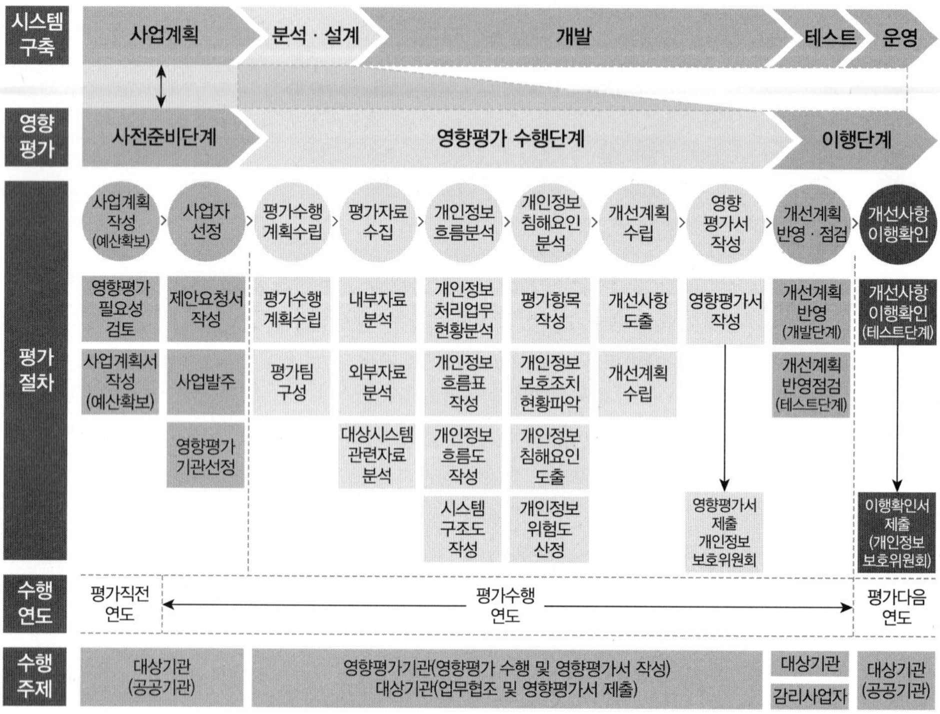

출처: 개인정보 영향평가 수행안내서(개보위)

[그림 5-4] 개인정보 영향평가 절차

(4) 영향평가 수행 방법

영향평가를 수행하기 위한 조직(영향평가팀) 구성은 사업주관부서, 평가기관, 시스템개발부서, 자문위원 등으로 구성하며, 영향평가 수행을 위한 역할과 업무배분을 통해 수행해야 한다. 시스템 분석설계 단계 및 개발 단계에서 영향평가를 수행하도록 한다. 또한 영향평가 개선사항에 대한 이행여부는 시스템 구축사업의 테스트 단계에서 점검하는 것이 바람직하다.

① 개인정보파일을 구축·운용 또는 변경하고자 하는 경우 필요한 평가항목이 반영될 수 있도록 설계완료 전에 영향평가를 수행

② 개인정보파일을 구축·운용 또는 변경하고자 할 때에는 영향평가 결과를 반영한 조치를 이행하고 그 결과를 개인정보보호위원회에 제출

개인정보 영향평가 수행 후, 영향평가 개선계획의 반영여부를 정보시스템 감리 시 확인하여야 한다. 단, 감리를 수행하지 않은 경우에는 정보시스템 테스트단계에서 영향평가 개선계획의 반영여부를 확인한다.

개인정보 영향평가 단계 중 가장 중요한 부분이 개인정보 흐름분석 단계와 개인정보 침해요인 분석단계이다. 개인정보 흐름분석 단계에서는 개인정보 처리 업무 현황 분석, 개인정보 처리 업무 흐름도 작성, 개인정보 흐름표 작성, 개인정보 흐름도 작성, 정보시스템 구조도 및 정보보호 시스템 목록 작성을 한다.

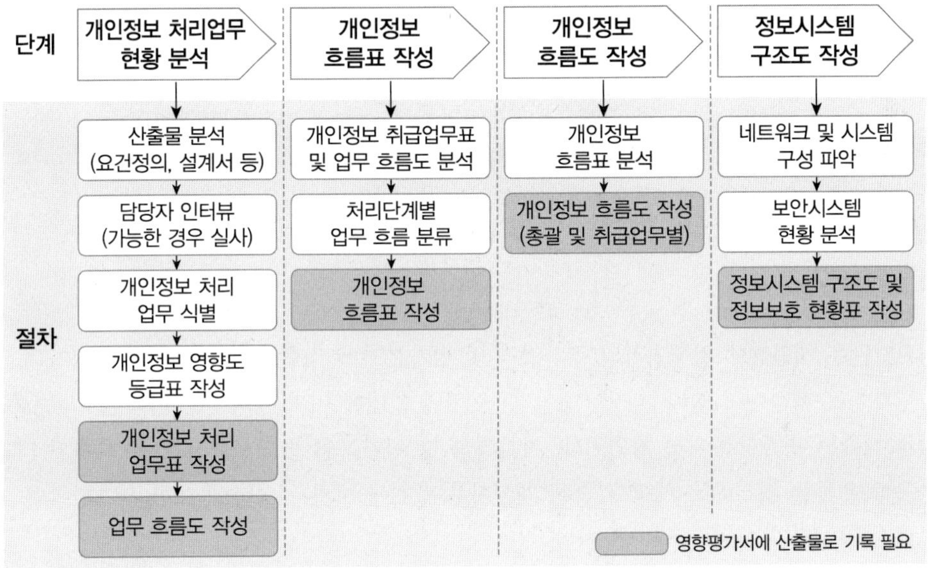

출처: 개인정보 영향평가 수행안내서(개보위)

[그림 5-5] 개인정보 흐름분석 단계별 절차

다음으로 영향평가에서 중요한 개인정보 침해요인 분석단계에서는 개인정보 흐름 분석 및 개인정보보호 조치 현황에 대한 평가결과를 기반으로 개인정보 침해요인 분석하게 된다.

① 도출된 침해요인은 모두 개선하는 것이 원칙이나 기관 내 예산이 부족한 경우 등 불가피한 사유가 있는 경우에는 위험분석 결과에 따라 개선사항의 우선 순위를 정하여 선택적 조치 가능

② 위험도 산정방법은 아래에서 제시된 예시 외에도 위험에 대한 관점에 따라 다양하므로 평가기관의 자체 위험분석 방법론을 활용하여 위험도를 산정

③ 위험도를 산정할 때에는 위험도 산정 과정 및 결과는 합리적이고 납득 가능한 수준이

어야 하며, 위험도 산정값은 실질적인 위험의 크기를 대변할 수 있어야 하며, 법적 준거성 등 개인정보보호 영역의 특성이 반영되어야 한다.

위험도 산정 방법은 개인정보 영향도(자산 가치), 침해요인 발생가능성, 법적 준거성 등을 종합적으로 고려하여 개인정보 위험도를 산정한다.

① 개인정보 처리업무 내 개인정보의 조합수준 등급 등에 따라 개인정보 처리업무의 중요도(개인정보 영향도)를 산정
② 산정된 개인정보 처리업무 영향도 침해요인 발생가능성 법적 준거성을 조합하여 위험도를 평가 합산하는 방법을 적용

위험도 = 개인정보 영향도 + (침해요인 발생가능성 × 법적 준거성) × 2

(5) 영향평가 항목

평가기관은 개인정보 영향평가의 평가영역 및 평가분야에 적합한 평가항목을 선정하여 영향평가를 수행하여야 한다. 다만, 대상기관이 1년 이내에 이미 평가받은 항목은 그 변경이 없는 때에는 평가항목에서 제외된다. 평가영역 및 평가분야에 명시되지 않은 특화된 IT기술을 적용하는 경우에는 해당 기술이 개인정보 보호에 미치는 영향에 대한 평가항목을 개발하여 영향평가 시 반영하여야 한다.

개인정보 영향평가 항목은 대상기관의 개인정보 보호체계, 대상사업의 개인정보 보호체계, 개인정보처리단계별 보호, 특정 IT기술 활용 시 개인정보 보호 등으로 구성되며, 보호조치는 대상기관들이 필요에 의하여 보호조치를 가감하여 반영할 수 있도록 권고하고 있다.

〈표 5-53〉 개인정보 영향평가 항목(개인정보 영향평가에 관한 고시)

평가 영역	평가 분야	세부 분야
I. 대상기관 개인정보보호 관리체계	1. 개인정보 보호 조직	개인정보보호책임자의 지정
		개인정보보호책임자 역할수행
	2. 개인정보 보호 계획	내부관리계획 수립
		개인정보보호 연간계획 수립

I. 대상기관 개인정보보호 관리체계	3. 개인정보 침해대응	침해사고 신고 방법 안내
		유출사고 대응
	4. 정보주체권리보장	정보주체 권리보장 절차 수립
		정보주체 권리보장 방법 안내
II. 대상시스템의 개인정보보호 관리체계	5. 개인정보취급자 관리	개인정보취급자 지정
		개인정보취급자 관리 · 감독
	6. 개인정보파일 관리	개인정보파일대장 관리
		개인정보파일 등록
	7. 개인정보처리방침	개인정보처리방침의 공개
		개인정보처리방침의 작성
III. 개인정보처리 단계별 보호조치	8. 수집	개인정보 수집의 적합성
		동의 받는 방법의 적절성
	9. 보유	보유기간 산정
	10. 이용 · 제공	개인정보 제공의 적합성
		목적 외 이용 · 제공 제한
		제공시 안전성 확보
	11. 위탁	위탁사실 공개
		위탁 계약
		수탁사 관리 · 감독
	12. 파기	파기 계획 수립
		분리보관 계획 수립
		파기대장 작성
IV. 대상시스템의 기술적 보호조치	13. 접근권한 관리	계정 관리
		인증 관리
		권한 관리
	14. 접근통제	접근통제 조치
		인터넷 홈페이지 보호조치
		업무용 모바일기기 보호조치
	15. 개인정보의 암호화	저장시 암호화
		전송시 암호화

Ⅳ. 대상시스템의 기술적 보호조치	16. 접속기록의 보관 및 점검	접속기록 보관
		접속기록 점검
		접속기록 보관 및 백업
	17. 악성프로그램 등 방지	백신 설치 및 운영
		보안업데이트 적용
	18. 물리적 접근방지	출입통제 절차 수립
		반출 · 입 통제 절차 수립
	19. 개인정보의 파기	안전한 파기
	20. 기타 기술적 보호조치	개발 환경 통제
		개인정보처리화면 보안
		출력시 보호조치
	21. 개인정보처리구역보호	보호구역지정
Ⅴ. 특정 IT기술 활용 시 개인정보 보호	22. CCTV	CCTV 설치시 의견수렴
		CCTV 설치 안내
		CCTV 사용 제한
		CCTV 설치 및 관리에 대한 위탁
	23. RFID	RFID 이용자 안내
		RFID 태그부착 및 제거
	24. 바이오정보	원본정보 보관시 보호조치
	25. 위치정보	개인위치정보 수집 동의
		개인위치정보 제공시 안내사항

(6) 영향평가서 제출

영향평가서를 제출받은 대상기관의 장은 2개월 이내에 평가결과에 대한 내부승인 절차를 거쳐 영향평가서를 개인정보보호위원회에 제출한다.

(7) 영향평가 개선사항 이행

영향평가서를 제출받은 공공기관의 장은 개선사항으로 지적된 부분에 대한 이행계획 등 영향평가서를 제출받은 날로부터 1년 이내에 개인정보보호위원회에 제출한다.

7.2 개인정보 영향평가 단계별 세부 절차 및 방법

(1) 사전준비단계

사전준비단계는 ① 영향평가의 필요성 검토 → ② 영향평가 수행주체의 구성 → ③ 평가수행계획의 수립 순으로 진행된다.

〈표 5-54〉 개인정보 영향평가 사전준비단계별 수행 활동

단계	평가절차	수행 활동
사전 계획 작성	영향평가 필요성검토	• 추진하고자 하는 사업을 통해 개인정보취급절차에 변경이 발생하는 경우 • 보유, 이용, 파기 등의 기존 개인정보취급절차가 변경이 발생하는 경우 • 외부기관에 신규로 개인정보제공이나 연계가 발생하는 경우
	사전평가 질문지검토	• 개인정보 파일을 신규 구축, 구축된 개인정보 취급절차가 변경, 개인정보파일을 타기관에 연계하는 경우 • 개인정보 수집경로 및 처리절차를 확대 변경하는 경우, 개인정보파일을 외부기관과 연계하거나 연계절차가 변경하는 경우 • 기존에 보유하고 있던 개인정보파일을 외부기관과 요청 등에 의해 연계, 연동 혹은 이관, 위탁하는 경우 • 기존의 외부기관과 연계/연동 혹은 이관/위탁하는 절차가 변경되는 경우 ※ 위의 항목 중에서 사전질문 항목 중에서 1개 이상의 Y가 해당된다면 개인정보 영향평가를 수행대상으로 판단할 수 있다.
	사업계획서 작성	영향평가 본 사업을 추진하기 위한 사전준비단계로 영향평가 사업계획서를 작성하고 영향평가 예산확보를 위해 차년도 사업계획에 해당사업을 포함한다.
영향 평가 기관 산정	제안요청서 작성	• 영향평가 대상기관을 선정하게 위하여 제안요청서를 작성하여 입찰준비 실시 • 영향평가 수행을 위한 전체적인 일정과 역할 등을 명확하게 정의하여 수행 • 최종적으로 검토하여 조달로 처리할지, 자체적으로 처리할지 결정 • 사업부서 내에서 자체적으로 할지, 개인정보전담부서에 수행할지 결정
	사업발주	• 발주는 자체발주 또는 조달발주를 통해 업체를 선정함 • 사업적으로 시스템 구축과 병행할지, 단독으로 추진할 지 결정 • 무엇보다 영향평가의 명확한 범위를 설정 중요 • 발주에 따른 평가와 조직 내에서 역할을 정립
	영향평가 기관선정	• 평가대상기관 선정은 사업자체에 대한 이해를 가진 것을 기반으로 개인정보 보호관련 법제 및 정책에 대한 이해, 전략수립과 지식, 기술, 시스템분석 및 정보보안에 대한 관련지식과 전문지식과 정보를 필요 • 필요시 정보화사업을 하는 SI업체와 추진 시에 충분할 설명 필요 • 개인정보보호위에서 지정한 영향평가전문기관을 대상으로 사업수행자 선정

개인정보 영향평가의 필요성여부를 검토할 때는 영향평가 수행 시에 활용될 자원(예산, 인력, 기간, 사업수행부서, 개발자, 주요이해관계자, 평가자료 확보용이성 등)을 고려한다. 아래 질문 항목 중에서 1개 이상의 Y가 해당된다면 개인정보 영향평가를 수행대상으로 판단할 수 있다.

〈표 5-55〉 개인정보 영향평가 수행대상 판단 기준

구분	질문	Y/N/NA	특이 사항
1	당해 사업의 수행을 위해 개인정보를 신규로 수집, 이용, 공개하거나 기존 개인정보의 수집, 이용, 공개 범위를 확대하는가?		
2	당해 사업이 개인정보의 수집 방법을 기존에 정보주체로부터 직접 수집하는 방식에서 타 기관(하위 또는 산하기관 포함)으로부터 제공받는 경우 등과 같이 수집하는 방식 등을 변경하는가?		
3	당해 사업의 수행을 위해 타 기관으로부터 개인정보를 제공받거나 당해기관의 개인정보 DB를 타 기관과 연계하여 이용할 필요가 있는가?		
4	당해 사업의 수행을 위해 개인정보를 수집 · 이용 · 저장 · 관리 · 파기하는 기존의 업무수행절차에 중대한 변경이 초래되는가?		
5	기존의 정보시스템에 신기술을 적용하는 등의 새로운 활용법을 채택함으로써 기존에 수집되거나 향후 수집 될 정보가 본인 확인이 가능한 형태로 변경되는 등 시스템 상에 중대한 변화가 발생하는가?		
6	당해 사업의 수행을 위해 개인정보 수집 등의 업무처리 절차를 변경함으로써 기존에 예상치 못한 개인정보의 사용 또는 폐기를 야기하거나 본인확인이 가능한 형태의 정보를 주기적으로 수집해야 하는 필요성이 있는가?		
7	서비스 이용 과정에서 생성되는 정보를 기존에 수집한 개인정보와 결합함으로써 정보주체의 프라이버시에 영향을 미칠 수 있는 2차적 정보가 생성되는가?		
8	당해 사업의 수행을 위해 기존에 수집된 개인정보를 개인정보 수집 시 정보주체에게 고지한 수집목적 또는 이용목적 외로 사용할 가능성이 있는가?		
9	구축하고자 하는 시스템이 위치 정보, RFID 등 신규 서비스를 제공하기 위한 것으로서 정보주체의 프라이버시 침해 문제가 발생할 가능성이 있다고 예측되는가?		
10	신규 또는 추가로 구축되는 시스템이 개인정보DB에 대한 접근을 관리 또는 통제하기 위해 사용되는 보안체계에 중대한 변화를 초래하는가?		

평가수행계획은 대상기관의 시스템개발부서 또는 사업부서(영향평가 주관부서)에서 평가과정에 필요한 사항들을 정리하여 내부적으로 공유할 수 있는 세부적인 평가절차 등을 마련하여 수행하기 위한 계획이다. 평가수행계획서에는 평가계획에 평가목적, 평가수행주체,

평가범위, 주요평가사항, 평가 기준 및 항목, 필요정보, 자료수집방법 및 분석방법, 결과보고 방법(보고서작성 등), 결과의 활용방법 등이 포함되어야 한다.

〈표 5-56〉 평가수행계획서의 작성방향

목차	주요 내용	참고자료
1. 사업 개요	대상시스템명, 사업목적 및 일정, 주요 내용 등	제안요청서(RFP) 사업계획서 등
2. 개인정보 개요	개인정보 수집목적, 취급규모, 개인정보 수집현황 등의 개인정보파일 개요	
3. 평가 목적	개인정보 영향평가 수행 필요성 및 추진배경 등	필요성 검토 질의서
4. 평가기관 및 평가팀 구성	평가기관 선정 및 영향평가팀 구성	영향평가팀 운영계획서
5. 평가 기간	영향평가 착수부터 완료하는 시점까지의 기간	영향평가 수행주체 선정 시 결과물 및 협의내용, 공공기관 개인정보 영향평가 수행 안내서 참고
6. 평가 절차(방법)	영향평가 절차, 단계별 주요 수행사항 및 기간 등	
7. 주요 평가사항	중점적으로 평가 되어야 하는 사항	
8. 평가기준 및 평가항목	영향평가수행안내서에서 표준적으로 요구되는 평가항목과 특정 IT기술의 활용여부에 따라 도출한 항목	
9. 자료 수집 및 분석 계획	영향평가 수행 시 침해요인을 분석하기 위한 참고자료, 해당기관과 관련 있는 자료 등 파악	개인정보 보호 관련 정책, 법규검토단계의 산출물 참조
10. 평가결과의 활용 방향	영향평가 결과로 도출된 결과물(영향평가서)과 이를 통해 당해 사업 간 적용방안 등을 기술	영향평가팀 회의 내용 등 참조

(2) 영향평가 수행단계

영향평가의 수행단계는 ① 평가자료의 수집 → ② 개인정보의 흐름 분석 → ③ 개인정보의 침해요인분석→ ④ 위험도 산정 → ⑤ 개선사항의 도출 순으로 진행한다.

① 평가자료의 수집

평가 대상사업 및 개인정보 보호 관련 내·외부 정책환경을 분석하기 위한 자료와 대상시스템을 파악하기 위한 자료수집을 말한다. 개인정보 보호 관련 법규 및 상위기관의 지침과 해당기관의 내부 규정현황을 파악하고, 대상시스템을 이해하고 분석하기 위해 필요한 자료 등을 취합·분석한다.

〈표 5-57〉 영향평가 분석 대상 자료 주요 내용

항목	수집 목적	수집 대상 자료
내부 정책 자료	기관 내부의 개인정보 보호 체계, 규정, 조직 현황 등을 분석	• 기관 내 개인정보 보호 규정 • 기관 내 정보보안 관련 규정 • 기관 내 직제표 등
	개인정보취급자(정보시스템 운영자, 처리자자 등), 위탁 업체 등에 대한 내부 규정 및 관리 · 교육체계 확인	• 개인정보 관련 조직 내 업무 분장표 및 직급별 권한 • 정보시스템의 접근권한에 대한 내부 규정 • 위탁업체 관리 규정 등 • 시스템 운영자 및 정보취급자에 대한 교육계획
	시스템 구조와 연계된 개인정보 보호 기술 현황 파악	• 침입차단시스템 등 보안 시스템 구조도 등
외부 정책 자료	일반적인 개인정보 보호 정책 환경 분석	• 개인정보 보호 관련 법률, 지침 등 • 개인정보 보호 기본계획 및 시행계획 등
	대상시스템의 특수성을 반영한 정책 환경 분석	대상시스템의 추진 근거 법률 및 개인정보 보호 관련 법률
대상시스템 설명 자료	정보시스템에 의하여 수집되는 개인정보의 양과 범위가 사업 수행을 위해 적절한지 파악	• 프로젝트 수행 계획서, 제안서
	정보시스템의 외부연계 여부 검토	• 위탁 계획서, 연계 계획서

② 개인정보의 흐름분석

영향평가팀 구성원간의 사업과 개인정보 흐름에 대한 이해도 제고를 위한 대상시스템 내에서의 개인정보의 흐름에 대한 분석을 말한다. 대상시스템을 면밀히 분석하고 업무를 정의하여 해당 사업을 통해 처리되는 업무 중 개인정보 취급이 수반되는 업무를 도출하여 평가범위를 명확히 한다. 법률적 검토와 함께 개인정보의 생명주기(Life cycle)에 따른 개인정보 흐름을 분석하고, 취급업무별로 개인정보의 수집·보유·이용/제공·파기로 구분하여 구체적으로 분석하기 위해 개인정보 흐름도를 작성한다. 업무 흐름도는 개인정보 흐름도 작성의 준비단계로서 업무 흐름을 영향평가팀이 공유하기 위한 것으로 정형화된 서식이 있는 것은 아니며, 사업분석 참고자료에 업무 흐름도가 있으면 기존에 작성된 것을 사용한다.

개인정보 흐름도의 작성을 용이하게 하기 위하여 흐름도 작성 이전에 개인정보 흐름 분석 시 취급단계별 취급권한 및 개인정보자산 식별을 용이하도록 개인정보 흐름표를 작성한다. 개인정보 흐름표에는 업무명을 기반으로 개인정보의 생명주기인 수집 → 보유/이용 → 제공 → 파기에 이르는 생명주기별 현황 등을 기재해 평가팀이 개인정보의 흐름을 한눈에 이해할 수 있도록 작성한다.

〈표 5-58〉 개인정보 흐름표 작성 예시

<table>
<tr><th rowspan="3">업무명</th><th colspan="3">수집</th><th colspan="5">보유/이용</th><th colspan="4">제공</th><th colspan="2">파기</th></tr>
<tr><th rowspan="2">수집 항목</th><th rowspan="2">수집 경로</th><th rowspan="2">수집 담당자</th><th rowspan="2">보유 형태</th><th colspan="2">민원처리</th><th colspan="2">통계관리</th><th rowspan="2">제공처</th><th rowspan="2">제공 정보</th><th rowspan="2">제공 방법</th><th rowspan="2">제공 목적</th><th rowspan="2">보관 기간</th><th rowspan="2">파기 절차</th></tr>
<tr><th>이용 목적</th><th>개인 정보 취급자</th><th>이용 목적</th><th>개인 정보 취급자</th></tr>
<tr><td rowspan="2">민원처리</td><td rowspan="2">성명, 전화 번호, 이메일 주소, 민원 내용</td><td>온라인 홈페이지</td><td>-</td><td>웹 DB</td><td rowspan="2">민원 처리 및 결과 처리</td><td rowspan="2">민원 처리 담당자, 민원 관련 업무 담당자</td><td rowspan="2">통계 정리</td><td rowspan="2">통계 담당자</td><td rowspan="2">한국도청</td><td rowspan="2">민원인 성명, 민원 접수 내용, 처리 결과</td><td rowspan="2">실시간 DB 연동</td><td rowspan="2">민원 처리 실적 집계</td><td>민원 처리 완료 후 1년</td><td>일단위 DB 파기</td></tr>
<tr><td>오프 라인 민원 신청서</td><td>안내 창구 담당자</td><td>웹 DB, 캐비닛</td><td>웹DB 입력 후 스캔 후 파기</td><td>주단위 문서 절단</td></tr>
</table>

개인정보 업무 흐름도를 작성할 때는 사업분석을 통해 개인정보업무를 분리하여 해당업무보다 상세하게 분석하는 것으로 생명주기에 따른 대략적인 업무흐름을 도출한다. 평가 대상의 업무현황 분석을 통해 개인정보 처리 업무별로 업무 흐름도를 작성한다. 정형화된 서식은 없으며 업무 흐름도는 해당 업무를 수행하는 인력 및 부서와 연계기계기관을 함께 표시한다. 분석된 업무흐름을 기반으로 개인정보처리 업무별 생명주기별로 구분하여 개인정보 흐름을 분류한다. 개인정보 처리 단계별로 처리되는 개인정보 현황 및 처리 내역 등을 용이하게 식별할 수 있도록 개인정보 흐름표를 작성한다.

다음 단계로 작성된 개인정보 흐름표를 기반으로 수집 보유 이용 제공 파기되는 개인정보 처리단계 별로 흐름을 한 눈에 파악할 수 있도록 '개인정보 흐름도'를 작성한다. 영향평가 대상사업 또는 시스템전체의 개인정보 흐름을 총괄적으로 표현한 '총괄 개인정보 흐름도'와 개별업무별로 '업무별 개인정보 흐름도'를 함께 작성한다.

연계기관(제공 및 제공받는 기관)이 있는 경우 개인정보의 취급책임이 연계기관에도 있기 때문에 절차도 상에 연계기관과의 업무흐름을 포함시켜야 한다. 시스템 구조도의 작성 시에 시스템 설계상 원칙적으로 내재된 개인정보 자산의 위험을 분석하는데 활용하기 위해 시스템의 구조도를 작성한다. 이에 따른 방화벽, 침입탐지시스템과 같은 보안 메커니즘을 포함하여 개인정보 보호를 위한 기술적, 물리적, 관리적 보안메커니즘의 타당성을 검토하기 위하여 기존에 활용되는 자료를 파악하여야 한다.

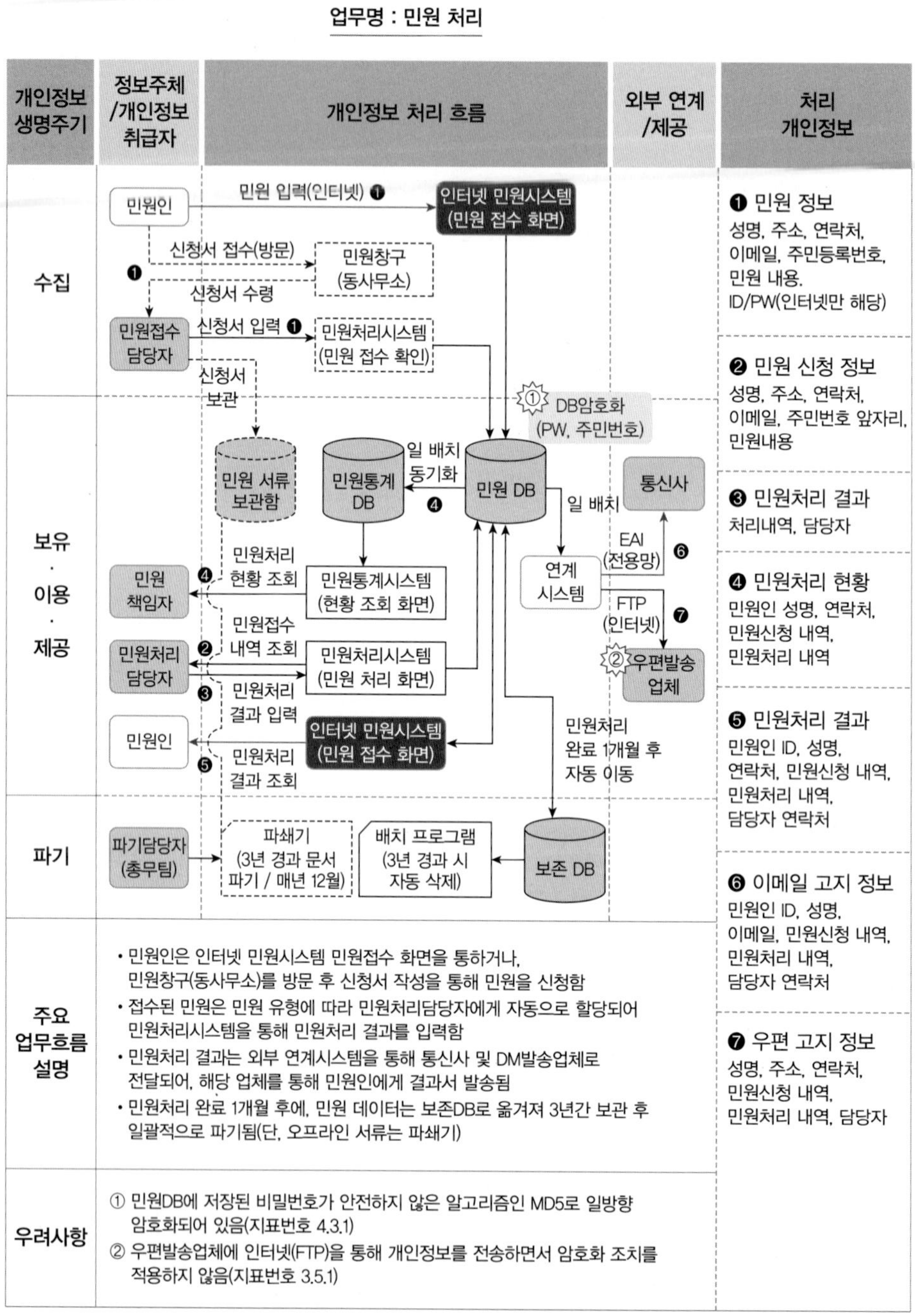

※ 각각의 평가대상 업무별로 별도의 상세 개인정보 흐름도가 작성되어야 함

출처: 개인정보 영향평가 수행안내서(개보위)

[그림 5-6] 업무별 개인정보의 흐름도 예시

③ 개인정보의 침해요인 분석

대상시스템의 개인정보 흐름에 따른 개인정보 보호조치사항 및 계획 등을 파악하고 개인정보 침해 위험성을 도출하기 위한 단계이다. 위험도 산정은 개인정보를 자산가치로 산정하여 자산가치, 개인정보 침해 발생가능성, 법적 준거성을 조합하여 위험도를 평가하여 합산하는 방법으로 산정한다.

개인정보침해요인을 분석하기 위하여 작성하는 점검표는 공공기관이 준수해야할 개인정보 보호 관련 조치사항들을 규정한 공공기관의 개인정보 보호를 위한 법률, 공공기관 개인정보 보호지침, 공공기관 개인정보 보호 매뉴얼 등의 내용을 기준으로 하고, 조직의 개인정보 관리체계, 개인정보처리단계별 관리업무, 정보주체 권익보호, 기술적, 물리적, 관리적 보호조치에 관한 사항이다.

점검표는 기본적으로 평가대상사업의 특성 및 영향평가 수행목적에 따라 자유롭게 구성할 수 있으며, 점검 항목 외에도 항목별로 관련근거 및 항목 설명, 확인자료 등을 제시하여 점검자가 상이하더라도 일관된 점검이 이루어지도록 작성할 필요가 있다.

영향평가 점검표를 활용, 평가대상 사업에 대한 개인정보 보호조치 현황 및 계획, 기관 내 개인정보 보호 관리체계 등을 파악하고, 수집된 내부정책자료, 사업관련 자료 등을 분석하여 정리하거나 실사를 통해 확인한다. 영향평가팀 내에서 전체적으로 파악할 수 없으므로 확인하고자 하는 업무담당자와 인터뷰를 실시하고, 각 영향평가 항목에 따라 담당부서와 이름, 연락처 등을 기록하여 관리한다.

〈표 5-59〉 개인정보의 침해요인 분석 점검표 예시

<table>
<tr><th>평가영역</th><th>평가 분야</th><th>세부 분야</th><th>질의문</th><th>Y, P,
N, N/A</th><th>관련
근거</th></tr>
<tr><td rowspan="5">Ⅰ.
대상
기관의
개인정보
보호
관리체계</td><td rowspan="2">1. 대상기관 개인정보 보호조직</td><td>개인정보 보호책임자의 지정</td><td>1.1.1 CPO 지정 여부</td><td>Y</td><td></td></tr>
<tr><td>개인정보 취급자의 지정</td><td>1.1.2 CPO의 업무분장 여부</td><td>P</td><td></td></tr>
<tr><td rowspan="2">2. 개인정보 보호 계획</td><td>개인정보 보호 계획 수립</td><td></td><td></td><td></td></tr>
<tr><td>개인정보 보호 교육 계획 수립</td><td></td><td></td><td></td></tr>
<tr><td>3. 개인정보처리 방침</td><td>개인정보처리 방침의 수립</td><td></td><td></td><td></td></tr>
</table>

Ⅰ. 대상 기관의 개인정보 보호 관리체계	4. 개인정보파일 관리	개인정보파일 관리			
		이용 · 제공대장 관리			
		개인정보파일 파기사실 관리			
	5. 개인정보 위탁 및 제공시 안전조치	개인정보 위탁 시 안전조치			
		개인정보 연계 · 제공시 안전조치			
	6. 개인정보 침해 대응	침해사고 처리절차			
	7. 정보주체 권익 보호	정보주체 권익보호			
	8. 개인정보 처리구역 보호	보호구역 지정			
		개인정보처리 구역 통제			
Ⅱ. 대상 시스템의 개인정보 보호 관리체계	9. 대상시스템의 개인정보관리	대상시스템의 개인정보 취급자 지정			
		대상시스템의 개인정보취급자 의무			
	10. 개인정보 취급내용 공개	개인정보 파일의 안내			
		개인정보 위탁관리 안내			
		개인정보 제공 및 목적 외 이용 사실의 안내			
		개인정보 파기사실의 안내			
Ⅲ. 개인정보 처리 단계별 보호	11. 수집단계	개인정보 수집의 적합성			
		개인정보 수집동의의 적합성			
		개인정보 수집 사실의 안내			
		개인정보 수집 시 보호조치			
	12. 저장 및 보유단계	개인정보파일 보유의 적합성 평가			
		개인정보 파일대장의 작성			
		개인정보 저장 및 보유 시 암호화			
	13. 이용 및 연계 · 제공 단계	이용 및 제공의 기본 원칙			
		타기관 연계 · 제공 시 절차			
		개인정보처리시스템 접근통제			
		웹 및 애플리케이션 통제			
		개인정보처리단말기 보호조치			
		개인정보 이용 · 제공 승인			
		네트워크 접속 통제			

Ⅲ. 개인정보 처리 단계별 보호	13. 이용 및 연계 · 제공 단계	웹사이트 개인정보노출 차단			
		개인정보 처리내역 기록 관리			
	14. 파기단계	보유기간 산정 및 안내			
Ⅳ. 특정 IT기술 활용 시 개인정보 보호	15. CCTV 활용	CCTV 설치 시 의견수렴			
		CCTV 설치 안내			
		CCTV 사용 제한			
		CCTV설치 및 관리에 대한 위탁			
	16. RFID 활용	RFID 이용자 안내			
		RFID 태그 부착 및 제거			
	17. 바이오정보 활용	원본정보 보관 시 보호조치			
	18. 위치정보 활용	개인위치정보 수집 동의			
		개인위치정보 제공 시 안내사항			

출처: 개인정보 영향평가 수행안내서 (개보위)

개인정보 침해요인 도출은 인터뷰 등을 통해 파악된 개인정보 보호 조치현황을 기반으로 개인정보 침해요인을 분석하는 단계이다. Y로 표시된 경우는 검토하고자 하는 사항을 충분히 조치하였으므로 침해요인이 없지만, N이나 P로 표시된 부분에 대해서는 침해요인의 분석 및 도출이 가능하다.

〈표 5-60〉 개인정보 침해요인 도출표 예시

평가분야	평가항목	현황	개인정보 침해요인
1.1 대상기관 개인정보 보호조직	개인정보 보호책임자에게 법률이 규정하는 업무를 부여하고 있는가?	개인정보 보호법에서 규정하고 있는 개인정보 보호책임자의 업무 중 '개인정보 처리 실태 및 관행의 정기적인 조사 및 개선', '개인정보파일의 보호 및 관리 · 감독' 등이 부분 누락됨	개인정보 보호책임자에게 법률이 규정하고 있는 업무를 부여하고 있지 않으면 개인정보 보호책임자 개인정보 보호에 대한 업무 소홀로 개인정보누출위험이 증가하게 됨

1.4 개인정보 파일 관리	개인정보파일이 변경되는 경우 행정자치부에 등록하고 그 사실을 개인정보파일대장에 반영하고 있는가?	현재 개인정보파일이 행정자치부 개인정보파일에 변경하는 절차가 기록된 산출물을 확인 할 수 없으며, 현행화가 이루어지지 않음	개인정보파일 변경 처리 부분이 미흡한 경우 자칫 개인정보 담당자의 개인정보 보호 소홀로 이어질 수가 있으며, 이는 개인정보 누출에 대한 대비가 미흡한 것으로 노출위험이 승내함
	개인정보를 목적 외의 용도로 이용하는 경우에 '개인정보 목적 외 이용 · 제공대장'에 기록 · 관리하고 있는가?	업무 담당자와 면담하고 산출물을 점검한 결과, 개인정보를 목적 외의 용도로 이용하고 있지 않으나, 목적 외 관리대장을 규정하고 있음	개인정보는 목적 외 사용은 바로 정보 유출로 이어짐
	개인정보파일을 파기하는 경우 파기 사실을 '개인정보파일 파기 관리대장'에 기록 · 관리하고 있는가?	개인정보 처리방침 제6조(개인정보의 파기)에 개인정보 파기방침을 관리하고 있으며, 현재 파기된 개인정파일이 없는 것으로 면담을 통해 확인하였음	개인정보의 파기 시에는 개인정보의 파기 대장에 기록이 되지 않으면 개인정보에 대한 소홀로 이어져 개인정보 관리가 되지 않아 정보의 노출 위험도가 높아짐
1.6 개인정보 침해대응	개인정보 침해사고에 대비한 대응절차를 수립하여 실시하고 있는가?	"개인정보 보호업무지침" 제22조 "개인정보침해대응"에 대하여 명시되었으나, 수행조직 및 예상활동 등 일부 내용이 누락되었음	개인정보 침해 사고는 예상을 할 수 없는 불시의 사고이기 때문에 미리 예상되는 활동과 수행조직 등을 마련해 놓지 않으면 피해가 더 커지거나 개인정보의 추가 노출 등이 예상됨
	개인정보 유출 사고에 대비한 대응절차를 수립하여 실시하고 있는가?	조직 내 구체화된 대응절차 매뉴얼과 조직이 없는 상태임	개인정보 유출 시에 대응절차가 없으면 신속 정확한 대응을 하지 못함으로서 조치가 늦어져 사태가 확산될 수 있음에 따라 정보 유출 위험도가 높아짐

출처: 개인정보 영향평가 수행안내서(개보위)

④ 위험도 산정

위험도 평가는 침해요인별로 개인정보 자산가치와 위협, 취약성 등으로 조합하거나 자산가치에 침해요인 발생가능성에 적정한 보정수치를 적용하여 이를 합산하여 위험도를 산정한다. 다시 말해 해당 개인정보 자산가치가 클수록, 취약성이 클수록, 침해요인 발생가능성이 클수록 위험도가 커지는 산정방식이다.

위험도 : 개인정보 영향도(자산가치) + (침해요인 발생가능성 × 법적 준거성) × 2

도출된 개선방안을 해당기관이 모두 해결할 수 없을 경우, 도출된 개인정보침해 요인의 위험도를 계량화하여 조치하여야 할 침해요인의 우선순위 산정이 가능하다. 개인정보 영향도(자산가치), 침해요인 발생가능성, 법적 준거성 등을 기준으로 위험평가를 수행한다.

〈표 5-61〉 위험도 판단 기준 예시

위험요소	중요도	판단기준
개인정보 영향도 (자산가치)	5	개인의 신분 및 신상정보에 대해 알 수 있으며, 악용할 경우, 위험이 매우 큰 정보 (주민번호, 신용정보, 신용카드번호, 카드비밀번호, 계좌번호, ID/PW 등) (상담내용, 녹취내용, 위치정보, IP 정보, CCTV 영상정보, 카페이용내역 등) ※ 정보보안 조직, 정책, 교육, 침해사고 등 관리적인 영역이 구성되어 있지 않을 경우, 모든 자산에 영향을 줄 수 있으므로, 가장 높은 자산가치를 부여함
	4	개인의 신분 및 신상정보에 대해 알 수 있으며, 악용할 경우, 위험이 높은 정보(주민번호, 신용정보, 신용카드번호, 카드비밀번호, 계좌번호, ID/PW 등)
	3	개인의 신분과 신상정보에 대한 추정이 가능하며 노출 시 금액의 피해보상을 요구받을 수 있는 수준(이름, 주소, 전화번호, 핸드폰번호, 이메일주소 등)
	2	개인의 신분과 신상정보를 파악하기 어려우나 신상정보와 같이 노출 시 매우 민감한 정보(인종, 종교, 병역, 사회 단체활동, 보건 등)
	1	아무런 영향을 미치지 않는 수준
침해요인 발생가능성	3	해당 침해요인의 발생가능성이 높은 경우
	2	해당 침해요인의 발생가능성이 그다지 높지 않은 경우
	1	해당 침해요인의 발생가능성이 희박하다고 판단되는 경우
법적 준거성	1.5	영향평가 절차법률 강제사항 및 개인정보 보호법/시행령/시행규칙
	1	법률 외 요건
위험도	14~2	개인정보 영향도(자산가치) + (침해요인 발생가능성 × 법적 준거성) × 2

개인정보의 침해요인 분석은 대상시스템의 개인정보 흐름에 따른 개인정보 보호조치사항 및 계획 등을 파악하고 개인정보 침해 위험성을 도출하기 위한 단계이다. 위험도 산정은 개인정보를 자산가치로 산정하여 자산가치, 개인정보 침해 발생가능성, 법적 준거성을 조합하여 위험도를 평가하여 합산하는 방법으로 위험도를 산정한다.

〈표 5-62〉 위험 평가 결과 예시

평가분야	위험요소(침해요인)	자산 가치	발생 가능성	법적 준거성	위험도
1.1 대상기관 개인정보 보호 조직	개인정보 보호책임자에게 법률이 규정하고 있는 업무를 부여하고 있지 않으면 개인정보 보호책임자 개인정보 보호에 대한 업무 소홀로 개인정보 누출위험이 증가하게 됨	5	3	1.5	14
1.4 개인정보 파일 관리	개인정보파일 변경처리부분이 미흡한 경우 자칫 개인정보담당자의 개인정보 보호소홀로 이어질 수가 있으며, 이는 개인정보누출에 대한 대비가 미흡한 것으로 노출위험이 증대함	5	3	1.5	14
	개인정보를 기관이나 연계 관련회사에게 제공하고 있음에도 제공 대장에 기록하지 않음은 개인정보 관리 소홀임에 따라 개인정보 유출 위험도가 높아짐	5	3	1.5	14
	개인정보의 파기 시에는 개인정보의 파기 대장에 기록이 되지 않으면 개인정보에 대한 소홀로 이어져 개인정보 관리가 되지 않아 정보의 노출 위험도가 높아짐	5	3	1.5	14
1.6 개인정보 침해대응	개인정보 침해 사고는 예상을 할 수 없는 불시의 사고이기 때문에 미리 예상되는 활동과 수행조직 등을 마련해 놓지 않으면 피해가 더 커지거나 개인정보의 추가 노출 등이 예상됨	5	3	1.5	14
	개인정보 유출 시에 대응절차가 없으면 신속 정확한 대응을 하지 못함으로서 조치가 늦어져 사태가 확산될 수 있음에 따라 정보 유출 위험도가 높아짐	5	3	1.5	14

⑤ 개선계획 수립

개인정보 영향평가 결과에 따라 위험을 도출하고 해당 위험을 제거하기 위한 개선 과제를 다음과 같이 개선계획을 수립하고 개선사항을 도출한다. 도출된 개선과제별로 개선계획을 마련한다. 개선계획을 수립할 때에는 위험요소를 제거하거나 최소화 할 수 있도록 대처방안을 제시한다. 위험요소 해결을 위해 유사사례에 대한 벤치마킹 등을 수행하고, 담당자들이 취약사항을 시정하기 위해 취해야 할 조치사항과 책임사항을 마련한다.

〈표 5-63〉 개선 계획 수립 예시

<table>
<tr><th>위험도</th><th>개선과제</th><th>과제내용</th><th>담당</th><th>이행 구분</th><th>수행 시기</th><th>과제 성격</th></tr>
<tr><td>14</td><td>연간 정보보호 계획 및 개인정보 책임자 지정</td><td rowspan="3">연간 개인정보 보호 계획 수립 개인정보 보호 정책 매뉴얼 작성</td><td rowspan="4">정보 보호팀</td><td rowspan="5">필수</td><td rowspan="5">2013년 2/4</td><td rowspan="5">체계 수립 및 테스트</td></tr>
<tr><td>14</td><td>연간 정보보호 계획 및 개인정보 파일관리 운영지침</td></tr>
<tr><td>14</td><td>연간 정보보호 계획 및 개인정보 관리대장 운용</td></tr>
<tr><td>14</td><td>연간 정보보호 계획 및 침해사고 대응절차 매뉴얼 작성 및 가상테스트</td><td>연간 개인정보 보호 계획 수립 침해사고 대응절차 매뉴얼 작성 가상 테스트</td></tr>
<tr><td>14</td><td>개인정보 파기 지침 및 운용</td><td>개인정보 보호 정책(개인정보 파기지침)</td><td>각 부서</td></tr>
</table>

출처: 개인정보 영향평가 수행안내서(개보위)

⑥ 영향평가서 작성

영향평가서의 작성은 영향평가의 모든 과정 및 결과물을 정리하여 종합적인 사항을 기록하는 것이다. 대상기관은 수립된 개선방안이 대상시스템의 구축·운용 또는 변경하거나 연계가 완료(사업 종료) 전에 반영되도록 조치하여야 한다. 단, 대상시스템의 구축·운용 또는 변경하거나 연계가 완료(사업 종료)되기 전에 부득이한 사유로 도출한 개선사항을 반영하지 못한 경우에는 그에 대한 타당한 사유를 기록하고 향후 조치를 위한 이행계획을 수립한다.

영향평가서는 사전 준비단계에서부터 위험 관리 단계까지 모든 절차 내용 결과 등을 취합 정리한 문서로 잔존 위험이나 이해관계자 간의 의견충돌이 있는 경우에는 의사결정권자(CEO, CPO 등)을 토론에 참여시켜 개인정보보호 목표수준에 대한 합의를 도출한다. 각 단계별 결과물을 포함한 영향평가서를 작성하고 대상기관의 장으로부터 승인을 받는다. 대상기관 내 다수의 개인정보처리시스템에 대하여 동시에 영향평가를 수행한 경우에는 개인정보처리시스템 단위로 영향평가서를 분리하여 작성한다.

〈표 5-64〉 영향평가서 서식 예시

구분			주요 내용
	표지		평가대상 사업명, 날짜, 사업수행부서 등 기재
	요약		영향평가에 대한 간략한 요약, 획득한 결론과 개선사항들을 요약한 형태로 기술
	목차		보고서의 주요 장과 절, 그리고 이들이 수록한 페이지 번호를 명시
I	추진개요	추진배경	영향평가 수행동기, 배경 등을 간략하게 기술
		추진경과	평가팀 구성 등 영향평가 시작-종료시점까지 주요경과 기술
II	수행절차	평가대상 및 범위	평가대상 사업명 및 개요 간략, 필요성 검토 결과 등
		평가방법 및 절차	평가방법 및 수행절차
		평가기준	평가기준으로 수립한 개인정보 보호법 등 관련법규 및 원칙 등 기술
		평가팀 구성	평가팀 구성 상세 내역
III	사업 및 서비스 분석	사업개요	평가대상 사업개요, 세부 서비스내용 등 분석 및 업무절차도 제시
		개인정보취급 현황분석	업무절차도, 개인정보 취급업무 흐름도 제시 및 설명
		개인정보 흐름분석	개인정보 흐름표, 개인정보 흐름도 제시 및 설명
IV	평가결과	개인정보기획	각 분야별 조치항목 및 위험요소, 개선방안 등 기술
		개인정보생명주기	
		정보주체 권익보호	
		기술적/관리적 보호조치	
		CCTV 영상정보 보호	
V	위험평가	위험평가 개요	위험평가 계량화의 의미 및 방법론 소개
		개인정보 자산중요도 평가	자산 중요도 평가 결과
		개인정보 위험도 평가	위험도 평가결과
		DoA 산정결과	DoA 산정기준과 위험도 목록화
VI	개선방안 도출	개선사항	도출된 개선사항 정리
		개선사항 이행계획	도출된 개선 사항의 이행계획 수립

출처: 개인정보 영향평가 수행안내서(개보위)

(3) 이행단계

이행단계에서는 개인정보 침해요인별 조치가 필요한 사안에 대하여 그에 대한 조치결과를 확인 점검하는 과정이다.

① 분석설계 단계

- 정보시스템 분석 설계 단계에서 수행한 영향평가 결과 및 개선계획에 따라 필요한 사항을 반영
- 감리 대상 정보화사업의 경우에는 영향평가 개선계획의 반영여부를 정보시스템 감리 시 확인
- 감리를 수행하지 않는 경우에는 정보시스템 테스트 단계에서 자체적으로 영향평가 개선계획의 반영 여부 확인

② 영향평가서 제출 및 이행

- 영향평가 시 도출된 개선계획이 예정대로 수행이 되고 있는 지 여부에 대해 점검 후 "개인정보 영향평가 개선사항 이행확인서"를 작성하여 개인정보보호위원회에 제출
- 개선계획 이행점검 결과는 내부 보고 절차를 거쳐 개인정보보호위원회에 제출하도록 하며 이행점검 결과 미흡한 부분은 원인 등을 분석하여 계획대로 이행될 수 있도록 조치방안 마련
- 단, 기존 영향평가 수행기간 내에 모든 개선사항이 조치 완료되어 개인정보보호위원회에 제출한 영향평가서에 개선과제가 없는 경우에는 '개인정보 영향평가 개선사항 이행확인서'를 제출할 필요 없음

〈표 5-65〉 개인정보 영향평가 개선사항 이행확인서

■ 개인정보 영향평가에 관한 고시 [별지 제8호서식]

개인정보 영향평가 개선사항 이행확인서

평기 영역	개선과제명	개선요구내용	이행계획(또는 결과)	완료일 (또는 예정일)	담당자 확인

210mm×297mm[일반용지60g/㎡(재활용품)]

출처: 개인정보 영향평가 수행안내서(개보위)

7.3 개인정보 영향평가기관 요구사항

(1) 개인정보 영향평가기관 지정 기준

개인정보보호위원회는 다음과 같이 요건을 모두 갖춘 법인을 개인정보 영향평가기관(이하 "평가기관"이라 한다)으로 지정할 수 있다.

① 최근 5년간 다음 각 목의 어느 하나에 해당하는 업무 수행의 대가로 받은 금액의 합계액이 2억원 이상인 법인

- 영향평가 업무 또는 이와 유사한 업무
- 「전자정부법」 제2조제13호에 따른 정보시스템(정보보호시스템을 포함한다)의 구축 업무 중 정보보호컨설팅 업무(전자적 침해행위에 대비하기 위한 정보시스템의 분석·평가와 이에 기초한 정보 보호 대책의 제시 업무를 말한다. 이하 같다.)
- 「전자정부법」 제2조제14호에 따른 정보시스템 감리 업무 중 정보보호컨설팅 업무
- 「정보보호산업의 진흥에 관한 법률」 제2조제2호에 따른 정보보호산업에 해당하는 업무 중 정보보호컨설팅 업무
- 「정보보호산업의 진흥에 관한 법률」 제23조제1항제1호 및 제2호에 따른 업무

② 전문인력을 10명 이상 상시 고용하고 있는 법인

③ 다음 각 목의 사무실 및 설비를 갖춘 법인

- 신원 확인 및 출입 통제를 위한 설비를 갖춘 사무실

• 기록 및 자료의 안전한 관리를 위한 설비

(2) 개인정보 영향평가기관의 지정 절차

평가기관의 지정절차는 지정신청 공고, 지정신청 서류 접수 및 검토, 현장실사, 종합심사의 순으로 진행된다. 개인정보보호위원회는 평가기관으로 지정받으려는 자가 지정 신청을 할 수 있도록 관보 등을 통해 15일 이상 지정신청공고를 하여야 한다. 평가기관으로 지정받으려는 자는 「개인정보 보호법 시행규칙」의 "개인정보 영향평가기관 지정신청서"와 함께 다음 각 호의 서류를 개인정보보호위원회에 제출한다.

① 개인정보 영향평가 수행실적 명세서
② 개인정보 영향평가 수행실적물 관리카드
③ 개인정보 영향평가 수행인력의 경력 및 실적 증명서
④ 개인정보 영향평가 수행인력 관리카드
⑤ 개인정보 영향평가 수행능력 세부 심사자료
⑥ 개인정보 영향평가 관련 기술자산 보유목록

개인정보보호위원회는 평가기관 지정신청을 받은 경우 지정기준의 적합여부를 심사하기 위하여 평가기관 지정심사위원회를 구성하여 심사결과를 검증한 후 평가기관 지정을 확정한다. 평가기관의 유효기간은 개인정보보호위원회가 평가기관으로 지정한 날로부터 3년이며, 평가기관의 유효기간을 연장하고자 하는 자는 유효기간 만료일 3개월 전까지 관련 서류를 개인정보보호위원회에 제출해야 한다.

부록

APPENDIX

contents

APPENDIX

부록 용어 해설

- **가명정보**: 개인정보를 가명처리함으로써 원래의 상태로 복원하기 위한 추가 정보의 사용·결합 없이는 특정 개인을 알아볼 수 없는 정보

- **가명처리**: 개인정보의 일부를 삭제하거나 일부 또는 전부를 대체하는 등의 방법으로 추가 정보가 없이는 특정 개인을 알아볼 수 없도록 처리하는 것

- **가명정보처리자**: 업무를 목적으로 개인정보를 가명처리하여 활용 또는 제공하는 공공기관, 법인, 단체 및 개인 등

- **가명정보취급자**: 가명정보를 처리하는 개인정보처리자의 지휘 감독을 받아 가명정보를 처리하는 임직원, 파견근로자, 시간제근로자 등

- **공공기관**
  가. 국회, 법원, 헌법재판소, 중앙선거관리위원회의 행정사무를 처리하는 기관, 중앙행정기관(대통령 소속 기관과 국무총리 소속 기관을 포함) 및 그 소속 기관, 지방자치단체
  나. 그 밖의 국가기관 및 공공단체 중 대통령령으로 정하는 기관

- **관리용 단말**: 네트워크 장비, 웹서버, DB서버 등 주요 정보통신설비 유지·보수 및 관리를 위하여 정보통신설비와 접속되어 있는 장비 등

- **개인정보**: 살아 있는 개인에 관한 정보로서 성명, 주민등록번호 및 영상 등을 통하여

개인을 알아볼 수 있는 정보(해당 정보만으로는 특정 개인을 알아볼 수 없더라도 다른 정보와 쉽게 결합하여 알아볼 수 있는 것을 포함)

- **개인정보 보호책임자:** 개인정보 보호 계획의 수립 및 시행, 개인정보 처리 실태 및 관행의 정기적인 조사 및 개선 등 개인정보처리자의 개인정보 처리에 관한 업무를 총괄해서 책임지거나 업무처리를 최종적으로 결정하는 자

- **개인정보취급자:** 개인정보처리자의 지휘·감독을 받아 개인정보를 처리하는 임직원, 파견근로자, 시간제근로자 등

- **개인정보처리자:** 업무를 목적으로 개인정보파일을 운용하기 위하여 스스로 또는 다른 사람을 통하여 개인정보를 처리하는 공공기관, 법인, 단체 및 개인 등

- **개인정보파일:** 개인정보를 쉽게 검색할 수 있도록 일정한 규칙에 따라 체계적으로 배열하거나 구성한 개인정보의 집합물

- **개인정보 영향평가:** 개인정보파일의 운용으로 인하여 정보주체의 개인정보 침해가 우려되는 경우에 그 위험요인의 분석과 개선사항 도출을 위한 평가

- **개인정보 처리방침:** 개인정보처리자가 개인정보 처리에 관한 내부 방침을 정해 공개하는 자율규제 장치의 일종으로써 개인정보의 처리 목적, 항목, 보유 및 이용 기간, 3자 제공 또는 위탁에 관한 사항, 정보주체의 권리행사 방법 등을 포함하여 문서화한 내부 방침

- **개인정보 유출:** 법령이나 개인정보처리자의 자유로운 의사에 의하지 않고, 정보주체의 개인정보에 대하여 개인정보처리자가 통제를 상실하거나 또는 권한 없는 자의 접근을 허용한 것

- **개인영상정보:** 영상정보처리기기에 의하여 촬영·처리되는 영상정보 중 개인의 초상, 행동 등 사생활과 관련된 영상으로서 해당 개인의 동일성 여부를 식별할 수 있는 정보

- **개인정보처리시스템:** 개인정보를 처리할 수 있도록 체계적으로 구성한 데이터베이스시스템

- **개인위치정보:** 특정 개인의 위치정보(위치정보만으로는 특정 개인의 위치를 알 수 없는 경우에도 다른 정보와 용이하게 결합하여 특정 개인의 위치를 알 수 있는 것을 포함)

- **개인정보 영향평가:** 개인정보보호법 제33조제1항에 따라 공공기관의 장이 영 제35조에 해당하는 개인정보파일의 운용으로 인하여 정보주체의 개인정보 침해가 우려되는 경우에 그 위험요인의 분석과 개선 사항 도출을 위한 평가

- **갱신심사:** 유효기간 만료로 다시 인증을 신청한 때 실시하는 인증심사

- **기간통신역무:** 전화·인터넷접속 등과 같이 음성·데이터·영상 등을 그 내용이나 형태의 변경 없이 송신 또는 수신하게 하는 전기통신역무 및 음성·데이터·영상 등의 송신 또는 수신이 가능하도록 전기통신회선설비를 임대하는 전기통신역무를 말함. 다만, 미래창조과학부장관이 정하여 고시하는 전기통신서비스(제6호의 전기통신역무의 세부적인 개별 서비스를 말함)는 제외

- **네트워크 접근제어(NAC, Network Access Control):** 사용자 PC가 내부 네트워크에 접근하기 전에 보안정책을 준수했는지 검사하여 네트워크 접속을 통제하는 기술

- **내부망:** 물리적 망분리, 접근통제시스템 등에 의해 인터넷 구간에서의 접근이 통제 또는 차단되는 구간

- **내부관리계획:** 개인정보처리자가 개인정보를 안전하게 처리하기 위하여 내부 의사결정절차를 통하여 수립·시행하는 내부 기준

- **바이러스(Virus):** 컴퓨터 프로그램이나 메모리에 자신 또는 자신의 변형을 복사해 넣는 악의적인 명령어들로 조합하여 불특정 다수에게 피해를 주기 위한 목적으로 제작된 모든 컴퓨터 프로그램 또는 실행 가능한 코드. 자기 복제기능이 있는 것은 웜과 같으나 바이러스는 특정 프로그램 등 감염대상이 있음

- **방재센터:** 화재의 발생에 대비하여 이를 감시하기 위하여 필요한 장비가 설치된 장소

- **부가통신역무:** 기간통신역무 외의 전기통신역무

- **바이오정보:** 지문, 얼굴, 홍채, 정맥, 음성, 필적 등 개인을 식별할 수 있는 신체적 또는 행동적 특징에 관한 정보로서 그로부터 가공되거나 생성된 정보

- **보조저장매체:** 이동형 하드디스크(HDD), USB메모리, CD(Compact Disk), DVD(Digital Versatile Disk), 플로피디스켓 등 자료를 저장할 수 있는 매체로서 개인정보처리시스템 또는 개인용 컴퓨터 등과 용이하게 분리할 수 있는 저장매체

- **백신소프트웨어:** 컴퓨터 바이러스 프로그램을 찾아내고 손상된 파일을 치료하는 소프트웨어

- **처리:** 개인정보의 수집, 생성, 기록, 저장, 보유, 가공, 편집, 검색, 출력, 정정(訂正), 복구, 이용, 제공, 공개, 파기(破棄), 그 밖에 이와 유사한 행위를 의미

- **라우터:** 국제관문 게이트웨이, 무선응용프로토콜(WAP) 게이트웨이, 백본 라우터 등

- **사후심사:** 정보보호 관리체계 인증(인증이 갱신된 경우를 포함)을 받고난 후 매년 사후관리를 위하여 실시하는 인증심사

- **서비스수준협약:** 서비스 제공자가 서비스 가입자와 합의를 통하여 사전에 정의된 수준의 서비스를 제공하기로 맺는 협약

- **스위치:** 백본 스위치, L4~L7 스위치, 인터넷접속교환기 등

- **심사기관:** 인증심사 업무를 수행할 수 있도록 정보통신망법 제47조제7항, 「개인정보 보호법 시행령」 제34조의6제1항제2호 및 제2항에 따라 과학기술정보통신부장관과 보호위원회가 지정하는 기관

- **사후심사:** 인증(인증이 갱신된 경우를 포함)을 받고난 후 매년 사후관리를 위하여 실시하는 인증심사

- **업무수행 요건·능력 심사:** 인증기관으로 지정받고자 신청한 법인 또는 단체의 업무수행 요건·능력을 별표 2의 세부기준에 따라 심사하는 것

- **웹서버**: 인터넷 이용자들이 웹페이지를 자유롭게 보고 웹서비스(월드 와이드 웹을 이용한 서비스)를 이용할 수 있게 해주는 프로그램이 실행되는 장치

- **이용자**: 정보통신서비스 제공자가 제공하는 정보통신서비스를 이용하는 자

- **인증**: 신청인이 구축하여 운영하고 있는 정보보호 관리체계가 별표 6의 정보보호 관리체계 인증기준(이하 '인증기준'이라 함)에 적합함을 한국인터넷진흥원(이하 '인터넷진흥원'이라 함) 또는 인증기관이 증명하는 것

- **인증심사**: 신청인이 구축하여 운영하는 정보보호 관리체계가 인증기준에 적합한지의 여부를 인터넷진흥원 또는 인증기관이 서면심사 및 현장심사의 방법으로 확인하는 것

- **인증심사원**: 인증심사원 자격요건을 갖춘 자로 인증심사 업무를 수행하는 자

- **업무수행 요건·능력 심사**: 인증기관 또는 심사기관으로 지정받고자 신청한 법인 또는 단체의 업무수행 요건·능력을 심사하는 것

- **인증심사**: 신청기관이 수립하여 운영하는 관리체계가 인증기준에 적합한지의 여부를 인터넷진흥원·인증기관 또는 심사기관(이하 "심사수행기관"이라 함)이 서면심사 및 현장심사의 방법으로 확인하는 것

- **인증위원회**: 인터넷진흥원 또는 인증기관의 장이 인증심사 결과 등을 심의·의결하기 위해 설치·운영하는 기구로서 위원장과 위원으로 구성

- **인증심사원**: 인터넷진흥원으로부터 인증심사를 수행할 수 있는 자격을 부여받고 인증심사를 수행하는 자

- **영상정보처리기기**: 일정한 공간에 지속적으로 설치되어 사람 또는 사물의 영상 등을 촬영하거나 이를 유·무선망을 통하여 전송하는 장치(예: 폐쇄회로 텔레비전, 네트워크 카메라 등)

- **위험도 분석**: 개인정보처리시스템에 적용되고 있는 개인정보보호를 위한 수단과 유출시

정보주체의 권리를 해할 가능성과 그 위험의 정도를 분석하는 행위

- **웜(Worm):** 컴퓨터 시스템을 파괴하거나 작업을 지연 또는 방해하기 위하여 의도적으로 만들어진 프로그램으로서 실행코드 자체로 번식하고 주로 PC상에서 실행되는 악성 프로그램의 한 유형. 흔히 웜 바이러스라고도 부르나, 웜이 감염대상을 가지지 않으나 바이러스는 감염대상을 가지고 있다는 점에서 구별됨

- **위치정보:** 이동성이 있는 물건 또는 개인이 특정한 시간에 존재하거나 존재하였던 장소에 관한 정보로서 「전기통신사업법」 제2조제2호 및 제3호에 따른 전기통신설비 및 전기통신회선설비를 이용하여 수집된 것

- **인증기관:** 인증에 관한 업무를 수행할 수 있도록 정보통신망법 제47조제6항, 「개인정보보호법 시행령」 제34조의6제1항제2호 및 제2항에 따라 과학기술정보통신부장관과 개인정보보호위원회가 지정하는 기관

- **일방향 암호화:** 주어진 자료로부터 암호화는 가능하나 반대로 암호문으로부터 원래 자료를 알아내기는 거의 불가능한 암호화 방식

- **전기통신:** 유선·무선·광선 또는 그 밖의 전자적 방식으로 부호·문언·음향 또는 영상을 송신하거나 수신하는 것

- **전자문서:** 컴퓨터 등 정보처리능력을 가진 장치에 의하여 전자적인 형태로 작성되어 송수신되거나 저장된 문서형식의 자료로서 표준화된 것

- **정보보호 및 개인정보보호 관리체계 인증:** 인증 신청인의 정보보호 및 개인정보보호를 위한 일련의 조치와 활동이 인증기준에 적합함을 한국인터넷진흥원(이하 "인터넷진흥원"이라 함) 또는 인증기관이 증명하는 것

- **정보보호 관리체계 인증:** 인증 신청인의 정보보호 관련 일련의 조치와 활동이 인증기준에 적합함을 인터넷진흥원 또는 인증기관이 증명하는 것

- **정보보호 관리체계 인증기관:** 법 제47조제5항에 따라 미래창조과학부장관이 인증에 관

한 업무를 수행할 수 있도록 지정한 기관

- **정보보호대책:** 신청인이 정보보호 관리체계를 구축·운영하기 위하여 선택한 통제사항

- **정보보호시스템:** 정보처리시스템 내 정보를 유출·위조·변조·훼손하거나 정보처리시스템의 정상적인 서비스를 방해하는 행위로부터 정보 등을 보호하기 위한 장비 및 프로그램

- **정보보호조직:** 정보통신서비스를 안전하게 제공하고 정보보호 활동을 체계적으로 이행할 수 있도록 하는 업무 조직

- **정보보호컨설팅:** 전자적 침해행위에 대비하기 위한 정보시스템의 취약점 분석·평가와 이에 기초한 보호대책의 제시 또는 정보보호 관리체계 구축 등을 주된 목적으로 수행한 컨설팅

- **정보시스템:** 정보의 수집·가공·저장·검색·송신·수신 및 그 활용과 관련되는 기기와 소프트웨어의 조직화된 체계

- **정보주체:** 처리되는 정보에 의하여 알아볼 수 있는 사람으로서 그 정보의 주체가 되는 사람

- **정보통신망:** 전기통신사업법」 제2조제2호에 따른 전기통신설비를 이용하거나 전기통신설비와 컴퓨터 및 컴퓨터의 이용기술을 활용하여 정보를 수집·가공·저장·검색·송신 또는 수신하는 정보통신체제

- **전기통신사업자:** 전기통신사업법에 따른 허가를 받거나 등록 또는 신고(신고가 면제된 경우를 포함)를 하고 전기통신역무를 제공하는 자

- **전기통신설비:** 전기통신을 하기 위한 기계·기구·선로 또는 그 밖에 전기통신에 필요한 설비

- **전기통신역무:** 전기통신설비를 이용하여 타인의 통신을 매개하거나 전기통신설비를 타

인의 통신용으로 제공하는 것

- **전기통신회선설비:** 전기통신설비 중 전기통신을 행하기 위한 송신·수신 장소 간의 통신로 구성설비로서 전송설비·선로설비 및 이것과 일체로 설치되는 교환설비와 이들의 부속설비

- **전력감시실:** 각종 전력의 작동상황을 감시·제어하기 위하여 필요한 장비가 설치된 장소

- **정보통신서비스:** 「전기통신사업법」 제2조제6호에 따른 전기통신역무와 이를 이용하여 정보를 제공하거나 정보의 제공을 매개하는 것

- **정보통신설비:** 컴퓨터 장치 등 정보의 수집·가공·저장·검색·송신·수신 및 그 활용과 관련되는 기기와 소프트웨어의 조직화된 체계

- **정보통신서비스 제공자:** 「전기통신사업법」 제2조제8호에 따른 전기통신사업자와 영리를 목적으로 전기통신사업자의 전기통신역무를 이용하여 정보를 제공하거나 정보의 제공을 매개하는 자

- **주요시설:** 중앙감시실, 항온항습시설, 전산실, 전력감시실, 전력관련시설(축전지설비, 자가발전설비, 수변전설비), 통신장비실 및 방재센터

- **중앙감시실:** 주요 시설물의 작동상황을 파악할 수 있는 시설로서, 경보장치, 화재감지센서, CCTV 등 집적정보통신시설을 보호하기 위한 장비의 작동상황을 통합적으로 감시하고 제어하는 장소

- **집적정보통신시설:** 「정보통신망법」 제2조제2호에 따른 정보통신서비스를 제공하는 고객의 위탁을 받아 컴퓨터장치 등 전자정부법 제2조제13호에 따른 정보시스템을 구성하는 장비를 일정한 공간에 집중하여 관리하는 시설

- **접속 기록:** 개인정보취급자 등이 개인정보처리시스템에 접속하여 수행한 업무 내역에 대하여 식별자, 접속일시, 접속자를 알 수 있는 정보, 수행업무 등 접속한 사실을 전자적으로 기록한 것

- **접근통제:** 개인정보처리시스템에서 담고 있는 개인정보를 보호하기 위하여 기록에 대한 접근을 제한하거나 허용하는 기록 관리 과정

- **접근권한:** 읽기(read), 쓰기(write), 삭제(delete) 등 디렉터리나 파일에 대해 사용자가 접근 및 수행할 수 있는 작업 권한

- **주요정보통신 기반시설:** 정보통신기반보호법 제8조의 규정에 의하여 중앙행정기관의 장이 전자적 침해행위로부터의 보호가 필요하다고 인정하여 지정한 정보통신기반시설

- **재식별:** 추가 정보 또는 행위자가 달리 보유하고 있는 다른 정보나 공개된 정보와의 결합 또는 대조·비교 등을 통해 특정 개인을 알게 되거나, 알아보려하는 상태 또는 행위

- **최초심사:** 처음으로 인증을 신청하거나 인증의 범위에 중요한 변경이 있어서 다시 인증을 신청한 때 실시하는 인증심사

- **취약점 점검:** 점검 컴퓨터의 하드웨어 또는 소프트웨어의 결함이나 체계 설계상의 허점으로 인해 사용자에게 허용된 권한 이상의 동작이나 허용된 범위 이상의 정보 열람·변조·유출을 가능하게 하는 약점에 대하여 점검하는 것

- **침입차단시스템:** 외부 네트워크로부터 내부 네트워크로 침입하는 트래픽을 정해진 규칙에 따라 제어하는 기능을 가진 장비 또는 프로그램

- **침입탐지시스템:** 네트워크 또는 시스템에 대한 인가되지 않은 행위와 비정상적인 행동을 탐지하고, 탐지된 위법 행위를 구별하여 실시간으로 침입을 차단하는 기능을 가진 장비 또는 프로그램

- **침해사고:** 해킹, 컴퓨터바이러스, 논리폭탄, 메일폭탄, 서비스거부 또는 고출력 전자기파 등의 방법, 정보통신망의 정상적인 보호·인증 절차를 우회하여 정보통신망에 접근할 수 있도록 하는 프로그램이나 기술적 장치 등을 정보통신망 또는 이와 관련된 정보시스템에 설치하는 방법으로 정보시스템을 공격하는 행위로 인하여 발생한 사태

- **친목단체:** 학교, 지역, 기업, 인터넷 커뮤니티 등을 단위로 구성되는 것으로서 자원봉

사, 취미, 정치, 종교 등 공통의 관심사나 목표를 가진 사람간의 친목도모를 위한 각종 동창회, 동호회, 향우회, 반상회 및 동아리 등의 모임

- **취약점 분석·평가:** 「정보통신기반보호법」 제9조의 규정에 의하여 관리기관의 장이 지정된 소관 주요정보통신기반시설의 보호대책을 수립하기 위해 전자적으로 침해당하기 쉬운 요소를 미리 파악하는 일련의 업무

- **최초심사:** 처음으로 인증을 신청하거나 인증범위에 중요한 변경이 있어서 다시 인증을 신청한 때 실시하는 인증심사

- **추가 정보:** 개인정보의 전부 또는 일부를 대체하는 데 이용된 수단이나 방식(알고리즘 등), 가명정보와의 비교·대조 등을 통해 삭제 또는 대체된 개인정보 부분을 복원할 수 있는 정보(매핑 테이블 정보, 가명처리에 사용된 개인정보 등) 등

- **통신장비실:** 전송장비, 주배선반(MDF), 라우터, 기타회선 관련 장비 등 전기통신사업법 제2조제3호에 따른 전기통신설비가 설치된 장소

- **프로토콜:** 정보기기 사이에서 정보교환이 필요한 경우, 이를 원활하게 하기 위하여 정한 여러 가지 통신규칙과 방법 등 통신규약

- ACL(Access Control List): 특정 시스템에 접근할 수 있는 권한을 컴퓨터 운영체계에 알리기 위해 설정해 놓은 목록

- DB서버: 여러 사람에 의해 공유되어 사용될 목적으로 통합하여 관리되는 데이터베이스 처리를 위한 서버

- DHCP(Dynamic Host Configuration Protocol): 네트워크 관리자들이 조직 내의 네트워크상에서 IP주소를 중앙에서 관리하고 할당할 수 있도록 해주는 동적 호스트 설정 통신규약 서버

- DNS서버(Domain Name System): 컴퓨터가 인식하는 IP주소를 사람이 인식하기 쉬운 도메인 이름으로 상호 변환하는 시스템을 운영하는 장치

- DMZ(Demilitarized Zone): 내부망과 인터넷 구간 사이의 중간 지점으로 침입차단시스템 등으로 접근제한을 수행하지만 외부망에서 직접 접근이 가능한 영역

- ISO(International Organization for Standardization): 상품 및 서비스의 국제적 교환을 위한 공업 규격의 국제적 통일을 목적으로 1947년에 설립된 국제표준제정 기구

찾아보기

ㅈ

ㅊ

ㅋ

ㅍ

ㅎ

B

저자 소개

장상수

정보보호학 박사학위를 취득하였으며 2000년부터 현재까지 한국인터넷진흥원(KISA)에서 근무하면서 정보보호 기술과 법제도를 어우르는 새로운 융합분야를 개척하고, 정보보호 전략가로서 수많은 정보보호 법제도를 직접 개발 · 운영하는 등 국가 정보보호 발전에 많은 노력을 하고 있다. 특히 국내 정보보호 관리체계 인증제도를 정립하는데 많은 기여를 하였으며 또한 CISA, 인증심사원(ISO27001, ISMS-P) 등의 자격증을 보유하고 있다.

저서로 「정보보호개론」, 「정보보호총론」이 있다.